普通高等教育"十一五"国家级规划教材

 中国轻工业"十三五"规划教材

# 食品添加剂
## （第二版）

孙 平 主编

吕晓玲 张 民 赵 江 副主编

 中国轻工业出版社

**图书在版编目（CIP）数据**

食品添加剂/孙平主编 . --2 版 . --北京：中国
轻工业出版社，2024.7
普通高等教育"十一五"国家级规划教材
中国轻工业"十三五"规划教材
ISBN 978 - 7 - 5184 - 1881 - 7

Ⅰ.①食… Ⅱ.①孙… Ⅲ.①食品添加剂—高等学校—
教材 Ⅳ.①TS202.3

中国版本图书馆 CIP 数据核字（2019）第 229430 号

责任编辑：马　妍　　责任终审：张乃东　　整体设计：锋尚设计
策划编辑：马　妍　　责任校对：吴大鹏　　责任监印：张　可

出版发行：中国轻工业出版社（北京鲁谷东街 5 号，邮编：100040）
印　　刷：三河市国英印务有限公司
经　　销：各地新华书店
版　　次：2024 年 7 月第 2 版第 5 次印刷
开　　本：787×1092　1/16　印张：21
字　　数：500 千字
书　　号：ISBN 978 - 7 - 5184 - 1881 - 7　定价：55.00 元
邮购电话：010-85119873
发行电话：010-85119832　　010-85119912
网　　址：http://www.chlip.com.cn
Email：club@ chlip.com.cn
版权所有　侵权必究
如发现图书残缺请与我社邮购联系调换
241235J1C205ZBW

# 第二版前言 | Preface

当今，食品安全、营养健康、配料与添加剂等用词不再是专业、行业独享的概念或术语，已成为全社会关注和热议的话题。相比之下，第一版《食品添加剂》教材撰写期间，社会上时而出现食品安全事件，且消费者对食品添加剂尚未认知，甚至对食品配料表中出现的食品添加剂都会感到有些惊恐。面对全社会对食品添加剂存在诸多的误解与不安，组织编写教材《食品添加剂》多少有些压力和顾虑。故在教材前言中不得不对"食品添加剂的基本概念""添加剂的使用对促进食品工业发展的积极作用"等内容做了描述和说明。随着媒体对安全事例的深入报道，加之科普宣传以及专业人士的解读，食品添加剂已渐渐被大众接受和认知，越来越多的消费者关注食品添加剂。尽管如此，面对"怎样正确认识食品添加剂""为何需要法规强化食品添加剂的使用管理""食物是否均需使用添加剂"等话题，许多消费者还不能完全理解。甚至一些从事相关行业的经营者，也存在着不少的疑惑和不解。为此，从科学角度正确认识食品添加剂，可以帮助读者提高对食品添加剂的正确理解。

首先，正确认识食品添加剂应从其物质属性方面开始。大多数食品添加剂并非食物中的自然成分物质，而是为达到加工目的或技术要求，加入食品中且非直接食用的添加物。或者说，食品添加剂的属性特征就是食品加工所需要的外加材料。显然，安全与用量的要求是其在食品中使用的先决条件，而使用的必要性则取决于添加效应。由此可见，为保证食品添加剂在食品中的安全使用，对相关添加物限用与管理当然尤为重要。各国政府相关部门通过不同立法措施和强制法规，对食品添加剂做出明确的范围规定和严格的限用标准。因为，只有实施对食品添加剂限用的强制监管，才能保证食品添加剂的合理使用。具体涉及食品添加剂的法规标准中，会在其类别、应用范围与使用剂量等方面注有明确的限定要求。相关的使用者和经营管理者都应清楚，在食品加工中必须按法规要求使用食品添加剂，必须懂得和遵循有关的法规与强制性标准，懂得超剂量或超范围使用食品添加剂或添入非法添加物等操作，均属于破坏食品安全的违法行为。只有规范使用食品添加剂，才会有助于提高食品质量与安全，而滥用添加剂则会破坏食品安全。总之，食品添加剂的特殊属性决定其在加工食品中的必要作用，同时也决定了添加剂被限用的必须性。事实证明，只有规范使用食品添加剂，加工食品质量与安全才能保证。在此基础上，才有可能实现和发挥添加剂特有的性能与添加功效。当然，食品添加剂的有效使用离不开对食品加工相关知识的运用，不懂得食品加工技术，不懂得食品添加剂的应用原理，很难做到合理、有效地使用食品添加剂。

此外，针对"所有食物都需要加工保藏和使用食品添加剂"的说法显然应予否定。因为食物的加工与保藏处理往往是突出为解决食物非产地或原料非产季的资源不足，或为减少产地食物过剩以及腐败损失而采用的措施。食品添加剂则对食品加工和保藏处理具有辅助和促进的作用。而大多烹调食物与快餐食品，由于制作简单、存放期短，除需一般调料外，基本无需使用食品添加剂。只有在食物保藏处理与食物加工过程中，食品添加剂可发挥独到、方便、有效的作用。换言之，食品添加剂的运用是有助于食品工业化生产、提高加工食品质量与安全、提高食物原料利用率的有效方法。随着现代食品工业的快速发展，食品添加剂与食品加工已难以分割，并成为核心的技术内容。

从食品专业方面认识食品添加剂，应结合食品工艺学、食品营养学、食品卫生学、食品毒理学以及生物化学、微生物和检验等理论课程，学习如何通过动物试验、毒理分析确认食品添加剂物种的毒性及对食品安全的影响；了解如何通过毒理学进行量化评估，确定不同食品添加剂在食品中的限用参数。掌握专业相关技能和毒理知识，可辩证地理解和认知食品添加剂既有利于食品加工的积极作用，也会有因失控而导致添加食品不安全的毒副作用。毒理评估能为安全使用食品添加剂提供科学依据，法规监管则为落实食品安全保驾护航。

规范使用食品添加剂是为了保证添加食品的安全。使用食品添加剂的最终目的，是为有效地辅助食品加工和食物保藏以及提高食品质量与食物的利用率。因此，涉及食品添加剂的技术理论应与整个食品加工业密不可分。尽管食品添加剂是一门独立的专业理论课，但内容却与其他食品专业课程有着千丝万缕的关系，并在整个食品制造业中形成综合性的技术理论体系。因此，学习食品添加剂理论知识，首先需要掌握与食品加工相关的技术内容，了解食物原料与食品添加剂的特性及加工过程中可能发生的变化，才能理解食品添加剂的使用原理和应用意义。使用食品添加剂要根据加工工艺，选择时机和合适的食品添加剂，才会达到预想的结果和技术目的。要根据不同产品组分及加工要求选用食品添加剂，才会收到提高食品质量的效果。不懂得食品技术原理，就很难运用食品添加剂来调整加工工艺和提高产效；不了解食物中营养成分的特性和欠缺程度，就更难利用食品添加剂达到强化食品的目的。总之，理论方面的学习，需掌握有关食品添加剂的法规与基础知识以及相关的技术理论和应用原理两大方面的内容，并切实认识到，法规监管是安全使用食品添加剂的保障；专业引导则是高效运用食品添加剂的保证。

除此之外，作为专业学者、专职技术或管理人员，不仅自身要清楚食品添加剂的"是非"与"功过"，以及如何规范、合理地使用食品添加剂。而且还有责任和义务向广大民众和消费者针对食品添加剂做广泛的法规宣传和专业引导，让消费者能够正确认识和理解食品添加剂，了解其在加工食品中所发挥的特殊功效与积极作用，以减少和消除社会民众对食品添加剂的曲解和误会。与此同时，还应该防止另一种极端倾向的出现，就是将食品添加剂美化成无所不能的"灵丹妙药"，甚至捧为食品安全的"保护伞"，以至于形成"无食品添加剂，就无食品安全"的错误偏见。只有规范使用食品添加剂，食品安全才能有保证。

《食品添加剂》作为普通高校食品专业教材出版后，在得到相关专业师生的认可的同时，也收到一些反馈意见和改进建议。为此，编者也希望尽快对原教材做些修改和补充。本次编写工作是根据国家级规划教材的要求，结合授课老师及读者的反馈建议，对第一版《食品添加剂》进行重新修订。与第一版相比，此次修订教材主要有以下特点：

（1）依据和参考联合国粮农组织和世界卫生组织（FAO/WHO）最新制订食品添加剂法典标准（GSFA）及国家相关标准的最新内容，对第一版中相关内容做了更新和补充；

（2）由于本教材除用于专业教学外，还涉及一些职业院校和社会培训使用，同时考虑到公众与消费群体的自学需求，因此，修订教材在内容结构上划分了基础与法规、应用理论及实验教学等不同部分，还在各个章节的开始补充了由浅入深的描述内容，以满足专业及非专业范围不同层次的教学需求；

（3）为加强对食品添加剂的宏观认识和理解，修订教材的理论部分突出按类别特点讲述食品添加剂，用典型例证进行补充说明，以强化对食品添加剂总体概念的认识与学习；

（4）《食品添加剂》属于应用型教材，其内容既包含理论知识，也涉及相关的技术应用，因此修订版教材中，单独增加了专业方面的教学实验，以强化理论结合实践的学习指导；

（5）随着数字化技术在网络教学中的应用与普及，修订版教材特意增加了与教材中理论部分相对应的演示文稿（ppt），有助于提高教学质量和学习效果。

《食品添加剂》作为理论教材虽然涉及面较广，但却不宜像工具类图书那样逐一介绍。为突出食品专业的应用教学，本教材将食品添加剂分为基础与法规、理论与应用及食品添加剂实验三篇十五章。主要的食品添加剂理论部分是按应用目的，将现有类别合并为六个应用，进行系统介绍。考虑到食品添加剂的应用技术与实验教学的关联，修订版教材不仅增加了实验教学内容，而且将所有实验同归为独立的专业实验教学板块，并按实验内容类型分为功效测试、加工应用、残量检测三章，排在应用理论部分之后。如此设计安排，旨在满足理论教学基础上，仍可开展实验教学，以形成综合完整的专业指导教材。除此之外，为提高教学质量和效果，修订版教材在不同章节后增设思考题，以帮助读者理解相关理论、掌握重点内容。

为顺利完成对第一版教材《食品添加剂》的修订，编写组基本保持了原有人员，并根据国家级规划教材要求，对教材的修订工作做了明确和细致的分工：第一章由天津科技大学孙平、吴涛、张民负责编写；第二章、第十二章由华南理工大学王兆梅负责编写；第三章由天津科技大学孙平、刘锐负责编写；第四章由天津科技大学吕晓玲负责编写；第五章、第八章、第十一章则在江南大学张涛编写基础上，由天津科技大学王浩负责整理编写；第六章、第七章由河南工业大学刘钟栋负责编写；第九章由北京工商大学张璟琳负责编写；第十章由青岛科技大学杨锡洪负责编写。天津科技大学孙平、吕晓玲、张民、赵江负责统稿，并与吴涛承担完成了对全教材内容的整理。编写组中的张津凤、张颖、姚秀玲、赵江等在编写过程中分别对书稿做了编录和汇总，并完成了对附录、图表等内容的收集与整理工作。

由于编者能力和水平有限，教材中仍难免出现错误或不妥之处，恳望读者多予谅解和来信赐教。

在全书编写过程中，也得到了天津科技大学刘志皋教授和张泽生教授的指点和帮助，对此表示衷心感谢！

孙平

2020 年 1 月

于天津

目录 | Contents

第一章

CHAPTER

# 食品添加剂概论

**1**

## 内容提要

本章主要介绍食品添加剂的产生和发展，以及对食品工业化生产的积极影响；了解对食品添加剂进行安全评估的模式和方法；掌握其规范使用和监督管理方面的法规与标准。

## 教学目标

认识食品添加剂的定义及物种要求以及对食品保藏、食品加工业的促进作用；通过分析食品添加剂的属性，了解对食品添加剂的经营、应用实行法规监管的必要性。

## 名词及概念

食品添加剂的定义与使用标准；毒理学评估；物质属性；GSFA；ADI。

食品添加剂种类繁多、性能各异，是功是过，众说纷纭。食品添加剂涉及千家万户，其使用虽久，却监管不够，加上时而发生的"安全"事件，不断增加消费者的担心与困惑，以至于常常引发这样的追问：到底什么是食品添加剂？是否有限制使用的范围？食品中使用添加剂安全吗？如何评估其安全性？食品添加剂将会怎样发展，彻底消除还是规范管理？回答这些问题首先需要了解和认识食品添加剂及相关知识。本章基础内容是依照科学发展观，论述食品添加剂的产生与发展，以及对人类生存和社会进步所发挥的积极影响；就如何正确判断和认识、科学评估食品添加剂，怎样实现安全利用、规范管理食品添加剂，并使其健康发展等问题进行探讨。

# 第一节　概况

## 一、早期应用

食品添加剂是以提高食品质量、改善加工条件为目的，在食物加工或处理过程中使用的辅助原料。此概念虽初始于西方工业革命，但细览社会演变、进展历程，人类在使用类似于食品添加剂的物质方面已有悠久的历史。通过查阅相关资料不难发现，人类很早就会利用一些材料来改善食物的颜色、口味、形态和质感。例如，现已发现公元前1500年古埃及就有利用颜料为食物染色的事例；中世纪古罗马人也有利用糖渍和盐渍方法使食物不腐、延长存放的记载。从《神农本草》《本草图经》《齐民要术》《食经》等中国史书上看到，早在周朝，已有人学会使用肉桂来为食物加香；东汉时期出现了用盐卤点制豆腐的事例。此外，还有北魏年间通过植物提取食用色素、南宋时利用亚硝酸盐使肉制品发色等记载。从其使用原理和目的分析，这些添加"材料"正是现代食品添加剂的前身。

早期人类在食品中使用的各类添加物，虽不能以食用安全性为首要目的，却可方便、简单地用于食物处理，实现提高食品品质和利于贮存的基本目标。可以想象，其物料的优劣，只能以使用后的表观效果为评辨标准。虽然这些材料还不能称为食品添加剂，但却能清楚地显露出食品添加剂的雏形模式，以及发挥和产生的原始效应、积极影响。

## 二、使用意义

食品添加剂的使用依赖其本身的特殊功能，并在应对人口增加、食物资源紧张、生活质量提高等方面产生了十分显著的影响。利用食品添加剂的特殊功能和积极作用，可以有力地促进食品工业的快速发展，这已成为食品生产和加工处理过程中一项重要的技术内容。

1. 基本功能

食品添加剂的发展，在于其使用既有利于提高食品质量，又有助于改善加工条件。具体功能和作用表现在以下几方面。

（1）有利于食品的保藏和运输，延长食品的保质期　各种生鲜食品和各种高蛋白质食品如不采取防腐保鲜措施，出厂后将很快腐败变质，造成很大损失和浪费。使用防腐剂可以防止由微生物引起的食品腐败变质；抗氧化剂则可阻止或延缓食品的氧化变质，提高食品的稳定性和耐藏性。同时也可防止和抑制食品（包括水果和蔬菜）因酶促褐变与非酶褐变所带来的质量下降，最大限度地保证食品在保质期内应有的质量和品质。

（2）改善和提高食品色、香、味等感官指标　食品的色、香、味、形态和质地是衡量食品质量的重要指标。食品加工过程一般都有碾磨、破碎、加温、加压等物理过程，在这些加工过程中，食品容易褪色、变色，有些食品固有的香气也随之消散。此外，同一个加工过程难以解决产品的软、硬、脆、韧等口感的要求，因此，适当地使用着色剂、护色剂、香精香料、增稠剂、乳化剂、品质改良剂等，可明显地提高食品的感官质量，满足人们对食品风味和口味的需要。

（3）保持和提高食品的营养价值 食品质量与其营养价值密切相关。防腐剂和抗氧保鲜剂的使用，在防止食品败坏变质的同时，对保持食品的营养价值也具有突出的作用。此外，在食品中合理地添加一定量的营养强化剂，不仅可有效地提高和改善其营养价值，而且可防止和减轻因某些加工或食源区域等原因造成的营养损失、缺乏、失衡等现象发生。

（4）增加食品的花色品种 现代生活中，人们不再满足于食物原料的简单熟化和粗加工结果，会更加欣赏琳琅满目的花色品种加工食品和方便食品。这些花色品种的加工与制作，不仅需要粮油、果蔬、肉、蛋、乳等主要原料，而且同样也离不开对不同类型添加剂的使用。

（5）有利于食品的工业化生产 为使食品加工适应标准化、机械化、连续化和自动化的生产，必须使用一定的食品添加剂或加工助剂，如在豆乳生产中使用的消泡剂、方便面生产中使用的乳化剂、豆腐生产中使用的凝固剂、澄清果汁使用的酶制剂与助滤剂、肉制品中的持水剂等。这些食品添加剂的使用不仅能改善加工条件，使规模生产顺利进行，同时也有效地提高了生产产量和加工效率。

（6）满足不同人群的需要 利用无营养的甜味剂可满足糖尿病患者对甜味的奢望；添加维生素等营养质的食品有利于婴幼儿生长发育的需要；碘盐类添加剂有助于对缺碘人群的元素补充和营养强化。

2. 对食品工业的影响

在食品加工过程中，使用风味类添加剂对食品进行调香、调味、调色，以提高食品的感官指标，增加食品的花色品种；使用保质、保鲜类添加剂可延缓食品变质，有利于食品贮藏和运输，保持和提高食品的营养价值；许多组织改良类添加剂和加工助剂不仅有助于对加工食品质地的稳定，而且使加工操作更加简化，对传统的加工条件有了显著的促进和改善，使用不同强化目的的添加剂有助于帮助增加和补充某些群体的营养素，以满足不同人群的需要。总之，食品添加剂的使用提高了加工食品的质量，促进了加工条件的改善，以此极大地推动食品工业向高效、高速、高质方向发展。显而易见，食品添加剂是食品工业发展的需要，是现代食品工业、食品加工技术中的重要内容。食品添加剂的应用加速了食品工业现代化的发展历程。因此，可以说没有食品添加剂的应用和发展就没有现代化的食品工业。

## 三、 物质属性与分类

不同国家对食品添加剂的使用和目的的认同基本是一致的，但对食品添加剂的限定物种和归类划分却不完全相同，甚至对食品添加剂的定义也有不同的解释。

1. 食品添加剂的定义

《中华人民共和国食品安全法》中规定：食品添加剂是指为改善食品品质和色、香、味以及为防腐、保鲜和加工工艺的需要而加入食品中的人工合成或者天然物质。GB 14880—2012《食品安全国家标准 食品营养强化剂使用标准》中明确营养强化剂为增加食品的营养成分（价值）而加入到食品中的天然或人工合成的营养素和其他营养成分。GB 2760—2014《食品安全国家标准 食品添加剂使用标准》中明确食品工业用加工助剂为保证食品加工能顺利进行的各种物质，与食品本身无关，如助滤、澄清、吸附、脱模、脱色、脱皮、提取溶剂、发酵用营养物质等。中国将食品营养强化剂、食品用香料、胶基糖果中基础剂物质、食品工业用加工助剂列入食品添加剂中的类别，而食品营养强化剂及其使用要求则在 GB 14880—2012《食品安全国家标准 食品营养强化剂使用标准》中单独列出。

同样对食品添加剂，日本国家的食品安全法就定义为"通过添加、混合、渗透或其他手段用于食品或食品加工、保藏和保存目的的物质"。美国则规定：食品添加剂是"由于生产、加工、贮存或包装而存在于食品中的物质或物质的混合物，而不是基本的食品成分。"基于此，他们还将其再分为直接食品添加剂和间接食品添加剂两类。前者是指刻意向食品中添加，以达到某种作用的食品添加剂，又称有意食品添加剂；后者则是指在食品的生产、加工、贮存和包装中少量存在于食品中的物质，又称为无意食品添加剂。澳大利亚与新西兰联合发布的食品标准（FSANZ）中规定，食品添加剂不属于正常食品消费，仅用于食品配料且为达到特殊工艺的要求而有意加入的物质。欧盟（EU）在相关法规中明确表示，食品添加剂不得按正常食品或食品成分对待，仅是为实现加工或处理的技术目的而使用的物质；苏格兰的有关标准则强调食品添加剂是具有不同功能的、以低浓度添加食品中的、天然或合成的化合物。

联合国粮食及农业组织（FAO）和世界卫生组织（WHO）联合成立的国际食品法典委员会（CAC）制定的食品添加剂通用法典标准中定义食品添加剂是"指其本身通常不作为食品消费，不用作食品中常见的配料物质，无论其是否具有营养价值。在食品中添加该物质的原因是出于生产、加工、制备、处理、包装、装箱、运输或贮藏等食品的工艺需求（包括感官），或者期望它或其副产品（直接或间接地）成为食品的一个成分，或影响食品的特性。"此定义既不包括污染物，也不包括食品营养强化剂。中国、日本、美国规定的食品添加剂，则包括营养强化剂。此外，为某些食品加工和处理过程所使用的辅料，如助滤和脱色材料、提取溶剂等称为食品加工助剂的物质，近年来被许多国家列入食品添加剂的范围之内。

总之，从物质属性分析，食品添加剂不属于食物的自然成分物质。其作为加工食品中的重要原料组成不同于其他组分，如主料和配料*，仅是出于技术目的使用的原材料。

2. 食品添加剂的物种

随着现代食品工业的崛起，食品添加剂的地位日益突出，世界各国批准使用的食品添加剂品种也越来越多。目前，全世界生产的食品添加剂品种已超过 25000 种（其中 80% 为香料），直接使用的有 4000 余种，其中常用的有近 1000 种。如美国食品药品管理局（FDA）公布使用的食品添加剂有 3000 余种；日本允许使用的食品添加剂约有 1200 种；欧盟允许使用的有 1500 种（1999 年注册的食品添加剂物种有 2800 种）。根据我国《食品添加剂使用标准》（GB 2760—2014）及国家卫生健康委员会对增加物种公告统计，我国至 2016 年 6 月批准使用的食品添加剂，其中还包含食用香料、加工助剂、酶制剂、胶基糖果中基础剂等，物种已超过了 2600 种。

3. 食品添加剂的分类

根据食品添加剂的来源、制备方式、功能及安全评价的差异，有不同的类别划分。如按来源看有天然食品添加剂和人工化学合成品之别；从制备上则有化学合成、生物合成、天然提取

---

* 一般加工食品的原料组成应包括主料、配料及添加剂。其各组分的差异在于以下几方面：

主料（main material）：加工成品的主体材料，由一种或有限数种食物原料或初加工食品组成。其用量占总用料的优势比例，因此是能反映成品特性的主要组分。

配料（ingredients）：帮助烹调、熟化及点缀加工，却不列入添加剂管理的原料；其用量约占总用料的 10%（可从产品中直接看到或辨出）；配料可单独食用或作为食物原料经营与消费，如调料、佐料等。

食品添加剂（food additives）：用于提高食品品质、利于保质贮存、改善加工条件的辅料；其用量不超过总原料的 5%（一般在 0.01% ~1%）；不能单独食用，也不作为食物原料经营和消费。

物三类；从安全评价方面食品添加剂和污染物法规委员会（CCFAC）将食品添加剂分为 A、B、C 三类，每类再细分为两类。

应用最多的分类是按食品添加剂的主要功能进行划分。但由于不同国家对食品添加剂的功能存在不同的划分标准，使得国际上尚无统一的分类类别及其数量。

根据我国颁布的食品添加剂分类标准与食品添加剂使用标准规定，将食品添加剂分为：酸度调节剂、抗结剂、消泡剂、抗氧化剂、漂白剂、膨松剂、胶基糖果中基础剂物质、着色剂、护色剂、乳化剂、酶制剂、增味剂、面粉处理剂、被膜剂、水分保持剂、营养强化剂、防腐剂、稳定和凝固剂、甜味剂、增稠剂、食品用香料、食品工业用加工助剂及其他类共 23 类。

联合国粮食及农业组织和世界卫生组织（FAO/WHO）1992 年开始制订国际法典食品添加剂通用标准（GSFA）中，将食品添加剂统一分为 23 类，其中除 16 类与中国分类标准中的类种相同外，GSFA 中还有辅助剂、螯合剂、混浊剂、助溶剂、吸附剂、发泡剂和包装充气剂，但没有营养强化剂。

欧盟（EU）在 1988 年的相关法规中将食品添加剂分为 9 个功能类别组。但经 2000 年后的修改，将食品添加剂统分为 24 类，其中 13 类与中国的类种相同，其他种类包括酸味剂、分散剂、发泡剂、凝胶剂、助推剂、变性淀粉等。

美国在联邦法规（CFR）中规定食品添加剂为 32 类。其中有 12 类与中国的类种相同，另外有抗凝剂、抑菌剂、着色稳定剂、腌渍剂、面筋增强剂、干燥剂、乳化盐、固化剂、风味增强剂、成型剂、熏蒸剂、促释剂、氧化剂和还原剂、填充剂、螯合剂、助溶剂、表面活性剂、表面光亮剂、增效剂、组织改进剂。

## 四、发展现状

食品添加剂在改善食品质量、提高加工成品档次、保持营养价值、实施机械化加工运行及调整生产工艺条件等诸多方面，都发挥着极为重要的作用。由于食品工业的快速发展，食品添加剂已经成为现代食品工业的重要组成部分，并且已经成为食品工业技术进步和科技创新的重要推动力。但从另一方面分析，如果缺乏对食品添加剂的正确认识和规范管理，就会导致食品添加剂的滥用和失控现象发生，造成食品安全事故隐患。

1. 新型制造产业

由于食品添加剂在现代食品工业中所起的作用越来越重要，各国许可使用的食品添加剂物种越来越多。据最近的相关文献介绍，全世界生产和研制食品添加剂的物种数量早已超过 2 万余种。全球食品添加剂市场的年销售额近 200 亿美元。对比 20 世纪末的年平均 100 亿美元销售额，几乎增加了 100%。到 2005 年，5 年内增长了近 13%。我国的食品添加剂产业起步较晚，但到 2006 年，已发展到 1500 多家相关的生产企业和加工厂，年总产量超过 240 万 t。2013 年，我国食品添加剂总产量达到 885 万 t，实现销售收入 870 亿元，创汇超过 40 亿美元。随着食品工业发展，食品添加剂产业已经成为食品工业的重要组成部分，成为国民经济中发展突出的制造行业之一。

2. 存在的问题

由于食品添加剂的产业发展较快，有些管理机制和机构尚未完善和健全。不少生产企业和监管部门缺乏专业技术和管理方面的人员，有些操作人员对食品添加剂的认识和管理了解甚微，加上个别不法经营者的滥用添加物等因素，使得围绕食品添加剂的安全问题时有发生。如蘑菇罐头中亚硫酸盐的严重超标；奶粉中过量添加糊精导致蛋白质含量的严重不足；饮料中过量添加合成甜味剂等。有些则是对食品添加剂的曲解宣传。如将"不含添加剂"的食品捧为上品的广告；隐去添加剂内容的食品标签。更有甚者，将非法使用非食品添加剂的恶性行为（如在辣椒粉中添加苏丹红、在乳品中检出三聚氰胺等），也与食品添加剂的应用混为一谈。这些问题不仅使食品添加剂成为媒体抨击的内容和关注的焦点，也加深了消费者对食品添加剂的疑惑。

食品添加剂具有一定的特殊功能和添加作用，这是运用添加剂的重要因素。然而，并非具有添加剂功能的物种都可作为食品添加剂使用。添加剂在食品中的使用，必须是通过安全评估和法规确定的物种，这是使用食品添加剂的基本准则。食品添加剂不属于食品的固有成分。有些化学合成的物种，超出一定的使用剂量时，还会有一定的毒性或副作用。食品添加剂的使用效果不仅需要依赖于添加剂物种的功能，而对其所添加的食品也必须有安全性的保证。只有科学、规范地使用食品添加剂，才能发挥其积极、有效的作用。由此可见，无原则地拒绝添加剂和无节制地使用添加剂都是对食品添加剂的错误认识。

3. 规范管理的必要性

食品添加剂有助于改善食品质量和加工条件。食品工业的现代化也离不开食品添加剂。规范使用和强化管理食品添加剂有利于发挥添加剂的积极作用和保证食品的质量安全，也有利于食品添加剂能够健康地发展。否则，就难以避免滥用添加剂的事件发生，造成食品安全隐患。由此不仅损害消费者的身体健康，同时会影响市场的兴旺发展以及国际间的贸易往来。对食品添加剂的强化管理不仅需要相关专业方面的技术引导，而且需要完善的标准与法规和实现法制监管机制的建立。

# 第二节　安全评估与应用要求

## 一、评估意义

在食品加工中，食品添加剂虽是重要的原材料之一，但就其属性分析，除个别物种外，食品添加剂既不属于食品中固有的自然成分，也不属于加工食品的主料，仅是带有技术目的而使用的外加辅料而已。作为食品加工使用的辅料，必须对其质与量及其应用有相应的要求和限制。这是科学使用食品添加剂的基本原则，也是食品添加剂安全性的重要内容所在。

早期由于人类对物质世界认识能力的局限性，对食品添加剂类物质的使用往往更偏重于使用效果，却忽略其安全性，尤其对非表观毒理现象或亚急性毒性情况更是无所适从。注重添加效果，忽视添加剂的毒理安全性不仅是早期在添加剂使用方面的最大缺欠，同时也是现代社会中出现的食品安全隐患的重要原因之一。

食品添加剂的安全性评估内容包括对各类添加剂物种毒理（性）及使用剂量与使用范围的认定。通过适当的毒理学（Toxicology）实验进行评价，确定不同添加剂物种的毒性大小级别，再结合可能适用的加工食品以及统计用量评估分析，最终确定其使用的限量和适用范围。

## 二、　毒理学分析

多数食品添加剂并非天然产物。许多物种在合成或分离过程中会残留有害的原料或杂质。有些食品添加剂本身就是化学合成的制剂。因此为确保食品添加剂的安全使用，对添加剂安全性评估是非常必要的。缺乏毒理学评价、毒性不确定的任何物种不能作为食品添加剂使用。确定食品添加剂的毒性级别和安全性是毒理学评价的主要内容，也是制定使用限量标准的重要依据。

### （一）　毒理学评价内容

毒理学评价除做必要的分析检验外，通常采用动物试验进行毒性评价。评价程序依次分别包括急性经口毒性试验、遗传毒性试验、亚慢性毒性试验28d经口毒性试验、90d经口毒性试验、致畸试验、生殖毒性试验和生殖发育毒性试验、毒物动力学试验、慢性毒性试验和致癌试验、慢性毒性和致癌合并试验。

1. 急性经口毒性试验（Acute Toxicity Study）

急性经口毒性试验是经口一次性给予或24h内多次给予受试物（Test Substances）后，在短时间内观察动物所产生的毒性反应，包括中毒体征和死亡，致死剂量通常用半数致死量（$LD_{50}$）来表示。

（1）试验目的　测定$LD_{50}$，了解受试物的急性毒性强度、性质和可能的靶器官，为进一步进行毒性试验的剂量和毒性观察指标的选择提供依据，并根据$LD_{50}$进行毒性剂量分级（表1-1）。

（2）结果判定　如$LD_{50}$剂量小于人的推荐（可能）摄入量[*]的100倍，则放弃该受试物用于食品，不再继续其他毒理学试验。

表1-1　　　　　　　　　急性毒性（$LD_{50}$）剂量分级表

| 毒性级别 | 大鼠口服 $LD_{50}$ mg/kg（体重） | 相当于对人的致死量 mg/kg（体重） | g/人 |
|---|---|---|---|
| 极毒 | <1 | 稍尝 | 0.05 |
| 剧毒 | 1~50 | 500~4000 | 0.5 |
| 中等毒 | 51~500 | 4000~30000 | 5 |
| 低毒 | 501~5000 | 30000~250000 | 50 |
| 实际无毒 | >5000 | 250000~500000 | 500 |

---

[*]　人对添加剂可能摄入量（$P$）的推算步骤（体重）：

1. 能够在食品中产生添加效果时的最小使用量（$a$），%
2. 人均每日对该添加食品的平均食用量（$b$），g
3. 人平均标准体重（60），kg
4. $P$（mg/kg）$= \dfrac{a \times b}{60} \times 1000$

例：某添加剂在肉制品中最小使用量为0.1%，人日均食用该肉制品为100g，人对此添加剂的可能摄入量计算：
$P = 0.1\% \times 100 \times 1000 \div 60 = 1.7$（mg/kg）

2. 遗传毒性试验（Genetic Toxicity Study）

（1）主要内容　遗传毒性试验的组合应该考虑原核细胞与真核细胞、体内试验与体外试验相结合的原则。根据受试物的特点和试验目的，推荐系列遗传毒性试验组合：①细菌回复突变试验；哺乳动物红细胞微核试验或哺乳动物骨髓细胞染色体畸变试验；小鼠精原细胞或精母细胞染色体畸变试验或啮齿类动物显性致死试验。②细菌回复突变试验；哺乳动物红细胞微核试验或哺乳动物骨髓细胞染色体畸变试验；体外哺乳类细胞染色体畸变试验或体外哺乳类细胞 TK 基因突变试验。③其他备选遗传毒性试验：果蝇伴性隐性致死试验、体外哺乳类细胞 DNA 损伤修复（非程序性 DNA 合成）试验、体外哺乳类细胞 *HGPRT* 基因突变试验。

（2）试验目的　了解受试物的遗传毒性以及筛查受试物的潜在致癌作用和细胞致突变型。

（3）结果判定　①如遗传毒性试验组合中两项或以上试验阳性，则表示该受试物很可能具有遗传毒性和致癌作用，一般应放弃该受试物应用于食品；②如遗传毒性试验组合中一项试验为阳性，则再选两项备选试验（至少一项为体内试验）。如再选的试验均为阴性，则可继续进行下一步的毒性试验；如其中有一项试验阳性，则应放弃该受试物应用于食品；③如三项试验均为阴性，则可继续进行下一步的毒性试验。

3. 28d 经口毒性试验

（1）试验目的　在急性毒性实验的基础上，进一步了解受试物毒作用性质、剂量－反应关系和可能的靶器官，得到 28d 经口未观察到有害作用剂量，初步评价受试物的安全性，并为下一步较长期毒性和慢性毒性试验剂量、观察指标、毒性终点的选择提供依据。

（2）结果判定　对只需要进行急性毒性、遗传毒性和 28d 经口毒性试验的受试物，如试验未发现有明显毒性作用，综合其他各项试验结果可做出初步评价；如试验中发现有明显毒性作用，尤其是有剂量－反应关系时，则考虑进行进一步的毒性试验。

4. 90d 经口毒性试验

（1）试验目的　观察受试物以不同剂量水平经长期喂养后对实验动物的毒作用性质、剂量－反应关系和靶器官，得到 90d 经口未观察到有害作用剂量，为慢性毒性试验剂量选择和初步制定人群安全接触限量标准提供科学依据。

（2）结果判定　根据试验所得的未观察到有害作用剂量进行评价，原则是：①未观察到有害作用剂量小于或等于人的推荐（可能）摄入量的 100 倍表示毒性较强，应该放弃该受试物用于食品；②未观察到有害作用剂量大于 100 倍而小于 300 倍者，应进行慢性毒性试验；③未观察到有害作用剂量≥300 倍者则不必进行慢性毒性试验，可进行安全性评价。

5. 致畸试验

（1）试验目的　了解受试物是否具有致畸作用和发育毒性，并可得到致畸作用和发育毒性的未观察到有害作用剂量。

（2）结果判定　根据实验结果评价受试物是不是实验动物的致畸物。若致畸试验结果阳性，则不再继续进行生殖毒性试验和生殖发育毒性试验。在致畸试验中观察到的其他发育毒性，应结合 28d 和（或）90d 经口毒性试验结果进行评价。

6. 生殖毒性试验和生殖发育毒性试验

（1）试验目的　了解受试物对实验动物繁殖及对子代的发育毒性，如性腺功能、发情周期、交配行为、妊娠、分娩、哺乳和断乳及子代的生长发育等，得到受试物的未观察到有害作用剂量水平，为初步制定人群安全接触限量标准提供科学依据。

（2）结果判定　根据试验所得的未观察到有害作用剂量进行评价，原则是：①未观察到有害作用剂量小于或等于人的推荐（可能）摄入量的100倍表示毒性较强，应该放弃该受试物用于食品；②未观察到有害作用剂量大于100倍而小于300倍者，应进行慢性毒性试验；③未观察到有害作用剂量大于或等于300倍者则不必进行慢性毒性试验，可进行安全性评价。

7. 慢性毒性试验和致癌试验

（1）试验目的　了解经长期接触受试物后出现的毒性作用以及致癌作用；确定未观察到有害作用剂量，为受试物能否用于食品的最终评价和制定健康指导值提供依据。

（2）结果判定　根据慢性毒性试验所得的未观察到有害作用剂量进行评价，原则是：①未观察到有害作用剂量小于或等于人的推荐（可能）摄入量的50倍者，表示毒性较强，应该放弃该受试物用于食品；②未观察到有害作用剂量大于50倍而小于100倍者，经安全性评价后，决定该受试物可否用于食品；③未观察到有害作用剂量大于或等于100倍者则可考虑允许适用于食品。

根据致癌试验所得的肿瘤发生率、潜伏期和多发性等进行致癌试验结果判定的原则是：凡符合下列情况之一（表1-2），可认为致癌试验结果阳性；若存在剂量—反应关系，则判断阳性更可靠。

表1-2　　　　　　　　　　　　　致癌试验结果的几种现象

| 序号 | 肿瘤发生情况 |
| --- | --- |
| 1 | 肿瘤只发生在试验组，对照组中无肿瘤发生 |
| 2 | 试验组与对照组动物均发生肿瘤，但试验组发生率高 |
| 3 | 试验组动物中多发性肿瘤明显，对照组中无多发性肿瘤，或只是少数动物有多发性肿瘤 |
| 4 | 试验组与对照组动物肿瘤发生率虽无明显差异，但试验组中发生时间较早 |

8. 其他

若受试物掺入饲料的最大添加量（原则上最高不超过饲料的10%）或液体受试物经浓缩后仍达不到未观察到有害作用剂量为人的推荐（可能）摄入量的规定倍数时，综合其他的毒性试验结果和实际食用活饮用量进行安全性评价。

（二）食品添加剂的毒理学评价

（1）物种毒性的确定　对任何未曾在食品中使用、缺乏任何毒理学资料的物种，在使用之前须按毒理学评价程序依次对测试物种进行毒理试验，通过实验测试确定物质的 $LD_{50}$、NOAEL、毒性分级等毒理学参数，否则未经毒理学评价的物种不能作为食品添加剂使用。

（2）评价要求

①凡属毒理学资料比较完整，世界卫生组织已公布日容许量或不需规定日容许量者或多个国家批准使用，如果质量规格与国际质量规格标准一致，则要求进行急性经口毒性试验和遗传毒性试验；若质量规格标准不一致，则需增加28d经口毒性试验，根据试验结果考虑是否进行其他相关毒理学试验。

②凡属有一个国家批准使用，世界卫生组织未公布日容许摄入量或资料不完整的，则可先进行急性经口毒性试验、遗传毒性试验、28d经口毒性试验和致畸试验，根据试验结果判定是否需进行进一步的试验。

③对于由动、植物或微生物制取的单一组分，高纯度的添加剂，凡属新品种的，需要进行急性经口试验、遗传毒性试验、90d 经口毒性试验和致畸试验，经初步评价后，决定是否需进行进一步试验，凡属国外有一个国际组织或国家已批准使用的，则进行急性经口毒性试验、遗传毒性试验和 28d 经口毒性试验，经初步评价后，决定是否需进行进一步试验。

## 三、 应用要求

1. 限量

正确使用食品添加剂首先要符合对其使用的限量要求，这是对食品添加剂安全性的保证。这其中包括对不同食品种类的使用范围和在食品中的添加剂量。除源于传统食物成分或被证实无需限量要求的部分物种之外，所有食品添加剂均有明确的限量标准和要求。

2. 日容许摄入量（Acceptable Daily Intake Estimation，ADI）

日容许摄入量是指人类每日摄入某物质直至终生，而不产生可检测到的对健康产生危害的量。以每千克体重可摄入的量表示，即 mg/（kg 体重·d）。不同添加剂物种的 ADI 是将其未见有害作用水平（NOAEL）除以安全系数[1]计算得出的。

3. 限量确定

使用限量是食品添加剂在食品中的最大使用量。目前，有些国家是依据 JECFA 推荐的丹麦预算法（DBM）[2] 来推算的。这种方法虽然部分国家有些争议，但目前仍得到一些国家的认可和采用。我国对食品添加剂使用限量的确定基本采用安全系数推算法。具体内容如下：

（1）确定 NOAEL（mg/kg）　通过毒理学实验得到添加剂物种相应的 NOAEL 值（mg/kg）。NOAEL 的确定取决于测试系统的选择、剂量设计、测试指标代表性及方法灵敏度。

（2）ADI（mg/kg）　动物数据用于人体时，考虑个体或品种的差异，通过安全系数校正，即 ADI = NOAEL ÷ 100。

（3）日人均容许用量 A（mg）　对于标准体重（60kg）的日人均用量为：$A = \mathrm{ADI} \times 60$。

（4）统计确定相关食物总用量 $M_n$（kg）　通过膳食调查统计确定，需要含有该添加剂的各种食品，每日人均摄入总量：$M_n = M_1 + M_2 + M_3 + \cdots = \sum M_i$。

（5）摄入总食物中平均容许含量 C（mg/kg）

总食品中平均含量：$C = \dfrac{A}{M_n}$

（6）食品添加剂的最大用量 E（mg/kg）　根据不同食品占总食品的比例，计算单种食品中添加剂的最大用量：

$$E = C \times \frac{M_i}{M_n}$$

4. 范围要求

不同的食品添加剂在不同的食品中使用应有明确的要求，这也是食品添加剂使用安全性的

---

[1]　安全系数：是根据 NOAEL 计算 ADI 时所用的系数。安全系数一般定为 100，即假设人比实验动物对受试物敏感 10 倍，人群内敏感性差异为 10 倍，二者乘积所得的结果。

[2]　食品添加剂在食品中的最大使用量在许多国家是依据 JECFA 推荐的"丹麦预算法（The Danish Budget Method，DBM）"来推算的。日本等国家曾认为这种方法仅适宜西方国家，尤其不符合亚洲人群的生活习惯。但目前仍被部分国家认可和采用。丹麦预算法确定食品添加剂的最大使用量为 ADI×40。

基本内容。食品添加剂在不同食品中的应用及其范围的扩展，应根据不同食品添加剂的功能及其毒理性质所决定。因此，为加强对食品添加剂的使用管理，近年来许多国家的有关标准和法规中不仅列出添加剂的性质和功能，而且还刻意标出不同添加剂所限定应用的食品范围。

（1）依加工食品需要选择添加剂类别物种　不同类型的食品添加剂具有不同的使用功能；不同物种也会表现出不同使用效果。根据对不同食品的加工和处理需要，选择相宜类别的添加剂物种，以避免盲目性地使用情况发生，使食品添加剂更有效地发挥其使用功能和添加效果。

（2）毒理学性质决定应用范围及使用剂量　不同食品添加剂的应用范围和使用效果依赖于不同的物种及其特殊性能，但在同类添加剂应用到不同的食品种类和添加剂量时，不得不考虑其毒理性质的差异和影响。因为食品添加剂的性能仅影响加工食品的添加效果，而物种的毒理性质则影响加工食品的安全性。

（3）扩展使用范围须完成申报　随着应用和研发进展，食品添加剂的物种及其应用范围也会出现不断的扩展和变化。但所有更新内容应符合现有相关的标准和规定，否则必须完成必要的测试实验与申报程序。

## 四、 使用原则

大多数食品添加剂并非为食品的自然成分，而仅为食品加工和处理过程中添加和使用的辅料。对添加剂的使用应有相应的要求和限制，这是科学使用食品添加剂的基本要求。因此，对食品添加剂的正确使用不仅监管者清楚，使用者也应该非常明确。首先对其选择和使用须遵循以下的基本原则。

①使用添加剂不应对消费者产生任何健康危害；

②不应掩盖食品腐败变质；

③不应掩盖食品本身或加工过程中的质量缺陷或以掺杂、掺假、伪造为目的而使用食品添加剂；

④不应降低或影响其营养价值；

⑤在达到预期的效果下尽可能降低在食品中的用量。

食品添加剂的认识和使用以及效果评判，必须要有量与度的观念和意识。没有量与度的概念，就难以正确认识和了解食品添加剂；而无范围和限量意识，同样不会恰当地运用添加剂和发挥其应有作用。无指标、无剂量、无阈值的评判难以进行量化比较、质量鉴别及效果说明，也是不科学的评判。

总之，食品添加剂使用目的是提高和改善食品的品质与加工条件，但其安全性却是首要目标和基本准则。食品添加剂的安全性涉及食品添加剂的物种圈限、毒理学性质（$LD_{50}$、ADI）、限用剂量和应用范围等方面，这些是在选择和使用食品添加剂之前必须考虑的重要内容。

## 第三节　法规管理

食品添加剂具有提高食品的内在质量和感官效果以及利于改善加工条件等功效是添加剂基本的技术要求，而完成毒理学分析与评估、确定应用范围和使用剂量，是添加剂在食品中使用的基础和理论依据。但是为保证添加食品的安全性、实现对食品添加剂的规范管理，还应该通过行政管理机构对以上内容进行综合论证和评判，完成必要的审查与核准，明文颁布后才能上市和使用。这是实施法制规范、系统管理食品添加剂的重要内容与关键步骤，也是食品添加剂的物种判别及合法使用的基本依据。只有科学、规范地使用食品添加剂，才能发挥出其积极作用和技术效果。否则，使用添加剂反而会得不偿失，甚至会降低添加食品的质量，影响其食用的安全性，以致给消费者的身体健康带来危害。

因此，对食品添加剂的审查、批准、生产、使用以及监督应有完善的管理机制和严格的程序要求。法制化管理需要立法与立标、管理有依据，也是标准化运行的保障；而标准同样是落实相应技术要求的依据和基础。通过建立健全相应的法律、法规及其强制标准等准则，实现有效的法制管理，以此保障食品添加剂的规范生产和安全使用，在促进食品工业的改善和进步的同时得到健康、蓬勃的发展。

# 一、 法规管理的必要性

**1. 安全性保证**

食品添加剂的使用影响食品的质量与卫生，影响添加食品的食用安全，甚至影响到消费者的健康与生命。规范食品添加剂的物种范围、使用范围及使用限量有利于对食品添加剂生产和应用的管理，同时也能有效地控制由此诱发的各类安全事故发生。法制化管理突出了规范生产和使用、质量检验、监督责任的严肃性和法律性，强化了对食品质量安全及食品添加剂管理方面的法制观念。实现法制化管理须对食品添加剂的物种、质量、使用范围、用量有严格的监管。任何在食品加工过程中出现的非食品添加剂、超标、超量使用现象和事故，相应企业法人、管理者、操作人员都应承担相应的法律责任。因此，对添加剂实施的各项管理措施，实现对食品添加剂的法制化管理才是最积极、最有力、最有效的保证举措。

**2. 利于扬长避短**

食品添加剂中大多数物种不属于食物的自然成分而属于外加物质。根据食品的加工要求，适量、恰当地选用食品添加剂能有效地提高食品质量和改善加工效果。但不考虑使用物种、忽略其安全使用限量，仅一味追求添加剂的单一目的，会因不恰当的物种使用或超量添加而引起安全事故发生。无原则、无节制地使用食品添加剂不仅不能改善加工食品质量，反而会增加不必要的安全隐患。由此可见，对食品添加剂正确使用既要熟知不同添加剂的性质和技术功能，同时要清楚认识其使用范围和添加限量。食品添加剂的两重性需要对添加剂的使用有严格、强制的管理措施，才能发挥食品添加剂的积极作用。

**3. 益于发挥各自功效**

法制化管理要求使用添加剂必须严格按有关的标准执行。相关标准则是在食品添加剂范围内，依不同物种的特性与功能为基础而制定的技术要求和准则。因此，对食品添加剂的使用管理实现法制化和标准化，在执行和操作过程中能够更加明确其使用类别、物种、性能、范围及剂量，更加有针对性和选择性地运用在不同的加工食品中，高效发挥食品添加剂的技术功能和作用。

**4. 促进产业健康发展**

实现法制化管理可有效地降低和消除食品添加剂在生产、经营和使用过程中存在的技术问题和人为障碍，理顺添加剂产品流向和通畅。生产厂家可根据质量要求进行标准化生产。食品加工则依加工需要选择规范的添加剂产品。优胜劣汰，自由竞争，使劣质产品无市场，不规范企业被淘汰，食品添加剂市场更加充满朝气和活力。食品添加剂对食品质量的提高和帮助，稳定和丰富了对各种添加剂的需求和市场，使生产与经营者有了经济效益和长远目标。法制化管理不仅规范了食品添加剂的生产和使用，使食品加工技术和产品质量得到提高和改善，而且对生产和经营也有积极的促进作用。同时，极大地促进和推动食品添加剂的生产及相关产业不断地得到扩充和发展。

## 二、 法规与标准

### （一） 卫生安全法

1995 年颁布的《中华人民共和国食品卫生法》是建国以来颁布的第一部涉及食品添加剂内容的法律，2009 年被修改为《中华人民共和国食品安全法》，2015 年进行第一次修订。该法中对食品添加剂等名词定义及相关卫生和安全要求做了明确规定。其中有二十余项条款涉及食品添加剂的生产、经营和使用及其监督管理内容，并作出了解释和说明。其中直接与食品添加剂相关的内容包括：

（1）对食品、食品添加剂做出的定义和说明。

（2）食品安全标准包括食品添加剂的品种、使用范围、用量等内容。

（3）食品添加剂应当在技术上确有必要且经过风险评估证明安全可靠，方可列入允许使用的范围，应当依照食品安全标准关于食品添加剂的品种、使用范围、用量的规定使用食品添加剂；食品生产者不得采购或者使用不符合食品安全标准的食品添加剂；食品添加剂应当有标签、说明书和包装。

（4）国务院卫生行政部门应当根据技术必要性和食品安全风险评估结果，及时对食品添加剂的品种、使用范围、用量的标准进行修订。

### （二） 限制规定

在有些法律和标准尚未建立或有待完善阶段，政府往往颁布一些相关的规定以利于实施管理。我国对食品添加剂生产和使用方面的管理规定，早在 20 世纪 50 年代就已发布和实施。依据国家卫生健康委员会（原国家计生委）批准公布实施的，如 1954 年对糖精在清凉饮料（碳酸饮料的旧称）、面包、饼干、蛋糕中的使用规定等。虽然远滞后于发达国家（美国涉及食品添加剂的有关法规最早出现在 1914 年），但对当时落后的食品工业的确起到了积极的作用和效果。随着食品工业的飞速发展和社会进步，有关干预性行政规定在法律和标准出台前是十分必要的，如由国家相关部委近年来发布实施的相关卫生管理办法和规定（表 1－3）。

表 1－3　　　　　　　　　　历年有关食品添加剂管理法规的颁布情况

| 时间 | 相关法规 |
| --- | --- |
| 1954 年 | 卫生部发布《关于食品中使用糖精剂量的规定》 |
| 1956 年 | 卫生部发布对进口食用色素的相关规定 |
| 1957 年 | 卫生部发布酱油中使用防腐剂问题的文件 |

续表

| 时间 | 相关法规 |
|------|---------|
| 1960 年 | 国家科学技术委员会、卫生部、轻工业部联合发布《食用合成色素受理暂行办法》 |
| 1965 年 | 国务院颁布《食品卫生管理试行条例》 |
| 1973 年 | 卫生部发布《食品添加剂卫生管理办法》 |
| 1979 年 | 国务院颁布《中华人民共和国食品卫生管理条例》 |
| 1982 年 | 轻工业部、卫生部、国家工商行政管理局发布《食品用香料产品生产管理试行办法》 |
| 1983 年 | 轻工业部、卫生部、商业部发布《食品用化工产品生产管理办法》 |
| 1986 年 | 卫生部发布《食品营养强化剂卫生管理办法（试行）》 |
| 1995 年 | 颁布《中华人民共和国食品卫生法》 |
| 2001 年 | 卫生部发布《食品添加剂卫生管理办法》 |
| 2002 年 | 卫生部发布《食品添加剂生产企业卫生规范》 |
| 2009 年 | 颁布《中华人民共和国食品安全法》 |
| 2011 年 | 颁布 GB 2760—2011《食品安全国家标准　食品添加剂使用标准》 |
| 2012 年 | 发布 GB 14880—2012《食品安全国家标准　食品营养强化剂使用标准》 |
| 2013 年 | 国家卫生和计划生育委员会发布 GB 29924—2013《食品安全国家标准　食品添加剂标识通则》 |
| 2014 年 | 国家卫生和计划生育委员会颁布 GB 2760—2014《食品安全国家标准　食品添加剂使用标准》 |
| 2015 年 | 颁布《中华人民共和国食品安全法》 |
| 2016 年 | 国家食品药品监督管理总局颁布《保健食品注册与备案管理办法》 |

### （三）　强制性标准

1. 相关标准

国家和地方政府颁布的有关食品添加剂产品质量标准与使用标准均为强制性标准。如 GB 2760—2014《食品安全国家标准　食品添加剂使用标准》、GB 14880—2012《食品安全国家标准　食品营养强化剂使用标准》、GB 15193. 1—2014《食品安全国家标准　食品安全性毒理学评价程序》等，内容涉及食品添加剂产品类别、限用物种和范围剂量等方面。其中 GB 2760—2014《食品添加剂使用标准》是食品添加剂在使用管理方面的核心标准，包括食品添加剂的物种限定、食品添加剂的应用范围和使用剂量、不同食品允许使用的添加剂、食品用香料物种、食品工业用加工助剂及胶基糖果中基础剂物质及其配料名单、食品添加剂功能类别、食品分类系统等。GB 2760—2014《食品安全国家标准　食品添加剂使用标准》不仅是食品加工企业在使用添加剂方面的技术参考和操作准则，同时是实施监督管理的基本依据。

2. 使用标准的修订

为适应食品工业的高质量发展和国际贸易所需，参照国际法典食品添加剂通用标准

（GSFA）我国对食品添加剂使用标准进行更新，具体历程如下：GB 2760—2007《食品安全国家标准　食品添加剂使用卫生标准》作废→GB 2760—2011《食品安全国家标准　食品添加剂使用标准》作废→GB 2760—2014《食品安全国家标准　食品添加剂使用标准》现行。

（1）GB 2760—2011《食品安全国家标准　食品添加剂使用标准》与 GB 2760—2007《食品安全国家标准　食品添加剂使用卫生标准》相比，主要变化如下：

①修改了标准名称；

②增加了 2007 年至 2010 年第 4 号卫生部公告的食品添加剂规定；

③调整了部分食品添加剂的使用规定；

④删除了表 A. 2 食品中允许使用的添加剂及使用量；

⑤调整了部分食品分类系统，并按照调整后的食品类别对食品添加剂使用规定进行了调整；

⑥增加了食品用香料、香精的使用原则，调整了食品用香料的分类；

⑦增加了食品工业用加工助剂的使用原则，调整了食品工业用加工助剂名单。

（2）GB 2760—2014《食品安全国家标准　食品添加剂使用标准》与 GB 2760—2011《食品安全国家标准　食品添加剂使用标准》相比，主要变化如下：

①增加了原卫生部 2010 年 16 号公告、2010 年 23 号公告、2012 年 1 号公告、2012 年 6 号公告、2012 年 15 号公告、2013 年 2 号公告，国家卫生和计划生育委员会 2013 年 2 号公告、2013 年 5 号公告、2013 年 9 号公告、2014 年 3 号公告、2014 年 5 号公告、2014 年 9 号公告、2014 年 11 号公告、2014 年 17 号公告的食品添加剂规定；

②将食品营养强化剂和胶基糖果中基础剂物质及其配料名单调整由其他相关标准进行规定；

③修改了 3.4 带入原则，增加了 3.4.2；

④修改了附录 A"食品添加剂的使用规定"；

⑤修改了附录 B 食品用香料、香精的使用规定；

⑥修改了附录 C 食品工业用加工助剂（以下简称"加工助剂"）使用规定；

⑦删除了附录 D 胶基糖果中基础剂物质及其配料名单；

⑧修改了附录 F 食品分类系统；

⑨增加了附录 F"附录 A 中食品添加剂使用规定索引"。

3. 标准主要规范内容

GB 2760—2014《食品安全国家标准　食品添加剂使用标准》、GB 14880—2012《食品安全国家标准　食品营养强化剂使用标准》是国家对食品添加剂使用管理方面的核心标准与基本依据。其内容主要包括。

①食品添加剂按其主要功能特点分为 23 个类别；

②所有食品添加剂物种（不包括胶基糖果中基础剂物质、酶制剂、营养强化剂、食品用香料、食品工业用加工助剂）分为可在各类食品中使用和在有限食品范围使用两个系列；

③参照 GSFA 将食品分为乳及乳制品；脂肪，油和乳化脂肪制品；冷冻饮品；水果、蔬菜（包括块根类）、豆类、食用菌、藻类、坚果以及籽类等；可可制品、巧克力和巧克力制品（包括代可可脂巧克力及制品）以及糖果；粮食和粮食制品；焙烤食品；肉及肉制品；水产及其制品；蛋及蛋制品类；甜味料（包括蜂蜜）、调味品；特殊膳食用食品；饮料；酒类及其他

类共 16 个基本类别；

④可在各类食品中按生产需要适量使用的添加剂及其不适宜使用的食品个例；

⑤单独列出的食品添加剂包括：胶基糖果中基础剂物质、酶制剂、食品用香料、食品工业用加工助剂共五类，其中营养强化剂在 GB 14880—2012《食品安全国家标准　食品营养强化剂使用标准》中单独列出。

## 三、审批程序

按国家对食品添加剂审批的有关规定，食品添加剂的新品种，生产经营企业在投入生产前，必须提出该产品卫生评价和营养评价所需的资料以及样品，按照规定的食品卫生标准审批程序报请审批，具体则是针对以下两种类型做的规定和要求。

1. 食品添加剂新品种的资料要求

未列入 GB 2760—2014《食品安全国家标准　食品添加剂使用标准》或国家卫生健康委员会公告名单中的食品添加剂新品种，应当提交下列资料：

（1）添加剂的通用名称、功能分类，用量和使用范围；

（2）证明技术上确有必要和使用效果的资料或者文件；

（3）食品添加剂的质量规格要求、生产工艺和检验方法，食品中该添加剂的检验方法或者相关情况说明；

（4）安全性评估材料，包括生产原料或者来源、化学结构和物理特性、生产工艺、毒理学安全性评价资料或者检验报告、质量规格检验报告；

（5）标签、说明书和食品添加剂产品样品；

（6）其他国家（地区）、国际组织允许生产和使用等有助于安全性评估的资料。

2. 需要扩大使用范围或使用量的物种要求

对列入 GB 2760—2014《食品安全国家标准　食品添加剂使用标准》或国家卫生健康委员会公告名单中的品种需要扩大使用范围或使用量的添加剂物种，可以免于提交前项第四项安全性评估材料，但是技术评审中要求补充提供的除外。

食品添加剂的审批程序如下：

（1）申请者应当向所在地省级卫生行政部门提出申请，并按前两项规定的不同要求提供资料；

（2）卫生部应当在受理后 60 日内组织医学、农业、食品、营养、工艺等方面的专家对食品添加剂新品种技术上确有必要性和安全性评估资料进行技术审查，并作出技术评审结论。对技术评审中需要补充有关资料的，应当及时通知申请人，申请人应当按照要求及时补充有关材料。

（3）必要时，可以组织专家对食品添加剂新品种研制及生产现场进行核实、评价。

需要对相关资料和检验结果进行验证检验的，应当将检验项目、检验批次、检验方法等要求告知申请人。安全性验证检验应当在取得资质认定的检验机构进行。对尚无食品安全国家检验方法标准的，应当首先对检验方法进行验证。

（4）食品添加剂新品种及产品质量标准审批程序流程如图 1-1 所示。

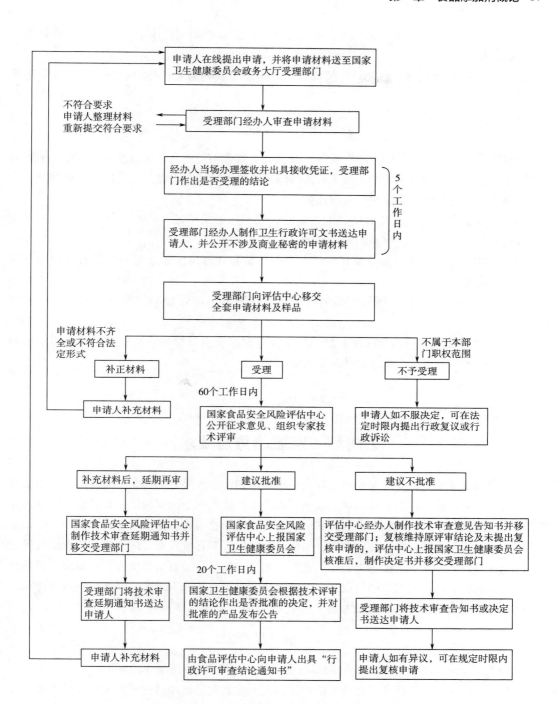

图 1-1 新产品质量标准审批程序流程图

3. 引进食品添加剂审批要求

申请首次进口食品添加剂新品种和进口扩大使用范围或使用量的食品添加剂，生产企业或者进口代理商应当直接向国家卫生健康委员会提出申请。申请时，除应当按前两项规定的不同要求提供资料外，还应当提供下列资料。

（1）出口国（地区）相关部门或者机构出具的允许该添加剂在本国（地区）生产或者销售的证明材料。

（2）生产企业所在国（地区）有关机构或者组织出具的对生产企业审查或者认证的证明材料。

## 四、监管

根据国家对有关监管部门的职责要求，按照一个监管环节由一个部门监管的原则，采取分段监管为主、品种监管为辅的方式落实有关部门的监管职能，以明确分管责任。具体涉及与食品添加剂相关监管内容及相应部门可归述如下。

（1）涉及食品添加剂及其相关卫生方面的法规和标准的制定、修改与批准；食品添加剂某物种使用范围的扩大、新物种的审批由国家卫生部主管。

（2）对食品添加剂产品质量及其生产方面的监督和管理由国家质量检验监督部门及下属地方单位实施监管。

（3）食品添加剂产品及添加食品的流通环节由国家工商管理部门及下属地方单位实施监管。

（4）对食品安全（包括食品添加剂的使用及对食品安全的影响）的综合监督、组织协调和依法组织查处重大事故统由食品药品监督管理部门负责。

# 第四节　发展趋势与要求

随着食品工业的发展，食品添加剂应用范围越来越广，人类健康与食品营养的舞台需要食品添加剂来扮演角色。食品工业的状况在相当程度上反映了一个国家经济发展的水平。食品添加剂是构成现代食品工业的重要因素，它对于改善食品的色、香、味，增加食品营养，提高食品品质，改善加工条件，防止食品变质，延长食品的保质期有极其重要的作用。因此，食品添加剂产业在现代食品工业中已占据着极其重要的地位。然而食品添加剂将会怎样发展呢，现代工业和消费人群对食品添加剂的发展又有哪些期待？根据食品加工情况及对产品质量的影响因素，可将食品添加剂的发展趋向归为以下几个方面。

## 一、新产品开发

1. 开发以天然产物或以食品成分为原料的产品，以扩大对天然产物的利用

根据对原料安全性选择和天然资源的利用，突出此类食品添加剂的开发生产应是主要的发展趋势。这方面也包含对天然成分物质的分离纯化及改性处理，如淀粉系列产品。

2. 开发研制高效、多功能添加剂产品

食品添加剂属于食品加工过程中添加使用的辅助材料。为提高食品添加剂的使用效率，宜开发具有多功能的食品添加剂，以实现提高食品质量、降低加工成本的目标，研发和利用高效、多功能类型的食品添加剂应具有更强的竞争力。如棕榈酸抗坏血酸酯既有乳化性能又有抗氧化作用，并可兼作营养强化剂和酸味剂。使用此类添加剂可解决许多不相关的问题，极大地

提高了添加剂的使用效果。

3. 复配型添加剂的研究利用及其规范管理

任何添加剂都有一定的局限性，利用不同类型的食品添加剂性质和特点进行复合添加使用，使不同食品添加剂的各自优势进行组合，对加工产品能明显增加其协同作用，更利于提高添加剂使用效率。复配型食品添加剂有助于知识产权的保护和防止对该产品的非法仿制，具有显著的添加作用和市场潜力。但复配型添加剂制品应突出功能特点及其组成说明，对相应的产品标准和要求需要补充相宜的内容，以完善与其相应的管理。

4. 扩大生物制品的数量和研发生物类型的食品添加剂

利用微生物发酵或生物酶催化生产等生物技术生产传统的和新型的食品添加剂。由于生物合成采用动植物原材料，生产过程无需高温、高压处理，因此得到的添加剂产品安全性较高。但生产物种相对较少，已经生产的物种一般规模较小。由于生物方法生产周期相对较长，因此，需要扩大生产规模来进行弥补，否则其优势难以显现。

5. 高纯度的化学合成制品

化学合成对添加剂产品的生产有一定的优势，如原料简单、工艺明确、生产周期短，但其致命的缺点是其原料与副产物的残存。因此，提高分离技术，获得高纯度产品是化学合成制品的唯一出路。

## 二、 发展生产技术

1. 选择廉价或回收物料作生产原料，以降低生产中的原料成本

利用天然产物为加工原料，使用产品安全性高。同时尽量多利用农产品加工中副产品、下脚料、废料，开发生产食品添加剂，降低原材料成本使产品更具有市场竞争力。

2. 研究和应用新的生产技术与合成工艺

对大多数食品添加剂产品的制备以及天然提取物的变性处理，仍需要借助化学合成或化学处理的方法来完成。但是化学反应过程中能耗、副产物杂质、化工原料的残留都将制约着化学方法的利用。因此对其合成工艺、分离纯化技术均需要不断地研究与改进。充分利用微生物发酵、酶工程等生物技术，结合化学合成、修饰与分离的优势进行制备，以降低产品中杂质、有害物质的残留，使添加剂成品不仅有产量规模，而且在质量和纯度方面都有所提高，真正达到安全、高效、可靠的添加剂产品标准。

3. 节能减排对生产和预投产的影响

食品添加剂物种繁多，涉及生产方法同样错综复杂。但降低生产中的能耗与对环境的污染排放是首要解决的问题。如对微量成分的单一提取生产；高耗能、高成本、高排放的简单生产等均会受到冲击和影响。在当今时代，忽视节能或减排内容，所得到的任何所谓优质产品已无任何的生存空间和竞争力。

## 三、 监管体系的建立与完善

1. 细化法规与标准内容

为使食品添加剂健康发展，发挥其积极有效的作用，避免错误使用和超量使用现象发生，需要对食品添加剂的生产与使用实施严格的管理和监督。为此需要建立完整的监督和管理体系，其中包括建立、健全有关食品添加剂的法律与标准。在涉及食品添加剂的生产、经营及使

用等方面，不仅有明确的卫生标准和技术规范细则，而且对不同违规、违法的行为也有相应惩处的法规条例。

**2. 实施专职操作管理**

食品添加剂的使用有助于提高食品质量，但无原则使用或肆意操作也会影响加工食品的安全性。因此，在食品生产的企业中，担任配料工作与技术管理的人员必须具有一定专业技术或专职人员，并且对专职人员也需要进行定期的培训和考核。对无专业资质证明或未通过考核者不得从事食品加工中的配料和使用食品添加剂工作。

**3. 标签的明注**

为保证食品的质量与安全性，使消费者了解加工食品的原料、辅料以及食品添加剂等主要组分，避免掺杂、掺假现象出现，在食品标签中除明确原、辅料以外还应标明所使用的食品添加剂物种名称。

**4. 明确监管职能**

为保证食品添加剂的规范使用，管理监管部门应明确相应的职能和责任，确保对原材料采集、加工配料、成品生产、商品流通等领域的监管和交叉影响，避免监管环节间的疏漏和问题发生。

**5. 建立监管通报及问题成品的召回制度**

根据食品添加剂在食品加工方面的特点，需要对食品添加剂的生产与流通情况建立技术档案。对因食品添加剂质量和使用原因导致的问题食品与添加剂产品应及时进行通报说明，严重者应采取对流通的问题商品进行召回和处理措施。

总之，正确地认识食品添加剂，需要客观、全面、积极地进行分析评估，要有科学的发展观。食品添加剂早期的使用，虽然仅出于为改善食品品质和帮助贮存加工，但其应用和发展却为食物资源的充分利用、推动食品加工的工业化生产带来可能；并为满足现代的人口数量和现代的消费水平、现代生活的改善等方面对食品的需求起到了至关重要的作用。食品添加剂不再是简单的食品配料问题，而是重要的加工技术内容和组成。尤其在食品工业的现代化发展过程中，食品添加剂发挥着重要、积极、有效的推动作用。食品添加剂是现代社会、现代工业、现代生活中不可缺少、更无法切割的内容。

食品添加剂的定义说明，食品添加剂不属于食物的自然成分，而是为了技术目的而添加的特殊辅料。具有添加剂功能的物质和材料虽然种类繁多、性能各异，但首先需要考虑的是毒理学评估效果和如何保证食品安全性。随着社会的进步和科学的发展，现代人不再单以添加功能作为食品添加剂的评判依据。食品添加剂的任何物种必须经过毒理评估和政府相关的法规审批方可使用。功效显著、毒理明确及政府法规允许是识别食品添加剂是非的基本准则。在食品加工过程中，遵循相关法规与标准使用食品添加剂不仅有利于提高添加剂的使用效果，而且也是食品安全性的基本保证。规范使用食品添加剂的加工食品是质优、物美、安全、卫生的食品。

食品的质量和安全直接影响到消费者的身体和健康，对与此相关的食品添加剂的生产、销售、使用以及监督等各个环节必须实施法制化管理。完善相关的标准与法规、实施法规专管、健全监管机制是改善加工食品品质、丰富饮食文化、提高居民健康水平、推动食品工业进步、促进食品添加剂产业健康发展的根本保证和措施。

## 🔍 思考题

1. 判断食品添加剂是非的依据是什么？
2. 规范使用食品添加剂的准则是什么？
3. 带入原则涉及哪些内容？
4. 食品添加剂对加工食品的主要功能是什么？
5. 食品添加剂的使用和监管为什么需要实施法制化管理？
6. 中国涉及食品添加剂定义与物种及使用范围的法规与标准有哪些？

7. 浏览相关网站和资料，根据近五年食品添加剂的增长情况，绘制反映国内外总产量、产值变化的柱形或曲线示图；查阅并比较各国对食品添加剂所作的定义、分类、使用标准及限制法规。

8. 上网查阅国际组织和不同国家在涉及食品添加剂方面的法规与使用标准，比较在定义、分类、物种、限用等方面的差异。

9. 查阅近年来 CAC 在有关食品添加剂方面的研究和管理文件，并结合我国的具体情况，讨论监管方面的调整和改进以及法规管理的必要性。

10. 查询和检索与食品添加剂相关内容的新闻报道，试分析其原因与后果以及评述的合理性。

# 防腐剂

内容提要

　　本章主要介绍食品防腐剂对保藏和保鲜的使用意义；食品防腐剂种类及作用机理；典型防腐剂使用方法与特殊要求。

教学目标

　　了解食物腐败变质的原因与保藏的必要性、食品防腐剂的作用机理；掌握防腐剂的使用特点与技术要求。

名词及概念

　　保藏和保鲜、食品防腐剂、防腐剂类别、杀菌剂。

## 第一节　食品保藏

### 一、　食品在贮藏过程中的变化

　　1. 食品的营养成分

　　无论是植物性、动物性或是人造的食品，不管来自农产品、畜产品、水产品还是林产品，都为人类提供维持生存和进行劳作活动的营养成分。不同的食品原料所含的易引起腐败的有机物的比例不同。表2–1所示为各种食品原料的三大营养成分的组成比较。

表2-1　　　　　　　　　　　食品原料的主要营养物质组成　　　　　　　　　　单位:%

| 食品原料 | 碳水化合物 | 蛋白质 | 脂肪 |
|---|---|---|---|
| 水果 | 85 ~ 97 | 2 ~ 8 | 0 ~ 3 |
| 蔬菜 | 50 ~ 85 | 15 ~ 30 | 0 ~ 5 |
| 鱼 | 少量 | 70 ~ 95 | 5 ~ 30 |
| 禽 | 少量 | 50 ~ 70 | 30 ~ 50 |
| 蛋 | 3 | 51 | 46 |
| 肉 | 少量 | 35 ~ 50 | 50 ~ 65 |
| 乳 | 38 | 29 | 31 |

2. 食品的腐败变质

食品本身都含固有的营养成分和特有的风味,在加工、流通和贮存过程中会由于本身的质构或外界环境的原因发生物理、化学及生物学等方面的变化而出现失去原有的色、香、味、形和营养的腐败变质现象。如:

(1) 采收、加工和运输过程中发生的物理损伤、变形;

(2) 霉菌繁殖显现的发霉、变质;

(3) 致病细菌侵蚀产生的中毒、感染;

(4) 蛋白质变质造成的变性、腐败;

(5) 油脂氧化引起的酸败、哈变;

(6) 碳水化合物发酵形成的分解、酸馊;

(7) 维生素等的破坏显示的变色、串味;

(8) 水分的变化引发的干萎、湿胀;

(9) 食品成分因酶的作用导致的酶解、褐变;

(10) 食品因生物生理变化出现的自溶、溃烂;

(11) 昆虫或螨类带来的危害、污染等。

因此,每一种食品都不可能长期保质和存放,而只能有一个有限的自然保质期。在自然条件下,特别是在潮湿和高温的环境中,一般食品的工业生产很难满足食品保鲜货架期和广大消费者所期望保质期的要求。

## 二、　食品腐败变质的主要原因

食品腐败变质的程度和快慢,与食品的种类、组分、贮运条件、存放条件和加工与贮运过程受微生物的感染程度等因素有关。引起新鲜食品腐败变质的原因主要有以下三个方面。

(1) 微生物的作用　微生物的感染包括食品原材料在自然界生存环境中带来微生物的一次污染,以及农产品采收后加工成食品至被人们食用之间经受微生物的二次污染。微生物的感染和繁殖会造成食品的严重变质和腐败,甚至产生对人体有害的毒素。

(2) 酶的作用　酶是一种特殊蛋白质生物催化剂。它能促使某些化学变化而自身不消耗,并具有专一性。有些酶是食品原料中固有的,有些则是微生物在生长繁殖过程中分泌出来的。如水果和蔬菜中的氧化酶,其催化作用是加速果蔬褐变的主要原因。

(3) 环境因素的作用　环境因素是指食品周围环境的温度、湿度、气体的成分和含量等。

温度可加速食品的变质；高的湿度会为微生物提供良好的增殖条件；环境中的氧气对食品的影响最大，可产生一系列的反应：非酶促褐变、油脂酸败、维生素破坏等。

上述影响食品品质的因素中，最主要的是微生物的作用。

## 三、 食品保藏的防腐要求

（1）食品保藏方法的演变　人类有史以来，为了生活和健康，一直致力于寻找食品资源和对获得的食品的有效保藏，努力改善食品的贮藏特性和保持食品的品质，延长食物的保存期限。

①日晒、风干、雪藏的原始作业；

②采用民间积累的盐腌、糖渍、醋泡、烟熏等保藏方法的经验积累；

③使用一些对食品和人体无害的天然或化学物质对食品进行处理的化学防腐法；

④采用诸如加热、干燥、气调和冷冻等大规模物理防腐法；

⑤现代的利用化学添加剂和外加物理场辅助综合处理防腐保鲜技术。

（2）食品防腐剂的角色　随着农产品加工和食品工业生产的发展以及食品销售方法的改进，添加天然或化学防腐剂的方法已得到不断的改进。食品防腐剂的需求量和使用量正以惊人的速度逐年增加，在食品添加剂中占有相当大的比例。尽管在采取不添加化学药剂的包装、物理场保鲜技术和高新加工技术系统等方面进行的不断改革，对降低使用食品防腐剂起到很大的促进作用。但在冷藏设备十分普及的欧美发达国家，防腐剂的用量每年的平均增长速度仍达到3%。目前，抗菌防腐剂在保障食品供应方面扮演着重要的角色，在食品保藏中占据主要的地位。

（3）对食品防腐剂的要求　现在，广大消费者希望所有食品都能常年供应，而且要保持新鲜，没有感染病原体，并有相当长的货架期。也就是说，人们对食品防腐剂的高效性、广谱性、方便性和安全性提出了更高的要求。

## 四、 食品的防腐与灭菌

由于对食品品质影响最主要的因素是微生物的作用，因此大多数食品防腐剂的主要作用是抑制或延缓引起食品腐败的微生物的繁殖、阻止污染食品的致病菌的生长。

1. 防腐与保藏

（1）食品防腐（Antisepsis）　食品防腐是指在食品存放过程采取的防止或抑制微生物生长繁殖的措施，也称抑菌。能防止食品或食品原配料腐败变质，延缓或抑制微生物增殖作用的食品添加剂，被称为防腐剂（Preservative，Antiseptic Substance）。防腐剂作为一种食品保藏剂，可以是人工化学合成的或是天然存在的物质。

（2）食品保藏（Preservation）　食品保藏是指在食品存放期间为了保持食品的质量而采取措施的过程。从防止与抑制食品在贮藏过程中的质量变化和保持食品品质的角度看，防腐剂又可称为保藏剂（Preservatives）。防腐剂有时也与抗氧化剂（Antioxidants）一起被称为保鲜剂。这类物质，在我国一般被统称为防腐保鲜剂。

2. 消毒与灭菌

（1）灭菌（Sterilization）　灭菌是指杀灭食品等物体上包括病原微生物和非病原微生物等所有微生物的过程。即使是从商品角度对某些食品提出的不很严格的灭菌要求——商业灭菌

（Commercial Sterilization），其抗菌程度也比防腐的要求高得多。商业灭菌是指食品经过杀菌处理后，按规定的检测方法，在所检食品中没有检出活的微生物，或者仅能检出极少数的在食品保藏过程中不能生长繁殖的非病原微生物。

（2）消毒（Disinfection）　　消毒则指用物理、化学或生物学的方法杀死病原微生物的过程。具有消毒作用的物质称为消毒剂。一般的消毒剂在常用的浓度下只对无芽孢的菌体有杀菌作用，对于芽孢菌，则需要提高消毒剂的浓度或延长作用时间。

3. 抑菌与杀菌

（1）抑菌（Antibacterial Activity）　　食品工业所说的抑菌是指防止或抑制微生物生长繁殖的方法或过程。抑菌是为了防腐，要防腐就必须抑菌。因而，用于食品防腐的防腐剂也称作抑菌剂。从对微生物作用的角度来说，防腐剂可称为抗微生物剂（Antimicrobial Agents），它与杀菌剂（Antibacterial Agents）和防霉剂（Antimold Agents）在作用强度上有程度的区别，但没有绝对严格的界限。其抑制微生物或杀灭细菌的作用效果可因微生物性质的不同和环境条件的不同而异。如在一定浓度下显示抑菌作用的防腐剂，当浓度提高或与微生物接触长时间后，防腐剂对微生物的抑菌作用可能随剂量和作用时间的改变而转化为杀菌作用。实际上，抑菌作用和杀菌作用只是抗菌程度的差别，可将抑菌作用和杀菌作用统称为抗菌作用。

（2）杀菌（Sterilization）　　通常所说的杀菌则泛指灭菌和消毒，如说牛奶的杀菌是指消毒，罐头食品的杀菌则指商业灭菌。在现代食品加工过程中彻底杀灭有害微生物具有重大的意义，杀菌操作是食品防腐保质和食品安全的一个必不可少的保障。

（3）无菌（Asepsis）　　无菌则是指经消毒灭菌后没有活的微生物存在的状态。如防止微生物污染的无菌室，微生物实验室中的无菌操作技术，食品加工的无菌包装、无菌空气等。

# 第二节　食品防腐剂概论

## 一、　防腐剂的使用目的

1. 食品保藏技术的现状

大自然为人类提供多种多样的食物，从天然、野生的到人工种植、饲养的，从土里长的粮食、果蔬，地上走的牲畜、家禽，到水里游的鱼虾、蟹贝，这些食物不但可供直接消费，也能作为原料再进行加工，因而形成取之不尽、用之不竭的食物资源和丰富的食品工业产品。然而，按保守估计，世界上每年约有1/5的粮油、食品因腐败变质而造成巨大的资源浪费和经济损失，并危及人们的健康。随着社会的发展、科技的进步、世界人口的增长和人们生活水平的提高，在合理、充分利用食品资源的同时，对食品的质量要求也越来越严格，人们需要常年有新鲜食品供应。生产的社会化和市场经济又决定了绝大部分食品不可能一生产出来就能被全部消费光，要通过中间的商业销售环节，这就要求食物或加工食品有一定的保鲜货架期，也就是说，要在存放的一定时间内食品不会变质、不会腐烂。

2. 使用防腐剂的目的

为了减少或抑制食品从采收、出厂到消费者手里整个贮运销售过程产生的变质腐烂，可以采用物理方法、化学方法或生物方法。使用防腐剂就是一种常用的简便经济的使食品防腐保质的一项有效辅助措施。因此，防腐剂的使用目的很明确。

（1）对于食品生产者和商业供销部门来说，其目的是保证食品产品的质量，延长食品的保鲜货架期；

（2）对消费者和管理监督来说，则是保鲜、耐存放，减少致病菌污染引起的食物中毒机会，可保障在保质期内食品的安全性，能放心享用食品。

## 二、 食品防腐剂的作用机理

防腐剂作为防止食品或食品原配料腐败变质的食品添加剂，其防腐作用主要是通过延缓或抑制微生物增殖来实现的。引起食品腐败变质的微生物细胞都有细胞壁、细胞膜，与代谢有关的酶、蛋白质合成系统及遗传物质等亚结构。防腐剂的加入只要对与微生物生长相关的众多细胞亚结构中的某一个有影响，便可达到抑菌的目的。因此，食品防腐剂可通过多种作用机制发挥作用，从细胞水平上分析，防腐剂可从下列的任一个细胞亚结构找到其作用的突破口：

（1）作用于微生物的细胞壁或细胞膜　通过对微生物细胞壁或细胞膜的作用，影响其细胞壁质的合成或细胞质膜中巯基的失活，可使三磷酸腺苷（ATP）等细胞物质渗出，甚至导致细胞溶解。

（2）作用于微生物的细胞原生质　通过对部分遗传机制的作用，抑制或干扰细菌等微生物的正常生长，甚至令其失活，从而使细胞凋亡。

（3）作用于微生物细胞中的蛋白质　通过使蛋白质中的二硫键断裂，从而导致微生物中蛋白质产生变性。

（4）作用于微生物细胞中的酶　通过影响酶中二硫键、敏感基团和与之相连的辅酶，抑制或干扰酶的活力，进而导致敏感微组织中的中间代谢机制丧失活性。

## 三、 食品防腐剂的分类

现有的防腐剂有来自天然的原料，而大部分是合成的化学防腐剂。从应用对象来说，可分为鱼类、肉类防腐剂，面包、糕点防腐剂，饮料、酱料防腐剂，水果、蔬菜防腐剂，谷物、干果防腐剂等。以化学成分归类，又可分为：

（1）有机酸及其盐类　如用于饮料和果酒酱料的苯甲酸和苯甲酸钠，用于鱼肉、禽蛋制品和糕点、面包、饮料的山梨酸和山梨酸钾，用于食醋、酱油等的丙酸钙，用于酱菜的脱氢乙酸以及用于谷物和即食豆制食品的双乙酸钠等。

（2）无机物及无机盐类　如用于饮料汽酒类的 $CO_2$，用于果蔬保鲜和鱼类加工的二氧化氯，用于鲜牛乳保鲜的过氧化氢或过碳酸钠。现已被列入漂白剂的二氧化硫和亚硫酸盐，护色剂中的亚硝酸盐也具有防腐剂的功能。它们都属于无机类防腐剂。

（3）酯类等有机物类　如用于果蔬保鲜、饮料、酱料和糕点馅的对羟基苯甲酸乙酯、对羟基苯甲酸丙酯等。用于果蔬保鲜的桂醛、戊二醛，用于水果、蔬菜保鲜的仲丁胺、十二烷基二甲基溴化胺，用于柑橘保鲜的乙萘酚、4－苯基苯酚和联苯醚等。

（4）生物类　如用于罐头、乳肉制品等蛋白质含量高的食品防腐的乳酸链球菌素、纳他霉素等。在牛乳及其加工产品和罐头食品中应用于杀灭耐热性孢子的具有很强的杀芽孢能力的乳酸链球菌素。

## 四、 选用防腐剂的原则

1. 防腐剂的使用原则

作为食品防腐剂首先必须符合食品添加剂的使用原则：

（1）不得对消费者产生急性或潜在危害；

（2）不得掩盖食品本身或加工过程中的质量缺陷，用量不能大于防腐目的要求的数量；

（3）不得有助于食品假冒或以任何方式欺骗消费者，使用的防腐剂必须在包装中注明；

（4）不得降低食品的营养价值，防腐剂本身应是食品级的质量标准而不能用一般工业品。

2. 防腐剂的选用原则

为了取得良好的应用效果，还须了解和考虑以下的情况和选用原则。

（1）按照微生物作用的选择性 细菌、霉菌和酵母三类微生物对蛋白质、碳水化合物和脂肪三类主要营养成分的分解作用是有选择性的。不同的食品适合不同的微生物生长。如多数酵母对蛋白质分解能力极为微弱，能强烈分解淀粉的细菌仅是少数，能分解脂肪的酵母也不多。因此，应针对性地选用防腐剂。

（2）了解防腐剂抑制微生物的特性 了解所使用的防腐剂抑制微生物的特性，分析可能造成该食品腐败变质的微生物种类、生长环境和条件，结合食品可能感染微生物的程度，选择正确的抑菌防腐剂以及防腐剂的剂量。

（3）兼顾食品和防腐剂的性质 了解食品和防腐剂的化学和物理特性，如防腐剂的溶解度、离解常数和在油－水中的分配系数，食品的组分、性状、pH、$A_w$、保藏状态、保鲜要求，这对最大限度地发挥防腐剂的效果大有好处。

（4）考虑环境的条件 了解食品保藏环境的温度、湿度及气体组成等贮藏条件和卫生条件，以及考虑这些环境条件与其他加工过程的相互作用和影响，以确保所用的防腐剂在要求的时间内能保持抑菌防腐的功效。

（5）根据食品感染微生物的程度 如果希望防腐剂能最大限度延长食品的货架期，就必须保证食品的最高卫生质量，即在加工和贮运过程中尽量减少微生物的感染。因为再好的防腐剂也不可能对已受到严重污染的食品产生较满意的防腐效果。

（6）基于防腐剂的安全性和合法性 所选用的防腐剂的安全性和合法性必须明确。根据防腐剂的分类和性能以及国家的相关法规，选用合适的防腐剂种类和剂量，特别要以安全性为第一位。

# 第三节 防腐剂使用技术

## 一、 防腐剂的添加方式

作为食品添加剂，防腐剂的使用可有不同的添加方式。

（1）直接添加 直接添加到食品中，可在加工过程将防腐剂加到食品中与配料一起混合均匀，如面包和糕点等食品。

（2）表面喷洒或涂布　将防腐剂喷洒或涂布在食品表面，形成一层能有效防止微生物生长的液膜，如水果和蔬菜保鲜。

（3）气调外控　对于易气化或易升华的防腐剂，可通过气相防腐剂控制食品周围的环境因素，从而防止食品的腐败变质，如果蔬、糕点等的保鲜。

## 二、　防腐剂的使用特点

（1）应用历史悠久　食品防腐剂可以说是与人类社会和食品工业同步发展的，它的应用已有很长的历史。因而其应用技术也相当成熟，已摸索出一套最佳的使用条件，积累了丰富的使用经验，可保证较好的应用效果。

（2）适用范围广泛　食品的腐败变质主要是微生物的作用引起的。一般防腐剂的作用是能抑制微生物的繁殖，因而有一定的普适性，但不可能有真正普适的万能防腐剂。而对于各种类型的食品，都可找到高效的专用防腐剂。

（3）添加手续简便　食品防腐剂的使用手续简捷，无需使用复杂、昂贵的特殊仪器设备。对各种食品，防腐剂一般都可以直接添加到食品中，对于固态食品还可采用浸泡、喷洒、被膜、气控等表面处理的灵活处理方式。

（4）应用成本低廉　由于目前国家批准使用的防腐剂都是廉价、低毒的大批量生产的工业产品，其来源都较为充足，容易得到，且使用剂量也较少，添加防腐剂对食品加工成本不会造成多大的影响。

（5）使用低毒安全　尽管化学药品多少都存在一定的毒性，但作为法定允许使用的食品防腐剂在规定的使用范围和使用剂量的条件下，其对人体的毒害是微乎其微的。只要加强监督管理，防止超量、超标、超范围滥用，其使用安全性是有保证的。

## 三、　影响食品防腐剂应用效果的因素

使用防腐剂时，除考虑使用效果外，还要注意影响防腐效果的因素。

（1）食品的成分和含量　在食品中有些成分，如辛香料、调味料等都有一定的抑菌作用，使总体的防腐效果得到加强；而有一些食品成分，会与防腐剂发生各种物理和化学的作用，从而可能降低防腐剂的使用效果。这些成分含量的多少也会影响防腐剂的应用效果。因此，用同一种防腐剂，添加相同的剂量，对于不同的食品，可能出现完全不同的防腐效果。

（2）pH 与用量　对于酸型防腐剂，如苯甲酸、山梨酸，其防腐效果很大程度上决定于食品的酸碱度，pH 越低，效果越好；防腐剂的量如果低于其最低抑菌浓度，则不能发挥防腐作用，太高则超过规定的最大使用量。因此，要求用量适中。要达到预期的防腐效果必须要有一定的浓度，绝不能少量多次地用药，要一步到位。

（3）溶解与分散度　由于防腐剂的添加量只约为食品质量的千分之一，所以必须保证其在食品中均匀分散，才能全面发挥防腐剂的效果。对于水溶性的防腐剂，可先溶于水或直接加入食品中充分混合；对于难溶于水的则可先用乙醇等食用级溶剂配成溶液稀释，再添加到食品中或喷涂在食品表面。

（4）温度与稳定性　一般加热有利于抑菌，可增强防腐剂的效果，缩短处理时间，表明防腐剂与加热处理在防腐方面具有协同作用。防腐剂在热的情况下的稳定性也要给予充分的考虑。对稳定性较好的，即不会受热分解的防腐剂，可在加热前添加；否则，就必须在加热快结

束时或冷却时添加,才能充分发挥作用。

(5)感染微生物的程度 对使用同量的防腐剂来说,食品加工过程所感染微生物的情况越严重,其防腐效果就越差。因防腐剂的作用性质和用量限制,通常只是起抑制微生物的作用,延长微生物增殖过程的诱导期。如食品已严重感染细菌,再使用最大量的防腐剂也于事无补。所以,必须注意食品加工过程保持良好的卫生条件,尽量减少食品染菌的机会和程度。

(6)多种防腐剂的协同作用 每一种防腐剂都有各自一定的抑菌谱,食品感的微生物也是多种多样的。一种防腐剂不可能对食品中的所有微生物都起作用。一般将两种以上的防腐剂配合使用,可取得与单独使用不同的效果,这是协同效应、相加效应或拮抗效应。最普通的协同增效实例是山梨酸与山梨酸钾并用,可达到扩大抑菌范围的协同效果。

# 第四节　常用食品防腐剂

## 一、 有机酸及其盐类防腐剂

### （一） 苯甲酸及其钠盐

1. 苯甲酸（Benzoic Acid）

苯甲酸又称安息香酸,分子式 $C_7H_6O_2$,相对分子质量 122.12。苯甲酸是最早在工业上应用的一种防腐剂。1885 年就有人描述其杀菌作用,1900 年开始大规模生产应用。苯甲酸的结构式见图 2 – 1。

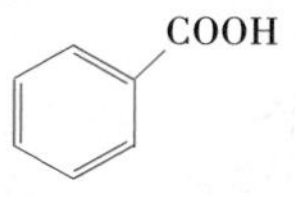

图 2 – 1　苯甲酸

（1）理化性质 苯甲酸为白色、具有光泽的鳞片状或针状结晶,无臭或略带安息香或苯甲醛的气味,在酸性条件下可随蒸气挥发,约 100℃ 开始升华。性质稳定,但有吸湿性,相对密度 1.2659,熔点 122.4℃,沸点 249.2℃,酸性离解常数 $pK_a = 6.46 \times 10^{-5}$ （25℃）。1g 苯甲酸可溶于 275mL 水（25℃）、20mL 沸水、0.3mL 乙醇、5mL 氯、3mL 乙醚,溶于固定油和挥发油,少量溶于乙烷,水溶液 pH 2.8。苯甲酸采用甲苯液相空气氧化法或邻苯二甲酸酐脱羧法制备。

（2）防腐机理 苯甲酸可非选择性地干扰细胞中的酶,尤其是阻碍三羧酸循环中 $\alpha$ – 酮戊二酸和琥珀酸脱氢酶,对细菌、霉菌、酵母菌醋酸代谢和氧化磷酸化作用的酶也有抑制作用,因此,苯甲酸对霉菌和酵母菌抑菌作用强,对细菌的抑制作用差,而对乳酸细菌则不起作用。此外,苯甲酸钠亲油性较大,易穿透细胞膜进入细胞体内,干扰细胞膜的通透性,抑制细胞膜对氨基酸的吸收;进入细胞体内后经电离酸化后,破坏细胞内的碱基,并抑制细胞的呼吸酶系的活力,阻止乙酰辅酶 A 的缩合反应,从而起到食品防腐的目的。

（3）毒性 苯甲酸属于低毒性物质。以含苯甲酸 0、0.5% 和 1% 的食品饲料喂养雄性大鼠和雌性大鼠连续8周，通过对其子代（二、三和四代）的观察和形态解剖测定其慢性毒性，结果表明，小鼠子代的生长、繁殖和形态上没有异常的改变。其他一些试验也表明，苯甲酸无蓄积性、致癌、致突变和抗原作用。苯甲酸 ADI 值为 0~5mg/kg 体重，大鼠经口 $LD_{50}$ 为 2.5g/kg 体重，苯甲酸在动物体内会很快降解，75%~80% 的苯甲酸可在 6h 内排出，10~14h 内完全排出体外。苯甲酸的大部分（90%）主要与甘氨酸结合形成马尿酸，其余的则与葡萄糖醛酸结合形成 1 - 苯甲酰葡萄醛酸。

（4）应用与限量 苯甲酸常温下难溶于水，使用时需加热，或在乙醇中充分搅拌溶解。苯甲酸防腐剂适用于苹果汁、软饮料、番茄酱等高酸度食品的防腐保鲜，这些食品的酸性本身足以抑制细菌的生长，苯甲酸的加入主要是抑制霉菌和酵母菌。苯甲酸最适抑菌 pH 2.5~4.0。苯甲酸在酱油、清凉饮料中可与对 - 羟基苯甲酸酯类一起使用而增效。GB 2760—2014《食品安全国家标准　食品添加剂使用标准》中规定：碳酸饮料，0.2g/kg；配制酒，0.4g/kg；蜜饯凉果，0.5g/kg；复合调味料，0.6g/kg；除胶基糖果以外的其他糖果、果酒，0.8g/kg；风味冰、冰棍类、果酱（罐头除外）、腌渍的蔬菜、调味糖浆、醋、酱油、酱及酱制品、半固体复合调味料、液体复合调味料（不包括醋和酱油）、果蔬汁（浆）类饮料、蛋白饮料、茶、咖啡、植物（类）饮料、风味饮料，1.0g/kg；胶基糖果，1.5g/kg；浓缩果蔬汁（浆）（仅限食品工业用），2.0g/kg。以上用量均为最大使用量（以苯甲酸计）。

2. 苯甲酸钠（Sodium Benzoate）

苯甲酸钠又称安息香酸钠。分子式 $C_7H_5NaO_2$。相对分子质量 144.11，结构式见图 2 - 2。

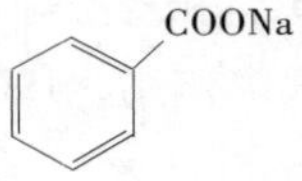

图 2 - 2　苯甲酸钠

（1）理化性质 苯甲酸钠为白色颗粒或结晶性粉末。无臭或微带安息香气味，味微甜，有收敛性。易溶于水，在常温下 100mL 水能溶解约 53g 苯甲酸钠，所成溶液的 pH 8 左右；溶于乙醇，常温下苯甲酸钠在乙醇中的溶解度为 1.4g/100mL。在空气中稳定。苯甲酸钠可由苯甲酸和碳酸钠（或碳酸氢钠）在水溶液中进行反应制得。反应式如下：

$$2C_6H_5COOH + Na_2CO_3 \Longrightarrow 2C_6H_5COONa + CO_2 + H_2O$$

（2）防腐机理 同苯甲酸。

（3）毒性 大鼠经口 $LD_{50}$ 为 2700mg/kg 体重。FAO/WHO（1985）规定，苯甲酸钠的 ADI 值为 0~5mg/kg 体重。苯甲酸钠在人体内的代谢途径与苯甲酸相同。苯甲酸和苯甲酸钠同时使用时，以苯甲酸计，总量不得超过最大使用量。

（4）应用与限量 苯甲酸钠易溶于水，较苯甲酸方便。苯甲酸钠也是酸性防腐剂，在碱性介质中无抑菌作用；其防腐最适 pH 2.5~4.0，在 pH 5.0 时 50g/L 的苯甲酸钠溶液抑菌效果也不是很好。

**（二）山梨酸及其钾盐**

1. 山梨酸（Sorbic Acid）

山梨酸又称花楸酸，为 2，4 - 己二烯酸，分子式 $C_6H_8O_2$，相对分子质量 112.13，结构式 $CH_3—CH=CH—CH=CH—COOH$。

（1）理化性质　山梨酸为无色针状晶体或白色晶体粉末，无臭或微带刺激性臭味，沸点228℃，熔点 132～135℃，耐光、耐热性好，在 140℃下加热 3h 仍稳定，不会发生分解，但长期暴露在空气中则易被氧化而变色。山梨酸难溶于水，可溶于乙醇、乙醚、丙二醇、甘油、冰醋酸和丙酮。山梨酸可由丁烯醛与乙烯酮在三氟化硼催化下反应制得。

（2）防腐机理　山梨酸与微生物酶系统中的巯基结合，破坏微生物的许多重要的酶，从而产生抑制微生物生长的功能。此外，它还能干扰传递机能，如细胞色素 C 对氧的传递，以及细胞膜表面的能量传递，从而抑制微生物的增殖，达到防腐的目的。

（3）毒性　大鼠经口 $LD_{50}$10.5g/kg 体重，大鼠 MNL 为 2.5g/kg 体重。FAO/WHO（1994）规定，ADI 值为 0～25mg/kg 体重（以山梨酸计）。山梨酸在人体代谢过程中经口在肠内吸收，大部分以 $CO_2$ 的形式从呼气中排出，其余部分用于合成新的脂肪酸而留在动物的器官和肌肉中，一般认为是安全的。

（4）应用与限量　山梨酸是使用最多的一种防腐剂。由于山梨酸难溶于水，使用时先将其溶于乙醇或者碳酸氢钠、碳酸氢钾的溶液中。溶解山梨酸时不能与铜、铁接触。为防止山梨酸受热挥发，在食品生产中应先加热食品，再加山梨酸。山梨酸为酸性防腐剂，在酸性介质中对微生物有良好的抑制作用，随着 pH 增大防腐效果减小，pH 8.0 时丧失防腐作用，适于 pH 5.5 以下的食品防腐。使用山梨酸作为食品防腐剂时，若食品已被微生物严重污染，山梨酸则不能产生防腐效果，反而成为微生物的营养源，从而加速食品腐败。山梨酸与其他防腐剂复配使用时可产生协同作用，提高防腐效果。山梨酸可用于肉类和蛋类制品、果蔬、饮料、调味品、蜜饯、果冻、氢化植物油、糕点等食品防腐，其最大使用量不得超过我国 GB 2760—2014《食品安全国家标准　食品添加剂使用标准》的规定。

2. 山梨酸钾（Potassium Sorbate）

山梨酸钾为山梨酸的钾盐，分子式 $C_6H_7KO_2$，相对分子质量 150.22，结构式 CH₃—CH ＝CH—CH ＝CH—COOK。

（1）理化性质　山梨酸钾为白色至浅黄色鳞片状结晶、晶体颗粒或晶体粉末，无臭或微有臭味，长期暴露在空气中易吸潮、被氧化分解而变色。相对密度 1.363，熔点 270℃。山梨酸钾易溶于水、50g/L 食盐水和 250g/L 糖水，可溶于乙醇、丙二醇。10g/L 山梨酸钾水溶液pH 7.0～8.0。山梨酸钾由碳酸钾或氢氧化钾中和山梨酸制得。

（2）防腐机理　同山梨酸。

（3）毒性　大鼠经口 $LD_{50}$ 为 4.2～6.2g/kg 体重，按 FAO/WHO（1985）规定，ADI 为 0～0.025g/kg 体重（以山梨酸计）。山梨酸钾在人体代谢过程同山梨酸。

（4）应用与限量　山梨酸钾有很强的抑制腐败菌和霉菌的作用，其毒性远低于其他防腐剂，因此，是使用最广泛的一种防腐剂。在酸性介质中山梨酸钾能充分发挥防腐作用，在中性条件下防腐作用小。山梨酸钾较山梨酸易溶于水，且溶解状态稳定，使用方便，10g/L 山梨酸钾溶液的pH 7～8，故在使用时可能引起食品的碱度升高，需加以注意。1g 山梨酸钾相当于 0.746g 山梨酸。山梨酸钾主要用于乳制品（0.05%～0.30%）、焙烤食品、蔬菜、水果制品、饮料等抑制真菌。在果汁、果酱、果浆、果子罐头等都用山梨酸及其盐类作防腐剂。在肉类中添加山梨酸钾，不仅可以抑制真菌，而且可抑制肉毒梭菌及一些病原菌（沙门菌、金黄色葡萄球菌、产气荚膜杆菌）。

此外，山梨酸钙（Calcium Sorbate）也是一种良好的防腐剂，具有抑制腐败菌和霉菌的作用，其作用机理和应用同山梨酸钾。

### （三） 丙酸盐

**1. 丙酸钠（Sodium Prolionate）**

丙酸钠，分子式 $C_3H_5NaO_2$，相对分子质量 96.063，化学结构式 $CH_3—CH_2—COONa$。

（1）理化性质　丙酸钠为白色结晶或白色晶体粉末或颗粒，无臭或微带特殊臭味，易溶于水，可溶于乙醇，微溶于丙酮。对光、热稳定，在空气中吸潮。丙酸钠由丙酸与碳酸钠或氢氧化钠反应制得。反应式如下：

$$C_2H_5COOH + NaOH \Longrightarrow C_2H_5COONa + H_2O$$

（2）防腐机理　丙酸钠是酸型防腐剂，起防腐作用的主要是未离解的丙酸。丙酸是一元羧酸，它是以抑制微生物合成 $\beta$ - 丙氨酸而起抗菌作用。

（3）毒性　小鼠经口 $LD_{50}$ 为 5100mg/kg 体重。FAO/WHO（1985）规定，ADI 值不作限制性规定。丙酸对大鼠的生长、繁殖和主要内脏器官无影响。丙酸是人体正常代谢的中间产物，安全无毒。

（4）应用与限量　丙酸钠具有良好的防霉作用，对细菌抑制作用较小，如对枯草杆菌、八叠球菌、变形杆菌等只能延缓其生长，对酵母无抑制作用。丙酸钠可用于面包发酵过程中，抑制杂菌生长，还用于乳酪制品防霉。在面包里使用丙酸钠会减弱酵母的功能，导致面包发泡稍差。

**2. 丙酸钙（Calcium Prolionate）**

丙酸钙，分子式 $C_6H_{10}CaO_4 \cdot nH_2O$（$n=0,1$），相对分子质量 186.22（无水）。

（1）理化性质　丙酸钙为白色结晶或白色晶体粉末或颗粒，无臭或微带丙酸气味。易溶于水，不溶于乙醇、醚。对光、热稳定，在空气中吸潮。用作食品添加剂的丙酸钙一般为一水盐。100g/L 丙酸钙溶液的 pH 8～10。丙酸钙可由丙酸与碳酸钙或氢氧化钙中和反应制得。

（2）防腐机理　同丙酸钠。

（3）毒性　小鼠经口 $LD_{50}$ 为 3.3g/kg 体重，大鼠经口 $LD_{50}$ 为 5160mg/kg 体重。FAO/WHO（1985 年）规定，ADI 不作限制性规定。丙酸钙对大鼠的生长、血液和主要内脏器官无影响。丙酸钙在人体中的代谢同丙酸钠。

（4）应用与限量　丙酸钙的防腐性能与丙酸钠相近，其抑制霉菌的有效剂量比丙酸钠小。在糕点、面包和乳酪中使用丙酸钙作防腐剂可补充食品中的钙质。丙酸钙在面团发酵时使用，可抑制枯草杆菌的繁殖，pH 为 5.0 时最小抑菌浓度为 0.01%，pH 为 5.8 时最小抑菌浓度为 0.188%，最适 pH 应低于 5.5。

### （四） 脱氢醋酸与双乙酸钠

**1. 脱氢醋酸与钠盐（Dehydroacetic Acid and Sodium Dehydroacetate）**

脱氢醋酸（DHA），或称脱氢乙酸，分子式 $C_8H_8O_4$，相对分子质量 168.15。脱氢醋酸钠是脱氢醋酸的钠盐，分子式 $C_8H_7NaO_4 \cdot H_2O$，相对分子质量 208.15。结构式见图 2-3。

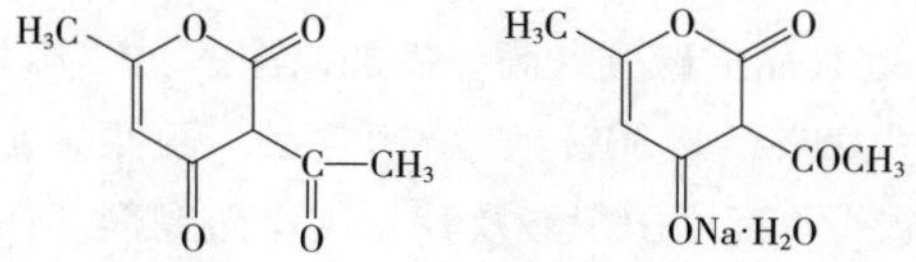

图 2-3　脱氢醋酸与钠盐
（1）脱氢醋酸　（2）脱氢醋酸钠

（1）理化性质 脱氢醋酸为无色至白色针状或片状结晶，或为白色晶体粉末，无臭，几乎无味，无刺激性。熔点 $109 \sim 112\,^{\circ}\mathrm{C}$。脱氢醋酸难溶于水，溶于苛性碱的水溶液、乙醇和苯，其饱和水溶液的 pH 4.0。无吸湿性，加热能随水蒸气挥发，对热稳定，在光的直射下微变黄。脱氢醋酸钠易溶于水、甘油、丙二醇，微溶于乙醇和丙醇，其水溶液呈现中性或微碱性。脱氢醋酸可通过化学方法（丙酮热解法、乙酰乙酸乙酯法）或微生物发酵法生产。脱氢醋酸钠可由氢氧化钠中和脱氢乙酸制得。

（2）防腐机理 同有机酸类防腐剂，主要是通过破坏微生物细胞的亚结构及相关的酶而抑制微生物的生长。

（3）毒性 脱氢醋酸：大鼠经口 $LD_{50}$ 为 1000mg/kg 体重。脱氢醋酸在新陈代谢过程中逐渐降解为乙酸，对人体无毒。使用时不影响食品的口味。脱氢醋酸钠：大鼠经口 $LD_{50}$ 为 157mg/kg（体积）、小鼠经口 1175mg/kg（体积）。均为 FAO/WHO 批准使用的安全的防腐保鲜剂，在欧美等国已应用多年。

（4）应用与限量 脱氢醋酸及其钠盐具有广谱的抗菌能力，对霉菌和酵母的抗菌能力尤强，浓度为 0.1% 的脱氢醋酸即可有效地抑制霉菌，抑制细菌的有效浓度为 0.4%。脱氢醋酸及其钠盐对易引起食品腐败的酵母菌、霉菌作用极强，抑制有效浓度为 0.05% ～ 0.1%，一般用量为 0.03% ～ 0.05%。在 pH 5 以下的环境中，对酵母菌的抑制作用比苯甲酸钠大 2 倍，对灰绿色青霉素菌和黑曲霉菌的抑制作用，则比苯甲酸钠大 2.5 倍。脱氢醋酸钠的防腐作用与脱氢醋酸相当，其最大特点是在酸性或碱性条件下仍然有效，耐光、耐热性较好，在水中煮沸、加热烘烤食品时不破坏、不变质、不挥发。主要用于黄油和浓缩黄油、腌渍的食用菌和藻类、发酵豆制品、果蔬汁（浆）（最大使用量 0.3g/kg）、面包、糕点、焙烤食品馅料及表面挂浆、预制肉制品、熟肉制品、复合调味料。（最大使用量 0.5g/kg）和腌渍的蔬菜。

2. 双乙酸钠（Sodium Diacetate）

双乙酸钠，分子式 $CH_3COONa \cdot CH_3COOH \cdot xH_2O$，相对分子质量 142.09（无水物）。

（1）理化性质 双乙酸钠为白色晶体，带有乙酸气味，具有吸湿性。极易溶于水，释放出乙酸。10% 水溶液的 pH $4.5 \sim 5.0$。加热到 $150\,^{\circ}\mathrm{C}$ 以上分解，可燃烧。由乙酸–碳酸钠法和乙酸–氢氧化钠法等方法制得。

（2）防腐机理 双乙酸钠的抑菌作用源于乙酸，乙酸分子与类酯化合物的相容性好，当乙酸渗透于微生物细胞壁，可干扰细胞内各种酶体系的生长，或使微生物细胞内蛋白质变性，从而可以高效抑制常见的十余种霉菌和四种细菌孳生和蔓延，其防霉效果优于防霉剂丙酸钙，且与山梨酸复配使用具有良好的协同效应。

（3）毒性 双乙酸钠的毒性很低，小鼠经口 $LD_{50}$ 为 3310mg/kg 体重，大鼠经口 $LD_{50}$ 为 4.96g/kg 体重，ADI 值为 0 ～ 15mg/kg。双乙酸钠在生物体内的最终代谢产物为水和 $CO_2$，不会残留在人体内，对人畜、生态环境没有破坏作用或副作用。

（4）应用与限量 双乙酸钠是一种公认安全可靠的新型高效、广谱抗菌防霉剂，并可提高饲料谷物效价的食品添加剂。FAO/WHO 批准为食品、谷物、饲料的防霉、防腐保鲜剂。双乙酸钠用于谷物防霉时，应注意控制温度和湿度。我国 GB 2760—2014《食品安全国家标准食品添加剂使用标准》规定，双乙酸钠可用于原粮、豆干类及其再制品、膨化食品，最大使用量为 1.0g/kg；调味品，2.5g/kg；复合调味料，10.0g/kg；预制肉制品、熟肉制品，3.0g/kg；

此外，双乙酸钠也用作螯合剂，屏蔽食品中引起氧化作用的金属离子。

## 二、　酯类防腐剂

酯类防腐剂主要涉及对羟基苯甲酸酯类（又称尼泊金酯类）物质，包括对羟基苯甲酸甲酯、对羟基苯甲酸乙酯、对羟基苯甲酸丙酯、对羟基苯甲酸丁酯和对羟基苯甲酸异丁酯。它们均对食品具有防腐作用，其中以对羟基苯甲酸丁酯的防腐作用最好，在日本使用最多。我国主要使用对羟基苯甲酸甲酯钠、对羟基苯甲酸乙酯及其钠盐。

对羟基苯甲酸酯类的主体化学结构式见图2－4。其结构式中R基可分别为—$CH_3$、—$CH_2CH_3$、—$CH_2CH_2CH_3$、—$CH_2CH_2CH_2CH_3$，分别代表对羟基苯甲酸甲酯、对羟基苯甲酸乙酯、对羟基苯甲酸丙酯、对羟基苯甲酸丁酯和对羟基苯甲酸异丁酯。

$$HO-\phantom{xxx}-COOR$$

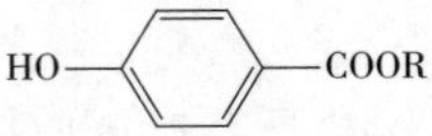

图2－4　对羟基苯甲酸酯

对羟基苯甲酸乙酯（Ethyl－p－hydroxy－benzonate）又称尼泊金乙酯，分子式$C_9H_{10}O_3$，相对分子质量166.18。对羟基苯甲酸乙酯通过对羟基苯甲酸与乙醇在硫酸存在下酯化反应制得。

（1）理化性质　对羟基苯甲酸乙酯为无色细小结晶或白色晶体粉末，几乎无味，稍有麻舌感的涩味，耐光和热，熔点116～118℃，沸点297～298℃，不亲水，无吸湿性。微溶于水，易溶于乙醇、丙二醇和花生油。

（2）防腐机理　对羟基苯甲酸乙酯对霉菌、酵母有较强的抑制作用；对细菌，特别是革兰阴性杆菌和乳酸菌的抑制作用较弱。其抑菌机理是通过抑制微生物的细胞的呼吸酶系与电子传递酶系的活性，以及破坏微生物的细胞膜结构，在有淀粉存在时，对羟基苯甲酸乙酯的抗菌力减弱。对羟基苯甲酸酯类对真菌的抑菌效果最好，对细菌的抑制作用也较苯甲酸和山梨酸强，对革兰阳性菌有致死作用。

（3）毒性　ADI为0～10mg/kg体重（FAO/WHO，1994）；小鼠经口$LD_{50}$为5000mg/kg体重。对羟基苯甲酸酯类在人肠中很快被吸收，与苯甲酸类抗菌剂一样，在肝、肾中酯键水解，产生对羟基苯甲酸直接由尿排出或再转变成羟基马尿酸、葡萄糖醛酸酯后排出，在体内不累积，安全，ADI为0～5mg/kg。

（4）应用与限量　我国GB 2760—2014《食品安全国家标准　食品添加剂使用标准》中规定，对羟基苯甲酸乙酯可用于果蔬汁（浆）类饮料、醋、果酱（罐头除外）、酱油、酱及酱制品等防腐，最大使用量为0.25g/kg，碳酸饮料0.2g/kg，经表面处理的新鲜蔬菜0.012g/kg。对羟基苯甲酸酯类的抗菌能力主要是分子态分子起作用，分子内羟基已经酯化，不再电离，所以抗菌作用在pH 4～8均有良好效果，对细菌最适pH 7.0。

## 三、　生物类防腐剂

### 1. 乳酸链球菌素（Nisin）

乳酸链球菌素又称乳链球菌素、乳链菌肽，是由乳酸链球菌产生的小肽，由34个氨基酸组成，分子式为 $C_{143}H_{230}N_{42}O_{37}S_7$，相对分子质量3354，结构式见图2-5。

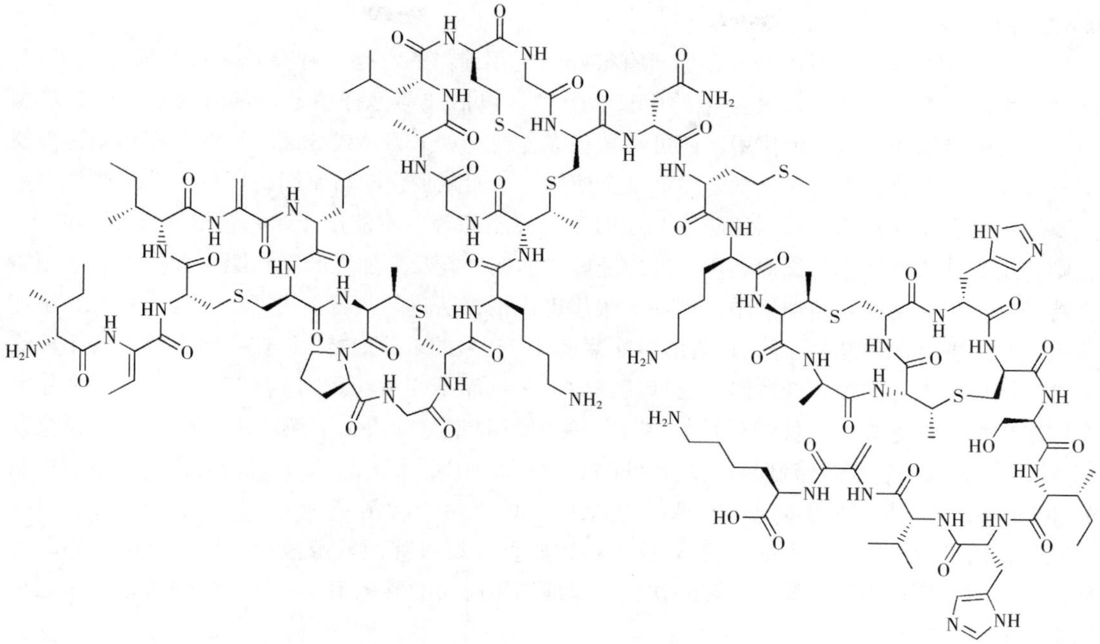

图2-5 乳酸链球菌素

1928年，Rogers等美国研究人员发现金黄色葡萄球菌的代谢物能抑制乳酸菌的生长；1933年，Withead提出这种抑菌物的本质是一种多肽；1947年，英国的Mattick从乳酸链球菌的发酵物中制备出了这种多肽，命名为乳酸链球菌肽（Nisin）；1951年，Hiish等首先将其用于食品防腐，成功地控制了由肉毒梭菌引起的干酪膨胀腐败；1953年，一种名为Nisapin的商品化产品在英国面世；1969年，FAO/WHO确认乳酸链球菌素为食品防腐剂。这是第一个被批准用于食品中的细菌素，至1990年，已有中国、美国和英国等50多个国家和地区批准其作为一种天然型的食品防腐剂。

（1）理化性质 乳酸链球菌素为白色或略带黄色的结晶性粉末或颗粒，略带咸味，使用时需溶于水或液体中。不同pH下溶解度不同，pH 2.5溶解度为12%，pH 8.0溶解度为4%，在0.02mol/L HCl中溶解度为118.0mg/L。乳酸链球菌素的分子结构复杂，它是一种多肽类细菌素，成熟分子中含有34个氨基酸残基，其单体含有五种稀有氨基酸：氨基丁酸（ABA）、脱氢丙氨酸（DHA）、羊毛硫氨酸（ALA—S—ALA）、$\beta$-甲基羊毛硫氨酸（ALA—S—ABA）通过硫醚键形成五元环。乳酸链球菌素在天然状态下主要有两种形式，分别为Nisin A和Nisin Z。由乳酸链球菌发酵培养精制而成。

（2）防腐机理 乳酸链球菌素对微生物作用首先是分子对细胞膜的吸附，在此过程中，分子能否通过细胞壁是一个关键因素。同时，pH、$Mg^{2+}$、乳酸浓度、氮源种类等均可影响它对细胞的吸附作用。带有正电荷的乳酸链球菌素吸在膜上后，利用离子间的相互作用及其分子的C末端、N末端对膜结构产生作用，形成"穿膜孔道"，从而引起细胞内物质泄漏，导致细胞解体死亡。

（3）毒性　乳酸链球菌素是肽类物质，食用后可被体内蛋白酶消化分解成氨基酸，无微生物毒性或致病作用，因此其安全性较高。大鼠经口 $LD_{50}$ 为 7000mg/kg 体重，ADI 值为 0 ~ 0.875mg/kg 体重。

（4）应用与限量　乳酸链球菌素具有很好的应用前景，它是一种高效无毒的天然防腐剂，能抑制大部分革兰阳性菌及其芽孢的生长和繁殖，包括产芽孢杆菌、耐热腐败菌、产胞梭菌等，而对酵母菌和霉菌等无作用。还可和某些络合剂（如 EDTA 或柠檬酸）等一起作用，可使部分细菌对之敏感。它可与化学防腐剂结合使用，从而减少化学防腐剂的用量。乳酸链球菌素主要用于蛋白质含量高的食品的防腐，如肉类、豆制品等，不能用于蛋白质含量低的食品中，否则，反而被微生物作为氮源利用。乳酸链球菌素在牛乳及其加工产品和罐头食品中的应用意义特别大，因为这些食品加工中，往往需采用巴氏消毒法进行消毒。由于杀菌温度较低，虽能杀菌，但往往残留耐热性孢子，而乳酸链球菌素具有很强的杀芽孢能力，在牛奶中加入 10 IU/mL 的乳酸链球菌素，使用较低的温度处理后，便可久放而不变质。我国 GB 2760—2014《食品安全国家标准　食品添加剂使用标准》规定：食用菌和藻类罐头、杂粮罐头、饮料类（包装饮用水除外）、酱油、酱及酱制品、复合调味料，最大使用量为 0.2g/kg；乳及乳制品、预制肉制品和熟肉制品，最大使用量为 0.5g/kg。乳酸链球菌素用于乳制品，如干酪、消毒牛乳和风味牛乳等，用量为 1 ~ 10mg/kg；用于酒精饮料，如直接加入啤酒发酵液中，控制乳酸杆菌、片球菌等杂菌生长；用于葡萄酒等含醇饮料，以抑制不需要的乳酸菌。另外，乳酸链球菌素也可用于发酵设备的清洗。

2. 纳他霉素（Natamycin）

纳他霉素又称匹马菌素（Pimaricin）、游链霉素，其商品名称为霉克（Natamaxin™）。一种重要的多烯类抗菌素，可以由纳塔尔链霉菌（*Streptomyces natalensis*）、恰塔努加链霉菌（*Streptomyces chmanovgensis*）和褐黄孢链霉菌（*Streptomyces gilvosporeus*）等多种链霉菌发酵产生。1982 年 6 月，美国 FDA 正式批准纳他霉素可以用作食品防腐剂，还将其归类为 GRAS 产品之列。我国 1996 年食品添加剂委员会对纳他霉素进行评价并建议批准使用，现已列入食品添加剂使用标准，其结构式见图 2 - 6。

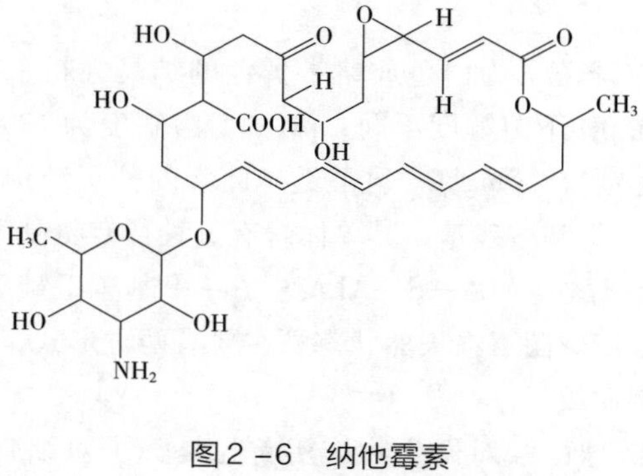

图 2 - 6　纳他霉素

（1）理化性质　纳他霉素为白色至乳白色粉末，熔点为 280℃，不溶于水，微溶于甲醇，溶于稀酸、稀碱，难溶于大部分有机溶剂。纳他霉素是两性物质，分子当中含有一个碱性基团和一个酸性基团，其电离常数 $pK_a$ 值为 8135 和 416，相应的等电点为 6.15，熔点为 280℃。纳他霉素通常以两种结构形式存在：烯醇式结构和酮式结构，前者居多。

（2）防腐机理 纳他霉素是一种高效、广谱的抗霉菌、酵母菌、某些原生动物和某些藻类剂，能与甾醇化合物相互作用且具有高度的亲和性，对真菌有抑制活性，其抗菌机理在于它能与细胞膜上的固醇化合物反应，由此引发细胞膜结构改变而破裂，使细胞内容物渗漏，导致细胞死亡。但它没有抗细菌活性。这是由于真菌的细胞膜含有麦角固醇，而细菌的细胞膜中不含有这种物质，多烯大环内酯类抗生素能选择性地和固醇结合，结合的程度与细胞膜的固醇含量成正比，结合后形成多烯化合物，引起细胞膜结构的改变，导致细胞膜渗透性的改变，造成细胞内物质的泄漏。另外，纳他霉素对于抑制正在繁殖的活细胞效果很好，而对于破坏休眠细胞则需要较高的浓度，同时，对真菌孢子也有一定的抑制作用。

（3）毒性 根据 GB 2760—2014《食品安全国家标准 食品添加剂使用标准》规定，食物中最大残留量为 10mg/kg。而纳他霉素在实际中的使用量为 $10^{-6}$ 数量级。因此，它是一种高效安全的新型生物防腐剂。

（4）应用与限量 纳他霉素用于干酪皮防止其表面发霉，它不会渗透到干酪内部，仅停留在酪皮外层，而这一部分一般不会被取食，干酪放置 5～10 周后，纳他霉素基本消失，此时酪皮变硬不易受到霉菌侵染。另外，把纳他霉素直接添加到酸乳等发酵制品中，抑制霉菌和酵母菌，而不杀死有益的细菌（双歧杆菌），其他防腐剂尚不具备这一功能。纳他霉素用于水果贮藏中，有效防止真菌引起的有氧降解。在葡萄汁中添加 20mg/kg 纳他霉素可防止因酵母污染而导致果汁发酵。在苹果汁中加入纳他霉素 30mg/kg，6 周之内可防止果汁发酵，并保持果汁的原有风味不变。在酱油、食醋等调味品中使用一定量的纳他霉素，可有效地抑制酵母菌的生长和繁殖，防止白花的出现，且对酱油的口感和风味无任何影响。在肉类保鲜方面，可采用纳他霉素浸泡或喷涂肉类食品，以达到防止霉菌生长的目的。

# 第五节 防腐剂发展存在的问题

## 一、 防腐剂的认识误区

1. 生产者的使用误区

（1）片面认为只要是我国食品添加剂使用卫生标准中允许使用的防腐剂，多用一点更能保证产品质量，从而，无视相关法规的规定，出现超量滥用的现象。

（2）片面认为只要是我国食品添加剂使用卫生标准中允许使用的防腐剂，都能用于所有类型的食品，因而产生不问对象、超越范围使用的错误。

（3）片面认为对我国食品添加剂使用卫生标准中允许使用的防腐剂，只要符合规定的品种、使用量和使用范围就可以，忽略对防腐剂本身的质量要求，出现以"工业级"充当"食品级"。

2. 商业和媒体的宣传误区

（1）宣传标榜"不含添加剂（防腐剂）"的食品为最安全的食品，颠倒了因果关系，误导消费者把按相关国家卫生法规添加防腐剂的食品当成不安全的食品。

（2）把违规使用防腐剂的食品称为"毒食品"，混淆违规滥用防腐剂和合法使用防腐剂之间的界限，将问题食品的责任全部归咎于添加了防腐剂，将防腐剂一棍子打死。

（3）把可能存在的隐患当成必然出现的危害进行违反科学的渲染和哗众取宠的报道，无形中在广大群众中塑造起防腐剂的不良形象，甚至形成对防腐剂的恐惧感。

3. 消费者的认识误区

（1）认为没有添加防腐剂的食品最安全，把添加食品防腐剂与食品的安全性对立起来，忽视了防腐剂的功效。这主要是受不实广告和不负责任的媒体宣扬的影响。

（2）认为天然的防腐剂比化学防腐剂更安全，模糊了防腐剂的分类和功能的概念。这主要也是受商家利用消费者的绿色环保、回归自然的心态的商业炒作所影响。

（3）把违规超量超范围使用造成的中毒危害与按法规使用的防腐剂的允许微量毒性等同起来，形成夸大防腐剂毒性的意识，甚至达到无所适从和"谈防腐剂色变"的程度。

## 二、　我国防腐剂使用目前存在的问题

1. 应用上存在超量使用与超范围使用和标示不明确

正确使用防腐剂可以取得理想的应用效果。但是，如果不按照规定使用，不但达不到预期的保藏目的，而且会造成经济损失，甚至还会出现食品安全方面的问题，发生影响消费者健康的事件。如超量使用与超范围使用，可能导致食品的变质和毒性的超标，对消费者的健康构成潜在的危险。我国卫生监管部门每次公布的食品质量抽查报告中，有相当一部分不合格产品是违反标签法，有的厂商无视 GB 7718—2011《食品安全国家标准　预包装食品标签通则》等相关规定，隐瞒使用防腐剂，或仅作不明确的交代，剥夺消费者的知情权和选择权，侵害消费者权益。

2. 观念上存在各种误解与误导和不科学的认识

科学认识防腐剂可以更合理地使用防腐剂，从而更充分地发挥防腐剂的作用。然而，由于认识的模糊导致的对防腐剂的片面误解以及部分媒体不实的报道和夸大的宣传，逐渐在消费者的心目中滋生了对防腐剂的使用效果失去信心的怨言。把添加防腐剂看作是可有可无的事，出现多一事不如少一事的干脆不添加防腐剂的观念，进而完全掩盖和抹煞食品防腐剂的积极作用，甚至由个别事故导致对防腐剂产生抵触和畏惧的心理阴影，这给食品添加剂行业乃至整个食品工业造成难以估量的影响和损失。

3. 品种上存在选用范围小与开发力度不够

增加品种是防腐剂扩大应用的前提，也是防腐剂使用发展的需要。从我国食品防腐剂应用的现状看来，防腐剂的品种和性能都远远达不到消费者越来越高的要求，满足不了高速发展的食品工业的需要。防腐剂的品种少，具有强力抑菌性能的防腐剂不多，对新型防腐剂研究的不重视和开发的不容易，这些都是制约食品防腐剂发展的重要因素。因此，在应用上和观念上解决问题之后，加强防腐剂的研究和新品种的开发，对防腐剂本身和食品工业的发展将会起到非常重要的推动作用。

4. 管理上存在制度不健全、监督不严和执法乏力

严格管理可防止防腐剂的违规应用，保障防腐剂的规范使用和取得良好的应用效果，还能减少或避免食品安全事故的发生。制定一套合理、科学的食品添加剂的应用管理和规章制度固然重要，然而，只有全面地落实这些规章制度，才能真正发挥防腐剂应有的使用效果。而要坚

决贯彻有关的方针政策并不是一件轻而易举的事，这有待于生产、销售和管理监督部门的共同努力。管理和监督还包括经常对现有使用的防腐剂的安全性作出评价，并及时作出调整和更新的判断。

# 第六节　新型食品防腐剂的研发

## 一、　防腐剂新品种的研究

针对食品防腐剂使用存在的问题及食品工业发展的需要，目前对防腐剂新品种的研究和开发主要从下列几个着眼点考虑：安全高效广谱型防腐剂的开发（如壳聚糖）；低毒特效专用型防腐剂的开发（如富马酸二甲酯）；生物类绿色抗菌防腐剂的开发（如溶菌酶）。

1. 安全高效广谱型防腐剂——壳聚糖（Chitosan）

壳聚糖又称脱乙酰甲壳素，甲壳素（Chitin）广泛存在于虾、蟹、昆虫等节肢动物的外壳和真菌、藻类等一些低等植物细胞壁中，是年产量仅次于纤维素的第二大天然高分子化合物，也是迄今发现的唯一天然碱性氨基多糖。多糖的聚合度的大小及其脱乙酰化程度的不同造成其在相对分子质量上的很大差别。壳聚糖的学名（1−4）−2−氨基−2−脱氧−$\beta$−D−葡聚糖，是以2−氨基−2−脱氧葡萄糖为单体，通过$\beta$−（1−4）糖苷键连接起来的直链多糖。

（1）性状　壳聚糖呈白色或灰黄色粉末状，微溶于水，溶于酸。有很好的生物相容性和多种生物活性，能抑制鲜活食品的生理变化，对微生物，特别是对细菌有良好的抑制作用。较短链的壳聚糖，特别是7~9个单体所组成的低聚壳聚糖具有较高的生物活性。

（2）抑菌特性　壳聚糖对细菌、霉菌和酵母菌都具有抑菌特性，特别是对广泛的腐败菌和致病菌都有抑制作用。其抑菌能力的大小与壳聚糖的脱乙酰度、分子质量、环境的pH以及金属离子和表面活性剂等杂质的干扰有关。据报道，浓度为0.4%的壳聚糖便足以抑制金黄色葡萄球菌、蜡状芽孢杆菌、大肠杆菌与普通变形杆菌；壳聚糖乳酸盐作用于革兰阳性菌和革兰阴性菌1h后可使菌数减少1~5个数量级；1%壳聚糖−2%醋酸混合液对乳酸杆菌、葡萄球菌、微球菌、肠球菌、梭状芽孢杆菌、肠杆菌、霉菌、酵母菌等腐败菌及鼠伤寒沙门菌、单增李斯特菌等致病菌都有良好的抑制作用。壳聚糖乳酸盐对啤酒酵母和红酵母也有抑菌效果。壳聚糖对霉菌一般要在较高的浓度下才有满意的抑制效果。还有试验报道指出，壳聚糖对灰霉病菌、软腐病菌和褐霉病菌的孢子萌发和菌丝生长也有抑制作用。

壳聚糖抑菌作用主要是通过干扰微生物细胞表面上的阴电荷和结合DNA从而抑制mRNA和蛋白质的合成这两条途径进行的。

（3）安全性　壳聚糖为可食用的天然产物，一般认为无毒无害，它能被生物降解，不会造成二次污染。因壳聚糖是碱性氨基多糖，故也能减少胃酸，抑制溃疡。大量的动物试验报道表明，壳聚糖在抑制病变细胞的同时，对正常组织却几乎没有影响，甚至起维护、促进作用。如壳聚糖水解生成的D−葡氨糖在体内对某些恶性肿瘤有抑制作用，但对正常组织无碍；能选择性凝集白血病细胞；能防止消化系统对甘油三酯、胆固醇及其他醇的吸收，并促使其排出体外；促进婴儿肠道双歧乳杆菌的生长等。

（4）应用　壳聚糖具有优良的抗菌活性和成膜特性。其应用目前主要还只停留在果蔬的涂膜保鲜。如柑橘、苹果的贮藏，延长草莓、猕猴桃的保质期，青椒、黄瓜、番茄的保鲜等。

利用壳聚糖的抑制腐败菌的特性对肉、鱼、禽、蛋及其制品的保鲜应用也已有报道。如用壳聚糖的衍生物 N - 羧甲基壳聚糖的稀溶液以 5mg/kg 的剂量注入屠宰场的生肉中，或掺入烹调的肉糜中，或喷洒在炖肉上，可使煮好的肉在冷藏一周内不发生酸败和变味；添加 0.05% 壳聚糖于鱼糕中可使不腐败的存放时间由 4d 延长至 9d。然而，有许多方面的应用潜力尚有待进一步开发。

2. 生物类绿色抗菌防腐剂——溶菌酶（Bacteriolysis enzyme）

溶菌酶是一种细菌素，是由细菌产生、通常只作用于与产生菌同种或亲缘关系相近的种的其他菌株的一种蛋白类抗菌物质。溶菌酶是广泛存在于哺乳动物的体液、乳汁和禽类的蛋清中以及部分植物与微生物体内的一种较稳定的碱性蛋白。蛋清中的溶菌酶含量最丰富，达 3.5%，但其活力却远不如人乳和唾液与泪液。从鸡蛋清中提取的商品名为 Lysozme 的溶菌酶含有 129 个氨基酸的多肽链，分子质量约为 14500u。目前发现的溶菌酶主要有：破坏细菌细胞壁肽聚糖中 $\beta$ - 1，4 糖苷键的内 N - 乙酰己糖胺酶；能切断细菌细胞壁肽聚糖中 N - 乙酰己糖胺酶 - L - 丙氨酸键的酰胺酶；能使多肽内的肽键断裂的内肽酶；分解酵母细胞壁的 $\beta$ - 1，3 - 葡聚糖酶、$\beta$ - 1，6 - 葡聚糖酶和甘露聚糖酶；分解霉菌细胞壁的壳聚糖酶。

（1）性状　溶菌酶为白色或微黄色的粉末或晶体。无臭，味甜，易溶于水，不溶于丙酮和乙醚。溶菌酶在酸性条件下较稳定，在 pH 3 和温度 100℃ 的条件下，溶菌酶能耐受 45min 不失活。而在 pH 7 的中性条件下，在温度 100℃ 下加热 10min，80℃ 加热 30min 便会失去活性。溶菌酶在碱性条件下不稳定，易分解破坏。在一般条件下溶菌酶不会被消化酶所破坏，在干燥条件下能长期在室温下保存活性。溶菌酶的有效 pH 5 ~ 9，最佳的作用条件为 pH 7.5，温度 37℃。

（2）抑菌特性　不同来源的溶菌酶有不同的溶菌特性，微生物来源的溶菌酶大多数可溶解金黄色葡萄球菌和其他革兰阳性菌。蛋清溶菌酶对革兰阳性菌、好气性孢子形成菌、枯草杆菌、地衣形芽孢杆菌、藤黄八叠球菌等都有良好的溶菌特性。大部分溶菌酶是通过分解细菌细胞壁中肽聚糖起灭菌作用的。溶菌酶将细胞壁主要成分肽聚糖链中的 $\beta$ - 1，4 糖苷键水解，形成的细胞壁新多糖使细菌细胞壁因渗透压不平衡而引起破裂，从而抑制细菌生长。

（3）安全性　溶菌酶是一种无毒球蛋白。多数商品溶菌酶是从鸡蛋清中提取的蛋清溶菌酶，是天然安全的食品防腐剂。溶菌酶对微生物的细胞壁的溶解作用具有专一性，对无细胞壁的人体细胞则没有作用，因此不会对人体产生不良的影响。

（4）应用　溶菌酶能选择性地分解微生物的细胞壁，抑制微生物的繁殖，可应用于鲜乳、低度酒、香肠、糕点、奶油、干酪等食品的防腐。如在干酪生产过程中添加少量的溶菌酶可防止因微生物污染引起的酪酸发酵，保证干酪的质量；在清酒中加入 15mg/kg 的溶菌酶可抑制乳酸菌的生长引起的变质和变味；在水产品上喷洒溶菌酶溶液可起到防腐保鲜作用；在生面条等食品中添加溶菌酶也能取得良好的保鲜效果。

在应用溶菌酶作为防腐剂时，应考虑到溶菌酶的专一性、稳定性及其使用有效期。

## 二、　防腐剂应用新技术的开发

防腐剂作为食品添加剂，顾名思义就是直接添加到食品中，这也是一直沿用的防腐剂使用的主要方式。然而，为了提高防腐剂的使用效果，人们在提高防腐剂的使用性能的同时，也在改善单一的添加方式并不断地开发新的使用方法和复配并用技术。

1. 外控型气相抑菌技术

（1）原理　食品腐败变质主要原因是微生物的作用，而感染微生物的途径是食品加工过程和产品的贮运环境。对于现代食品工业生产来说，生产的原材料都有卫生质量控制，生产设备和容器等都是经过严格消毒杀菌的。所以，微生物的污染源大部分来自食品周围的环境条件，食品腐败霉变主要也从食品表面开始。如果食品周围有一个不适合微生物生长的环境气氛，比如缺氧、干燥、低温、存在气相抗菌剂，那么，即使食品产品不可避免被污染了少量的微生物，这些微生物在此环境中也不可能生长、繁殖。外控型气相抑菌技术就是基于这个原理提出来的。

（2）应用　广式月饼是一种含水分和油分较高的季节性很强的糕点类食品。中秋前南方的气温还是比较高，微生物繁殖较快，很容易发霉变质。在相对密封的月饼包装袋中，放入能释放出抑菌气体或蒸汽的防霉剂（如富马酸二甲酯）透气包，便能创造出一个抑菌的环境，从而达到防霉的效果。相对于直接将防腐剂加入食品中，在食品外附加防腐剂小包控制环境抑菌剂的浓度，可避免过量加入防腐剂，是更有效、安全的方法。应用外控气相抑菌防霉技术，月饼可保存半年以上不发霉。

2. 复配协同作用技术

（1）原理　造成食品腐败变质的原因是多方面的。食品抗菌剂也不可能是万能的，每种防腐剂都有一定的抑菌范围。此外，一些微生物对长期使用同一类防腐剂后，往往会产生耐药性。因此，在某些情况下，需要两种以上的防腐剂同时并用。将一些防腐剂进行适当的复配使用往往可起到比单独使用更为有效的效果。防腐剂的并用复配，必须根据理论分析提出配比方案，经过反复试验以确定最有效的配合比例，才能避免防腐剂之间可能的拮抗效应，利用增效的协同效应。

（2）应用　防腐剂的并用，一般是同一类的防腐剂相配合，如山梨酸与山梨酸钾并用；几种对羟基苯甲酸酯并用。并用时使用的药剂总量必须按比例折算总共不超过法规限定的使用总量。也可不同类的并用，如饮料中苯甲酸钠与 $CO_2$ 并用；果汁中苯甲酸钠与山梨酸并用。作为食品佐料的食盐和食糖与防腐剂也有协同作用。在月饼保鲜中，有的厂家在加有防霉剂小包的月饼袋中还加上一小包脱氧剂，既可延缓油脂的氧化，又能断绝微生物生存所需的氧气，更能对月饼的质量起协同的双保险作用。

3. 化学防腐剂与物理场强化技术

（1）原理　利用物理方法进行抑菌处理在现代工业中也是现实可行的。然而，使用物理手段抑菌灭菌毕竟需要投入大批的设备资金以及耗费大量的电力能源。如果使用少量、便宜的化学防腐剂与物理处理技术相配合，在达到同样的抑菌灭菌要求的前提下，可大大减少电力消耗和设备负担，那又何乐而不为呢？当然，这种化学方法与物理方法两者相结合的前提就是要选择合理的配合方案，保证良好使用效果和节能环保的社会效益和经济效益。

（2）应用　防腐剂的使用可与加热方式相结合。在食品中添加防腐剂后，灭菌的温度可大幅度降低，且灭菌时间可大为缩短；适当添加防腐剂与冷冻方式相结合，可达到常温下添加大量防腐剂才能取得的效果；在食品辐照保藏中，如在果蔬、乳制品中添加防腐剂后，可减少辐照时间和辐照的剂量。微波、超声波、静电场、脉冲磁场、高压力场等物理场也都有灭菌的功效，配合使用防腐剂后，也存在互相促进和强化的协同效应。已有应用物理场进行灭菌或强化抑菌效果的实例报道。

# 第七节 食品加工用杀菌剂

## 一、 杀菌剂的应用

1. 杀菌剂的种类

杀菌剂按其特性和氧化还原作用机制可分为氧化型杀菌剂和还原型杀菌剂两大类。我国使用的还原型杀菌剂主要是亚硫酸及其盐类，如二氧化硫、亚硫酸钠等。由于其本身的还原作用而产生杀菌效果，同时还具有较强的漂白功效，因而在我国食品添加剂名单中被归入漂白剂类。氧化型杀菌剂主要是指有强氧化能力的过氧化物和氯制剂。氧化型杀菌剂在有比一般防腐剂更强烈的杀菌作用的同时，还具有强漂白能力，如漂白粉、过醋酸、过氧化氢等。

此外，常用的消毒杀菌剂还有甲醛、乙醇、苯酚、环氧乙烷等非氧化还原型的有机物。

2. 杀菌消毒剂的使用范围

杀菌消毒剂，如含氯消毒剂、含氧消毒剂、含硫消毒剂等有多种功能，使用范围也比较广，应根据需要选用，对不同的物品选用相应的消毒剂。例如，用于手消毒的，可选择过氧乙酸、碘伏等消毒剂；用于空气消毒的，可选择过氧乙酸、过氧化氢等；用于分泌物或排泄物等消毒的，可选用含氯的消毒剂；用于瓜果蔬菜消毒的，可选用流动的臭氧水；用于书刊、电器等消毒的，可选用环氧乙烷，而餐具消毒，可用过氧乙酸和二氧化氯等。常用杀菌消毒剂及其使用条件如表2-2所示。

表2-2 常用的杀菌消毒剂及其使用条件

| 名称 | 有效成分 | 使用浓度 | 应用范围 |
|------|----------|----------|----------|
| 漂白粉 | $Ca(ClO)_2$ | 2g/L | 原料容器消毒 |
| 漂白精 | $Ca(ClO)_2$ | 0.2g/L | 工具、容器消毒 |
| 亚氯酸钠 | $NaClO_2$ | 20g/L | 水质消毒 |
| 过氧化氢 | $H_2O_2$ | 0.1% | 容器、包装物 |
| 过氧乙酸 | $C_2H_4O_3$ | 0.1% | 通道、地面 |
| 氢氧化钠 | $NaOH$ | 100g/L | 容器与管道 |
| 硫酸 | $H_2SO_4$ | 25% | 容器与管道 |
| 高锰酸钾 | $KMnO_4$ | 0.1% | 车间入口脚池 |
| 酒精 | 乙醇 | 70% | 手及手套、取样仪器 |
| 石炭酸 | 苯酚 | 2g/L | 发酵车间空气 |
| 来苏儿 | 媒酚皂（甲酚皂） | 5% | 通道、地面 |
| 升汞 | $HgCl_2$ | 0.2g/L | 试验接种消毒 |
| 甲醛液 | $HCHO$ | 2% | 啤酒罐 |
| 碘酊 | $I_2$ | 2% | 接种人的手或工具 |
| 新洁尔灭 | 十二烷基二甲基苄基溴化铵或苯扎溴铵 | 0.25% | 各种器具和容器 |

## 二、 杀菌剂的选用原则

使用杀菌剂时，除了应根据其应用场合、杀菌要求和注重杀菌效果外，还要充分考虑杀菌剂自身的特性及其对被杀菌物料性状的影响。选用杀菌剂时必须全面考虑下列原则。

（1）高效性 根据杀菌对象的具体情况，尽量选用针对性和杀菌作用强的杀菌剂，使能以最少的添加量取得最佳的杀菌效果。

（2）持效性 一般的杀菌剂都较易分解，其效力保持的时间有限。因此，选用时必须注意要有足够的杀灭微生物的时间，以确保杀菌效果。

（3）均效性 要使加入量很少的杀菌剂能均匀地对处理对象起杀菌作用，杀菌剂必须配成一定浓度的稀溶液才能确保杀菌剂与杀菌对象均匀接触。

（4）稳定性 所用的杀菌剂对温度等环境条件要有一定的相对稳定性，使加工过程不至于因杀菌剂的分解失效而影响杀菌效果。

（5）腐蚀性 杀菌剂一般都有强的氧化或还原性，从而对有机物可能会造成一定的腐蚀和损伤。所以使用时必须注意杀菌剂溶液，特别是浓溶液的腐蚀性。

（6）毒害性 杀菌能力强的杀菌剂一般也有较高的毒性。使用时必须全面权衡其利弊，并考虑其对杀毒对象物料品质的影响。

## 三、 常用的杀菌剂

下面从杀灭危害食品安全的微生物的需要介绍几种常用的杀菌剂。

### （一） 含氯型杀菌剂

1. 漂白精（High Test Hypochrite）

漂白精又称高度漂白粉。其主要成分为次氯酸钙，但有效氯含量较高，可达 $60\% \sim 75\%$。漂白精的基本组分为：$3Ca(ClO)_2 \cdot 2Ca(OH)_2 \cdot 2H_2O$。

（1）理化性质 漂白精为白色至灰白色的粉末或小颗粒，也有压成片状的商品。漂白精无吸湿性，在无水状态时比较稳定，但遇潮湿空气或水分时，会发热引起燃烧或爆炸。在强阳光暴晒或受热至150℃以上，也能发生强烈燃烧或猛烈爆炸。漂白精在酸的作用下会发生分解，但比漂白粉稳定，故贮运较漂白粉简便。

（2）杀菌特性 漂白精的水溶液能释放出有效氯气，其有效氯的含量比漂白粉高一倍，故有比漂白粉更强的氧化、漂白与杀菌作用。其杀菌作用是通过氯侵入微生物细胞的酶蛋白，破坏核蛋白的巯基，或抑制其他对氧化作用敏感的酶类，从而导致微生物的死亡。

漂白精对细菌的繁殖型细胞、芽孢、病毒、霉菌和酵母都有杀灭作用。其作用强度随浓度的提高和作用时间的延长而增强。环境的 pH 对杀菌作用也有很大的影响。酸性有利于氯的析出，从而提高了杀菌能力。

（3）安全性 漂白精是靠其分解产物氯气来杀灭微生物的。氯是腐蚀性很强的有毒气体，对人类的呼吸道和皮肤有强的刺激作用，能引起咳嗽和影响视力。我国工业企业设计卫生标准规定工厂车间空气中氯的最大允许浓度为 $2mg/m^3$。

漂白精溶液对肠胃道黏膜有刺激侵蚀作用，因此，不能直接饮用。一般在使用其稀溶液的条件下，尚未发现什么问题，是较安全的消毒剂。

（4）使用要求 漂白精可用于食品加工过程的工具、容器、设备以及环境的消毒。由于漂白精的有效氯含量较漂白粉高，其杀菌效果约比漂白粉大一倍。同时，因其质量比较稳定，对于湿热地区更显优越。对一般食具消毒，可在每 1kg 水中加一片漂白精片或 0.3~0.4g 漂白精，即可得到相当于约 200mg/kg 有效氯的消毒液。

配成有效氯量为 800~1000mg/kg 的漂白精溶液可用于蛋品的消毒，消毒时间要求不得低于 5min。此外，可用于水果的洗涤消毒。

漂白精也可用于饮用水的消毒。其用量应根据 GB 5749—2006《生活饮用水卫生标准》的规定，控制出厂水中游离氯余量为 ≥0.3mg/L，管网末梢 ≥0.05mg/L。因漂白精的价格较高，为了降低水处理成本，一般水厂的水消毒都用较便宜的漂白粉。

2. 二氧化氯（Chlorine Dioxide）

二氧化氯分子式 $ClO_2$，相对分子质量为 67.45。可由氯酸钾与硫酸或氯与亚氯酸钠作用制得。二氧化氯结构中有一个带有孤对电子的氯—氧双键结构，极不稳定，光反应会产生氧自由基，具有强的氧化性。

（1）理化性质 二氧化氯是一种强氧化剂，在常温常压下是黄绿色的气体，具有与氯、硝酸相似的刺激性气味。但在更低的温度下则呈液态，沸点 11℃，熔点 -59℃，气体 $ClO_2$ 密度为 3.09g/L（11℃），液态时呈红棕色，液体 $ClO_2$ 的密度为 1.64g/L，0℃ 的饱和蒸汽压为 66.7kPa。固态 $ClO_2$ 为赤黄色晶体。有毒，具腐蚀性，对热不稳定，见光分解。

二氧化氯气体易溶于水，它的溶解度是氯气的 5 倍。二氧化氯水溶液的颜色随浓度的增加由黄绿色转成橙色。二氧化氯在水中以单体存在，不聚合生成 $ClO_2$ 气体，在 20℃ 和 4 kPa 压力下，溶解度为 2.9g/L。它在水中是纯粹的溶解状态，其消毒作用受水的 pH 影响极小。二氧化氯易挥发，其液态和气态极不稳定，温度升高、曝光或与有机质接触均会发生爆炸，故通常现场配制，即时使用，存放于阴凉避光处。

（2）杀菌特性 二氧化氯比其他氧化类消毒剂的氧化杀菌能力强。其有效氯氧化能力是氯气的 2.6 倍，次氯酸钠的 2.8 倍，过氧化氢的 1.3 倍。二氧化氯的消毒机理是靠释放次氯酸分子和初生态氧的强氧化作用及其对细菌的细胞壁有较强的吸附和穿透能力，从而使微生物蛋白质中的氨基酸氧化分解，并有效破坏细菌内含巯基的酶，可快速控制微生物蛋白质的合成，故二氧化氯对细菌、病毒等有很强的灭活能力。二氧化氯不与氨反应，氨氮含量高的水采用二氧化氯消毒仍可保持其全部杀菌能力。国内外的研究表明，二氧化氯在极低浓度（0.1mg/L）下，即可杀灭许多诸如大肠杆菌、金黄色葡萄球菌等致病菌。即使在有机物等干扰下，在使用浓度为每升几十毫克时，也可完全杀灭细菌繁殖体、病毒、噬菌体和细菌芽孢等所有微生物。除一般细菌外，对异细菌、铁细菌、硫酸盐还原菌、脊髓灰质炎病毒、肝炎病毒、淋病、艾滋病病毒以及兰伯氏贾第虫孢囊、尖刺贾第虫孢囊等都有良好的杀灭效果。二氧化氯可将水中溶解的还原态铁、锰氧化，对去除铁、锰很有效。二氧化氯与有机物的反应较复杂，主要发生氧化反应，其产物主要有酸、醇、环氧化物等，而且二氧化氯的杀菌效果受环境条件（如温度、pH 和有机物等）的影响比较小，因此，二氧化氯是新一代的广谱、高效的灭菌剂。

（3）安全性 由于二氧化氯具有极强的氧化能力，在高浓度时（>500mg/L）会对健康产生不利影响。当使用浓度低于 500mg/L 时，其影响可以忽略，在 100mg/L 以下时不会对人体产生任何影响（包括生理生化方面的影响），对皮肤也无任何致敏作用。事实上，二氧化氯的常规使用浓度要远远低于500mg/L，一般仅在十万分之几的浓度。二氧化氯与酚反应不会生成有异味的氯酚，与腐殖酸反应，不会生成三卤甲烷致癌物等有毒有机卤代物。而且对高等动物细胞无致癌、致畸、致突变作用，具有高度安全性（AI级）。因此，二氧化氯被国际上公认为安全、无毒的绿色消毒剂，被称为不致癌的消毒剂。二氧化氯溶液浓度在10g/L以下时，基本没有爆炸危险。

（4）使用要求　二氧化氯是一种常用的含氯消毒剂，它刺激性小，使用方便。除用作杀菌剂外，还可用作氧化剂、漂白剂、脱臭剂等。二氧化氯在使用前需要加活化剂，配成≥2%的二氧化氯原液。活化后的二氧化氯原液不稳定，当天配制的药液需当天用完。二氧化氯原液稀释20～40倍后可以用于擦拭物体表面消毒。原液稀释50倍，可以用来洗手，作用3min左右有很好的消毒效果。将原液稀释100倍，使之成为0.02%的药液，可作食具消毒浸泡液，食具浸泡30min消毒后用清水冲洗干净备用。将原液稀释10～20倍，成为0.1%的药液。超低量喷雾用量20mL/m³，喷完后门窗密闭30～60min，对空气有很好的消毒效果。二氧化氯可以用于物体表面消毒。使用前需要将原液稀释20～40倍。喷雾时将被消毒的物体表面喷湿。水厂所用二氧化氯的加注量一般为0.1～5mg/L。

### （二）含氧型杀菌剂

#### 1. 过醋酸（Peroxyacetic Acid）

过醋酸又称过氧乙酸，分子式$C_2H_4O_3$，可由过氧化氢与冰醋酸在硫酸存在下合成，大规模生产可通过乙醛氧化法制得。其结构式见图2-7。

（1）理化性质　过醋酸为无色液体，有很强的醋酸刺激性气味。熔点-0.2℃，沸点110℃。易溶于水、醇、醚，水溶液呈酸性，其性质不稳定，特别是较高温度下的稀溶液更易分解，在5℃以下分解才较慢。通常为32%～40%的过醋酸溶液。

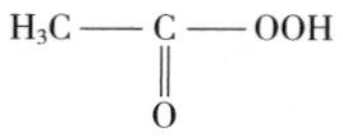

图2-7　过醋酸

（2）杀菌特性　过醋酸对细菌、芽孢菌、真菌、病毒等都有强的杀灭效果，是高效、速效、广谱的杀菌剂。一般浓度约为0.2%的溶液即能有效地杀灭霉菌、酵母和细菌的繁殖体。对抵抗力很强的蜡状芽孢杆菌的芽孢用0.3%过醋酸溶液处理3min也能有效杀死。过醋酸不但杀菌作用强，杀菌范围广，而且在低温下仍能保持良好的杀灭微生物的能力。

（3）安全性　过醋酸的大鼠经口$LD_{50}$为500mg/kg体重，属中低等毒性物质。过醋酸在杀菌过程分解为氧、醋酸和水，挥发后不留气味，对人体无害。但使用时要注意高浓度（如40%）的过醋酸溶液会灼伤皮肤，可使皮肤变白起泡。此外，还要注意过醋酸中是否含有过氧化氢等残留物。

（4）使用要求　过醋酸由于有较优良的杀菌特性，已成为食品工业推广应用的杀菌消毒剂。在车间环境、工具容器、果蔬和蛋品等的杀菌消毒都取得满意的应用效果。如喷雾0.2g/m³的过醋酸可达到车间消毒目的；用0.2%～0.5%过醋酸溶液可浸泡消毒食品加工工具和容器；手在0.5%过醋酸溶液浸泡20s即可杀死手上沾染的一般微生物而皮肤不受损伤；果蔬在0.2%过醋酸溶液中浸泡2～5min可达到抑制霉菌增殖、延长保鲜期的效果；鲜鸡蛋于涂膜保鲜前在0.1%过醋酸溶液中浸泡2～5min，可大大延长保存期等。

因浓过醋酸液能腐蚀普通的金属和软木等物品，浓度大于8%的过醋酸会灼伤皮肤，且对呼吸道黏膜有刺激性，故一般应稀释后使用。而且因过醋酸稀释液会很快分解，应现用现配，必要时可暂在6℃以下的低温处存放。此外，在使用时还要注意到过醋酸的不稳定性，其大于40％的浓溶液存在爆炸和燃烧的危险。

### 2. 过氧化氢（Hydrogen Peroxide）

过氧化氢又称双氧水，分子式$H_2O_2$。工业级过氧化氢有含过氧化氢27.5％和35％两种。其中，除含大量水分外，还含有蒽醌类有机杂质以及铅、砷等金属离子、机械杂质等，不能用于食品行业。食品级过氧化氢经提纯处理，纯度高、杂质少、稳定性好，不含有毒有害杂质，因而可以广泛用于食品行业中的各个领域。

过氧化氢含量测定方法：称取0.2g（0.18mL）样品（准确至0.0002g），在锥形瓶中加25mL水和10mL 4mol/L硫酸，用0.1mol/L高锰酸钾标准溶液滴定至溶液呈粉红色，保持30s不褪色。过氧化氢的含量（$X$,％）可根据样品的质量（$m$）和滴定耗用一定浓度（$C$）的高锰酸钾体积（$V$，mL）按下式计算：

$$X（\%）=（0.01701 \times V \times C）\times 100/m$$

（1）理化性质　无色透明液体，有微弱的特殊气味，助燃，高浓度时有腐蚀性，具强刺激性。能溶于水、醇、醚，不溶于苯、石油醚。饱和蒸气压：0.13 kPa（15.3℃），熔点：$-2℃$，沸点：158℃，相对密度：1.46。30％过氧化氢的密度为$1.11g/cm^3$，熔点$-0.89℃$，沸点为151.4℃。

过氧化氢放置时会渐渐分解为氧及水，产生强烈的漂白和杀菌作用。过氧化氢在较低温度和较高纯度时还是较稳定的。纯过氧化氢如加热到153℃或更高温度时，便会发生猛烈爆炸性分解。介质的酸碱性对过氧化氢的稳定性有很大的影响。酸性条件下过氧化氢性质稳定，进行氧化速度较慢；在碱性介质中，过氧化氢很不稳定，分解速度很快。杂质也是影响过氧化氢分解的重要因素。很多金属离子如$Fe^{2+}$、$Mn^{2+}$、$Cu^{2+}$、$Cr^{3+}$等都能加速过氧化氢分解。波长320～380nm的光也能使过氧化氢分解速度加快。

（2）杀菌特性　过氧化氢是发挥其活性氧的强氧化能力，对微生物细菌内的原生质起破坏作用，从而达到杀灭微生物和消毒的目的。食品级过氧化氢具有广谱、高效、长效的杀菌特点，其杀菌过程的分解产物为氧气和水，不会产生有毒的残留物，食品中残留的少量食品级过氧化氢能自行分解，因而可以无需用水冲洗，对环境无污染，是一种环保型杀菌消毒剂。

（3）安全性　一般来讲，过氧化氢是无毒的，人体摄入少量的浓度小于3％的过氧化氢不会引起严重中毒，因人体内肠道细胞的过氧化氢酶能很快将过氧化氢分解。但浓度超过10％的过氧化氢则会因其强的氧化性而对皮肤、眼睛和黏膜有刺激作用，轻则产生漂白和灼烧感觉，重则可使表皮起泡和严重损伤眼睛，其蒸汽进入呼吸系统后可刺激肺部，甚至导致器官严重损伤。当过氧化氢沾染人体或溅入眼内时应使用大量清水冲洗。

（4）使用要求　过氧化氢可用于软包装纸的消毒，乳和乳制品杀菌，罐头厂的杀菌。食品级的过氧化氢可作为添加剂，美国规定在牛乳和奶酪中过氧化氢的最大使用量为0.05％，在葡萄酒、熏青鱼和腌制蛋品中，可添加达到氧化及抗菌效果的量。此外，在果汁中添加0.025％～3％过氧化氢可达到抗菌的效果。3％以下的过氧化氢稀溶液还可用作医药上的杀菌剂。过氧化氢在美国也被批准作为一种饮用水的消毒剂。在我国，虽然过氧化氢还未用于城市饮用水的消毒，但在野外一时找不到有保证安全水源的地方，临时采用过氧化氢消毒，不失为应急的实用措施。

🔍 思考题

1. 食品在贮存或保藏过程中会出现什么变化？什么原因导致食品腐败变质？

2. 食品防腐剂有哪些特点？它们是靠什么机理进行防腐保鲜的？

3. 作为食品防腐剂应具备什么条件？是否天然防腐剂比合成防腐剂安全？

4. 有通用万能的防腐剂吗？为什么要根据不同的食品对象选用不同的防腐剂？

5. 我国有哪些常用的防腐剂？它们在使用时应注意什么？

6. 目前我国在食品防腐剂的应用方面存在的主要问题是什么？今后对防腐剂的研究与开发的方向是什么？

7. 杀菌剂与防腐剂有什么异同？使用杀菌剂时应注意些什么？

8. 如何检测防腐剂的抑菌特性？试设计一个实验，用以测定某新型防腐剂抑菌活性的 pH 范围。

第三章

CHAPTER

# 抗氧化剂

3

## 内容提要

　　本章主要介绍食物氧化及对食品质量的影响；通过对油脂成分的氧化历程分析，评估食物氧化的条件与产物、抗氧化方法及抗氧化剂的结构性质、应用原理及使用要求；抗氧化剂的类别与典型食品抗氧化剂的特点。

## 教学目标

　　通过对食物的氧化历程分析，了解食品加工过程中的抗氧化措施和必要性；学习抗氧化剂的应用原理，掌握选择食品抗氧化剂的原则与方法。

## 名词及概念

　　食品抗氧化剂、脱氧剂、抗氧化剂的作用机理、位阻效应。

## 第一节　食物的氧化与防护

### 一、　食物的氧化

　　食品在生产、贮存及流通过程中除受有害微生物作用而发生腐败变质外，还会受到环境气氛中氧的破坏作用使食物发生褪色、变色、变味等现象。这种变质就是食物成分发生氧化反应的结果。环境中氧元素与食物成分的化学反应是导致食品氧化变质的主要原因。食品的氧化不仅会降低食物的感官质量、破坏其中营养成分，同时还会产生一些有害的物质，进而引起食用者中毒事件的发生。如富含脂肪的食品就容易发生氧化。油脂或油脂食品在长期的保存过程中会发生氧化和"酸败"现象，产生一些有毒、异味的物质。含不饱和脂肪酸的油脂，其不饱和键稳定性较差而极易被氧化；甚至饱和的脂肪酸链也会受到外界因素（如光照、受热、离子等）影响，诱导产生活泼的自由基或取代基而引发氧化反应发生。不稳定或激活的脂肪酸链更容易与环境氧发生氧化反应，再经过不断裂解，产生带异味的低级脂肪酸、醛或酮类等物质。氧化产物会直接影响食品的感官与风味质量，也会对消费者的健康构成威胁。

油脂的氧化过程基本遵循典型的自由基链式反应规律，即通过光、热、氧气、酶等环境因素诱发自由基产生并进行扩散传递和发展，并逐步加剧油脂的氧化反应，最终使整体油脂不断降解产生低相对分子质量的物质。一般油脂的氧化历程，通常由引发、传递、迸发与终止等小环节进行逐级降解的。

氧化后的油脂或食物出现的异味或变色现象会影响人们的食欲，以至于造成食品的丢弃与浪费。同时许多氧化食物产生的物质，有害于人体健康，其中产生的一些自由基还会促进人体内的脂肪发生氧化降解，破坏组织生物膜，引起细胞功能衰退乃至组织死亡，严重的还会导致各种生理疾病发生。由此可见，氧化反应不仅造成食物的浪费和食物资源的损失，而且导致许多与活性氧、自由基以及衰老相关病症出现和发生，如心血管病、老年性痴呆、肿瘤、糖尿病、艾滋病、白内障病等。因此防止和减缓食品的氧化，无论在食品加工过程中，还是在运输和贮藏方面都具有非常重要的意义。

## 二、 防护措施

为避免或延缓食品和原料在生产、贮存及运输中的氧化现象发生，降低因氧化变质带来的损失和影响，需要采取一定的处理方法和保护措施。

1. 密封避光包装

由于光照或辐射可加速自由基的产生和传递，同时引发链式氧化反应的发生，密封更有助于隔离环境空气中的氧气。例如使用棕色或有色容器或不透光、不透气的包装材料进行真空密封。

2. 填充惰性气体、浸泡和涂膜处理

通过在食品包装内填充一定的惰性气体，以排除其中的残留空气，起到隔离 $O_2$，避免食物与环境氧接触和反应的作用。通常使用 $CO_2$、$N_2$ 等惰性气体作为填充气，同时需要包装材料具有一定强度与较好的密封性。填充气体的方法一般处理成本较高，适宜相对高档的食品。

浸泡是利用一些还原性物质的溶液在对食物进行加工前的抗氧化处理，以避免或减轻氧化带来的褐变现象。例如使用亚硫酸盐、抗坏血酸等溶液对去皮后的水果或其他果蔬切片进行的护色处理。此项操作虽属于抗氧化处理，但国家标准将此类还原性物质归在食品漂白剂类别中。

涂膜处理则是在食物表面涂上一层混合成分的液体，经过干燥后形成均匀的保护膜，以使食物与空气隔离，既可阻止食物与空气的接触，又可减少细菌的侵染而造成的变质。涂膜处理相对成本较低，多用于对新鲜水果或果蔬切片的保护处理，可避免氧化造成的褐变而影响感官质量。

3. 降低贮存温度

温度能改变许多化学反应的平衡点和平衡常数，更是促进氧化反应以及自由基的诱发和传递的重要因素，因此在贮存或运输过程中宜采用低温条件或降温方式操作，同样可降低或延缓氧化反应的发生和加剧。

4. 利用脱氧剂

脱氧剂又称吸氧剂、除氧剂或去氧剂，是具有与氧亲和或反应的活性物质。在常温下可与局部环境氧发生反应，通过消耗残留氧使食品处在相对无氧状态下，以防止食品营养成分及风味成分的氧化，从而达到抗氧化保质目的。

脱氧剂一般分为无机类和有机类。无机类包括亚铁盐、亚硫酸盐、金属粉类等物质（通过直接与残留氧反应而消耗氧）；有机类包括含氧化酶的葡萄糖粉（利用酶促葡萄糖氧化而消耗残留氧）。脱氧剂虽属于具有抗氧化能力的物质，但不被直接添加在食品中使用，而是单独置于透气袋中与食品混装一起。因此，许多国家（包括中国）未将其列入食品抗氧化剂名单中（常被列入食品工业用加工助剂中）。

脱氧剂一般在使用前需密封存放（葡萄糖氧化酶则与葡萄糖分装），以免过早被氧化而失效。使用时将脱氧剂移入透气袋中与保护食品在独立密封条件下合放在一起。

5. 添加抗氧化剂

（1）还原型抗氧化剂　还原型抗氧化剂是利用自身的还原特性，先于保护食物进行氧化反应，起到屏蔽氧化的作用。反应中既消耗了食物中的残留氧，同时可与活泼自由基结合，以此终止或延缓油脂成分在贮存和加工过程的链式氧化反应发生。食品中应用最多、最广泛的是还原型抗氧化剂。

（2）螯合型抗氧化剂　食品中许多氧化反应是与某些金属离子有关，如 $Cu^{2+}$、$Cr^{3+}$、$Ca^{2+}$、$Co^{2+}$、$Fe^{3+}$、$Mg^{2+}$、$Mn^{2+}$ 等。这些金属离子具有催化、引发和加速自由基的产生和氧化反应的作用，有些高价态离子本身就有氧化性。螯合剂的使用是对诱发自由基或催化氧化作用的离子进行络合与封闭，以降低对氧化反应的催化活性，从而达到抗氧化效果和目的。由此可见，使用螯合剂也是一种有效的抗氧化方法。我国因此将螯合剂列入食品抗氧化剂的名单，而有些国家将螯合剂单列为一类或作为抗氧化增效剂使用。

为预防和延缓食物的氧化变质现象发生，在食品加工和处理过程中使用抗氧化剂是重要的处理措施，也是最简单、经济和最有效的抗氧化方法。

# 第二节　抗氧化剂作用原理

食物的氧化过程基本遵循典型的自由基反应机理，即在一定条件下产生具有氧化活性的自由基，并通过自由基的进一步引发促使氧化反应的发生和发展。因此，讨论氧化反应历程不得不对自由基的形成条件做以分析。

# 一、 自由基的形成

1. 自由基（Free Radical）

自由基也称游离基，是原子、离子、分子或其基团的外层轨道上占有不配对的电子。这种带有不配对的电子的原子、离子、分子或其基团统称为自由基。自由基的化学性质非常活泼，易与其他物质进行反应。自由基通常以名称字母加符号（·）表示，如氢自由基（H·）、羟自由基（OH·）、脂质过氧化自由基（LOO·或ROO·，L及R均代表脂质）、超氧负离子自由基（$O_2^-$·）等。自由基与离子的产生方式不同，如：

离子的生成过程：

$A : B \longrightarrow A :^- + B^+$

自由基的生成过程：

$A : B \longrightarrow A · + B ·$

自由基与负离子虽带有电子，但其表观性质不同。二者的特征与差异如表3-1所示。

表3-1  自由基与负离子比较

| 带电体 | 稳定性 | 电负性 | 反应特征 | 分离 | 溶剂影响 |
|---|---|---|---|---|---|
| 自由基 | 差 | 不突出 | 引发慢、传递快 | 独立转移 | 无 |
| 负离子 | 稳定 | 突出 | 引发快、传递快 | 正负成对 | 强烈 |

2. 自由基的产生

影响自由基产生的因素较多，例如光照、加热、酶促、其他氧化反应等条件都能诱发自由基的形成。不仅食物如此，对动物体内的新陈代谢同样可产生活泼的自由基，如羟自由基、超氧阴离子自由基等。紫外线等高能放射源的辐射以及大气环境的污染等因素，也都可使人体产生自由基。过多自由基的产生对机体健康有一定的危害，极易攻击生物膜中的脂肪酸组成，破坏生物膜的正常结构与功能，同时也是促进人体组织衰老的主要因素之一。

食品中自由基产生的主要原因包括：对食物的某些加工处理，如反复加热或过分加热；长期与空气接触、放置或光照过久；伴随物中含游离的金属离子或生物酶等因素。

3. 自由基的作用

自由基能促进、延续氧化反应，通过诱发、传递过氧化自由基，加速食物中脂肪类物质的氧化与降解，最终导致整个食物的变味、变色和变质，造成食品安全的隐患和食物资源的浪费。认识油脂的氧化机理和历程，需要了解自由基在氧化过程中的影响和作用。食物中的油脂氧化也是最常见和最突出的变质现象。因此，对不同氧化历程和抗氧化效果的探讨，也常以油脂的氧化为例，分析自由基的产生以及对氧化反应的影响。

# 二、 氧化历程

食品的氧化及变质现象在许多食物成分中都有所显现，但作为氧化机理的探讨却常以食物中的油脂变化为典型事例。油脂氧化对食品质量的影响也是比较突出的，油脂的氧化过程基本以自由基反应模式进行。下面以烷基脂肪链（$RCH_2—$）为例，探讨在光照、加热、酶促条件或有活性氧［O］、金属离子（M）的存在下，怎样发生鞭裂反应而产生自由基；这些自由基与氧结合后，可能形成什么形式导致脂肪分子链降解，产生低分子酸、酮、醛类等有味物质；氧化与自由基产生又如何构成循环往复的反应传递链。

1. 诱导阶段

（1）自由基的诱导

$$RCH_3 \xrightarrow[\ [O]、[M]\ ]{\text{光、热、酶}} RCH_2· + H·$$

（2）自由基传递

2. 迸发阶段

（1）过氧化自由基的产生

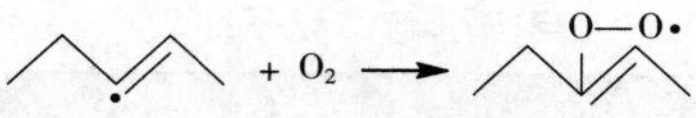

（2）共振态过氧化物的产生

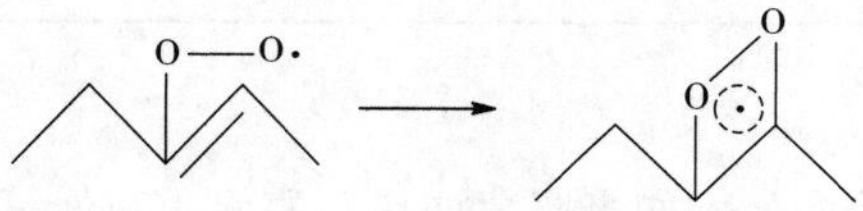

3. 终止阶段

（1）过氧化物降解

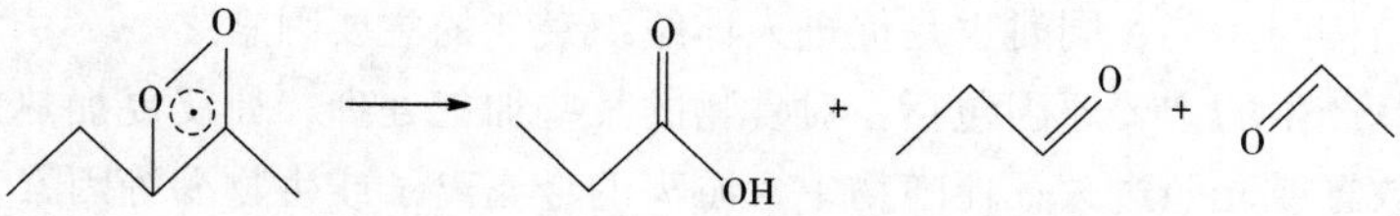

（2）诱发新的自由基

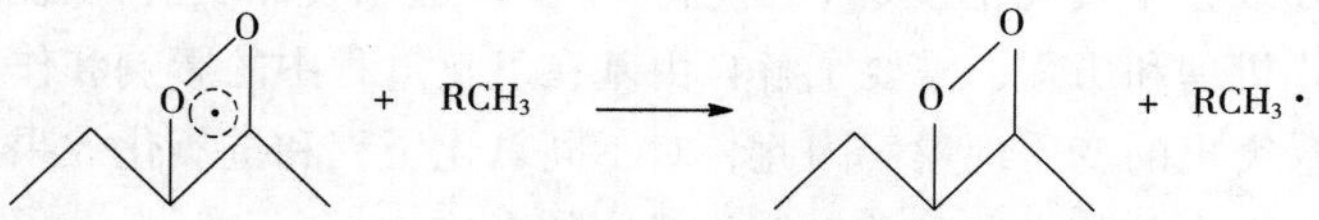

根据图 3−1 所示，结合单一氧化过程分析，自由基的诱导和传递过程是比较缓慢甚至是可逆的，但过氧化自由基及共振态过氧化物的形成是快速的，随后共振态过氧化物会发生断链或降解形成氧化产物，同时诱发产生新的自由基，终止阶段仅是一个氧化环节的完成，并非氧化反应的终止。不仅如此，随着自由基的产生和传递以及氧化的循环发生，形成不间断的链式反应，引发物质的进一步氧化，最终导致氧化程度的加剧和食物变质。

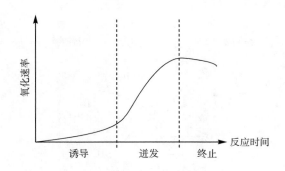

图 3 - 1　不同反应阶段的氧化速率

# 三、 抗氧化剂的作用机理

食品中使用的抗氧化剂主要是还原型与螯合型两类。其作用机理归纳起来为：还原型抗氧化剂（HA）主要是通过本身的还原活性，与环境氧反应，降低食物中的氧分含量，另外可与自由基反应，以中断氧化过程中的链式反应，阻止氧化过程进一步发生；螯合型抗氧化剂（HB）则是将能催化或引起氧化反应的金属离子封闭，形成稳定的络离子形式。

1. 还原作用

（1）消耗残留氧

$$O_2 + HA + RCH_2 \cdot \longrightarrow AO_2 + RCH_3$$

如：

（2）降低自由基活度

$$RCH_2 \cdot + HA \longrightarrow RCH_3 + A \cdot$$

如：

（3）终止自由基传递（形成共振体系）

$$RCH_2OO \cdot + HA \longrightarrow RCH_2OOH + A \cdot$$

如：

2. 螯合作用

（1）电离

$$H_2O + HB \longrightarrow H_3O^+ + B^-$$

（2）螯合

$$M^{n+} + nB^- \longrightarrow M^{n+} [B^-]_n$$

乙二胺四乙酸对金属离子的螯合作用如图 3 - 2 所示。

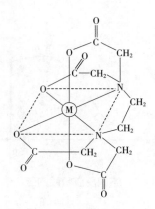

图 3 -2  乙二胺四乙酸对金属离子的螯合封闭

# 四、 总结

根据反应机理分析，食物发生氧化势必经历诱导、迸发和终止过程。物质在诱导过程和迸发初期阶段并未发生显著的变化，抗氧化剂在食物迸发初期发挥作用应是最有效的，即在食物被氧化前发生氧化反应或络合反应，以自身的变化来消耗残留氧或阻止食物的氧化发生，达到延缓氧化变质、延长保藏期的目的。整个抗氧化历程的特点如下：

1. 终止阶段是氧化中的不可逆历程

氧化反应过程中诱导阶段是相对缓慢的，而发展到迸发和终止阶段时，不仅反应速度加快，而且所有反应和变化都是不可逆的。同时食物的一些成分因发生了氧化导致食物变质而失去存放的意义。

2. 对自由基和金属离子的控制仅有助于延缓氧化的发生

抗氧化剂是控制自由基诱导与扩展或封闭激发氧化的离子，其根本作用在于抑制和延缓保护成分的氧化发生，以达到延长食物的存放时间。

3. 抗氧化剂不能使氧化食物复原

反应机理分析，当保护成分经历了迸发直至终止环节，就意味着食物已发生氧化变质，任何抗氧化剂对食物的氧化变质都无济于事，所有的抗氧化措施也已失去意义。

4. 抗氧化剂的活性影响保护效果

理想的抗氧化剂，其活性既不要过高，也不能过低。活性过高会出现抗氧化剂过早发生反应而失去保护作用；活性过低则出现反应迟钝，即出现食物已被氧化而抗氧化剂却无动于衷的现象。两种情况均未发挥出应有的抗氧化效果。因此，使用还原型抗氧化剂时，应选择反应活性适宜的物种，以保证抗氧化剂在诱导过程和迸发初期阶段发挥作用。

# 第三节　抗氧化剂及其应用

## 一、　抗氧化剂

广义的抗氧化剂是指具有清除、终止、限制自由基或延缓氧化反应的物质。食品中使用的抗氧化剂是一类用于食品保质的添加剂，单指能防止或延缓油脂或食品成分氧化分解、变质，提高食品稳定性的物质。依相关分类标准，食品抗氧化剂包括还原型和螯合型两类物种。从作用原理分析，食品抗氧化剂吸收或钝化自由基，以终止自由基引发的氧化反应；或通过封闭对氧化有催化活性的金属离子来缓解氧化反应。由此可见，食品抗氧化剂的功能在于抑制或延缓氧化导致的食物变质现象发生，更利于食品的加工与贮藏。

食品抗氧化剂与防腐剂同用于食品的保质和贮藏，但防腐剂是针对微生物繁殖与酶活性的影响和抑制。而抗氧化剂的根本目的是延缓食品氧化所引起的变质，而使用效果的检验也不同于防腐剂，抗氧化效果是通过检验过氧化值、酸价、羰基变化等参数来确定。此外，食品抗氧化剂也不同于药剂或保健品，仅作为辅料添加在加工食品或原料中。

食品抗氧化剂使用得当可抑制食物中的氧化反应，延缓食品的保质和存放期限，但却不能使氧化变质的食物复原。从脂肪的氧化机理分析，再多的抗氧化剂对已氧化变质的食物也无济于事。

## 二、　抗氧化剂结构特征

### 1. 还原基团或络合离子

抗氧化剂的化学反应活性表现在其分子带有还原性基团，如烯醇式结构（—C $=$ C—OH）、多酚类结构等特征；或经电离形成可与金属离子络合的离子团，如羧基（—COOH）、氨基（—NH$_3$）、磷酸根等。分子中的活性基团比例越大，活性越突出，抗氧化的能力和容量也越大。

### 2. 亲脂性

用于保护油脂或富脂食品的抗氧化剂应具有脂溶性。分子中亲脂结构多、与脂类食物接近，则脂溶性就越强，其抗氧化活性也就突出、效果就更好。

### 3. 位阻效应

抗氧化剂分子中的还原基越多越突出，其活性就越强，越容易率先发生氧化反应，因此在许多情况下，并非是理想的抗氧化剂。对比之下，当分子中还原基受到周围基团的位阻效应后，虽然还原活性降低，但抗氧化的效果却显得更好。如 2 - BHA（2 - 丁基羟基茴香醚）分子中羟基受到位阻效应影响小，极易被氧化，抗氧化效果就差。而 3 - BHA（3 - 丁基羟基茴香醚）的位阻效应明显，却表现耐加热、稳定、抗氧化效果好的特点（BHA 结构式请见本章第四节内容）。

### 4. 转型

抗氧化剂在发挥作用或参与反应时自身结构也会发生变化。食品抗氧化剂不仅要有保质作用，而且自身的结构变化也不得对保护食物产生影响。螯合型抗氧化剂与离子形成的络合物对食物影响较小。但还原型抗氧化剂由于是通过自身的氧化而发挥作用，尽管添加用量少，也不可忽略其产物的负面影响，如氧化降解产生的酸性、有色或异味产物会影响食物的质量。因此抗氧化剂不仅需要一定的还原活性，同时分子骨架也应有一定的稳定性。酚类抗氧化剂发生氧化后转化为相对稳定的醌类化合物，或与自由基结合形成相对稳定的共振结构。酚类抗氧化剂中的酚羟基越多，抗氧化能力越强；相对分子质量越大，氧化产物也就越稳定。

## 三、 影响使用效果的因素

使用抗氧化剂后能否达到预期的效果还需要注意使用的条件与影响因素。在使用抗氧化剂的同时，应结合下面几个方面中相宜条件的选择，以得到或实现理想的添加效果。

（1）食物成分　对含有稳定性差的组分的食物，宜添加活性高的抗氧化剂；而对富脂食物或高水分食品则需要选择不同的脂溶性或水溶性抗氧化剂物种。

（2）处理操作　热风和油炸处理的食品不宜选择活性高的抗氧化剂；而通过风干或低温干燥的食物就可减少抗氧化剂的使用。

（3）贮存条件　真空、密封包装都有利于降低环境氧气成分，有利于提高抗氧化剂的使用效果；冷藏和避光贮藏同样降低氧化反应速率、自由基的诱发，同时也能突出发挥抗氧化剂的作用。

（4）抗氧化剂物种性质　要对抗氧化剂的一般物种的活性、脂溶性、螯合性有所了解，在使用中可根据不同食物、加工处理、贮存等情况，选择相宜的抗氧化剂。除此之外，由于食物或油脂成分远比抗氧化剂复杂，对食物的处理条件也不尽相同，在实际使用过程中靠单一的抗氧化剂物种很难达到抗氧化效果，因此，使用多种或复合型抗氧化剂，利用各自不同性能的协同作用会使效果更好。

## 四、 应用分析

对食品抗氧化剂的合理使用通常涉及效果试验与限量分析。一方面，在选择抗氧化剂方面需要对其性能及使用效果进行预评估，以此选择相宜的物种；另一方面，根据抗氧化剂的使用标准及限量要求，需要对可能的添加食品进行抗氧化剂残留检测，保证加工食品的卫生质量和安全流通，实现对添加剂的全面监督与管理。

1. 效果测试

抗氧化剂的使用效果应在正常的贮存或加工条件下，通过对添加食物的成分、色泽及风味的检测来确定。实际上，为了预测抗氧化剂的作用效果，常采用快速氧化的处理方法，通过比较添加抗氧化剂样品与未添加抗氧化剂样品的氧化程度之差异进行预测和评估，对还原型抗氧化剂的物种及其在不同油脂中的使用，一般有四种测试方法。

（1）起始过氧化法（Initial Peroxide Method，IPM）　通过测定体系的过氧化氢浓度（过氧化值），以判断食物是否存在诱发氧化的因素。由于该法不涉及氧化产物，故无法判别系统处在引发或终止阶段。

（2）活性氧法（Active Oxygen Method，AOM）　在温度98℃条件下，向液体油脂内鼓吹空气以加速氧化反应，并测定不同时刻的油脂中过氧化值，或测定达到一定浓度的过氧化氢时，所需要的时间，以比较氧化程度或抗氧化效果。对动物脂肪氧化的临界参考值为20mmol/kg，植物脂肪氧化的临界参考值为 70mmol/kg。

（3）稳定试验法（Oxidative Stability Index，OSI） 在温度 110℃下，以 2.5mL/s 的流速向液体油脂内吹入空气加速氧化，测试恒定氧化产物浓度的时间，以确定氧化程度或抗氧化效果。

（4）仪器测试法（Rancimat Method） 油脂样品在恒温下，向油脂中恒定速率通干燥空气，油脂中易氧化的物质被氧化成易挥发的小分子酸，挥发的酸被空气带入盛水的电导率测量池中，在线测量池中的电导率，记录电导率对反应时间的氧化曲线，对曲线求二阶导数，从而测出样品的诱导时间、氧化程度和抗氧化效果。

2. 限量控制

（1）物种与残留测定 多数食品抗氧化剂的使用须遵守严格的限量和要求。限量分析是对食品添加剂监管中的重要内容之一。首先需要运用分析方法，按照有关标准与规定对生产和流通食品进行添加剂成分分析，即对添加抗氧化剂物种及其使用限量的测试，通过对其残留量的测定完成对食品抗氧化剂的限量分析。

（2）计算形式 有些脂溶性的抗氧化剂主要分布在油脂组分中，其抗氧作用基本取决于分子中还原基的种类和数量。为统一测试残留计量的结果表示，有些限量标准常以脂肪中抗氧化剂的含量做参考，并以抗氧化物质中的特征分子做残留计算形式。如食品中 BHA 的含量为：

$$含量（BHA）= \frac{m_{BHA}}{m_{脂肪}}$$

再如方便面中抗坏血酸棕榈酸酯的使用限量为 0.2g/kg，其含量计算形式为抗坏血酸，残留量为：

$$残留量 = \frac{m_{棕榈酸酯} \times \dfrac{m_{抗坏血酸}}{m_{棕榈酸酯}}}{m_{脂肪}}$$

因此，无论采用什么测定方法、测试标准物，最终测定结果应根据相关标准换算为统一的含量和计算形式。常用的食品抗氧化剂残留量计算形式如表 3-2 所示。

表 3-2　　　　　　　　　　几种抗氧化剂残留计算形式及介质

| 抗氧化剂种类 | 计算形式 | 介质 |
| --- | --- | --- |
| BHA | BHA | 脂肪 |
| BHT | BHT | 脂肪 |
| PG | PG | 样品 |
| TBHQ | TBHQ | 样品 |
| 抗坏血酸棕榈酸酯 | 抗坏血酸 | 脂肪 |
| 茶多酚 | 儿茶素（总） | 油脂 |
| 抗坏血酸钙 | 抗坏血酸 | 油脂 |
| 异抗坏血酸钠 | 抗坏血酸 | 样品 |
| 甘草抗氧物 | 甘草酸 | 样品 |

## 五、 食品抗氧化剂的筛选原则

（1）高安全性 食品抗氧化剂的安全性是需要考虑的重要指标，毒理学要求低、对人体无害、不被消化吸收是选择食品添加剂的首要原则。

（2）抗氧化能力 食品抗氧化剂的活性突出、抗氧化容量大，其抗氧化能力就高，即可实现低剂量、高效率的最佳使用原则。

（3）不影响食物质量 使用抗氧化剂的另一个重要原则是对添加食品的质量不产生任何副作用，包括对食品色泽香味、感官性能、特色风味等指标的负面影响。

（4）适宜加工条件和介质酸度 食品抗氧化剂应具有一定的稳定性，适宜在酸性介质、热处理、贮运过程中使用而不影响其效果。

（5）结构相近抗氧化效果显著 根据不同食品的特征和特点，可选择物质结构接近的抗氧化剂，使其在食品或油脂中易溶解、分布均匀，可达到理想的抗氧化效果。

（6）使用廉价高效的物种 根据不同档次的食品和类型及抗氧化效果，选择价廉、高效的抗氧化剂，有利于降低加工食品的成本。

# 第四节　常用的抗氧化剂

抗氧化剂从来源方面可分为合成物质与天然物质，但由于天然抗氧化物质的生产成本较高，而能够用于食品抗氧化的产品仅占抗氧化剂中较小的比例，所以使用最多的仍然是化学合成或化学修饰的物种。根据应用要求基本分为脂溶性和水溶性两种抗氧化剂类型。

## 一、 脂溶性抗氧化剂

脂溶性抗氧化剂是食品加工中最有代表性、使用最多、添加效果最显著的抗氧化剂种类。此类抗氧化剂基本属于还原型抗氧化剂。一般来讲，抗氧化剂结构中的亲脂成分比例越大，其脂溶性越高，分散性和抗氧化效果也越好。掌握不同物种的理化性质、结构特征及脂溶性，不仅有利于认识其抗氧化原理，而且也有助于为提高效果而选择相宜的使用条件。

1. 丁基羟基茴香醚 （Butylated Hydroxyanisole，BHA）

BHA 又称叔丁基－4－羟基茴香醚、丁基大茴香醚。分子式 $C_{11}H_{16}O_2$，相对分子质量 180.24（按 2007 年国际相对原子质量）。有 2 种同分异构体 2－叔丁基－4－羟基茴香醚（2－BHA）和 3－叔丁基－4－羟基茴香醚（3－BHA），结构式见图 3－3（氧化后产生稳定的醌类化合物）。

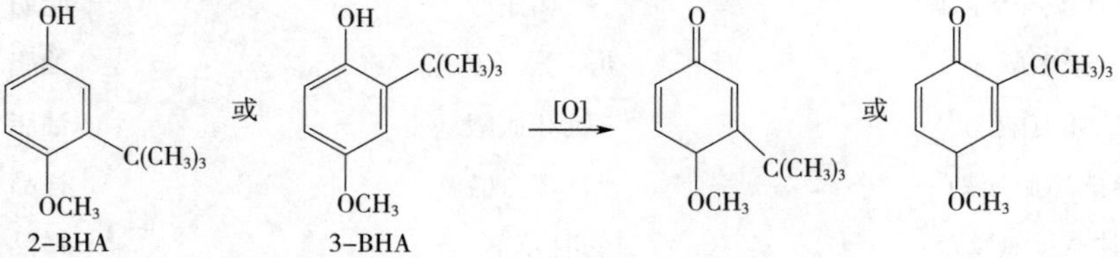

图 3－3　丁基羟基茴香醚及其氧化产物

（1）理化性质 BHA商品多为90%的2-BHA和10%的3-BHA的混合物。由于位阻效应，2-BHA的抗氧化活力比后者高。BHA为白色或微黄色固体，熔点48~63℃，沸点264~270℃（98kPa），不溶于水，易溶于乙醇、丙二醇、丙酮等有机溶剂，并溶于各种植物油，对光、热比较稳定。

（2）毒理学参数 大鼠经口$LD_{50}$为2.0g/kg体重；小鼠经口$LD_{50}$为1.1g/kg体重（雄性），1.3g/kg体重（雌性）；ADI为0~0.5mg/kg体重（FAO/WTO，1988）。

（3）应用与限量 根据GB 2760—2014《食品安全国家标准 食品添加剂使用标准》规定：BHA作为抗氧化剂可用于脂肪，油和乳化脂肪制品，基本不含水的脂肪和油，熟制坚果与籽类（仅限油炸坚果与籽类），坚果与籽类罐头，油炸面制品，杂粮粉，即食谷物［包括碾轧燕麦（片）］，方便米面制品，饼干，腌腊肉制品类（如咸肉、腊肉、板鸭、中式火腿、腊肠），风干、烘干、压干等水产品，固体复合调味料（仅限鸡肉粉），膨化食品中，最大使用量为0.2g/kg（除基本不含水的脂肪和油外，上述食品中BHA最大使用量均以油脂中的含量计）；BHA用于胶基糖果的最大使用量为0.4g/kg。

按FAO/WTO（1984）规定：BHA用于一般食用油脂，最大使用量为0.2g/kg。不得用于直接消费，也不得用于调制乳及其乳制品。

（4）应用参考 BHA对植物油脂的抗氧化作用较小，但对动物脂肪的作用却比较明显。单独使用0.02%的BHA可以使猪油在第9天的过氧化值还小于对照样第3天的数值；0.01%的BHA可稳定生牛肉的色泽和抑制脂类化合物的氧化；同样剂量能延长奶粉和干酪的保质期。用于油炸食品的用油中，也能有效地保持食品的香味，与没食子酸丙酯等比混合使用，会得到复合抗氧化的效果。

2. 二丁基羟基甲苯（Butylated Hydroxy Toluene，BHT）

BHT又称2，6-二特丁基对甲酚、3，5-二叔丁基-4-羟基甲苯。分子式$C_{15}H_{24}O$，相对分子质量220.36（按2007年国际相对原子质量），结构式及氧化产物见图3-4。

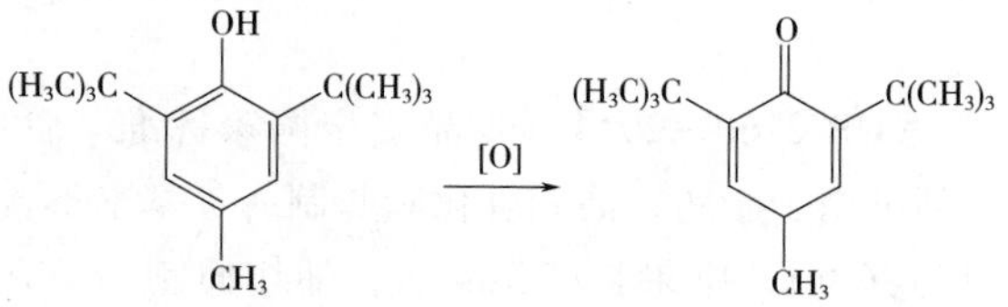

图3-4 二丁基羟基甲苯及其氧化产物

（1）理化性质 BHT为白色结晶或结晶性粉末，基本无臭、无味。熔点69.5~71.5℃，沸点265℃，不溶于水，能溶于多种有机溶剂及植物油，与金属离子反应无颜色变化，对光、热相当稳定。

（2）毒理学参数 大鼠经口$LD_{50}$为2.0g/kg体重；ADI值为0~0.3mg/kg体重（FAO/WTO，1995）。

（3）应用与限量 根据GB 2760—2014《食品安全国家标准 食品添加剂使用标准》规定：BHT作为抗氧化剂可用于脂肪、油和乳化脂肪制品，基本不含水的脂肪和油，干制蔬菜（仅限脱水马铃薯粉），熟制坚果与籽类（仅限油炸坚果与籽类），坚果与籽类罐头，油炸面制品，即食谷物［包括碾轧燕麦（片）］，方便米面制品，饼干，腌腊肉制品类（如咸肉、腊肉、板鸭、中式火腿、腊肠），风干、烘干、压干等水产品，膨化食品，最大使用量为 0.2g/kg（以油脂中的含量计）。BHT 用于胶基糖果中，最大使用量为 0.4g/kg（以油脂中的含量计）。

按 FAO/WTO（1984）规定：一般食用油脂单用 BHT 或与 BHA、THHQ、没食子酸酯类合用，最大使用量为 0.2g/kg（其中没食子酸酯类不超过 0.100g/kg）；用于乳脂肪，最大使用量为 0.2g/kg；与 BHA、没食子酸酯类合用总量为 0.2g/kg（其中没食子酸酯类不得超过 0.100g/kg）；用于人造奶油最大使用量为 0.100g/kg。

（4）应用参考　BHT 与 BHA、柠檬酸或抗坏血酸复配使用时，能显著提高其对油脂的抗氧化效果。注意水溶性抗氧化剂需预先使用乙醇或乳化剂混溶后使用。此外，BHT 可延缓肉制品中亚铁血红素的氧化褐色，可延长富脂坚果的保质期，对乳品、香精油、口香糖均有稳定和防止变味的功能。

3. 没食子酸丙酯（Propyl Gallate，PG）

没食子酸丙酯又称棓酸丙酯、五倍子酸丙酯。分子式 $C_{10}H_{12}O_5$，相对分子质量 212.20（按 2007 年国际相对原子质量），结构式及氧化产物见图 3-5。

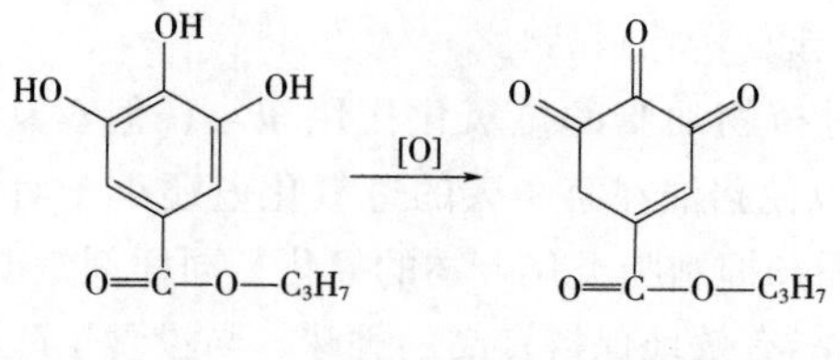

图 3-5　没食子酸丙酯及其氧化产物

（1）理化性质　PG 属没食子酸酯系列（异戊、丁、辛酯）中的一种。PG 为白色或乳白色结晶性粉末，无臭、稍有苦味，熔点 146~150℃，溶于热水或醇类溶剂，与铜、铁等金属离子形成有色的络合物，对光、热稳定性较差。

（2）毒理学参数　大鼠经口 $LD_{50}$ 为 2.6g/kg 体重；ADI 为 0~1.4mg/kg 体重（FAO/WTO，1996）。

（3）应用与限量　根据 GB 2760—2014《食品安全国家标准　食品添加剂使用标准》规定：没食子酸酯类抗氧化剂可用于脂肪，油和乳化脂肪制品，基本不含水的脂肪和油，熟制坚果与籽类（仅限油炸坚果与籽类），坚果与籽类罐头，油炸面制品，方便米面制品，饼干，腌腊肉制品类（如咸肉、腊肉、板鸭、中式火腿、腊肠），风干、烘干、压干等水产品，固体复合调味料（仅限鸡肉粉），膨化食品，最大使用量为 0.1g/kg（以油脂中的含量计）。PG 在胶基糖果中，最大使用量可为 0.4g/kg（以油脂中的含量计）。

按 FAO/WTO（1984）规定：没食子酸酯类抗氧化剂可用于食用油脂、奶油，最大使用量为 0.100g/kg。

（4）应用参考　没食子酸酯系列随着分子中脂肪链增长而脂溶性、抗氧化性提高，其中使用最多者为 PG，由于本身氧化后生色，故常与其他抗氧化剂混合使用。PG 对植物油的抗氧化作用较好，对猪油的效果也优于 BHT 和 BHA。如在香肠中添加 0.1g/kg 的 PG 可使其保存30d 无变色现象，在方便面中添加同样量可保存 150d。

4. 特丁基对苯二酚（Tertiary Butylhydroquinone，TBHQ）

TBHQ 又称叔丁基对苯二酚、叔丁基氢醌。分子式 $C_{10}H_{14}O_2$，相对分子质量 166.22（按

2007 年国际相对原子质量），结构式及氧化产物见图 3 - 6。

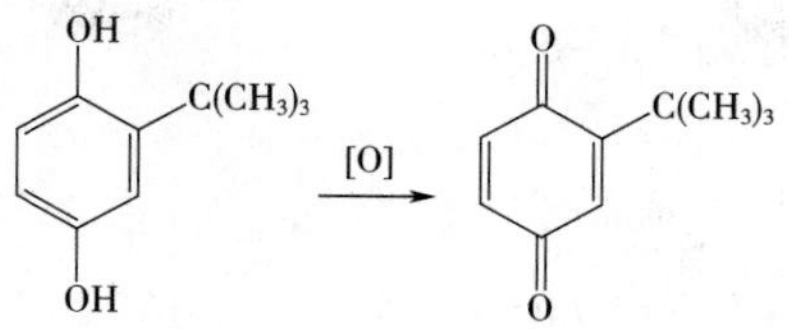

图 3 -6　特丁基对苯二酚及其氧化产物

（1）理化性质　TBHQ 为白色结晶性粉状，具有一种特殊的气味，熔点 126. 5 ~ 128. 5℃，沸点 300℃，微溶于水，溶于乙醇、乙醚和各类植物油，热稳定性较好，不与铜、铁离子反应，对细菌、酵母菌、霉菌均有一定抑制作用。

（2）毒理学参数　大鼠经口 $LD_{50}$ 为 0. 7 ~ 1. 0g/kg 体重；ADI 为 0 ~ 0. 7mg/kg 体重（FAO/WTO，1997）。

（3）应用与限量　根据 GB 2760—2014《食品安全国家标准　食品添加剂使用标准》规定：TBHQ 可用于脂肪、油和乳化脂肪制品，基本不含水的脂肪和油，熟制坚果与籽类，坚果与籽类罐头，油炸面制品，方便米面制品，月饼，饼干，焙烤食品馅料及表面用挂浆，腌腊肉制品类（如咸肉、腊肉、板鸭、中式火腿、腊肠），风干、烘干、压干等水产品，膨化食品中，最大使用量为 0. 2g/kg（以油脂中的含量计）。

（4）应用参考　TBHQ 对多数油脂均有抗氧化效果，利用其耐热性能，可在油炸加热食品中发挥抗氧化作用。TBHQ 用于植物油中的添加量为 0. 02%。如在香肠中添加 0. 015%，在 20℃下塑料袋中保存一个月后的过氧化值也未见显著增加。

5. 硫代二丙酸二月桂酯（Dilauryl Thiodipropionate，DLTP）

硫代二丙酸二月桂酯，分子式 $C_{30}H_{58}O_4S$，相对分子质量 514. 84（按 2007 年国际相对原子质量），结构式及氧化产物见图 3 - 7。

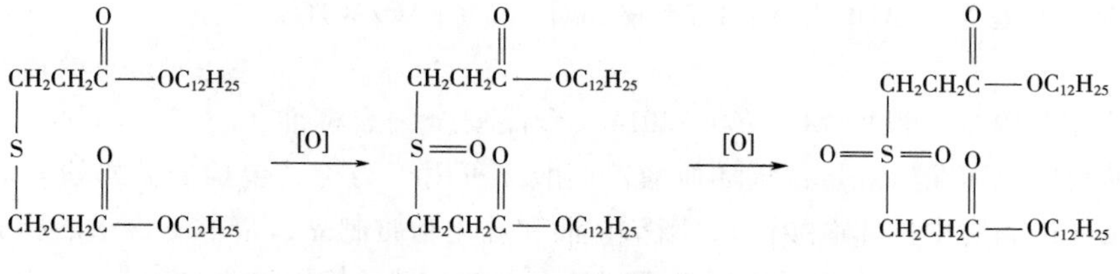

图 3 -7　硫代二丙酸二月桂酯及其氧化产物

（1）理化性质　硫代二丙酸二月桂酯为白色片状晶体，密度 0. 915，熔点 40℃，溶于苯、甲苯、丙酮、汽油等溶剂。硫代二丙酸二月桂酯具有分解残留过氧化物的作用。

（2）毒理学参数　小鼠经口 $LD_{50}$ 小于 15g/kg 体重；ADI 值为 0 ~ 3mg/kg 体重（FAO/WTO，1973）。

（3）应用与限量　根据 GB 2760—2014《食品安全国家标准　食品添加剂使用标准》规定：硫代二丙酸二月桂酯可用于经表面处理的鲜水果、新鲜蔬菜，熟制坚果与籽类（仅限油炸坚果与籽类），油炸面制品，膨化食品中，最大使用量为 0. 2g/kg。

**6. 维生素 E（Vitamin E）**

维生素 E 又称生育酚（$\alpha$ – tocopherol）。分子式 $C_{29}H_{50}O_2$，相对分子质量 430.71（按 2013 年国际相对原子质量），结构式见图 3–8。

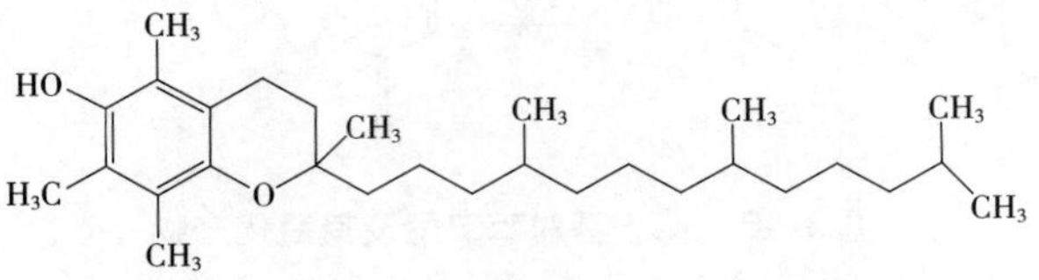

图 3–8　维生素 E

（1）理化性质　维生素 E 属于天然类抗氧化剂。目前已发现 8 种同系物（分为 $\alpha$、$\beta$、$\gamma$、$\delta$ 等结构），其中 $\alpha$ 型的生物活性最高，一般抗氧化制品为各种同系物混合体，为无色至黄色或微绿黄色黏稠液体，无臭，在碱性条件下不稳定，耐热，耐光照，不溶于水，溶于乙醇、丙酮、氯仿、乙醚及植物油。

（2）毒理学参数　ADI 值为 0～2mg/kg 体重（FAO/WTO，1986）；ADI 值无限制性规定（EFSA，2008）。

（3）应用与限量　根据 GB 2760—2014《食品安全国家标准　食品添加剂使用标准》规定：维生素 E 用于基本不含水的脂肪和油与固体汤料，可按生产需要适量使用，用于油炸小食品的使用限量为 0.2g/kg。

**7. 抗坏血酸棕榈酸酯（Ascorbyl Palmitate，AP）**

抗坏血酸棕榈酸酯又称 L – 维生素 C 棕榈酸酯，分子式 $C_{22}H_{38}O_7$，相对分子质量 414.56（按 2013 年国际相对原子质量），结构式见图 3–9。

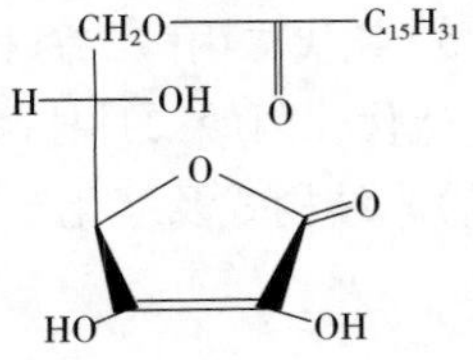

（1）理化性质　抗坏血酸棕榈酸酯为白色或黄白色粉末，略有柑橘气味，微溶于水，易溶于乙醇及植物油，熔点 107～117℃。

（2）毒理学参数　ADI 为 0～1.25mg/kg 体重（FAO/WTO，1973）。

图 3–9　抗坏血酸棕榈酸酯

（3）应用与限量　根据 GB 2760—2014《食品安全国家标准 食品添加剂使用标准》规定：抗坏血酸棕榈酸酯可用于奶粉（包括加糖奶粉）和奶油粉及其调制产品（以脂肪中抗坏血酸计），脂肪，油和乳化脂肪制品，基本不含水的脂肪和油，即食谷物［包括碾轧燕麦（片）］，方便米面制品，面包，最大使用量为 0.2g/kg；用于婴幼儿配方食品，婴幼儿辅助食品，最大使用量为 0.05g/kg（以脂肪中抗坏血酸计）。扩大抗坏血酸棕榈酸酯的使用范围或使用量，可用于茶（类）饮料，最大使用量 0.2g/kg；增加抗坏血酸棕榈酸酯（酶法）食品添加剂新品种，可用于脂肪，油和乳化脂肪制品、基本不含水的脂肪和油，最大使用量为 0.2g/kg。

## 二、　水溶性抗氧化剂

水溶性抗氧化剂突出的作用是对催化氧化离子的掩蔽，并兼顾对果蔬食物的护色及防褐变等作用，同时对添加在含水油脂或乳化食物中的脂溶性抗氧化剂具有辅助和加强的作用。

1. 抗坏血酸（Ascorbic Acid）

抗坏血酸又称维生素 C。分子式 $C_6H_8O_6$，相对分子质量 176.12（按 2007 年国际相对原子质量）。四种异构体结构见图 3－10。

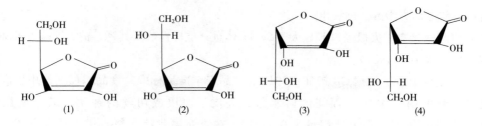

图 3－10　抗坏血酸异构体

（1）理化性质　抗坏血酸的 4 种异构体中只有结构（1）的生物活性最高，称为 L－（＋）抗坏血酸（即维生素 C），其他几乎无生物活性。图 3－10（3）为 D－（＋）抗坏血酸；图 3－10（2）、图 3－10（4）称为异抗坏血酸。所以抗坏血酸都具有显著的还原性，很容易发生氧化反应生成稳定的去氢抗坏血酸。另外，抗坏血酸在水溶液中容易电离成氢离子和负离子，其化学活性非常突出，具体如下。

①与活性氧进行氧化反应（图 3－11），产物为去氢抗坏血酸。

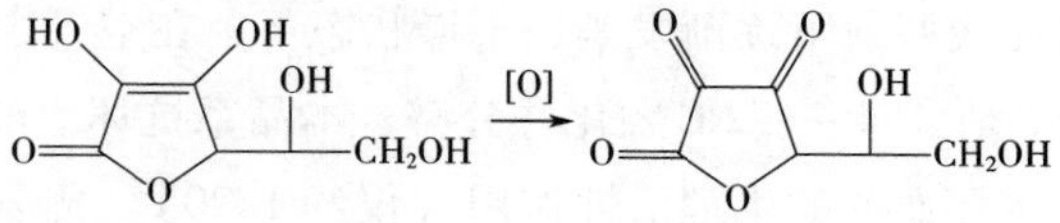

图 3－11　氧化反应

②与碱性物质进行中和反应（图 3－12），产物为抗坏血酸钠。

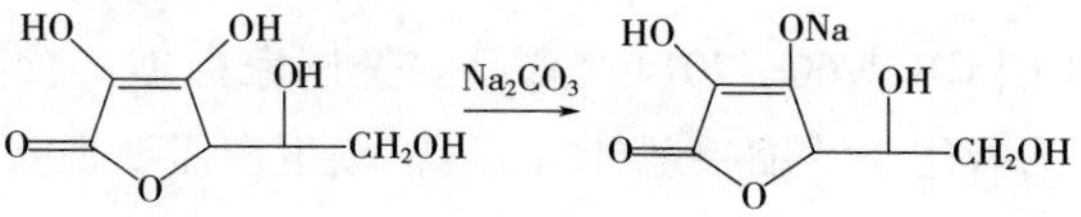

图 3－12　中和反应

③与金属离子进行络合反应（图 3－13），产物为螯合物。

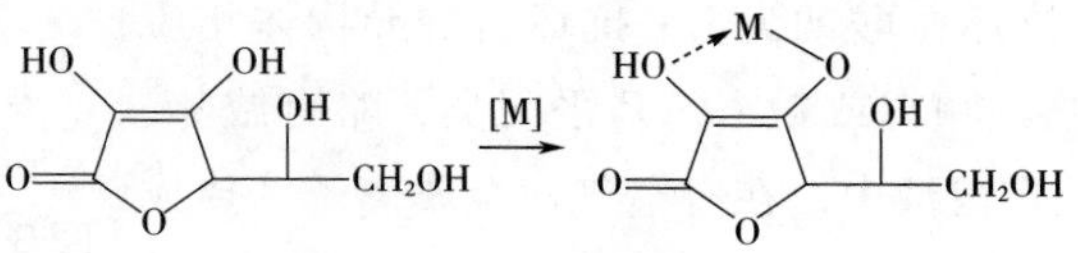

图 3－13　络合反应

抗坏血酸属于天然类抗氧化剂，产品为白色结晶性粉末或针状结晶，无臭、有酸味，熔点为 190～192℃，受光久照后逐渐变成褐色，易溶于水，酸介中比较稳定，不溶于乙醚等有机溶剂。抗坏血酸能与氧反应、与金属离子形成螯合物，并与碱反应生成相应的盐。

抗坏血酸既是还原剂也是螯合剂，同属于食品抗氧化剂。抗坏血酸为水溶性抗氧化剂，棕榈酸抗坏血酸酯却为脂溶性抗氧化剂。

（2）毒理学参数　大鼠经口 $LD_{50}$ 大于 5g/kg 体重；抗坏血酸及其钙、钠、钾盐 ADI 无限制性规定（FAO/WTO，1981）。

（3）应用与限量　根据 GB 2760—2014《食品安全国家标准　食品添加剂使用标准》规定：抗坏血酸可用于去皮或预切的鲜水果，去皮、切块或切丝的蔬菜，最大使用量为 5.0g/kg；用于小麦粉，最大使用量为 0.2g/kg；在浓缩果蔬汁（浆）中，可按生产需要适量使用。在标准中扩大抗坏血酸使用范围、用量，作为抗氧化剂可用于果蔬汁（浆），最大使用量 1.5g/kg。抗坏血酸作为抗氧化剂可用于（附录 4 中食品除外的）各类食品中，并可按生产需要适量使用。

2. D-异抗坏血酸及其钠盐

（1）D-异抗坏血酸（D-isoascorbic acid）　D-异抗坏血酸又称异维生素 C（erythorbic acid）。分子式 $C_6H_8O_6$，相对分子质量 176.12（按 2007 年国际相对原子质量），结构式参考抗坏血酸。

①理化性质：D-异抗坏血酸也是一种常用的食品抗氧化剂。产品为白色或微黄色结晶颗粒或粉末，无臭，味酸，光线照射下逐渐发黑，干燥状态下，在空气中相当稳定，但在溶液中并在空气存在下迅速变质，在 164～172℃ 融化并分解。本品系抗坏血酸的异构体，化学性质类似于抗坏血酸，但几乎无抗坏血酸的生理活性作用（仅约 1/20）。抗氧化性较抗坏血酸佳，价格亦较廉，但耐热性差。它有强还原性，遇光则缓慢着色并分解，遇重金属离子会促进其分解。极易溶于水（40g/100mL），溶于乙醇（5g/100mL），难溶于甘油，不溶于乙醚和苯。

②毒理学参数：大鼠经口 $LD_{50}$ 15g/kg 体重；小鼠经口 $LD_{50}$ 9.4g/kg 体重；ADI 值无限制性规定（FAO/WHO，1990）。

③应用与限量：按我国 GB 2760—2014《食品安全国家标准　食品添加剂使用标准》规定：D-异抗坏血酸及其钠盐用于浓缩果蔬汁（浆），按生产需要适量使用；用于葡萄酒，最大用量为 0.15g/kg，以抗坏血酸计。

（2）D-异抗坏血酸钠（D-sodium Isoascorbate）　分子式 $C_6H_7NaO_6 \cdot H_2O$，相对分子质量 216.12（按 2007 年国际相对原子质量），结构式见图 3-14。

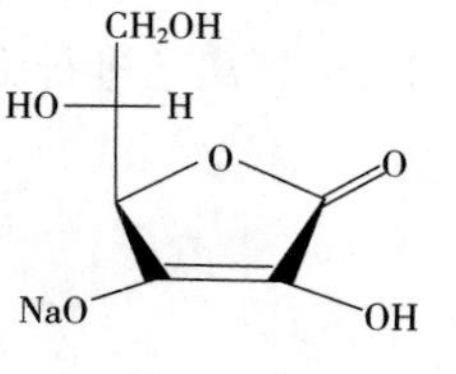

①理化性质：D-异抗坏血酸钠为 L-抗坏血酸异构体相应钠盐，为白色或微黄色结晶颗粒或粉末，几乎无臭，略有咸味，干燥状态下比较稳定，但在溶液中，在有空气、金属离子、热或光存在下，发生氧化变质，200℃ 以上熔化分解，易溶于水（17g/100mL），几乎不溶于乙醇，浓度为 2g/100mL 的水溶液 pH 6.5～8.0。

图 3-14　D-异抗坏血酸钠

②毒理学参数：大鼠经口 $LD_{50}$ 15g/kg 体重；小鼠经口 $LD_{50}$ 9.4g/kg 体重；ADI 值无限制性规定（FAO/WTO，1990）。

③应用与限量：同异抗坏血酸。

3. 乙二胺四乙酸二钠（Disodium Ethylene - Diamine - Tetra - Acetate）

乙二胺四乙酸二钠又称 EDTA - 2Na 或 EDTA 二钠盐。分子式 $C_{10}H_{14}N_2Na_2O_8 \cdot 2H_2O$，相对分子质量 372.24（按 2007 年国际相对原子质量），结构式见图 3 - 15。

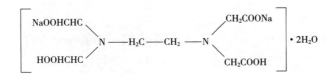

图 3 - 15　乙二胺四乙酸二钠

（1）理化性质　乙二胺四乙酸二钠盐是一种白色结晶粉末，含有 2 个结晶水，干燥时容易失去结晶水，易溶于水，50g/L 水溶液的 pH 4 ~ 6，难溶于乙醇、乙醚等有机溶剂。

（2）毒理学参数　大鼠经口 $LD_{50}$ 为 2g/kg 体重；ADI 值 0 ~ 2.5mg/kg 体重（FAO/WTO，1973）。

（3）应用与限量　EDTA 二钠盐在 pH 3 ~ 8 几乎对所有金属离子都有螯合作用，因此适宜在大多数食品中使用。

①在油脂中，EDTA 二钠盐可与 BHA、BHT、PG 及维生素 C、异抗坏血酸结合进行添加使用，对油脂的抗氧化具有协同作用。EDTA 二钠盐已成功地用于从油脂中提取金属氢化催化剂，可有效抑制受铜摧毁的亚油酸的自动氧化。另外，EDTA 二钠盐可起到稳定大豆油、防止焙烤坚果的酸败、抑制香精油的自动氧化、保持人造黄油、色拉油的油脂香味等作用。由于 EDTA 二钠盐及其盐类在油脂中的溶解度较小，使用时可适当加入些乳化剂后其效果更好。

②在果蔬制品中，EDTA 二钠盐均能有效地预防和延缓各种果蔬罐头和冷藏蔬菜在存放过程中出现的变色和异味现象，如防止罐装果仁、甜菜片、豆类及玉米乳的变味；抑制果蔬片制品的表面变黑，如红薯或马铃薯、菜花、茄子等。EDTA 二钠盐与维生素 C 配合使用，还能防止苹果片、罐装梨的褐变。同时 EDTA 二钠盐能稳定维生素成分，可有效地防止金属离子对维生素的催化氧化和破坏。EDTA 二钠盐不仅可用来稳定柑橘、柚子、番茄汁中的维生素 C，而且对维生素 A、维生素 D、维生素 E、维生素 K 以及 B 族维生素均有一定的稳定和保护作用。

③在乳制品中，EDTA 二钠盐能有效地防止牛乳中金属催化氧化而产生的异味；在饮料中，EDTA 二钠盐能抑制酒类中的金属催化氧化变质，如 EDTA 二钠盐能有效地防止啤酒中由于金属盐类造成的自然喷出和冷却混浊，同时能保护其中的维生素 C 不被残留金属离子所氧化破坏。对碳酸饮料可保持风味不变，减少变色、褪色、混浊、沉淀等影响感官效果的现象发生。

④在肉制品中，EDTA 二钠盐能延缓加工过的肉制品中氧化氮血红素的生成，它与亚硝酸

盐结合有利于抑制酱肉、肉干制品的表面褐变，与维生素 C 结合可保持牛肉的特殊风味，也能有效控制鱼肉中三甲胺的产生，使鱼肉制品的鲜味时间延长。

根据 GB 2760—2014《食品安全国家标准　食品添加剂使用标准》规定：乙二胺四乙酸二钠可用于果脯类（仅限地瓜果脯）、腌渍的蔬菜、蔬菜罐头、坚果与籽类罐头、杂粮罐头，最大使用量为 0.25g/kg；用于果酱、蔬菜泥（酱）（番茄沙司除外），最大使用量为 0.07g/kg；用于复合调味料，最大使用量为 0.075g/kg；用于饮料类（14.01 包装饮用水除外），最大使用量为 0.03g/kg。

**4. 植酸（Phytic Acid）**

植酸又称环己六醇六磷酸酯、肌醇六磷酸（Inositol Hexaphosphoric Acid）。分子式 $C_6H_{18}O_{24}P_6$，相对分子质量 660.02（按 2013 年国际相对原子质量），结构式见图 3-16。

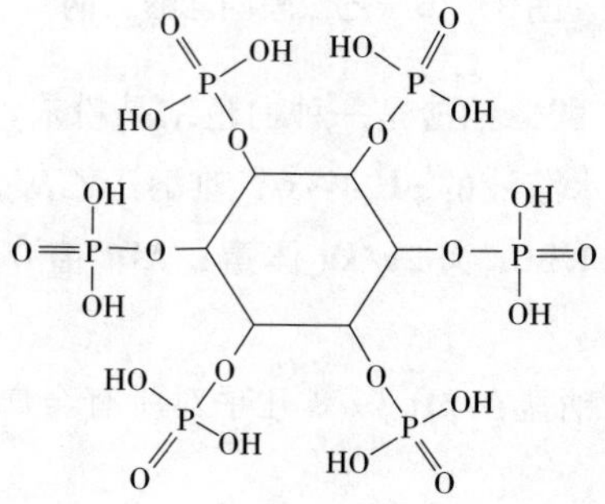

图 3-16　植酸

（1）理化性质　植酸属于天然类抗氧化剂，产品为淡黄色或浅褐色黏稠液体，易溶于水、甘油和丙酮，难溶于苯、氯仿和乙醚等，水溶液为酸性，7g/L 水溶液的 pH 1.7，受强热易分解，植酸对多数金属离子有螯合作用。

（2）毒理学参数　小鼠口服 $LD_{50}$ 4300mg/kg 体重（2950～6260mg/kg 体重，雌性）；3160mg/kg 体重（2050～4880mg/kg 体重，雄性）。

（3）应用与限量　根据 GB 2760—2014《食品安全国家标准　食品添加剂使用标准》规定：植酸及植酸钠作为抗氧化剂均可用于基本不含水的脂肪和油、加工水果、加工蔬菜、装饰糖果（如工艺造型，或用于蛋糕装饰）、顶饰（非水果材料）和甜汁、腌腊肉制品类（如咸肉、腊肉、板鸭、中式火腿、腊肠）、酱卤肉制品类、熏、烧、烤肉类、油炸肉类、西式火腿（熏烤、烟熏、蒸煮火腿）类、肉灌肠类、发酵肉制品类、调味糖浆、果蔬汁（浆）类饮料，最大使用量为 0.2g/kg，用于鲜水产（仅限虾类）可按生产需要适量使用。

**5. 茶多酚（Tea Polyphenol，TP）**

茶多酚又称维多酚、抗氧灵、防哈灵。

（1）理化性质　茶多酚是茶叶中儿茶素类、黄酮类、酚酸类和花色素类化合物的总称。茶多酚中的特征成分是儿茶素（Catechins）及其衍生物，占 60%～80%，结构式见图 3-17（按 2013 年国际相对原子质量）。

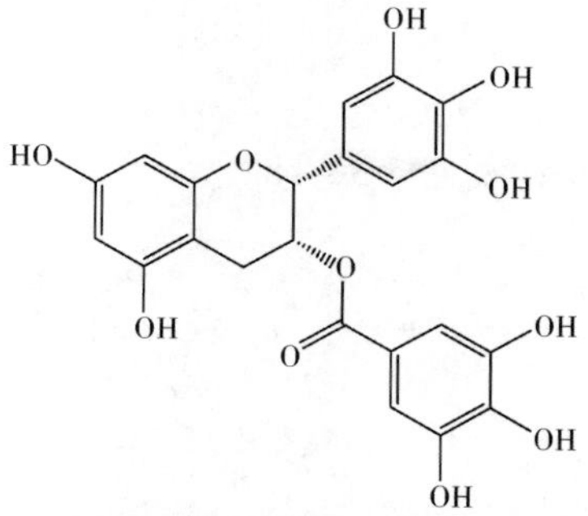

(1)表没食子儿茶素没食子酸酯，相对分子
质量458.37

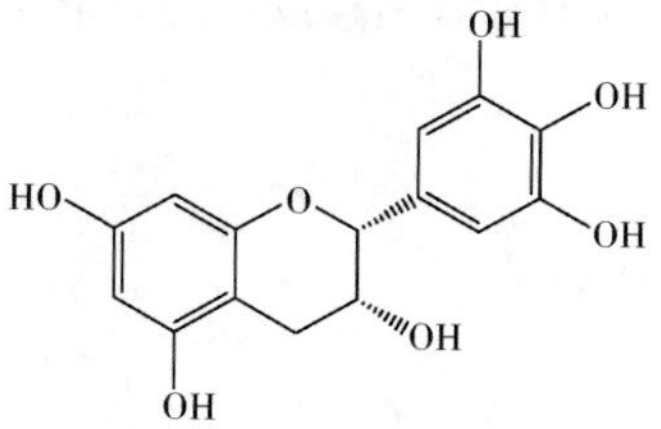

(2)表没食子儿茶素，相对分子
质量306.27

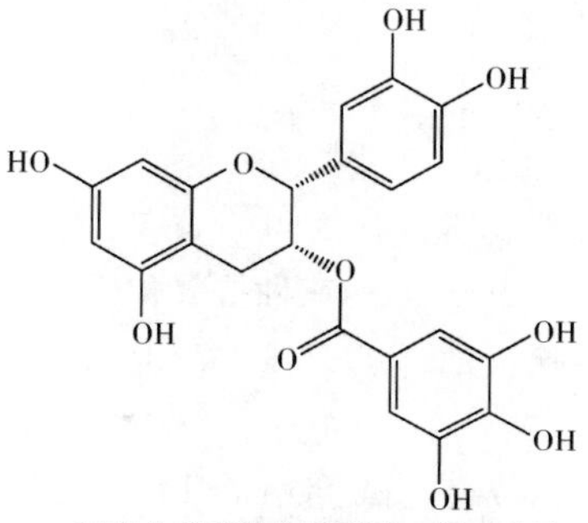

(3)表儿茶素没食子酸酯，相对分子
质量442.37

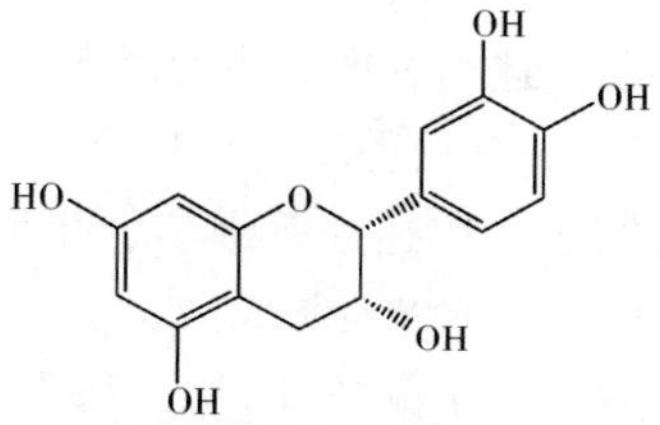

(4)表儿茶素，相对分子质量290.27

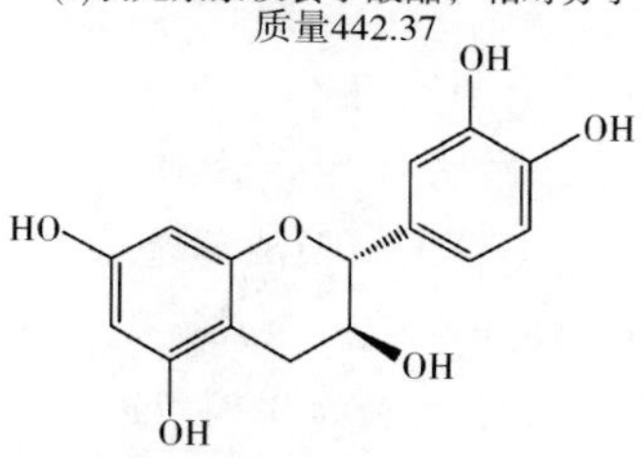

(5)儿茶素，相对分子质量290.27

图3-17 茶多酚

茶多酚属于天然类还原型抗氧化剂，产品为淡黄至淡茶色或茶褐色粉末状或膏状，略有涩味，溶于热水、乙醇，微溶于油脂，茶多酚对酸、热比较稳定，受光照或接触金属易变黑，并具有一定的抑菌作用。

（2）毒理学参数 大鼠经口 $LD_{50}$（2496±326）mg/kg 体重。

（3）应用与限量 根据 GB 2760—2014《食品安全国家标准 食品添加剂使用标准》规定：茶多酚作为抗氧化剂可用于基本不含水的脂肪和油，糕点，焙烤食品馅料及表面用挂浆（仅限含油脂馅料），腌腊肉制品类（如咸肉、腊肉、板鸭、中式火腿、腊肠），最大使用量为0.4g/kg（以油脂中儿茶素计）；用于酱卤肉制品类，熏、烧、烤肉类，油炸肉类，西式火腿（熏烤、烟熏、蒸煮火腿）类，肉灌肠类，发酵肉制品类，预制水产品（半成品），熟制水产品（可直接食用），水产品罐头，最大使用量为0.3g/kg（以油脂中儿茶素计）；用于熟制坚果与籽类（仅限油炸坚果与籽类），油炸面制品，即食谷物［包括碾轧燕麦（片）］，方便米面制品，膨化食品，最大使用量为0.2g/kg（以油脂中儿茶素计）；复合调味料，植物蛋白饮料，最大使用量为 0.1g/kg（以儿茶素计）。在标准中扩大茶多酚使用范围，作为抗氧化剂可用于果酱、水果调味糖浆，最大使用量为 0.5g/kg。

6. 迷迭香提取物（Rosemary Extract）

迷迭香提取物又称香草酚酸油胺，主体化学结构式见图 3-18。

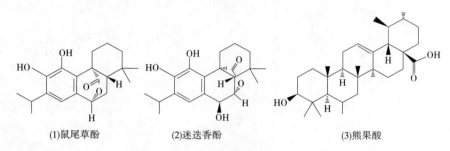

(1)鼠尾草酚　　　　　(2)迷迭香酚　　　　　(3)熊果酸

图 3-18　迷迭香提取物

（1）理化性质　迷迭香提取物为淡黄色粉末或液体，有微弱的香味，溶于乙醇。主要含鼠尾草酚（12.8%）、迷迭香酚（5.3%）、熊果酸（56.1%）三种抗氧化物质。

（2）来源与制法　取迷迭香嫩茎、叶片，去除精油，烘干残渣，由乙醇提取残渣中的有效成分，再通过精制、干燥而制成。

（3）毒理学参数　小鼠经口 $LD_{50}$ 12g/kg 体重；致突变试验 Ames 试验、微核试验、小鼠睾丸初级精母细胞染色体畸变试验，均呈阴性。

（4）应用与限量　根据 GB 2760—2014《食品安全国家标准　食品添加剂使用标准》规定：迷迭香提取物作为抗氧化剂可用于植物油脂中，最大使用量为 0.7g/kg；用于动物油脂（猪油、牛油、鱼油和其他动物脂肪等），熟制坚果与籽类（仅限油炸坚果与籽类），油炸面制品，预制肉制品，酱卤肉制品类，熏、烧、烤肉类，油炸肉类，西式火腿（熏烤、烟熏、蒸煮火腿）类，肉灌肠类，发酵肉制品类，膨化食品，最大使用量为 0.3g/kg。

# 第五节　食品用除氧剂

## 一、除氧剂

1. 除氧剂概况

除氧剂又称脱氧剂、吸氧剂、去氧剂，它能在常温下与包装容器内的游离氧和溶存氧发生氧化反应，而达到消耗残留氧、防止和降低包装食物因氧化而发霉、变质的目的。采用吸氧剂包装方法要比真空包装和惰性气体包装简单、方便、可靠得多，可有效地将密封容器中的氧气吸收掉，从而创造无氧贮藏食品的环境，使食品久放不变质。这种方法目前在许多国家已普遍采用。过去一些有季节性、易发生氧化霉变的食品，现在可通过吸氧剂包装处理后，随时可以买到，可以说，吸氧剂的出现对许多食品的保鲜和保质起到了重要的作用。

利用除氧剂对食品进行封存包装是 20 世纪 70 年代末期发展起来的一种新型保鲜、保藏技术。其操作简单、效果显著，而且除氧剂与保护食品采取独立不混溶方式，食品品质不受影响，所保护食物的安全性更加有保障。

2. 物质类别归属

除氧剂材料一般为氧化活性较高的还原性物质。除氧剂物质虽然具有抗氧化的使用效果，并为许多食品的抗氧化和防腐保质的目的而使用，但尚未作为抗氧化剂列入食品添加剂标准。因为除氧剂在使用时，不与食品混合，不涉及在食品中的残留，也不影响食品的成分和组成。现今，不少国家（包括中国）仅将其部分物种列入添加剂中的加工助剂中，不属于直接添加使用的食品添加剂。使用时只要与保护食品隔开（除氧剂采用透气膜包装材料），基本对食品质量无影响。由于除氧剂不属于可食用物质，其在包装外应有显著颜色和标志，尤其在儿童食品，应避免被误食。

3. 应用范围

除氧剂一般用于固体食品的保藏，特别是不宜久放的食品或干货，如中秋月饼、蛋糕、馅饼等糕点类食品，以及各类油炸食品或富脂食品，能有效防止该类食品的霉变和油脂酸败，保持原有的色泽和风味；用于农副产品：瓜子、花生、核桃（仁）、开心果、松子、红枣、杏仁等干果类食品，能防止这些食品的油脂酸败、香气损失；另外可用于名贵药材、茶叶等，同样有利于防止氧化而产生异味。

## 二、　作用机理

一般在除氧剂中有一个与氧反应的主剂，另外，可附加一定量的、可控制或辅助主剂作用的辅料。以下介绍几例说明。

1. 亚硫酸盐除氧剂

亚硫酸盐除氧剂多以连二亚硫酸盐为主剂，通过连二亚硫酸盐的强还原性与氧的反应而得到除氧效果。其反应为：

$$2Na_2S_2O_4 + 3O_2 + 2H_2O \longrightarrow 2Na_2SO_4 + 2H_2SO_4$$

可配伍的辅料较多，如碳酸氢钠、氢氧化钙等试剂，常用于油脂产品、油炸食品、果蔬脆片等食物。

2. 铁系除氧剂

铁系除氧剂主要选择活性铁粉作主剂，其氧化反应为：

$$Fe + O_2 \longrightarrow Fe_2O_3$$

可配伍的辅料包括：碳酸钠、活性炭等，用于蛋糕、鱼制品、粮食等。

3. 糖类除氧剂

糖类除氧剂是以还原糖为主剂，但由于还原糖与氧的反应比较缓慢，其氧化反应是通过葡萄糖氧化酶的催化而进行的，因此糖类除氧剂组成中一般选择相应的氧化酶制剂作辅料。其氧化反应为：

$$C_6H_{12}O_6（葡萄糖）+ O_2 + 氧化酶 \longrightarrow C_6H_{12}O_7（葡萄糖酸）$$

除酶制剂外，可配伍的辅料包括：纤维素、淀粉等材料，用于果蔬、生鲜食品、药材的除氧保鲜。

## 三、　除氧剂的要求和配料参考

除氧剂虽不属于直接添加和使用的食品添加剂，但在抗氧化作用和添加剂的发展研究方面值得进行探讨。如除氧剂的材料组成与使用、除氧剂活性变化受存放条件的影响等。除氧剂由于具有较强的氧化活性，并受抗氧化容量所限，为提高抗氧化的效果，不宜在敞开和散装的食品中使用。同时需要在密封和干燥条件下存放，避免长期暴露在空气中吸湿或加快氧化而失去抗氧化作用。

1. 食品用除氧剂要求

（1）安全性高，万一误入口内也不至于引起不良后果；

（2）吸氧速度要适中，太快易产生发热反应，太慢则使食品霉变或氧化；

（3）不能产生有毒和有异味的气体；

（4）性能要稳定，通常须有 6~12 月有效期；

（5）价格适中；

（6）使用要方便，最好制成片剂。

2. 几种食用除氧剂配方

（1）用 30% $MgCl_2$ 水溶液浸渍过的活性白土 3g，0.3g 烧石膏，3g Fe 粉；

（2）100g 铁粉，200g/L NaCl 溶液 40mL，在 80℃于 5.3kPa 下减压干燥；

（3）31g $Na_2S_2O_4$，5g $Na_2SO_4$，100g Ca（OH）$_2$ 混合；

（4）15g 铁粉，3g 食盐，3mL 水，4g 硅藻土，2g 活性炭；

（5）3g $Na_2S_2O_4$，12g Ca（OH）$_2$，6g 活性炭；

（6）3g $FeCl_2$，0.4g Ca（OH）$_2$，0.5g $Na_2SO_3$，0.1g $NaHCO_3$。

🔍 思考题

1. 试述食品抗氧化剂的主要作用及与防腐剂的差别。

2. 比较食品抗氧化剂与脱氧剂的区别？

3. 抗氧化剂能否使氧化食物复原？

4. 抗氧化剂活性与分子什么结构有关？

5. 试解释位阻效应对抗氧化剂活性的影响。

6. BHA 与异构体的抗氧化差别。

7. 如何提高抗氧化剂的使用效果？

8. 根据抗坏血酸棕榈酸酯的结构式分析其添加功能。

9. 我国允许使用的食品抗氧化剂包括哪些类型？

第四章

# 食用色素

CHAPTER

4

**内容提要**

本章主要介绍颜色产生的原理，食用色素的分类、结构、性质、应用和发展趋势。

**教学目标**

理解色素的概念及颜色的产生原理、食用色素的分类及发展；掌握一些常用的合成色素和天然色素的结构性质；了解天然色素的生产技术及其发展趋势。

**名词及概念**

食用色素；发色团；助色团；合成色素；天然色素；色淀。

食品的色泽是构成食品感官质量的一个重要因素。食品的色泽能诱导人的食欲，天然的食品具有消费者熟知的色泽，也是食品新鲜程度的象征，因此，食品的颜色如何往往决定消费者对食品的接受程度。

天然食物材料中的色素物质一般都对光、热、酸和碱等条件敏感，在食品的加工和贮藏过程中，食品中的色素易被破坏造成褐色和变色。食用色素又称着色剂，是赋予和改善食品色泽的物质。在食品加工和生产中，为使产品能在货架期内保持其自然色泽，往往需要添加一些食用色素，以满足消费者的食欲和爱好。着色剂包括合成色素和天然色素两大类，是食品工业中的一类重要的食品添加剂。

## 第一节　颜色的产生

### 一、颜色产生机理

自然界的光是由不同波长的光所组成，按照不同波长，光可以分为下面几种（图 4 - 1）。

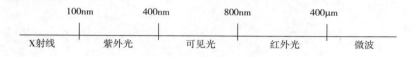

图 4 - 1　自然界的光及其波长

通常我们称之为可见光的是波长在 400～800nm 的光，在可见光区内，不同波长的光能显示出不同的颜色。不同结构的物质能吸收、反射不同波长的光。如果一种物质所吸收的光波长是全部可见光区波长，反射其余波长的光，则它是黑色的；如果这种物质所吸收的光波长是可见光区以外的光，反射全部可见光区波长的光，则它是白色的。但在大多数情况下，物质所吸收的光波是可见光区内某一波长的光，反射的是可见光区内某另一波长的光，那么这种物质就是有色的。可见光谱各种颜色的波长范围如表 4 - 1 所示。

表 4 - 1　　　　　　　　　　　　光谱颜色波长与范围

| 颜色 | 波长/nm | 波长范围/nm |
| --- | --- | --- |
| 红 | 700 | 640～750 |
| 橙 | 620 | 600～640 |
| 黄 | 580 | 550～600 |
| 绿 | 510 | 480～550 |
| 蓝 | 470 | 450～480 |
| 紫 | 420 | 400～420 |

在可见光照射下，各种物质具体显现的色调是由它吸收和反射何种颜色波长的光而决定的，例如一个物体反射 480～560nm 波长的光，而相对地吸收其他波长的辐射，其表面为绿色。

有机类色素化合物，是以共价键相结合的，共价键主要有两种形式，$\sigma$ 键和 $\pi$ 键中电子在各自不同的成键轨道中运动，即为 $\sigma$ 轨道和 $\pi$ 轨道，它们都有一个反键轨道，即 $\sigma^*$ 轨道和 $\pi^*$ 轨道。稳定分子中各原子的价电子，都分布在能量较低的 $\sigma$ 轨道和 $\pi$ 轨道中运动，当它们受到一定能量的激发，可以从能量较低的基态跃迁到能量较高的激发态。这种跃迁可能出现的情况如图 4 - 2 所示。

①$\sigma \rightarrow \sigma^*$：在有机化合物中，$\sigma$ 键上电子结合比较牢固，不易激发，需要吸收较高能量才有可能，所以一般只能吸收短波长的紫外线，其波长小于 150nm。

②$\pi \rightarrow \pi^*$：这种跃迁所需的能量比 $\sigma \rightarrow \sigma^*$ 跃迁要小，其吸收波长小于 200nm。

③$n \rightarrow \pi^*$：这种跃迁是基团上的非键电子的跃迁，能量最小，吸收波长往往在 200～400nm。

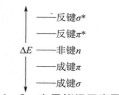

图 4 - 2 电子能级示意图

## 二、 发色团与助色团

1. 发色团

凡是有机分子在紫外及可见光区域内（200～700nm）有吸收峰的基团都称为发色团。如

$>C=C<$ 、 $>C=O$ 、—CHO、—COOH、—N＝N—、—N＝O、—NO$_2$、 $>C=S$ 等都属于发色团。分子中含有一个发色团的物质，吸收波长往往处在 200～400nm 仍是无色的，但如果在化合物分子中含两个或两个以上发色团共轭时，则 $\pi \rightarrow \pi^*$ 跃迁能量大为降低，其最大吸收波长出现在可见光区域内，物体显出颜色。

2. 助色团

结合后可使共轭体系及发色团吸收波段向长波方向移动的基团称为助色团。这些基团，它们都含有未共用电子对，能够发生到反键轨道上的跃迁。助色团本身的吸收波段在远紫外区，但它们接到共轭体系或发色团上，可使共轭体系及发色团吸收波段向长波方向移动，出现在可见光区域，化合物由无色变为有色，如—OH、—OR、—NH$_2$、—NR$_2$、—SH、—Cl、—Br等。除了发色团和助色团的影响以外，共轭双键数目增加，共轭体系键越长，吸收波段向长波方向移动，这是因为分子在基态的电子占有最高的能级和未被电子所占的最低能级的差距，随着共轭体系增加而减少，所以共轭系统越长，跃迁所需吸收的能量越少，吸收波长越长，使它的吸收波段进入可见光范围，化合物由无色变为有色，如表4-2所示。

表4-2　　　　　　　　　化合物的共轭体系与波长

| 化合物的共轭体系 | 化合物名称 | 波长/nm | 颜色 | 双键数 |
|---|---|---|---|---|
| HC＝CH | 乙烯 | 185 | 无色 | 1 |
| CH$_2$＝CH—CH＝CH$_2$ | 1，3 - 丁二烯 | 217 | 无色 | 2 |
| （CH＝CH）$_3$ | 己三烯 | 258 | 无色 | 3 |
| （CH＝CH）$_4$ | 二甲基辛四烯 | 296 | 淡黄色 | 4 |
| （CH＝CH）$_5$ | 维生素 A | 335 | 淡黄色 | 5 |
| （CH＝CH）$_8$ | 二氢 -$\beta$- 胡萝卜素 | 415 | 橙色 | 8 |
| （CH＝CH）$_{11}$ | 番茄红素 | 470 | 红色 | 11 |
| （CH＝CH）$_{15}$ | 去氢番茄红素 | 504 | 紫色 | 15 |

化合物中含有若干发色团和助色团，并存在足够长的共轭体系，往往使化合物发出不同颜色。

# 第二节　食用色素的分类和应用

## 一、分类

根据产品来源可将食用色素分为合成色素和天然色素两类。由于对所有色素和食品添加剂都是按同样的程序进行评价的。所以在国家标准中，未对天然与合成色素做刻意划分。

1. 合成色素

合成色素（Synthetic Food Colorants）是通过化学合成的方法生产的色素。它们具有色泽稳定、鲜艳、成本低、色域宽的优点，但在合成生产过程中，使用的化工原料及合成过程中的副产物残留等问题，难免对产品的质量增加一些不确定的因素。因此，在使用中应严格控制使用的范围和用量，同时也是加强食品添加剂使用管理的主要内容之一。

色淀（Color Aluminum Lake）是由某种一定浓度的合成色素物质水溶液与氧化铝（氧化铝是通过硫酸铝或氯化铝与氢氧化钠或碳酸钠等碱性物质反应后的水合物）进行充分混合，色素被完全分散吸附后，再经过滤、干燥、粉碎而制成的改性色素。

2. 天然色素（Natural Colorants）

天然色素大多从一些天然的植物体中分离而得，也有些来源于动物和微生物，它们种类繁多，色彩柔和，其安全性相对较高，但稳定性一般较差。天然色素可以根据形态、来源、化学结构等进行分类。

（1）依形态分类

①以其原貌使用的天然色素，如水果果酱类，浓缩果汁类。

②对天然物采用干燥、粉碎等简单处理手段得到的天然色素，如红甜菜粉、红曲米粉、姜黄粉等。

③从天然资源（包括发酵产物）中提取色素成分，浓缩制成天然色素或将其干燥制成粉末状，如栀子黄，红花黄、甜菜红、红曲红、葡萄皮红、藻蓝等。

④经加热处理或酶处理而得到的天然色素，如焦糖色（加热处理）、栀子蓝（酶处理）等。

⑤以前是天然的，但现在也有是被合成的色素（当作天然色素来使用，其实为合成色素），如 $\beta$ – 胡萝卜素。

（2）依原料来源分类

①植物色素：含在植物体各部位的色素，例如，花萼中的玫瑰茄红、花瓣中的叶黄素、叶子中的紫草红、果实中的桑葚红、块根中的紫甘薯色素、种子中的红米红等。

②动物色素：含在动物体内的色素，例如胭脂虫红。

③微生物色素：例如红曲霉的红曲红。

④矿物色素：通常矿物色素不列入天然食用色素的范畴，如二氧化钛。

（3）依天然色素主体成分的化学结构分类

①类胡萝卜素类色素：例如 $\beta$ – 胡萝卜素、番茄红、叶黄素等。

②花色苷类色素：例如玫瑰茄红、红米红、紫甘薯色素等。

③黄酮类及其他酮类色素：例如高粱红、红花黄等。

④卟啉色素：例如藻蓝、叶绿素（可转化成叶绿素铜或铜钠）。

⑤醌类色素：例如紫胶红、紫草红等。

⑥焦糖类色素：例如焦糖色。

⑦$\beta$-花色苷及其他类色素：例如甜菜红等。

除此之外，在应用方面，常将所有色素笼统地按其溶解性质分为脂溶性和水溶性色素两大类。综上所述，按化学结构的分类更能反映其物性特点与差异，有利于从色素的理化性质、制备方法、应用条件等方面进行深入了解和研究。

## 二、　色素应用

1. 添加目的

在食品加工和生产过程中利用色素使食品着色，以提高和改善加工食品的感官质量和效果，有利于丰富和增加食品的花色与品种，以满足消费者的饮食习惯和食欲要求。

2. 必要性

（1）加工工艺的需要　在食品中添加色素可以解决和弥补加工工艺和过程对食品感官性能的影响，如一些食品在加热处理时或在贮存期间出现的褪色或变色。

（2）增加花色、提高食欲　向某些食品中适度添加色素，调节一些相宜的色调，可以形成多样化食品，以提高对食品的吸引力。还可为一些加工食品赋予特色，例如：糖果、饮料、蛋糕等。适当添加色素可提高消费者的爱好，满足食用有特色食品的饮食习惯。

3. 对色素的要求

（1）安全性　安全性是对在食品中使用的任何色素的基本要求。选择使用的色素必须属于食品安全国家标准食品添加剂使用标准中的物种范围。对仅在国外使用或尚未列入国家标准名单的物种，需要通过必要申请程序和得到相关批准后方可使用。

（2）稳定性　有些色素的稳定性在不同酸度、温度、加热时间条件下变化较大，甚至还会受食物的物种和性质的影响。因此，在为食品进行着色时，应针对相应的加工条件和食品品种，选择用相宜色素以免因其稳定性而影响着色效果。

（3）着色效果　有些色素虽然稳定性较好，但对某些食物缺乏附着力，以致着色后稍经放置就出现脱色和分色现象。所以着色效果同样是选择色素的技术要求。

## 三、　发展趋势

1. 食用色素的早期应用

色素用于食物染色的最早记载，出现于公元前 1500 年埃及墓碑上的着色糖果；公元前 4 世纪，英国也曾有人利用茜草色素为葡萄酒着色。公元前 221 年我国东周人利用茜草和栀子制备染色剂等说明自古以来人们早就学会了利用色素为食品着色。

在合成色素方面，自 1856 年英国的 W. H. Perkins 首先合成了苯胺紫这种有机色素后，相继出现了许多合成色素新物种及在食品中的应用实例。由于许多合成色素具有色泽鲜艳、性质稳定、着色力强、易于溶解、品质均一、适于调色、无臭无味、成本低廉等优点，所以很快地取代了以往在食品中应用的那些着色力低、稳定性差、色调单一、成本高的天然色素，使其在

19～20 世纪得到了广泛的发展和应用。但由于合成色素多是以焦油衍生物为原料，通过化学方法得到的一些有机化合物，使其在食品中的应用不断受到限制和挑战。随着社会的进步与发展，有些合成色素对食品安全的影响和可能的危害也逐渐被认识和关注。因此，自 1906 年一些国家就相继制定和颁布了有关限制某些合成色素使用的法规和条例，以控制和限制合成色素在食品中的使用。据统计，在世界各国曾作为食用色素的品种近 90 种，到现在各国广泛使用的仅剩下十余种。英国曾是使用合成色素最多的国家，1957 年允许使用的就有 32 种，到 1966 年则减少为 24 种，而现在仅允许使用 16 种；日本在 1971 年规定为 12 种，到 1980 年减至 10 种；我国允许使用的合成色素也由过去的 30 多种限制到十几种。有些国家如瑞典、挪威甚至禁止合成色素在食品中使用。

自此，人类又重新认识到天然色素作为食品添加剂的重要价值。由于天然色素取自动植物和微生物等自然资源和材料，且在温和、适度的条件下完成生产，如此得到的色素产品无论为食品还是药品着色，其安全可靠性更高。近年来，对天然色素的开发应用得到了迅速发展也说明了这一点。

2. 天然色素的发展

目前，在人们崇尚自然、健康的大趋势下，食用色素的开发研究也向着安全、天然、营养和多功能方向发展。天然色素原料多选自人们长期食用的动、植物（许多属于传统的草药）和微生物，应对人体无任何毒害副作用。大多天然色素产品为溶剂提取物或为粗制品，基本保留了部分天然物中的营养成分（如维生素、活性肽等）及药用物质。例如玫瑰茄色素除含有花色苷色素外，还含有 17 种氨基酸，都是对人体具有营养价值的物质。有些色素成分本身就属于人体需要的营养物质，如 $\beta$ - 胡萝卜素。此外还有一些天然色素，对人体具有医疗保健作用，如姜黄色素具有降血脂、降胆固醇、抗动脉粥样硬化等药用功能；叶绿素铜钠盐具有止血消炎作用，用作牙膏添加剂，可防止牙龈出血，具有较好效果；花色苷和黄酮类色素具有很好的抗氧化、抗癌等作用；花青素可被制成抗辐射药剂，也具有治疗视力疲劳等功效。

如今，天然色素已占据了食用色素市场的主导地位，并以每年 10% 的增长速度发展扩大。例如，美国使用的天然色素是合成色素的 5 倍以上；日本就有数十家工厂生产天然色素，品种多达上百种，经常使用的有约 20 种。我国也已开发出数十种不同来源的天然色素，在最新颁布和实施的 GB 2760—2014《食品安全国家标准　食品添加剂使用标准》中列出的天然色素已有 50 种。

3. 天然色素与合成色素的优势比较

天然色素虽来源于天然产物，一般来讲其安全性相对较高。但由于天然色素存在着许多难以克服的弊端，因此仍然不能完全取代合成色素。这也是合成色素在现今的许多加工食品中保留着重要位置的原因。

（1）天然色素的使用

①稳定性比较：通常天然色素受食品加工条件的影响较大。如耐加热能力、耐酸碱度程度远不如合成色素。有时会不得不加大使用剂量，由此也会导致加工成本的增加。

②着色力比较：天然色素多为混合物，一般着色力不如合成色素强。天然色素多为疏水性组分，相比合成色素在应用范围受到一定的制约；而且天然色素通常相对分子质量较大，因此影响与其他物质的吸附性或着色力。

③不适宜拼色：大多天然色素为混合物。由于其组分复杂很难像合成色素那样，随意实现与其他色素进行混合拼色和运用。

④用量大：由于天然色素的色价值远比合成色素低，为达到着色效果，其添加剂量要大于合成色素。

⑤价格较高：几乎所有天然色素的价格高于合成色素，使得在同样的情况下，使用天然色素的加工成本比较高。

（2）天然色素的生产和制备

①自然含量较低：天然色素在动植物中的含量一般比较低。生产过程需要大量消耗原料资源，产生更多需要回收处理的副产品与下脚料，因此，也增加了生产成本以及副产物与溶剂的残留物。

②生产规模大：一般天然色素的生产需要繁多的预处理和大量的水、有机溶剂的提取及回收，相应的设备比较复杂和庞大。小规模生产难以实现，各项投资消耗和占用比例较大。

③成品质量：多数天然色素成品为混合物制剂。由于其成分复杂，实现产品成分测试及质量管理比较困难，而且难以辨析成分特性与毒理学参数。

# 第三节 合成色素

根据最新颁布执行的 GB 2760—2014《食品安全国家标准 食品添加剂使用标准》，允许在食品中使用的合成色素有：化学合成的有胭脂红、苋菜红、柠檬黄、日落黄、靛蓝、亮蓝、赤藓红、新红、诱惑红、酸性红、喹啉黄 11 种及其相应的色淀；经化学处理和转化而制得有番茄红素、$\beta$ – 胡萝卜素、$\beta$ – 阿朴 – 8′ – 胡萝卜素醛、叶绿素铜、叶绿素铜钠盐及钾盐；无机的色素有二氧化钛、氧化铁黑和氧化铁红。合成色素除无机类物质外，另外为偶氮染料（Azo Dyes）或有机化合物结构（如蒽醌类、三苯甲烷类、吡咯类等）。

## 一、 偶氮类合成色素

1. 苋菜红（Amaranth）

化学名称：1 –（4′ – 磺酸基 – 1′ – 萘偶氮）– 2 – 萘酚 – 3，6 – 二磺酸三钠盐，分子式 $C_{20}H_{11}N_2Na_3O_{10}S_3$，相对分子质量 604.48，结构式见图 4 – 3。

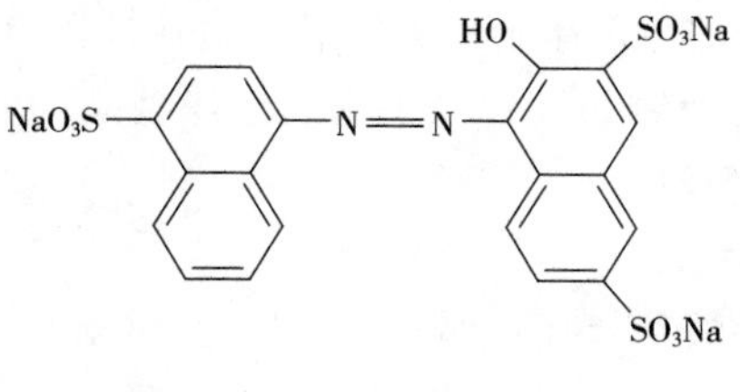

图 4 – 3 苋菜红

（1）理化性质　苋菜红为红褐色或暗红褐色均匀粉末或颗粒，无臭，耐光、耐热性强，耐氧化。对柠檬酸、酒石酸稳定，在碱液中则变为暗红色。易溶于水，呈带蓝光的红色溶液，可溶于甘油，微溶于乙醇，不溶于油脂。本品遇铜、铁离子易褪色，易被细菌分解，不适于发酵食品使用。

（2）毒理学参数　ADI 值 0 ~ 0.5mg/kg 体重（FAO/WHO，1994），小鼠经口 $LD_{50}$ 大于 10g/kg 体重，大鼠腹腔注射大于 10g/kg 体重。

（3）苋菜红铝色淀（Amaranth Aluminum Lake）　由硫酸铝、氯化铝等铝盐水溶液与氢氧化钠或碳酸钠作用后，添加苋菜红水溶液，使其完全被吸附后再经过滤、干燥、粉碎而得。

（4）应用与限量　根据 GB 2760—2014《食品安全国家标准　食品添加剂使用标准》规定：苋菜红及其铝色淀可作为着色剂用于冷冻饮品（食用冰除外），最大使用量为 0.025g/kg；用于蜜饯凉果，腌渍的蔬菜，可可制品、巧克力和巧克力制品（包括代可可脂巧克力及制品）以及糖果，糕点上彩装，焙烤食品馅料及表面用挂浆（仅限饼干夹心），果蔬汁（浆）类饮料，碳酸饮料，风味饮料（仅限果味饮料），固体饮料，配制酒，果冻中，最大使用量为 0.05g/kg（以苋菜红计）；用于装饰性果蔬，最大使用量为 0.1g/kg（以苋菜红计）；用于固体汤料，最大使用量为 0.2g/kg（以苋菜红计）；用于果酱和水果调味糖浆，最大使用量为 0.3g/kg（以苋菜红计）。

2. 酸性红（Carmosine）

酸性红又称偶氮玉红、二蓝光酸性红、淡红、C. I. 食用红色 3 号。化学名称：1 - 羟基 - 2 - （4 - 偶氮萘磺酸）- 4 - 萘磺酸二钠盐，分子式 $C_{20}H_{12}N_2Na_2O_7S_2$，相对分子质量 502.43，结构式见图 4 - 4。

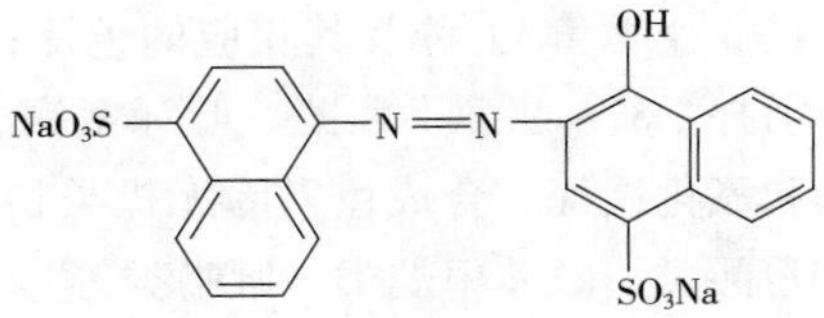

图 4 - 4　酸性红

（1）理化性质　酸性红为红褐色至暗红褐色粉末或颗粒，溶于水，微溶于乙醇。

（2）毒理学参数　ADI 值 0 ~ 4mg/kg 体重（FAO/WHO，1994）；小鼠经口 $LD_{50}$ 大于 10g/kg 体重；Ames 试验未见致突变作用；微核试验未见对哺乳动物细胞染色体的致突变效应。

（3）应用与限量　根据 GB 2760—2014《食品安全国家标准　食品添加剂使用标准》规定：酸性红及其铝色淀可作为着色剂用于冷冻饮品（食用冰除外）、可可制品、巧克力和巧克力制品（包括代可可脂巧克力及制品）以及糖果、焙烤食品馅料及表面用挂浆（仅限饼干夹心）中，最大使用量均为 0.05g/kg。

3. 新红（New Red）

化学名称：7 - ［（4 - 磺酸基苯基）偶氮］- 1 - 乙酰氨基 - 8 - 萘酚 - 3，6 - 二磺酸的三钠盐，分子式 $C_{18}H_{12}N_3Na_3O_{11}S_3$，相对分子质量 611.47，结构式见图 4 - 5。

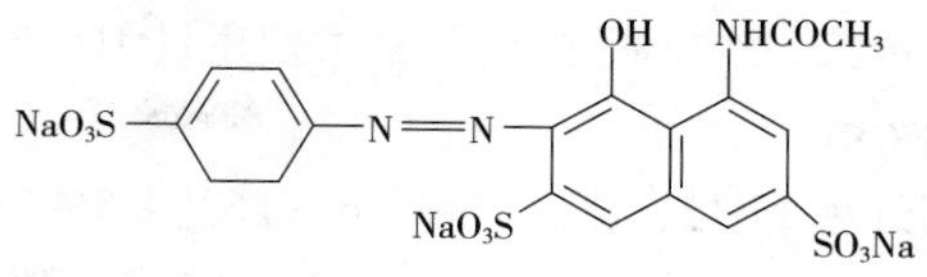

图 4 - 5 新红

（1）理化性质　新红为红褐色粉末或颗粒，无臭。易溶于水呈艳红色溶液。微溶于乙醇，不溶于油脂。

（2）毒理学参数　ADI 值 0 ~ 0.1mg/kg 体重（上海市卫生防疫站，1982）。

（3）应用与限量　根据 GB 2760—2014《食品安全国家标准　食品添加剂使用标准》规定：新红及其铝色淀可作为着色剂用于凉果类，可可制品、巧克力和巧克力制品（包括代可可脂巧克力及制品）以及糖果（可可制品除外）、糕点上彩装、果蔬汁（浆）类饮料、碳酸饮料、风味饮料（仅限果味饮料）和配制酒中，其最大使用量均为 0.05g/kg；用于装饰性果蔬，最大使用量为 0.1g/kg，以上食品中的含量均以新红计。

4. 胭脂红（Ponceau 4R）

胭脂红又称丽春红 4R、C. I，化学名称 1 - (4' - 磺基 - 1' - 萘偶氮) - 2 - 萘酚 - 6，8 - 二磺酸三钠盐，分子式 $C_{20}H_{11}N_2Na_3O_{10}S_3 \cdot 1.5H_2O$，相对分子质量 631.51，结构式见图 4 - 6。

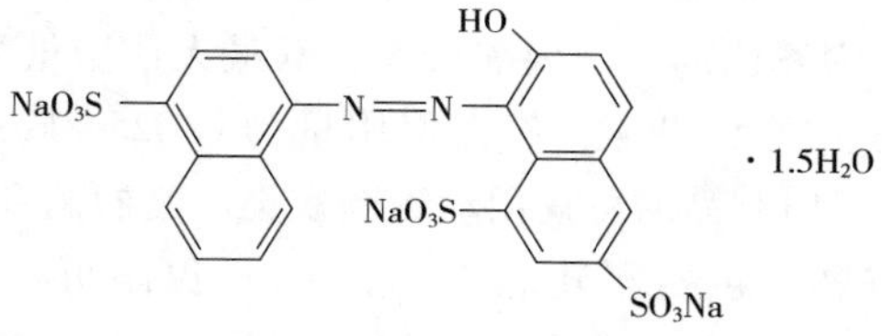

图 4 - 6　胭脂红

（1）理化性质　胭脂红为红色至深红色均匀粉末或颗粒，无臭。耐光、耐热（105℃）性强。对柠檬酸、酒石酸稳定。耐还原性差，遇碱变为褐色。易溶于水呈红色溶液。溶于甘油，难溶于乙醇，不溶于油脂。

（2）毒理学参数　ADI 值 0 ~ 4mg/kg 体重［食品添加剂专家委员会（JECFA），1983，2011］，$LD_{50}$ 小鼠经口 19.3g/kg 体重，大鼠腹腔注射大于 8g/kg 体重。

（3）应用与限量　根据 GB 2760—2014《食品安全国家标准　食品添加剂使用标准》规定：胭脂红及其铝色淀可作为着色剂用于蛋卷，最大使用量分别为 0.01g/kg；用于调制乳粉和调制奶油粉，最大使用量为 0.015g/kg；用于肉制品的可食用动物肠衣类、植物蛋白饮料、胶原蛋白肠衣，最大使用量为 0.025g/kg；用于调制乳、风味发酵乳、调制炼乳（包括加糖炼乳及使用了非乳原料的调制炼乳等）、冷冻饮品（食用冰除外）、蜜饯凉果，腌渍的蔬菜，可可制品、巧克力和巧克力制品（包括代可可脂巧克力及制品）以及糖果（装饰糖果、顶饰和甜汁除外）、虾味片、糕点上彩装、焙烤食品馅料及表面用挂浆（仅限饼干夹心和蛋糕夹心）、果蔬汁（浆）类饮料、含乳饮料、碳酸饮料、风味饮料（仅限果味饮料）、配制酒、果冻、膨化食品中，最大使用量为 0.05g/kg；用于水果罐头、装饰性果蔬，糖果和巧克力制品包衣为

0.1g/kg；用于调味糖浆、蛋黄酱、沙拉酱，最大使用量为 0.2g/kg；用于果酱、水果调味糖浆、半固体复合调味料（蛋黄酱、沙拉酱除外），最大使用量为 0.5g/kg。以上均以胭脂红计。

5. 诱惑红（Allura）

诱惑红又称 C. I. 食用红色 17 号，化学名称：6 - 羟基 - 5 - （2 - 甲氧基 - 5 - 甲苯基 - 4 - 磺酸）偶氮萘 - 2 - 磺酸二钠盐、分子式 $C_{18}H_{14}N_2Na_2O_8S_2$，相对分子质量 496.42，结构式见图 4 - 7。

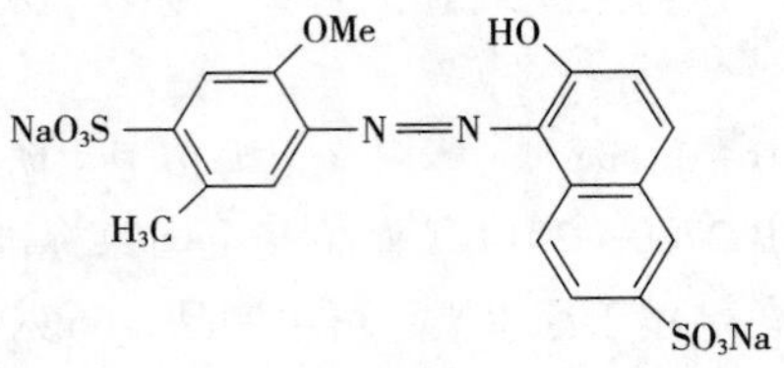

图 4 - 7　诱惑红

（1）理化性质　诱惑红为暗红色粉末或颗粒，无臭，溶于水，呈微带黄色的红色溶液。可溶于甘油与丙二醇，微溶于乙醇，不溶于油脂。耐光、耐热性强，耐碱及耐氧化还原性差。

（2）毒理学参数　ADI 值 0 ~ 7mg/kg 体重（FAO/WHO，1994），小鼠经口 $LD_{50}$ 10g/kg 体重（FAO/WHO，1985）。

（3）应用与限量　根据 GB 2760—2014《食品安全国家标准　食品添加剂使用标准》规定：诱惑红及其铝色淀可作为着色剂用于肉灌肠类，其最大使用量为 0.015g/kg；用于西式火腿（熏烤、烟熏、蒸煮火腿）类和果冻，最大使用量为 0.025g/kg；用于固体复合调味料为 0.04g/kg；用于糕点上彩装、肉制品的可食用动物肠衣类、配制酒和胶原蛋白肠衣，最大使用量为 0.05g/kg；用于即食谷物，包括碾轧燕麦（片）（仅限可可玉米片），最大使用量为 0.07g/kg；用于熟制豆类、加工坚果与籽类、焙烤食品馅料及表面用挂浆（仅限饼干夹心）、饮料类（包装饮用水除外）和膨化食品，最大使用量为 0.1g/kg；用于粉圆，最大使用量为 0.2g/kg；用于可可制品、巧克力和巧克力制品（包括代可可脂巧克力及制品）以及糖果、调味糖浆，最大使用量为 0.3g/kg；用于半固体复合调味料（蛋黄酱、沙拉酱除外），最大使用量为 0.5g/kg。以上食品中的含量均以诱惑红计。

6. 日落黄（Sunset Yellow）

日落黄又称 C. I. 食用黄色 3 号，化学名称：6 - 羟基 - 5 - ［（4 - 磺酸基苯基）偶氮］- 2 - 萘磺酸的二钠盐，分子式 $C_{16}H_{10}N_2Na_2O_7S_2$，相对分子质量 452.37，结构式见图 4 - 8。

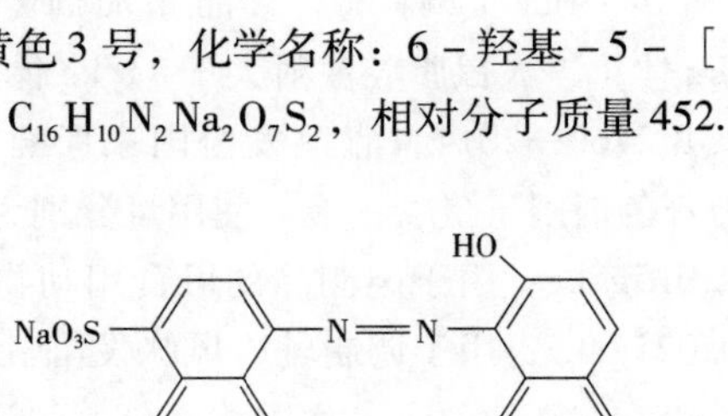

图 4 - 8　日落黄

（1）理化性质 日落黄为橙红色粉末或颗粒，无臭。易溶于水（6.9%，0℃）、甘油、丙二醇，微溶于乙醇，不溶于油脂。水溶液呈黄橙色。吸湿性、耐热性、耐光性强。在柠檬酸、酒石酸中稳定，遇碱变带褐色的红色，还原时褪色。

（2）毒理学参数 ADI 值 0～4mg/kg 体重（JECFA，2011），大鼠经口 $LD_{50}$ 大于 2g/kg 体重。

（3）应用与限量 根据 GB 2760—2014《食品安全国家标准 食品添加剂使用标准》规定：日落黄及其铝色淀可作为着色剂用于谷类和淀粉类甜品（如米布丁、木薯布丁），其最大使用量为 0.02g/kg；用于果冻，最大使用量为 0.025g/kg；用于调制乳，风味发酵乳，调制炼乳（包括加糖炼乳及使用了非乳原料的调制炼乳等）和含乳饮料，最大使用量为 0.05g/kg；用于冷冻饮品（食用冰除外），最大使用量为 0.09g/kg；用于水果罐头（仅限西瓜酱罐头）、蜜饯凉果、熟豆制品、加工坚果与籽类、可可制品、巧克力和巧克力制品（包括代可可脂巧克力）及制品、以及糖果、虾味片、糕点上彩装、焙烤食品馅料及表面用挂浆（仅限饼干夹心）、果蔬汁（浆）类饮料、乳酸菌饮料、植物蛋白饮料、碳酸饮料、特殊用途饮料、风味饮料、配制酒和膨化食品（仅限使用日落黄），最大使用量为 0.1g/kg；用于装饰性果蔬、粉圆、糖果和复合调味料，最大使用量为 0.2g/kg；用于巧克力和巧克力制品（除 05.01.01 以外的可可制品）、除胶基糖果以外的其他糖果、糖果和巧克力制品包衣、面糊（如用于鱼和禽肉的拖面糊）、裹粉、煎炸粉、焙烤食品馅料及表面用挂浆（仅限布丁、糕点）和其他调味糖浆，最大使用量为 0.3g/kg；用于果酱，水果调味糖浆和半固体复合调味料，最大使用量为 0.5g/kg；用于固体饮料类，最大使用量为 0.6g/kg。以上食品中的含量均以日落黄计。

7. 柠檬黄（Tartrazine）

柠檬黄又称酒石黄、C. I. 食用黄色 4 号，化学名称：1-（4′-磺酸基苯基）-3-羧基-4-（4′-磺酸苯基偶氮基）-5-吡唑啉酮三钠盐，化学式 $C_{16}H_9N_4Na_3O_9S_2$，相对分子质量534.36，结构式见图 4-9。

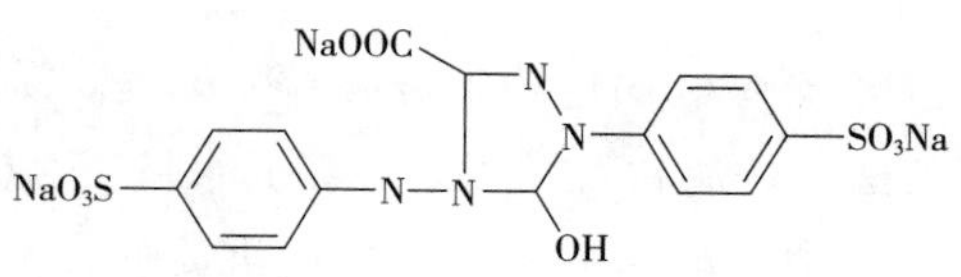

图 4-9 柠檬黄

（1）理化性质 橙黄或亮橙色粉末或颗粒，无臭。易溶于水（10g/100mL，室温）、甘油、丙二醇，中性或酸性水溶液呈金黄色。微溶于乙醇、油脂。吸湿性、耐热性、耐光性强。在柠檬酸、酒石酸中稳定，遇碱变红色，还原时褪色。

（2）毒理学参数 ADI 值 0～7.5mg/kg 体重（FAO/WHO，1964），小鼠经口 $LD_{50}$ 12.75g/kg 体重；大鼠经口 $LD_{50}$ 大于 2g/kg 体重。

（3）应用与限量 根据 GB 2760—2014《食品安全国家标准 食品添加剂使用标准》规定：柠檬黄及其铝色淀可作为着色剂用于蛋卷，其最大使用量为 0.04g/kg；用于风味发酵乳、调制炼乳（包括加糖炼乳及使用了非乳原料的调制炼乳等）、冷冻饮品（食用冰除外）、焙烤食品馅料及表面用挂浆（仅限风味派馅料）、焙烤食品馅料及表面用挂浆（仅限饼干夹心和蛋糕夹心）和果冻，最大使用量为 0.05g/kg；用于谷类和淀粉类甜品（如米布丁、木薯布丁），最大使用量为 0.06g/kg；用于即食谷物，包括碾轧燕麦（片），最大使用量为 0.08g/kg；用于蜜饯凉果、装饰性果蔬、腌渍的蔬菜、熟制豆类、加工坚果与籽类、可可制品、巧克力和巧克力制品（包括代可可脂巧克力及制品）以及糖果（05.01.01 除外）、虾味片、糕点上彩装、香辛料酱（如芥末酱、青芥酱）、饮料类（包装饮用水除外）、配制酒和膨化食品中，最大使用量为 0.1g/kg；用于粉圆和固体复合调味料，最大使用量为 0.2g/kg；用于除胶基糖果以外的其他糖果、面糊（如用于鱼和禽肉的拖面糊）、裹粉、煎炸粉、焙烤食品馅料及表面用挂浆（仅限布丁、糕点）和其他调味糖浆，最大使用量为 0.3g/kg；用于果酱、水果调味糖浆与半固体复合调味料，最大使用量为 0.5g/kg。以上食品中的含量均以柠檬黄计。

## 二、 非偶氮类合成色素

### 1. 赤藓红（Erythrosine）

赤藓红又称 2，4，5，7 - 四碘荧光素、樱桃红或 C. I. 食用红色 14 号，属夹氧蒽类色素，化学名称：9 - （o - 羧基苯基）- 6 - 羟基 - 2，4，5，7 - 四碘 - 3H - 咕吨 - 3 - 酮二钠盐一水合物，分子式 $C_{20}H_6I_4O_5Na_2 \cdot H_2O$，相对分子质量 897.87，结构式见图 4 - 10。

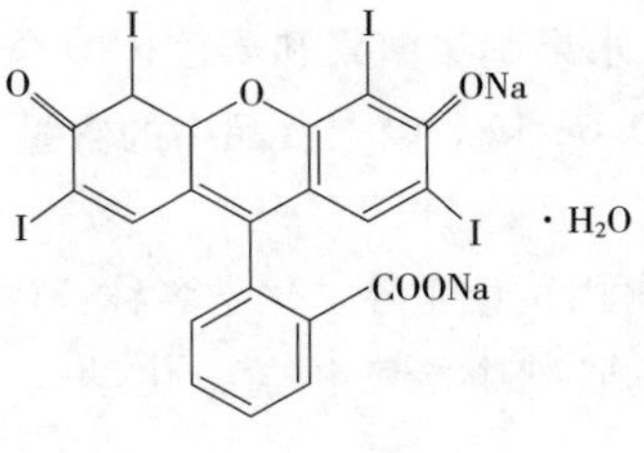

图 4 - 10 赤藓红

（1）理化性质 赤藓红为红至暗红褐色粉末或颗粒，无臭。易溶于水呈樱桃红色，溶解度 7.5%（21℃），可溶于乙醇、甘油和丙二醇，不溶于油脂。耐热（105℃）、耐还原性好，但耐光、耐酸性差，在酸性溶液中（pH < 4.5）可发生沉淀形成不溶性酸，碱性条件下较稳定，对蛋白质染着性好。在消化道中的吸收不良，即使吸收也不参与代谢，故被认为安全性较高。

（2）毒理学参数 ADI 值 0 ~ 0.1mg/kg 体重（FAO/WHO，1994），小鼠经口 $LD_{50}$ 6.8g/kg 体重。

（3）应用与限量 根据 GB 2760—2014《食品安全国家标准 食品添加剂使用标准》规定：赤藓红及其铝色淀可作为着色剂用于肉灌肠类和肉罐头类，最大使用量为 0.015g/kg；用于熟制坚果与籽类（仅限油炸坚果与籽类）和膨化食品为 0.025g/kg；用于凉果类、可可制品、巧克力和巧克力制品（包括代可可脂巧克力及制品）以及糖果（可可制品除外）、糕点上彩装、酱及酱制品、复合调味料、果蔬汁（浆）类饮料、碳酸饮料、风味饮料（仅限果味饮料）和配制酒为 0.05g/kg；用于装饰性果蔬为 0.1g/kg。以上食品中的含量均以赤藓红计。

2. 靛蓝（Indigotine）

靛蓝又称 C. I. 食用蓝色 1 号，化学名称 5，5′-靛蓝素二磺酸二钠盐，分子式 $C_{16}H_8N_2Na_2O_8S_2$，相对分子质量 466.36，结构式见图 4-11。

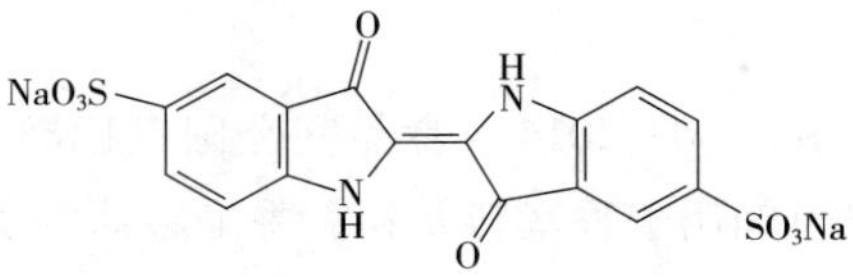

图 4-11　靛蓝

（1）理化性质　靛蓝为暗紫色至暗紫褐色粉末或颗粒，无臭。溶于水（1.1g/100mL，21℃）呈蓝色溶液。溶于甘油、乙二醇，难溶于乙醇、油脂。耐热、耐光、耐酸，不耐碱、易还原，耐盐性及耐细菌性较弱，遇次硫酸钠、葡萄糖、氢氧化钠还原褪色。

（2）毒理学参数　ADI 值 0~5mg/kg 体重（FAO/WHO，1994），小鼠经口 $LD_{50}$ 大于 2.5g/kg 体重；大鼠经口 $LD_{50}$ 2.0g/kg 体重。

（3）应用与限量　根据 GB 2760—2014《食品安全国家标准　食品添加剂使用标准》规定：靛蓝及其铝色淀可作为着色剂用于腌渍的蔬菜，其最大使用量为 0.01g/kg；用于熟制坚果与籽类（仅限油炸坚果与籽类）和膨化食品（仅限使用靛蓝），最大使用量为 0.05g/kg；用于蜜饯类、凉果类、可可制品、巧克力和巧克力制品（包括代可可脂巧克力及制品）以及糖果（可可制品除外）、糕点上彩装、焙烤食品馅料及表面用挂浆（仅限饼干夹心）、果蔬汁（浆）类饮料、碳酸饮料、风味饮料（仅限果味饮料）和配制酒，最大使用量均为 0.1g/kg；装饰性果蔬，最大使用量为 0.2g/kg；用于除胶基糖果以外的其他糖果，最大使用量为 0.3g/kg。以上食品中含量均以靛蓝计。

3. 亮蓝（Brilliant Blue）

亮蓝又称 C. 1. 食用蓝色 2 号，化学名称 3-［N-乙基-N-［4-［4-［N-乙基-N-（3-磺基苄基）-氨基］苯基］（2-磺基苯基）亚甲基］-2，5-环己二烯基-1-亚基］氨基甲基］-苯磺酸二钠盐，分子式 $C_{37}H_{34}N_2Na_2O_9S_3$，相对分子质量 792.85，结构式见图 4-12。

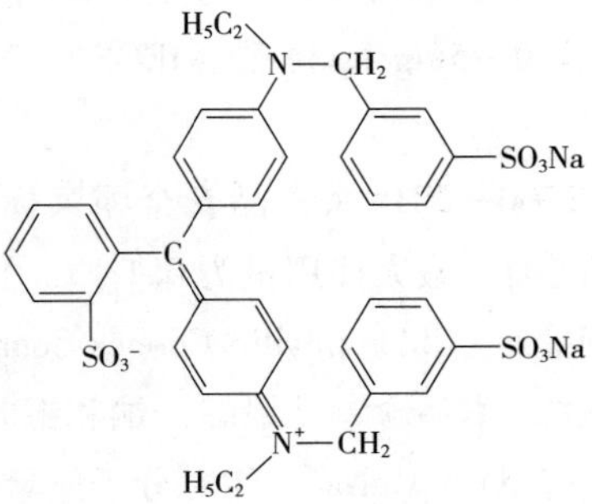

图 4-12　亮蓝

（1）理化性质　亮蓝为红紫至蓝紫色粉末或颗粒，有金属光泽，无臭。易溶于水（18.7g/100mL，21℃），呈绿光蓝色溶液，溶于乙醇（1.5g/100mL，95%乙醇，21℃）、甘油、丙二醇。耐光、耐热性强。对柠檬酸、酒石酸、碱均稳定。

（2）毒理学参数　ADI值0~12.5mg/kg体重（FAO/WHO，1994），大鼠经口$LD_{50}$大于2g/kg体重。

（3）应用与限量　根据 GB 2760—2014《食品安全国家标准　食品添加剂使用标准》规定：亮蓝及其铝色淀可作为着色剂用于香辛料及粉、香辛料酱（如芥末酱、青芥酱），其最大用量为0.01g/kg；用于即食谷物，包括碾轧燕麦（片）（仅限可可玉米片），最大使用量为0.015g/kg；用于饮料类（包装饮用水除外），最大使用量为0.02g/kg；用于风味发酵乳、调制炼乳（包括加糖炼乳及使用了非乳原料的调制炼乳等）、冷冻饮品（食用冰除外）、凉果类、腌渍的蔬菜、熟制豆类、加工坚果与籽类、虾味片、糕点上彩装、焙烤食品馅料及表面用挂浆（仅限饼干夹心）、调味糖浆、果蔬汁（浆）类饮料、含乳饮料、碳酸饮料、风味饮料（仅限果味饮料）、配制酒和果冻，最大使用量均为0.025g/kg；用于熟制坚果与籽类（仅限油炸坚果与籽类）、焙烤食品馅料及表面用挂浆（仅限风味派馅料）（仅限使用亮蓝）和膨化食品，最大使用量为0.05g/kg；用于装饰性果蔬和粉圆，最大使用量为0.1g/kg；用于固体饮料类，最大使用量为0.2g/kg；用于可可制品、巧克力和巧克力制品（包括代可可脂巧克力及制品）以及糖果，最大使用量为0.3g/kg；用于果酱、水果调味糖浆、半固体复合调味料，最大使用量为0.5g/kg。以上食品含量均以亮蓝计。

4. 喹啉黄（Quinoline Yellow）

喹啉黄又称酸性黄3，化学名称（主要成分）2-（2-喹啉基）-1,3-茚二酮二磺酸二钠盐，分子式$C_{18}H_9NNa_2O_8S_2$，相对分子质量477.38，结构式见图4-13。

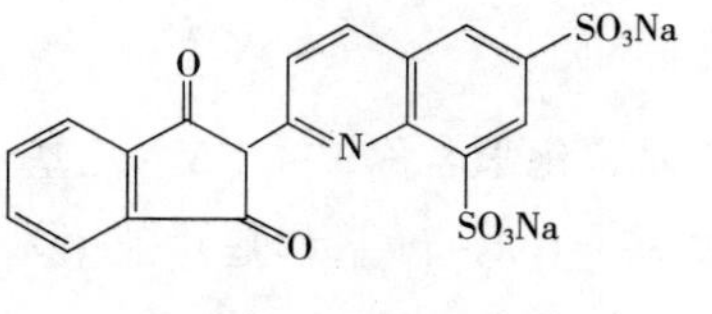

图4-13　喹啉黄

（1）理化性质　黄色粉末或颗粒，水溶性，溶解度为225g/L（20℃）。

（2）毒理学参数　ADI值暂定0~5mg/kg体重（JECFA，2011）。大鼠经口$LD_{50}$大于2g/kg体重。

（3）应用与限量　根据 GB 2760—2014《食品安全国家标准　食品添加剂使用标准》规定：喹啉黄可作为着色剂用于配制酒，最大使用量为0.1g/L。

5. 叶绿素铜钠盐（包括其钾盐）（Chlorophyllin Copper Complex Salts）

叶绿素铜钠盐又称叶绿素铜钠，本品含铜叶绿酸二钠和铜叶绿酸三钠。

①铜叶绿酸二钠：分子式$C_{34}H_{30}O_5N_4CuNa_2$，相对分子质量684.16。

②铜叶绿酸三钠：分子式$C_{34}H_{31}O_6N_4CuNa_3$，相对分子质量724.17。

（1）理化性质　叶绿素铜钠盐为墨绿色至黑色粉末，无臭或略臭。易溶于水，水溶液呈蓝绿色，透明、无沉淀。1% 溶液 pH 9.5 ~ 10.2；当 pH 在 6.5 以下时，遇钙可产生沉淀。略溶于乙醇和氯仿，几乎不溶于乙醚和石油醚。本品耐光性比叶绿素强，加热至 110℃ 以上则分解。

（2）毒理学参数　ADI 值 0 ~ 15mg/kg 体重（FAO/WHO，1994），小鼠经口 $LD_{50}$ 大于 10g/kg 体重。

（3）制备　由于天然叶绿素分子中的镁离子极易被其他离子置换而影响绿色稳定性，故在制备过程选择稳定的铜或锌替代其中的镁离子，而形成叶绿素铜钠盐色素。食品用叶绿素色素的制备多以菠菜或蚕粪为原料，经过丙酮或乙醇提取叶绿素后，再用铜盐进行置换镁，通过皂化过程制成。

（4）应用与限量　根据 GB 2760—2014《食品安全国家标准　食品添加剂使用标准》规定：叶绿素铜钠盐及其钾盐均可作为着色剂用于冷冻饮品（食用冰除外）、蔬菜罐头、熟制豆类、加工坚果与籽类、糖果、粉圆、焙烤食品、饮料类（包装饮用水除外，仅限使用叶绿素铜钠盐）、配制酒及果冻等食品范围，其最大使用量为 0.5g/kg；而在果蔬汁（浆）类饮料中可按生产需要适量使用。

# 第四节　天然色素

由于生产制备来源广泛，因此天然色素的物种相对比较多。我国 GB 2760—2014《食品安全国家标准　食品添加剂使用标准》中批准使用的天然色素包括番茄红、栀子黄、藻蓝等 50 余种。按各种天然色素物质中主体成分的化学结构可分为类胡萝卜素、花色苷类、黄酮及其他酮类色素、卟啉色素、醌类色素等类别。食用天然色素相比合成色素不仅物种多，而且应用范围比较广泛，具体要求可参考附录中的有关标准。

## 一、类胡萝卜素

类胡萝卜素常和叶绿素共存于植物的叶子和果实中，为浅黄色至深红色脂溶性色素。目前已发现有 600 多种天然的类胡萝卜素，可分为四个亚族：胡萝卜素，如 $\alpha$ -、$\beta$、$\gamma$ - 胡萝卜素，番茄红素；胡萝卜醇，如叶黄素、玉米黄素、虾青素；胡萝卜醇的酯类，如 $\beta$ 阿朴 - 8' - 胡萝卜酸酯；胡萝卜酸，如藏红素、胭脂树橙。类胡萝卜素的化学结构特征是由 8 个异戊二烯基单位构成的共轭多烯长链化合物。按其化学结构和溶解性，又可分为两类：胡萝卜素类和叶黄素类。

### （一）胡萝卜素类 （Carotenes）

胡萝卜素系共轭多烯烃，分子中不含氧。此类色素易溶于石油醚，几乎不溶于水和乙醇。胡萝卜素主要有番茄红素及其一端或两端环构化形成的同分异构体 $\alpha$、$\beta$ 和 $\gamma$ 型胡萝卜素。其分子结构见图 4 - 14。

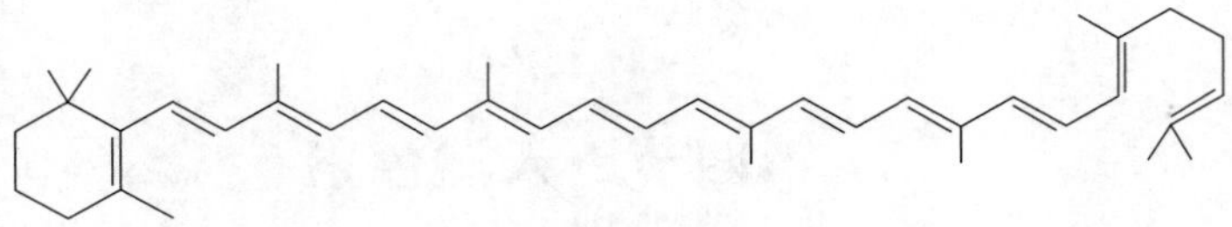

图4－14　胡萝卜素同系色素分子结构

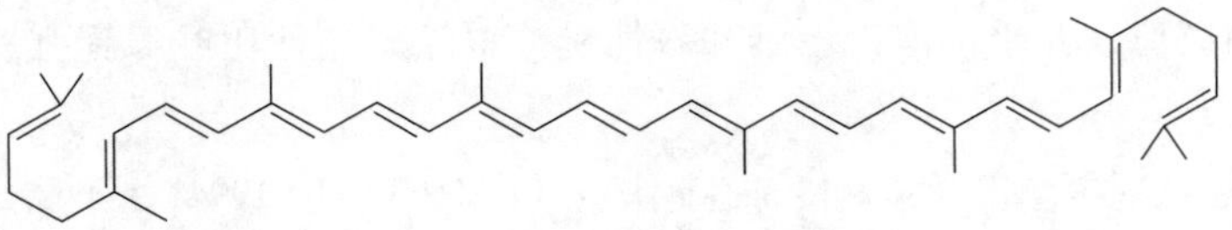

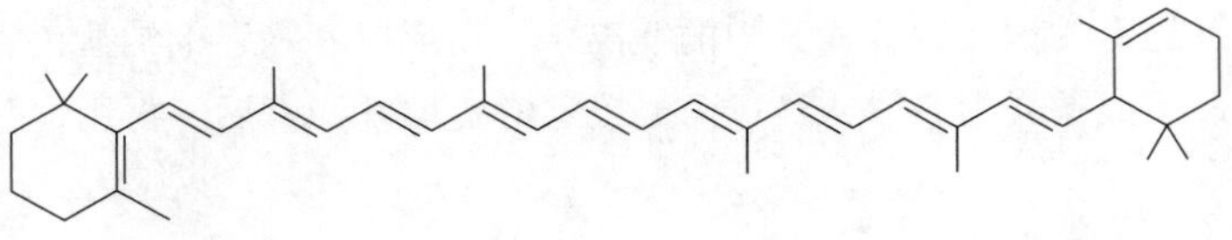

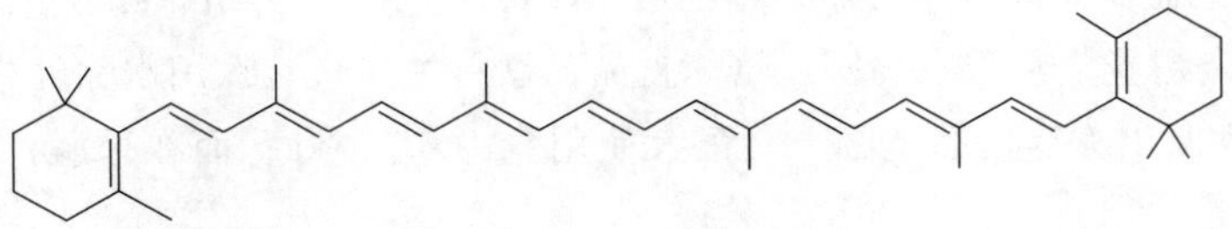

（1）番茄红素　　（2）$\alpha$－胡萝卜素　　（3）$\beta$－胡萝卜素　　（4）$\gamma$－胡萝卜素

　　从几种异构体的结构可以看到，番茄红素的共轭体系最长，含有13个双键，所以呈红色；而三种胡萝卜素异构体仅含有11个和12个双键，呈现橙黄和橙红色。番茄红素是番茄中的主要色素，也存在于西瓜、杏、桃、辣椒、南瓜、柑橘等果蔬中。在三种胡萝卜素中，$\beta$－胡萝卜素在自然界的存在最为广泛。除植物外，有些微生物也能合成胡萝卜素。

### （二）　叶黄素类　（Xanthophylls）

　　叶黄素类系共轭多烯烃的含氧衍生物，可以醇、醛、酮、酸等形式存在，易溶于甲醇、乙醇和石油醚。

　　叶黄素类有的是番茄红素和胡萝卜素的加氧衍生物，有的是比番茄红素和胡萝卜素烃链短的短链多烯烃的加氧衍生物。叶黄素在绿叶中的含量常为叶绿素的两倍。几种叶黄素类色素的结构见图4－15。

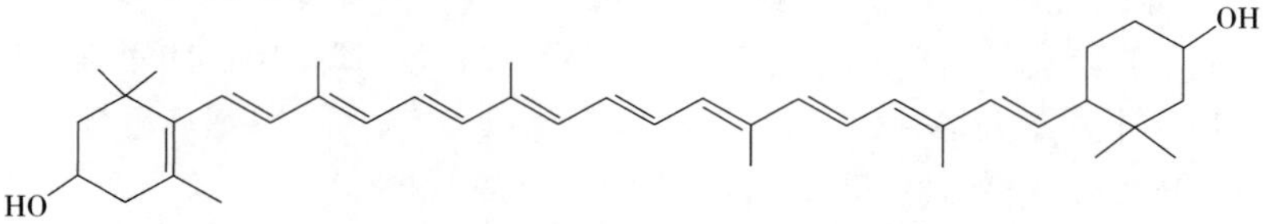

图 4 –15 叶黄素部分同系色素分子结构
（1）叶黄素 （2）隐黄质 （3）玉米黄素

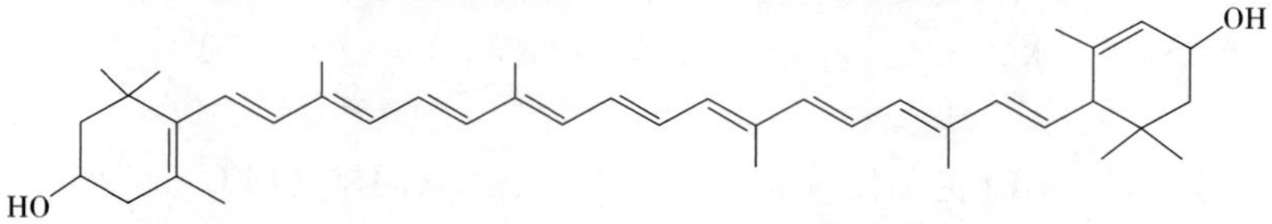

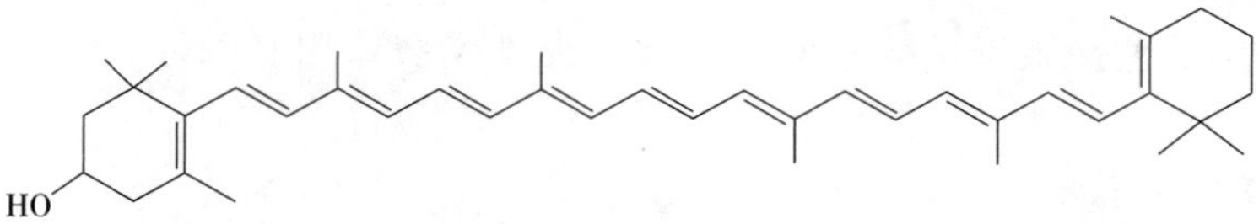

①叶黄素（Lutein）：化学名称 3，3′－二羟基－α－胡萝卜素，广泛存在于绿叶中，而在万寿菊属植物金盏花（又称万寿菊）等花瓣中含量很高；

②隐黄质（Cryptoxathin）：化学名称 3－羟基－β－胡萝卜素，存在于番木瓜、南瓜、辣椒、黄玉米、柑橘等中；

③玉米黄素（zeaxanthin）：化学名称 3，3′－二羟基－β－胡萝卜素，存在于玉米、辣椒、桃、柑橘、蘑菇等中。

此外，还包括辣椒红（Capsanthin）和辣椒玉红素（Capsorubin）、柑橘黄素（Citroxanthin）、5，8－环氧－β－胡萝卜素、杏菌红素、4，4′－二酮－β－胡萝卜素、虾黄素（Astazanthin）、3，3′－二羟基－4，4′－二酮－β－胡萝卜素、胭脂树橙（Bixin）、栀子黄（藏花素）等。

### （三） 类胡萝卜素中典型色素物种

一般情况下酸度及加热对类胡萝卜素影响相对较小。但色素的多烯结构容易发生氧化降解。光、金属过氧化物和类脂氧化酶均能促进色素的降解；氧化作用会导致分子中部分双键的变化而失去颜色。而且由于类胡萝卜素组分的分离，失去伴随蛋白质的结合与保护，使分离纯化的色素制品对光、热、氧的影响更加敏感，稳定性也更差。作为食用色素，在食品中应用的类胡萝卜素种类较多，本节仅以下面五种天然色素为例介绍。

1. 番茄红 Lycopene（Tomato red）

属于胡萝卜素类，分子式 $C_{40}H_{56}$，相对分子质量 536.87，结构式见图 4 –16。

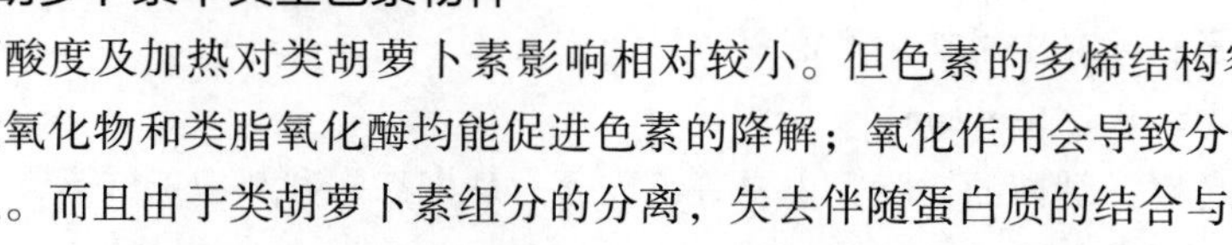

图 4 –16 番茄红

（1）理化性质 番茄红为深红色膏状物或油状液体或粉末（晶体）。番茄红素易溶于油脂和脂肪性溶剂，不溶于水，微溶于甲醇和乙醇，对光和氧不稳定，需贮存于阴凉干燥处，避光密封。

（2）毒理学参数 ADI 值不作特殊规定 ［欧洲经济共同体（EEC），1990］。

（3）应用与限量 根据 GB 2760—2014《食品安全国家标准 食品添加剂使用标准》规定：番茄红可作为着色剂用于风味发酵乳及饮料类（包装饮用水除外）中，最大使用量为 0.006g/kg。

2. 天然胡萝卜素（Natural Carotene）

包括胡萝卜等植物来源的天然胡萝卜素、微生物发酵和盐藻来源的 $\beta$ - 胡萝卜素。主要化学成分 $\beta$ - 胡萝卜素，化学名称：全反式 - 1，1′ - （3，7，12，16 - 四甲基 - 1，3，5，7，9，11，13，15，17 - 十八碳九烯 - 1，18 - 二基）双 ［2，6，6 - 三甲基环己烯］，分子式 $C_{40}H_{56}$，相对分子质量 536.88，结构式见图 4 - 17。

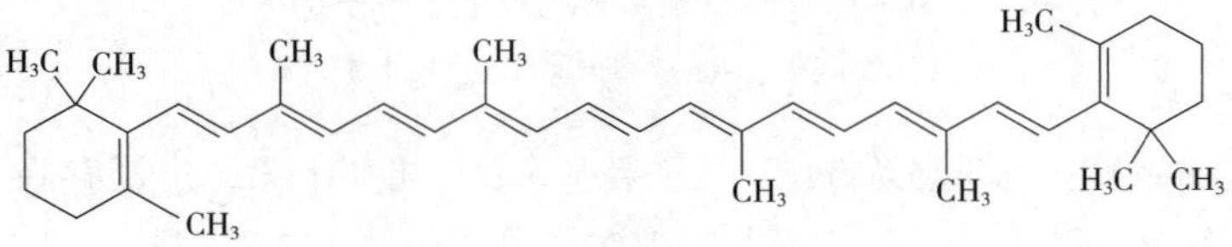

图 4 - 17　天然胡萝卜素

（1）理化性质 天然胡萝卜素为紫红色或暗红色结晶、结晶性粉末或油状悬浮液。可溶于丙酮、氯仿、石油醚、二硫化碳、苯和植物油等，不溶于水、丙二醇和甘油，难溶于甲醇和乙醇。本品对光、热、氧不稳定，不耐酸，弱碱性时较稳定，不受抗坏血酸等还原物质的影响，重金属尤其是铁离子可促使其褪色。

（2）毒理学参数 $LD_{50}$（油溶液）狗口服大于 8g/kg 体重；ADI 值 0 ~ 5mg/kg 体重（FAO/WHO，1994）。

（3）应用与限量 根据 GB 2760—2014《食品安全国家标准 食品添加剂使用标准》规定：天然胡萝卜素在食品中可按生产需要适量使用。

3. 辣椒红（Paprika Oleoresin）

别名辣椒红色素、辣椒油树脂。主要着色成分为辣椒红素和辣椒玉红素，二者均属于类胡萝卜素。

（1）辣椒红素（Capsanthin） 分子式 $C_{40}H_{56}O_3$，相对分子质量 584.87，结构式见图 4 - 18。

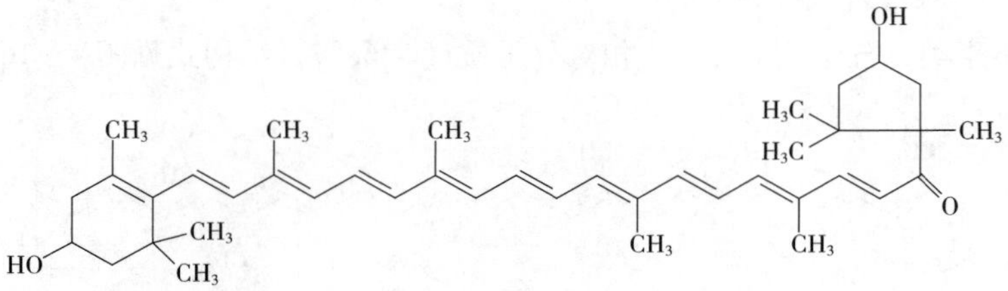

图 4 - 18　辣椒红素

（2）辣椒玉红素（Capsorubin） 分子式 $C_{40}H_{56}O_4$，相对分子质量600.87，结构式见图4-19。

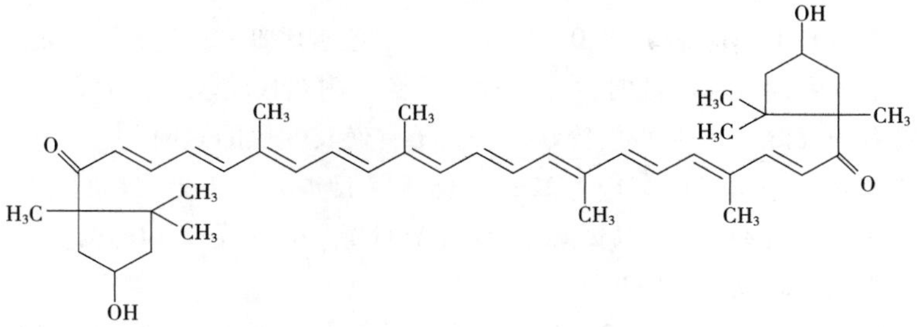

图4-19 辣椒玉红素

①理化性质：辣椒红素与辣椒玉红素均为深红色油状液体，统称为辣椒红色素。依来源和制法不同，具有不同程度的辣味。在石油醚中最大吸收峰波长为475.5nm，在正己烷中为504nm，在二硫化碳中为503nm和542nm，在苯中为486nm和519nm。可任意溶解于丙酮、氯仿、正己烷、食用油。易溶于乙醇，稍难溶于丙三醇，不溶于水。本品耐光性差，波长210～440nm，特别是285nm紫外光可促使本品褪色。对热稳定，160℃加热2h几乎不褪色。$Fe^{+3}$、$Cu^{+2}$、$Co^{+2}$可使之褪色。遇 $Al^{+3}$、$Sn^{+2}$、$Pb^{+2}$发生沉淀。

②毒理学参数：ADI 值不能提出（FAO/WHO，1994），小鼠经口 $LD_{50}$ 大于 75mL/kg 体重（雄性，油溶型色素）；小鼠腹腔注射大于 50mL/kg 体重（雄性，油溶型色素）。

③应用与限量：根据 GB 2760—2014《食品安全国家标准 食品添加剂使用标准》规定：辣椒红用于冷冻饮品（食用冰除外）、腌渍的蔬菜、腌渍的食用菌和藻类、熟制坚果与籽类（仅限油炸坚果与籽类）、可可制品、巧克力和巧克力制品，包括代可可脂巧克力及制品、糖果、面糊（如用于鱼和禽肉的拖面糊）、裹粉、煎炸粉、方便米面制品、粮食制品馅料、糕点上彩装、饼干、腌腊肉制品类（如咸肉、腊肉、板鸭、中式火腿、腊肠）、熟肉制品、冷冻鱼糜制品（包括鱼丸等）、调味品（盐及代盐制品除外）、果蔬汁（浆）类饮料、蛋白饮料、果冻和膨化食品着色时，均可按生产需要适量使用；用于调理肉制品（生肉添加调理料），最大使用量为 0.1g/kg；用于糕点为 0.9g/kg；用于焙烤食品馅料及表面用挂浆，最大使用量为1.0g/kg；用于冷冻米面制品，最大使用量为 2.0g/kg。

4. 栀子黄（Gardenia Yellow）

栀子黄又称藏花素，主要着色成分为藏花素、藏花酸，属类胡萝卜素系，藏花素分子式 $C_{44}H_{64}O_{24}$，相对分子质量977.21，藏花酸分子式 $C_{20}H_{24}O_4$，相对分子质量328.35。藏花素化学结构见图4-20。

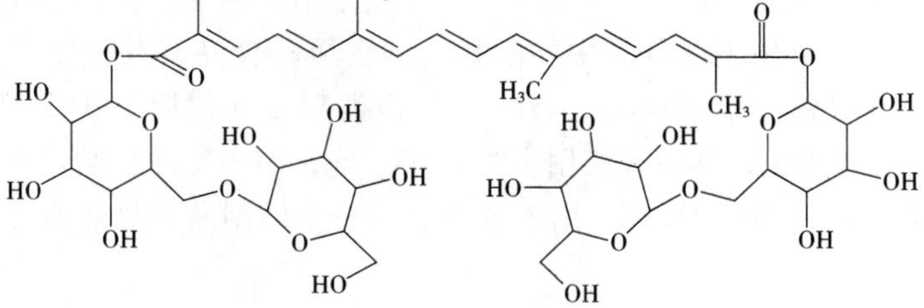

图4-20 藏花素

（1）理化性质 栀子黄为黄褐色浸膏、黄褐色至橘红色液体或橙黄色至橘红色粉末，微臭，易溶于水，溶于乙醇和丙二醇，不溶于油脂。水溶液呈弱酸性或中性，其色调几乎不受环境 pH 变化的影响。pH 4.0~6.0 或 8.0~11.0 时，本色素比 $\beta$ -胡萝卜素稳定，特别是偏碱性条件下黄色更鲜艳。中性或偏碱性时，该色素耐光性、耐热性均较好，而偏酸性时较差，易发生褐变。耐金属离子（除铁离子外）较好。铁离子有使其变黑的倾向。

（2）毒理学参数 小鼠经口 $LD_{50}$ 为 22g/kg 体重（日本大阪工业试验所，1947）；大鼠经口 $LD_{50}$ 为 4.64g/kg 体重（雄性），3.16g/kg 体重（雌性）；小鼠经口 $LD_{50}$ 为大于 2g/kg（体重，南京野生植物综合利用研究所，1986）。

（3）应用与限量 根据 GB 2760—2014《食品安全国家标准 食品添加剂使用标准》规定：栀子黄作为着色剂可用于冷冻饮品（食用冰除外）、蜜饯类、坚果与籽类罐头、可可制品、巧克力和巧克力制品（包括代可可脂巧克力及制品）以及糖果、生干面制品、果蔬汁（浆）类饮料、风味饮料（仅限果味饮料）、配制酒、果冻、膨化食品中，其最大使用量为 0.3g/kg；用于糕点为 0.9g/kg；用于生湿面制品（如面条、饺子皮、馄饨皮、烧麦皮）、焙烤食品馅料及表面用挂浆为 1.0g/kg；用于人造黄油（人造奶油）及其类似制品（如黄油和人造黄油混合品）、腌渍的蔬菜、熟制坚果与籽类（仅限油炸坚果与籽类）、方便米面制品、粮食制品馅料、饼干、熟肉制品（仅限禽肉熟制品）、调味品（盐及代盐制品除外）、固体饮料中为 1.5g/kg。

### 5. 叶黄素（Lutein）

叶黄素又称植物黄体素，化学名称：3，3′-二羟基-$\alpha$-胡萝卜素，在自然界中与玉米黄素共同存在。分子式 $C_{40}H_{56}O_2$，相对分子质量 568.88，结构式见图 4-21。

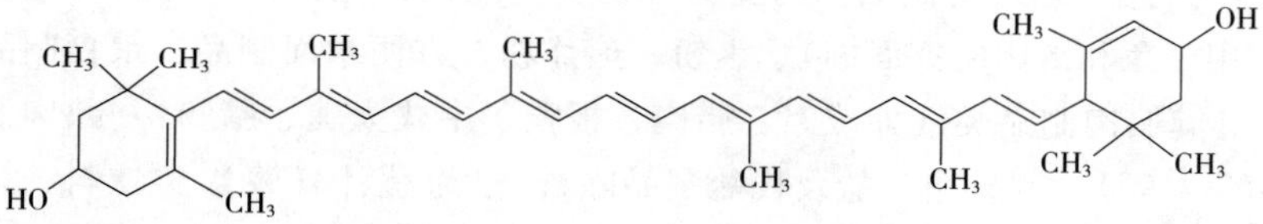

图 4-21 叶黄素

（1）理化性质 叶黄素为桔黄色至桔红粉末。叶黄素不溶于水，易溶于油脂和脂肪性溶剂。纯的叶黄素为棱格状黄色晶体，有金属光泽，对光和氧不稳定，需贮存于阴凉干燥处，避光密封。

（2）毒理学参数 ADI 值 0~2mg/kg 体重（JECFA，2004）；小鼠经口 $LD_{50}$ 小于或等于 1g/kg体重。

（3）应用与限量 根据 GB 2760—2014《食品安全国家标准 食品添加剂使用标准》规定：叶黄素作为着色剂可用于以乳为主要配料的即食风味食品或其预制产品（不包括冰淇淋和风味发酵乳）、果酱、杂粮罐头、谷物和淀粉类甜品（仅限谷类甜品罐头）、饮料类（包装饮用水除外）和果冻，其最大使用量为 0.05g/kg；用于冷冻食品（食用冰除外）和冷冻米面制品，最大使用量为 0.1g/kg；用于糖果、方便米面制品和焙烤食品，最大使用量为 0.15g/kg。

## 二、 花色苷类色素

花色苷类色素是广泛存在于植物体中的水溶性色素，构成了水果花卉和蔬菜五彩缤纷的色彩。

### （一） 花色苷的结构和种类

花色苷的结构包括花色苷元（花青素）和糖两部分，是苯骈吡喃与酚环组成的，其主体结构见图 4 – 22。

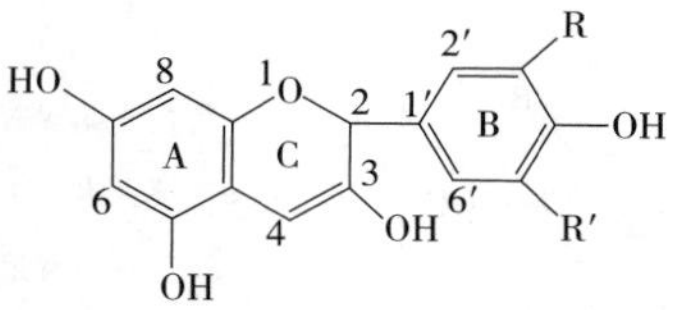

图 4 – 22 花色苷

R 和 R′不同则构成不同的花青素，最常见的有以下几种：天竺葵素（3，5，7，4′ – 四羟基花青素）、矢车菊素（3，5，7，3′，4′ – 五羟基花青素）、飞燕草素（3，5，7，3′，4′，5′ – 六羟基花青素）、芍药色素（3，5，7，4′ – 四羟基 – 3′甲氧基花青素）、牵牛色素（3，5，7，4′，5′ – 五羟基 – 3′甲氧基花青素）、锦葵色素（3，5，7，4′ – 四羟基 – 3′，5′ – 二甲氧基花青素）。

自然状态下游离的花青素极少见，这些花青素通常在 3，5 或 7 碳位的羟基上与糖形成各种糖苷，常与葡萄糖、鼠李糖、半乳糖、木糖、阿拉伯糖等单糖类，鼠李葡萄糖、龙胆二糖、槐二糖等二糖类通过糖苷键形成花色苷，三糖有时也可与花青素形成糖苷。根据取代位置和糖苷的数量，可将花色苷分成 18 组，其中 3 – 单糖苷、5 – 双糖苷、3，5 – 二糖苷和 3，7 – 二糖苷最常见。由于花色苷结构中含有两个或两个以上羟基而属于多酚类色素。

花色苷也经常以酰化形式存在，酰化基团主要是一个或两个分子的对位香豆酸、咖啡酸、阿魏酸、丙二酸、安息香酸、对羟基苯甲酸、桂皮酸、葡萄糖酸等，最常见的酰化形式是酰化取代基与 $C_3$ 位的糖结合，或与 $C_6$ 位的羟基酯化。

### （二） 花色苷特性

花色苷的种类不同，其溶解性会有所不同，一般会溶于水或乙醇中，其色调随羟基（—OH）、甲氧基（$—OCH_3$）、糖结合的位置及数目和花色苷的种类的不同而有所差别。

花色苷的特征性质即色调及稳定性受 pH 变化的影响较大，其色调会随 pH 变化，pH 从强酸性至中性乃至碱性，花色苷的色调会从红色变化至紫色乃至蓝色。在强酸性环境中，花色苷主要以单一的黄烊盐阳离子（Flavylium cation）的形式存在，呈稳定的红色。在弱酸性至中性溶液中，以脱水碱基阴离子（Anbydro – base）存在，其最大吸收波长移向长波侧，呈紫色。在碱性溶液中，以脱水碱离子（Anbydro – base Anion）存在，呈蓝色。脱水碱基不太稳定，容易水化成无色的假碱基（Pseudobase）。

花色苷对光、氧化及热的稳定性，不同来源的花色苷有所不同，大多数花色苷对热都不太稳定，对光敏感；也存在对光、热较稳定的花色苷类，如紫甘薯花色苷等。实验证明，无机盐、有机酸、糖及酚类对同一种花色苷有一定的浓色效果，而 L – 抗坏血酸及 $H_2O_2$ 对一些花色苷起着褪色作用，花色苷类色素不宜在 pH 呈碱性的环境中使用。

### （三）典型色素物种

作为食用色素在食品中应用的花色苷类色素的种类较多，本节仅以下面五种天然色素为例介绍。此外，我国还没有批准使用，但国外使用较为广泛的花色苷类色素还有甘蓝红、紫玉米色素、黑胡萝卜色素等。

#### 1. 葡萄皮红（Grape – skin Red）

葡萄皮红又称葡萄皮提取物，为花色苷类色素。主要着色的成分为芍药花花青素（$C_{16}H_{13}O_6X$）、锦葵色素（$C_{17}H_{15}O_7X$）、飞燕草花青素（$C_{15}H_{11}O_7X$）、牵牛花花青素（$C_{16}H_{13}O_7X$），化学结构见图 4 – 23。

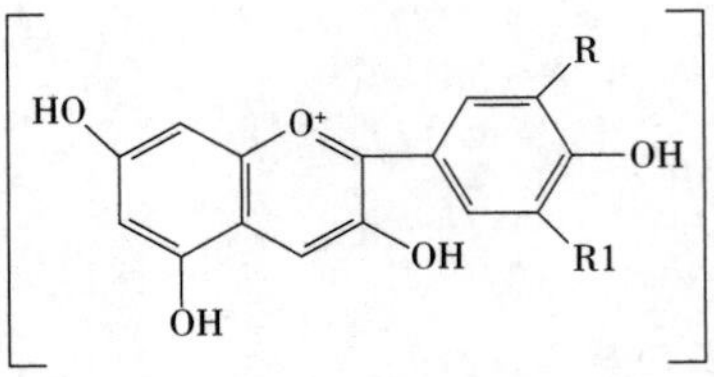

芍药花花青素：R＝$OCH_3$，$R^1$＝H

锦葵色素：R，$R^1$＝$OCH_3$

飞燕草花青素：R，$R^1$＝OH

牵牛花花青素：R＝$OCH_3$，$R^1$＝OH

$X^-$：酸基团

图 4 – 23　葡萄皮红

（1）理化性质　葡萄皮红为红至紫色粉末、液体或颗粒，无味或稍有气味，溶于水、乙醇、丙二醇，不溶于油脂。色调随 pH 的变化而变化，酸性时呈红至紫红色，碱性时呈暗蓝色。在铁离子的存在下呈暗紫色。染着性、耐热性不太强。易氧化变色。

（2）毒理学参数　ADI 为 0 ~ 2.5mg/kg 体重（FAO/WHO，1994），小鼠经口 $LD_{50}$ 大于 15g/kg 体重（雄性）；小鼠经口 $LD_{50}$ 大于 15g/kg 体重（雌性）。

（3）应用与限量　根据 GB 2760—2014《食品安全国家标准　食品添加剂使用标准》规定：葡萄皮红作为着色剂可用于冷冻饮品（食用冰除外）和配制酒，其最大使用量为 1.0g/kg；用于果酱为 1.5g/kg；用于糖果和焙烤食品为 2.0g/kg；用于饮料类（包装饮用水除外）为 2.5g/kg。

#### 2. 红米红（Red Rice Red）

主要着色成分为矢车菊素 – 3 – 葡萄糖苷，为花青素类色素。分子式 $C_{21}H_{21}O_{11}$，相对分子质量 449.38（矢车菊素 3 – 葡萄糖苷），其化学结构式见图 4 – 24（R 为葡萄糖基）。

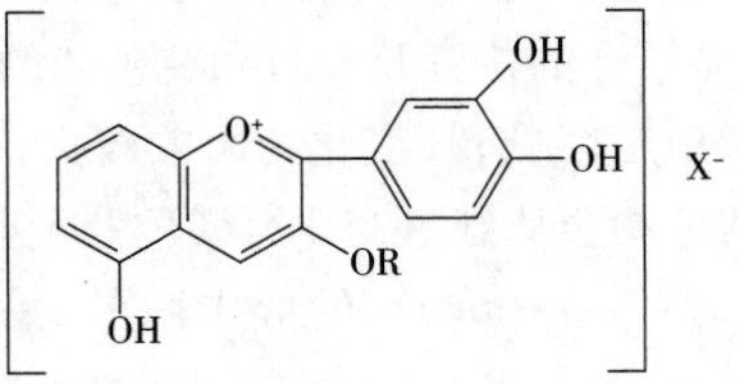

图 4 –24　矢车菊素 –3 –葡萄糖苷

（1）理化性质　红米红为紫红色至红色的粉末、浸膏或液体，溶于水、乙醇，不溶于丙酮、石油醚。稳定性好，耐热、耐光、耐贮存，但对氧化剂敏感，钠、钾、钙、钡、锌、铜及微量铁离子对它无影响，但遇锡变玫瑰红色，遇铅及多量 $Fe^{3+}$，则褪色并沉淀。红米红耐酸，pH 1 ~ 6 为红色，但遇碱则变色。pH 7 ~ 12 可变成青褐色至黄色。长时间加热变黄色。

（2）毒理学参数 大鼠经口 $LD_{50}$ 大于 21.5g/kg 体重；无致突变作用。

（3）应用与限量 根据 GB 2760—2014《食品安全国家标准 食品添加剂使用标准》规定：红米红色素可按生产需要适量用于调制乳、冷冻饮品（食用冰除外）、糖果、含乳饮料、配制酒等食品。

3. 萝卜红（Radish Red）

主要着色成分是含天竺葵素的花色苷衍生物，天竺葵素化学式：$C_{15}H_{11}O_5X$，化学结构式见图 4-25（X 为酸根部分）。

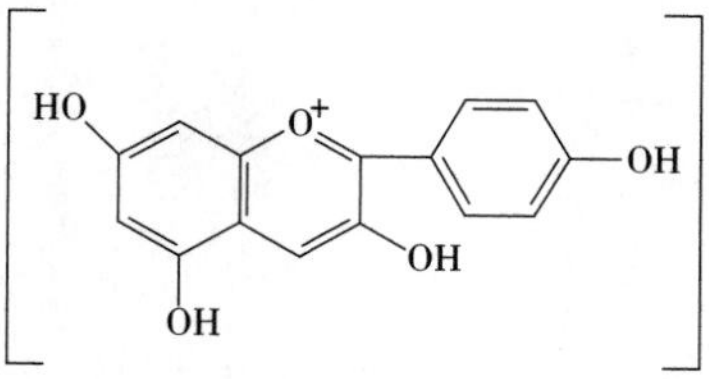

图 4-25 萝卜红

（1）理化性质 萝卜红为红至深红色粉末或液体。易氧化。日光照射可促进其降解而褪色。易溶于水及乙醇溶液，不溶于非极性溶剂。萝卜红水溶液随 pH 升高，其最大吸收峰发生后移，吸光度明显下降。溶液色调随介质 pH 2.0~8.0 而依次呈现：橙红→粉红→鲜红→紫罗兰。萝卜红水溶液对热不稳定，随温度升高，降解加速而褪色，但在酸性条件下较稳定。$Cu^{2+}$ 可加速萝卜红降解，并使之变为蓝色；$Fe^{3+}$ 可使萝卜红溶液变为锈黄色；$Mg^{2+}$、$Ca^{2+}$ 对其影响不大；$Al^{3+}$、$Sn^{2+}$ 对其有保护作用。

（2）毒理学参数 大鼠、小鼠经口 $LD_{50}$ 均大于 15g/kg 体重，无致突变作用。

（3）应用与限量 根据 GB 2760—2014《食品安全国家标准 食品添加剂使用标准》规定：萝卜红作为着色剂可按生产需要适量用于冷冻饮品（食用冰除外）、果酱、蜜饯类、糖果、糕点、醋、复合调味料、果蔬汁（浆）类饮料、风味饮料（仅限果味饮料）、配制酒、果冻等食品。

4. 黑豆红（Black Bean Red）

主要着色成分为矢车菊素 -3- 半乳糖苷，分子式 $C_{21}H_{21}O_{11}$，相对分子质量 449.38，化学结构式见图 4-26（GAL 为半乳糖）。

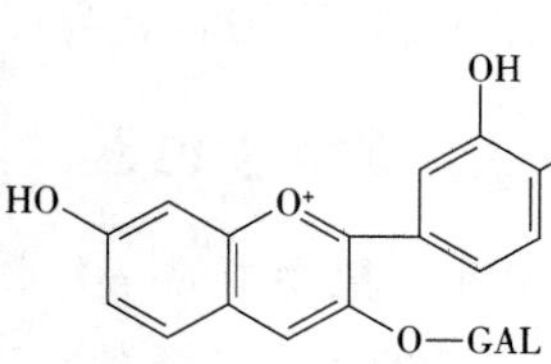

图 4-26 黑豆红

（1）理化性质 黑豆红为紫红色粉末。易溶于水及乙醇溶液，水溶液透明。不溶于无水乙醇、丙酮、乙醚及油脂。在酸性水溶液中呈透明鲜艳红色；在中性水溶液中呈透明红棕色；

在碱性水溶液中呈透明深红棕色。遇铁、铅离子变棕褐色。对热较稳定。偏酸性条件下耐光性较强。

（2）毒理学参数　小鼠经口 $LD_{50}$ 大于 19g/kg 体重（雌、雄性）；微核试验无致突变作用。

（3）应用与限量　根据 GB 2760—2014《食品安全国家标准　食品添加剂使用标准》规定：黑豆红作为着色剂可用于糖果、糕点上彩装、果蔬汁（浆）类饮料、风味饮料（仅限果味饮料）、配制酒中，最大使用量为 0.8g/kg。

**5. 紫甘薯色素**（Purple Sweetpotato Colour）

紫甘薯色素的主要着色成分是花色苷，其中主要花色苷配基为矢车菊素和芍药素。矢车菊素分子式 $C_{15}H_{11}O_6$，相对分子质量 287.23，芍药素分子式 $C_{16}H_{13}O_6$，相对分子质量 301.26。化学结构式见图 4-27。

矢车菊素：R = OH

芍药素：R = $OCH_3$

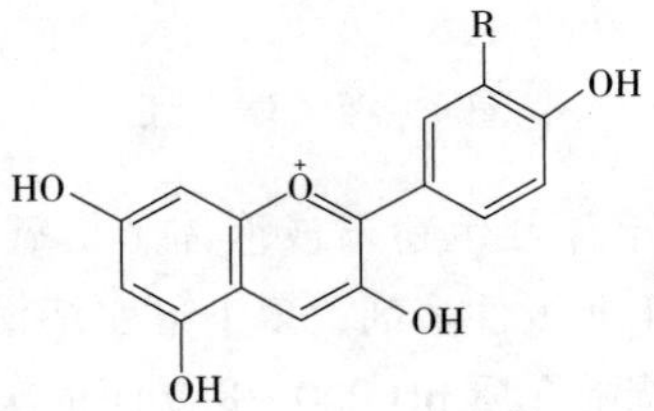

图 4-27　紫甘薯色素

（1）理化性质　紫甘薯色素为红色至紫黑色液体、粉末或颗粒。具有花色苷类色素的一般性质，易溶于水、甲醇及乙醇溶液，水溶液透明，不溶于乙醚、石油醚及油脂。紫甘薯色素分子多为酰基化的花色苷，所以其稳定性较其他花色苷略强，但维生素 C 不利于其稳定性。在酸性环境中稳定性较好，随着 pH 升高，色素溶液呈现花色苷类典型的"鲜红—紫红—紫罗兰—蓝—绿"的颜色变化。

（2）毒理学参数　大鼠、小鼠急性经口毒性试验（MTD）：均大于 20g/kg 体重（雌、雄性），属实际无毒；三项遗传毒性试验结果均为阴性。

（3）应用与限量　根据 GB 2760—2014《食品安全国家标准　食品添加剂使用标准》规定：紫甘薯色素作为着色剂可用于糖果、果蔬汁（浆）类饮料，最大使用量为 0.1g/kg；用于冷冻饮料（食用冰除外）、糕点上彩装、配制酒等食品，为 0.2g/kg。

## 三、黄酮类色素

黄酮（Flavonoids）类色素是广泛分布于植物中的一类水溶性色素，为浅黄至橙黄色，其基本结构为 2-苯基苯并吡喃酮，一般以苷的形式与糖类结合。黄酮类化合物的衍生物部分可作为色素，大部分为黄色，少部分为红色。黄酮类色素分子中一般含有多个酚羟基，显酸性，能溶于碱性水溶液中。

### （一）黄酮类色素的结构和种类

黄酮类广泛存在于植物界，包括各种衍生物，已发现有数千种。在自然界以单体黄酮存在的极少见。黄酮类化合物又称生物类黄酮，是以黄酮（2 - 苯基色原酮）为母核而衍生的一类黄色色素，结构式见图 4 - 28。

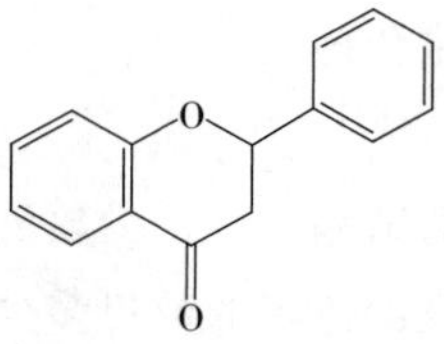

图 4 - 28　黄酮类化合物

黄酮类包括黄酮的同分异构体及其氢化的还原产物，即以 $C_6$—$C_3$—$C_6$ 为基本碳架的一系列化合物，也即两个苯环通过 3 个碳原子结合而成。其中 $C_3$ 部分可以是脂链或与 $C_6$ 部分形成六元或五元氧杂环。其左和右之间的中间环，可以是开环，也可以是闭环，主要在中间环的变化产生各类黄酮，根据三碳键（$C_6$—$C_3$—$C_6$）结构的氧化程度和 B 环的连接位置等特点，黄酮类化合物可分为下列几类黄酮类：黄酮类（Flavones）、黄酮醇类（Flavonols）、黄烷酮类（Flavanones）、双氢黄酮醇（Flavanonls）、查尔酮类（Chalcones）、异黄酮类（Isoflavones）、噢黄类（Aurones）、异黄烷酮类（Isofalvanones）、黄烷类（Flavanes）、黄烷醇类（Foavanols）、双氢查尔酮类（Dihydrochalcones）和双黄酮类（Biflavones）等类别。主要物种包括：芸香苷（又称芦丁）、槲皮素（又称槲黄素）、橙皮素、山奈酚（又称茨菲醇）、儿茶素、表儿茶素等物质，其结构式如图 4 - 29 所示。

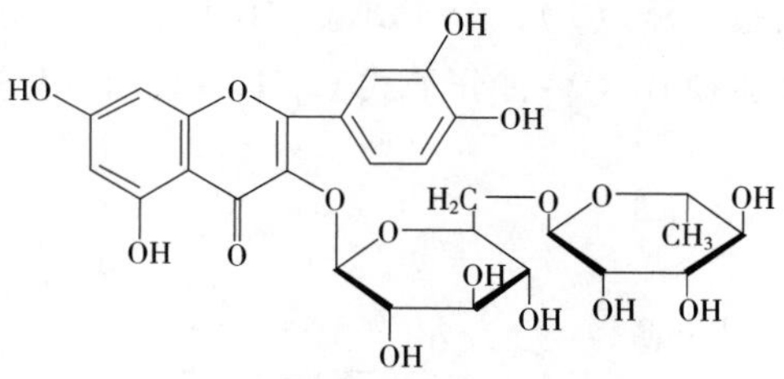

芸香苷（Rutin）

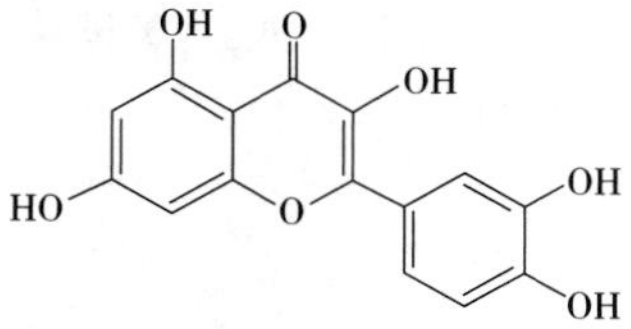

槲皮素（Quercetin）

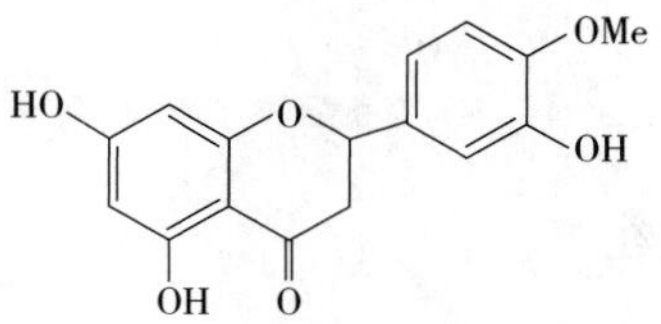

橙皮素（Hesperetin）

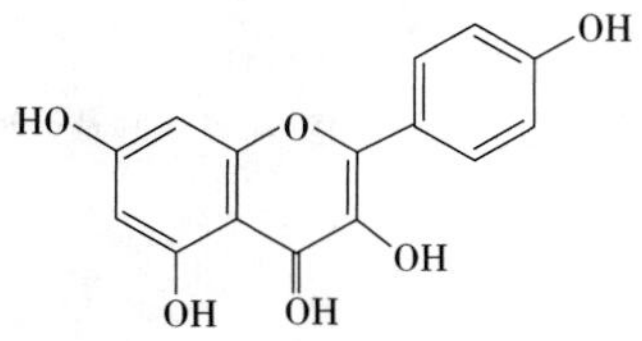

山奈酚（Rhamnoluteun）

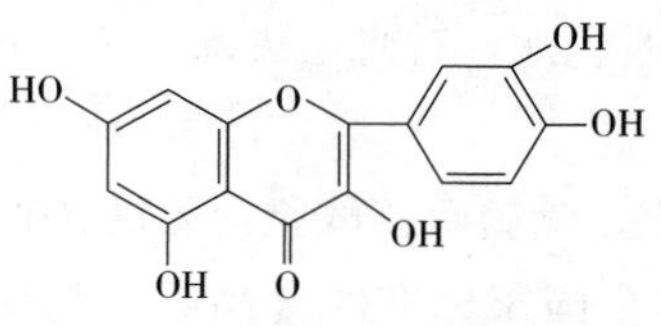

儿茶素(Catechin)

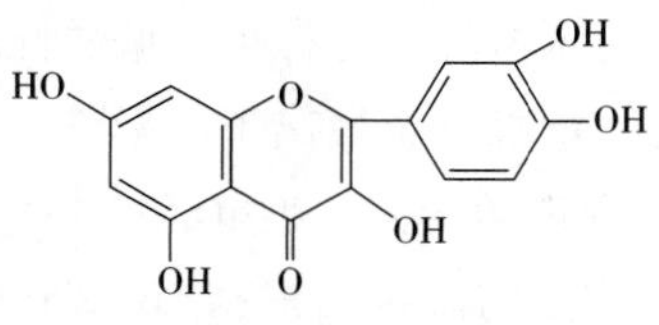

表儿茶素(Epicatechin)

图 4 - 29　黄酮类色素的结构

天然黄酮类化合物母核上常含有羟基、甲氧基、烃氧基、异戊烯氧基等取代基。由于这些助色团的存在，使该类化合物多显黄色。又由于分子中 $\gamma$ - 吡酮环上的氧原子能与强酸成盐而表现为弱碱性，因此也称为黄碱素类化合物。

### （二）黄酮类色素的特性

大多数为结晶状固体，具有一定的结晶形状，少数为非晶型粉末。大多呈黄色，所形成的颜色与分子中是否存在交叉共轭体系及助色团的数目多少和取代的位置有关。

游离的黄酮类化合物一般难溶或不溶于水，可溶于甲醇、乙醇、乙酸乙酯、乙醚等有机溶剂及稀碱中，其中黄酮、黄酮醇、查耳酮等，因它们的分子中存在交叉共轭体系，所以是一些平面型化合物，平面型分子堆砌得比较紧密，分子间引力较大，故很难溶于水。

游离的黄酮类化合物母核上引入的取代基的种类和数目不同时，其溶解度也不相同。例如，引入羟基后，水溶性增加，脂溶性降低。羟基引入越多，水溶性越强。黄酮类化合物多是多羟基化合物，一般不溶于石油醚中，故可与脂溶性杂质分开。引入甲氧基或异戊烯基后，脂溶性增加，水溶性降低，取代基位置不同时，对溶解度也有影响。

### （三）典型色素物种

黄酮类色素中有以查耳酮为主的来自菊科的红花黄、菊花黄浸膏；禾本科高粱红成分为 5，7，4′ - 三羟基黄酮。梧桐科可可色主成分则是黄酮醇的聚合物；而姜黄素则属于多酚酮类衍生物；以下介绍几种典型的色素种类。

1. 高粱红（Sorghum Red）

高粱红主要着色成分为 5，7，4′ - 三羟基黄酮（1），分子式 $C_{15}H_{10}O_5$，相对分子质量 270.24；3，5，3′，4′ - 四羟基黄酮 - 7 - 葡萄糖苷（2），分子式 $C_{21}H_{20}O_{12}$，相对分子质量 464.38。结构式见图 4 - 30。

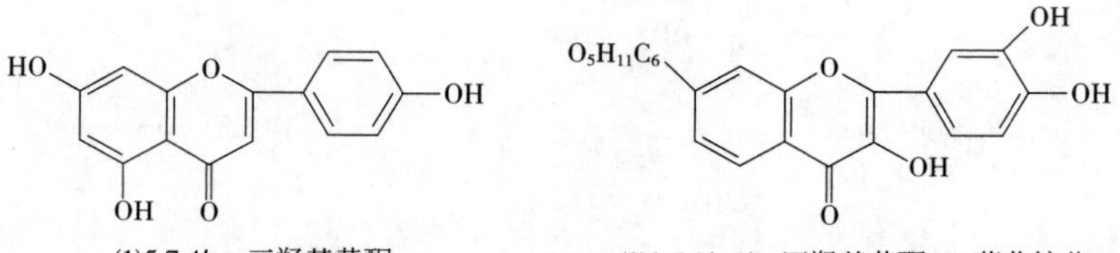

(1)5,7,4′ - 三羟基黄酮　　　　　(2)3,5,3′,4′ - 四羟基黄酮-7-葡萄糖苷

图 4 - 30　高粱红

（1）理化性质　高粱红为深红棕色粉末，溶于水、乙醇及含水丙二醇，不溶于非极性溶剂及油脂。水溶液为红棕色，偏酸性时色浅，偏碱性时色深。对光、热都稳定。加入微量焦磷酸钠之类，能抑制金属离子的影响。

（2）毒理学参数　小鼠经口 $LD_{50}$ 大于 $10g/kg$ 体重，骨髓微核试验：无致突变作用。

（3）应用与限量　根据 GB 2760—2014《食品安全国家标准　食品添加剂使用标准》规定：高粱红作为着色剂可按生产需要适量用于各类食品。

2. 红花黄（Carthamus Yellow）

主要着色成分为红花黄素 A 和红花黄素 B。红花黄素 A 分子式 $C_{27}H_{32}O_{16}$，相对分子质量

612.5，红花黄素 B 分子式 $C_{48}H_{54}O_{27}$，相对分子质量1062，结构式见图4-31。

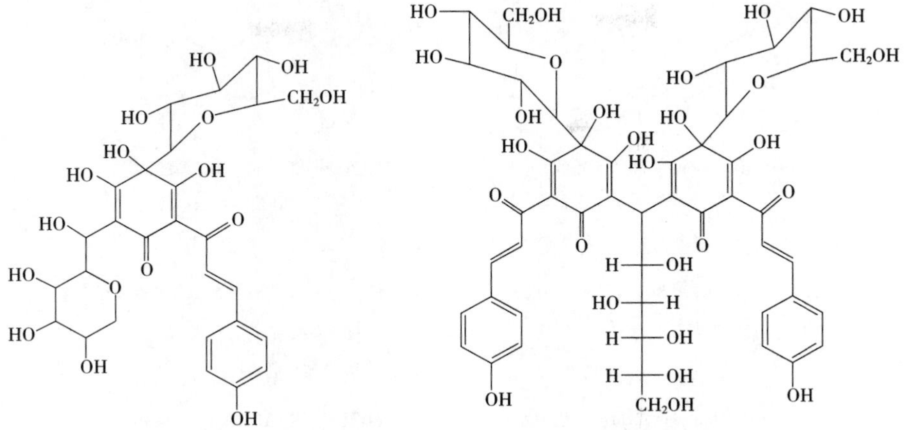

(1)红花黄素A

(2)红花黄素B

图4-31　红花黄

（1）理化性质　红花黄为黄色至暗棕黄色粉末、浸膏、液体，熔点230℃，易溶于冷水、热水、稀乙醇、稀丙二醇，几乎不溶于无水乙醇，不溶于乙醚、石油醚、油脂及丙酮等。红花黄的极稀水溶液呈鲜艳黄色，随色素浓度的增加，其色调由黄转向橙黄色。在酸性溶液中呈黄色，在碱性溶液中呈黄橙色。水溶液的耐热性、耐还原性、耐盐性、耐细菌性均较强，耐光性较差。红花黄遇钙、锡、镁、铜、铝等离子会褪色或变色，遇铁离子可使其发黑。红花黄对淀粉着色性能好，对蛋白质着色性能较差。

（2）毒理学参数　小鼠经口 $LD_{50}$ 大于 20g/kg 体重，雌、雄性无差异（日本田边制柴株式会社研究部）。

（3）应用与限量　根据 GB 2760—2014《食品安全国家标准　食品添加剂使用标准》规定：红花黄作为着色剂可用于水果罐头、蜜饯凉果、装饰性果蔬、蔬菜罐头、糖果、杂粮罐头、糕点上彩装、果蔬汁（浆）类饮料、碳酸饮料、风味饮料（仅限果味饮料）、配制酒、果冻等食品，其最大使用量为 0.2g/kg；用于冷冻饮品（食用冰除外）、腌渍的蔬菜、熟制坚果与籽类（仅限油炸坚果与籽类）、方便米面制品、粮食制品馅料、腌腊肉制品类（如咸肉、腊肉、板鸭、中式火腿、腊肠）、调味品（盐及代盐制品除外）和膨化食品，使用限量为 0.5g/kg。

3. 红曲红（Monascus Red）

红曲红又称红曲色素，一般制品中含有十几种呈色物质，主要的呈色物质有以下6种（图4-32）。

（1）理化性质　红曲红为浅红至黑紫色粉末、糊状或液体，略带异臭，易溶于中性及偏碱性水溶液。在 pH 4.0 以下介质中，溶解度降低。极易溶于乙醇、丙二醇、丙三醇及它们的水溶液。不溶于油脂及非极性溶剂。其水溶液最大吸收峰波长为（490±2）nm。熔点165~

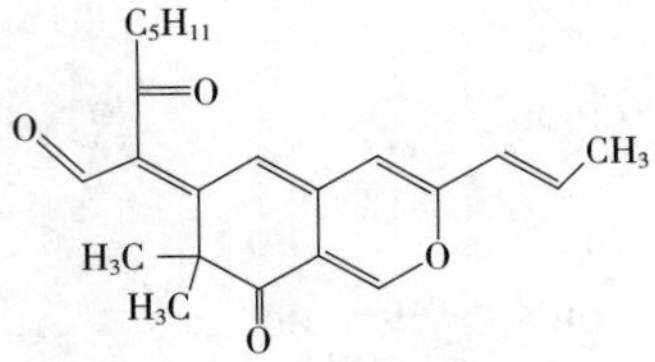

(1)潘红(Rubropunetatin，红色素)

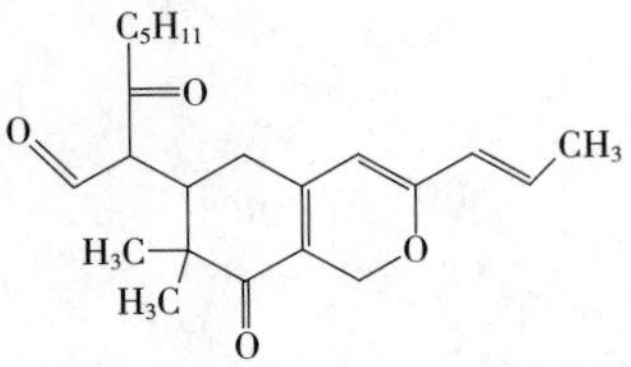

(2)梦那红(Monascin，黄色素)

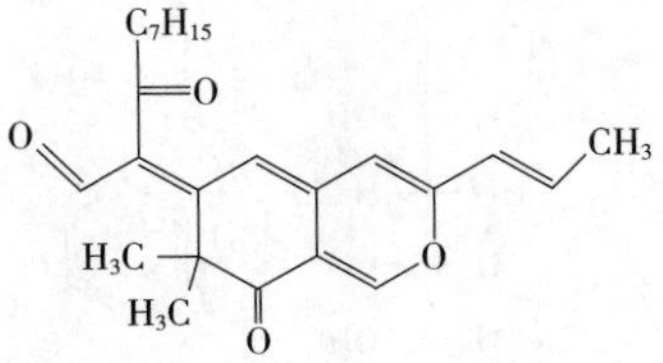

(3)梦那玉红(Monascorubrin，红色素)

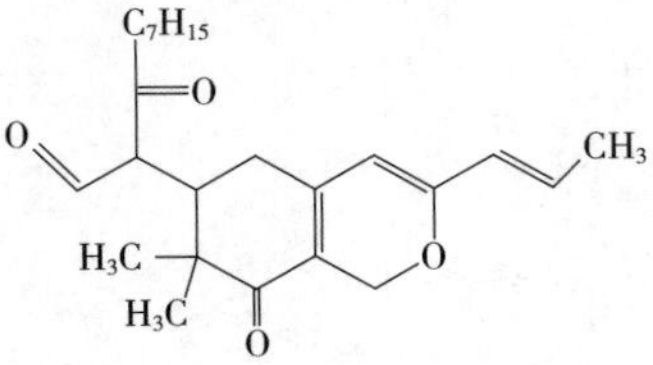

(4)安卡黄素(Ankaflavin，黄色素)

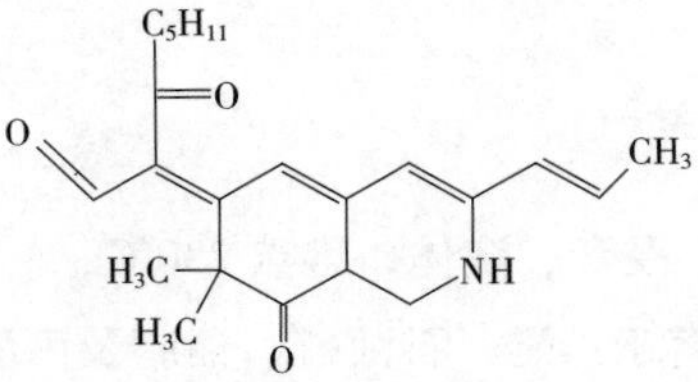

(5)潘红胺(Rubropunctamine，紫色素)

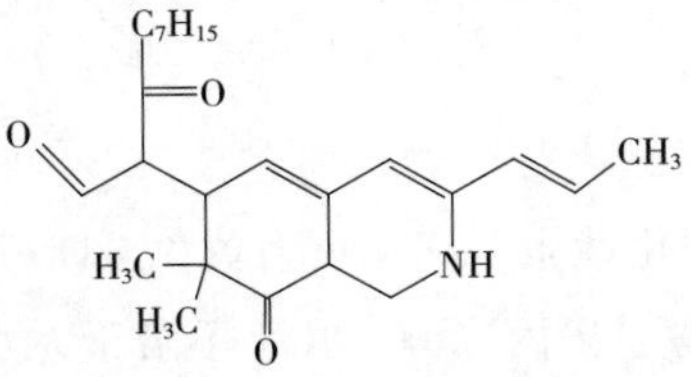

(6)梦那玉红胺(Monascorubramine，紫红色素)

图4-32　红曲红

190℃。对环境 pH 稳定，不受离子（$Ca^{2+}$、$Mg^{2+}$、$Fe^{2+}$、$Cu^{2+}$等）及氧化剂、还原剂的影响。耐热性及耐酸性强，但经阳光直射可褪色。对蛋白质着色性能极好，一旦染着，虽经水洗，也不掉色。本品的乙醇溶液最大吸收峰波长为470nm，有荧光。结晶品不溶于水，可溶于乙醇、氯仿，色调为橙红色。

（2）毒理学参数　小鼠经口 $LD_{50}$ 大于 10g/kg 体重（粉末状色素），小鼠经口 $LD_{50}$ 大于 20g/kg 体重（结晶色素），小鼠腹腔注射 7g/kg 体重；Ames 试验 均无致突变作用；亚急性毒性试验 未见异常。

（3）使用与限量　根据 GB 2760—2014《食品安全国家标准　食品添加剂使用标准》规定：红曲红作为着色剂用于风味发酵乳，其最大使用量为 0.8g/kg；用于糕点为 0.9g/kg；用于焙烤食品馅料及表面用挂浆为 1.0g/kg；而用于调制乳、调制炼乳（包括加糖炼乳及使用了非乳原料的调制炼乳等）、冷冻饮品（食用冰除外）、果酱、腌渍的蔬菜、蔬菜泥（酱），番茄沙司除外、腐乳类、熟制坚果与籽类（仅限油炸坚果与籽类）、糖果、装饰糖果（如工艺造型，或用于蛋糕装饰）、顶饰（非水果材料）和甜汁、方便米面制品、粮食制品馅料、饼干、腌腊肉制品类（如咸肉、腊肉、板鸭、中式火腿、腊肠）、熟肉制品、调味糖浆、调味品（盐及代盐制品除外）、果蔬汁（浆）类饮料、蛋白饮料、碳酸饮料、固体饮料、风味饮料（仅限果味饮料）、配制酒、果冻、膨化食品、蛋制品（改变其物理性状）和其他蛋制品，均按生产需要适量使用。

4. 姜黄素（Curcumin）

姜黄素又称姜黄色素，主要由姜黄素、脱甲氧基姜黄色素、双脱甲氧基姜黄色素三种成分组成。主体化学结构见图 4 – 33。姜黄素：$R_1$＝$R_2$＝$OCH_3$，分子式 $C_{21}H_{20}O_6$，相对分子质量 368.39；脱甲氧基姜黄色素：$R_1$＝$OCH_3$，$R_2$＝H，分子式 $C_{20}H_{18}O_5$，相对分子质量 338.39；双脱甲氧基姜黄色素：$R_1$＝$R_2$＝H，分子式 $C_{19}H_{16}O_4$，相对分子质量 308.39。

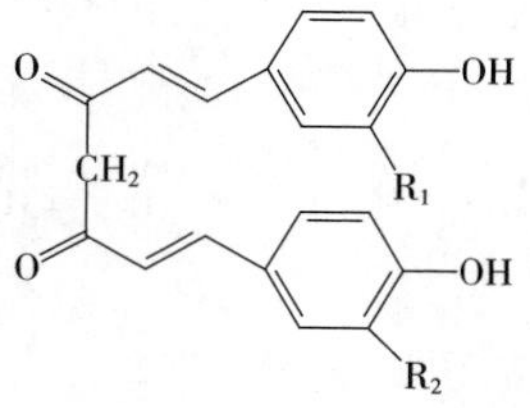

图 4 – 33　姜黄素

（1）理化性质　姜黄素是从姜黄根茎中提取的一种黄色色素，主要成分为姜黄素，约为姜黄的 3% ~ 6%。姜黄素制剂为橙黄色晶体或结晶粉末，有特殊臭味。熔点 179 ~ 182℃。不溶于水和乙醚，溶于乙醇、冰醋酸、丙二醇。碱性条件呈红褐色，酸性条件呈浅黄色。可与氢氧化镁形成色淀，呈黄红色。与铁离子形成螯合物或受氧化而导致变色。耐还原性、着色力强，对蛋白质着色较好。

（2）毒理学参数　ADI 暂定 0 ~ 3mg/kg 体重（JECFA，2003）。

（3）使用与限量　根据 GB 2760—2014《食品安全国家标准　食品添加剂使用标准》规定：姜黄素作为着色剂用于熟制坚果与籽类（仅限油炸坚果与籽类）、粮食制品馅料和膨化食品，按生产需要适量使用；用于可可制品、巧克力和巧克力制品（包括代可可脂巧克力及制品）以及糖果、碳酸饮料、果冻，最大使用量为 0.01g/kg；用于冷冻饮品（食用冰除外），最大使用量为 0.15g/kg；用于面糊（如用于鱼和禽肉的拖面糊）、裹粉、煎炸粉，最大使用量为 0.3g/kg；用于装饰糖果（如工艺造型，或用于蛋糕装饰）、顶饰（非水果材料）和甜汁、方便米面制品和调味糖浆，最大使用量为 0.5g/kg；用于糖果，最大使用量为 0.7g/kg。

## 四、卟啉色素

### （一）卟啉类色素的结构与种类

卟啉色素主要有叶绿素、血红素、胆红素和蓝藻素等，这类色素的基本结构都是由四个吡咯环的氮原子通过次甲基相连成的复杂共轭体系，该共轭体系一般含有中心金属离子，如 $Mg^{2+}$、$Fe^{2+}$、$Cu^{2+}$、$Zn^{2+}$。

### （二）卟啉类色素的特性

四吡咯环共轭结构比较稳定，这类色素的性能主要由共轭体系结合的金属离子和衍生的外围结构决定，如叶绿素（见第三节）、藻蓝等。

### （三） 典型色素物种

藻蓝（Spirulina Blue）又称海藻蓝（Algae blue；Lina blue），主要着色成分是 C - 藻蓝蛋白（C - phycocyanin）、C - 藻红蛋白（C - phycorythnin）和异藻蓝蛋白（Auophycocyanin）。藻蓝蛋白含量约20%。主体结构化学式 $C_{34}H_{39}N_3O_6$，相对分子质量585.71，化学结构式见图4 - 34。

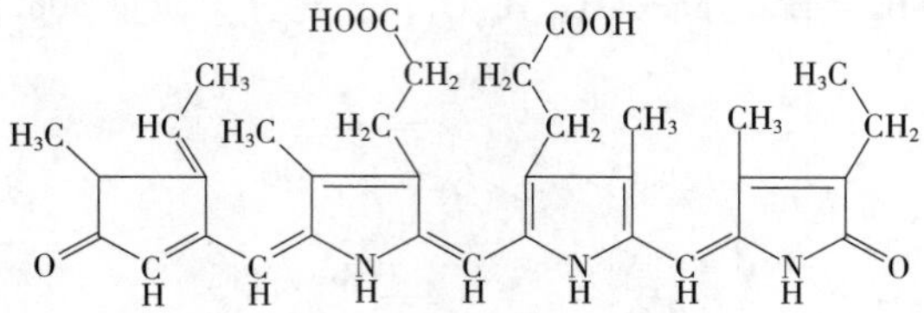

图4 - 34　藻蓝

（1）理化性质　藻蓝为亮蓝色粉末。属于蛋白质结合色素，具有与蛋白质相同的性质。易溶于水，有机溶剂对其有破坏作用。在 pH 3.5 ~ 10.5 呈海蓝色，pH 4 ~ 8 颜色稳定，pH 3.4 为其等电点，藻蓝析出。对光较稳定，对热敏感，金属离子对其有一定影响。

（2）毒理学参数　小鼠经口 $LD_{50}$ 大于 $33g/kg$ 体重（雌性、雄性）（广东食品卫生监督检验所），骨髓微核试验 无致突变作用。

（3）应用与限量　根据 GB 2760—2014《食品安全国家标准　食品添加剂使用标准》规定：藻蓝作为着色剂用于冷冻饮品（食用冰除外）、糖果、香辛料及粉、果蔬汁（浆）类饮料、风味饮料及果冻等食品中，其最大使用量均为 $0.8g/kg$。

## 五、 醌类色素

醌类色素是醌类的衍生物，有苯醌、萘醌、蒽醌等形式，主要有紫草红、胭脂虫红、紫胶红等。醌类色素分子中一般还有酚羟基和羧基，所以该类色素为酸性。当介质 pH 发生改变时，化学结构有一定的变化，色素颜色也会变化。醌中的氧具有孤电子对，与 $\alpha$ - 羟基一起作用，具有很强的螯合性，能与多种金属离子螯合生成不溶的络合物沉淀，所以该类色素在生产、贮藏、使用过程中应避免与这些离子接触。醌类色素多具有抗菌、抗癌、抗病毒的功效。

1. 紫胶红（Lac Dye Red）

紫胶红又称虫胶红，主要着色成分为紫胶酸 A（占85%）和紫胶酸 B、紫胶酸 C、紫胶酸 E 及紫胶酸 D。结构式见图4 - 35。

紫胶酸Ⅰ：R ＝$CH_2CH_2NHCOCH_3$，分子式 $C_{26}H_{19}NO_{12}$，相对分子质量537.44

紫胶酸Ⅱ：R ＝$CH_2CH_2OH$

紫胶酸Ⅲ：R ＝$CH_2CHNH_2COOH$

紫胶酸Ⅴ：R ＝$CH_2CH_2NH_2$

紫胶酸Ⅳ：分子式 $C_{16}H_{10}NO_7$，相对分子质量314.25

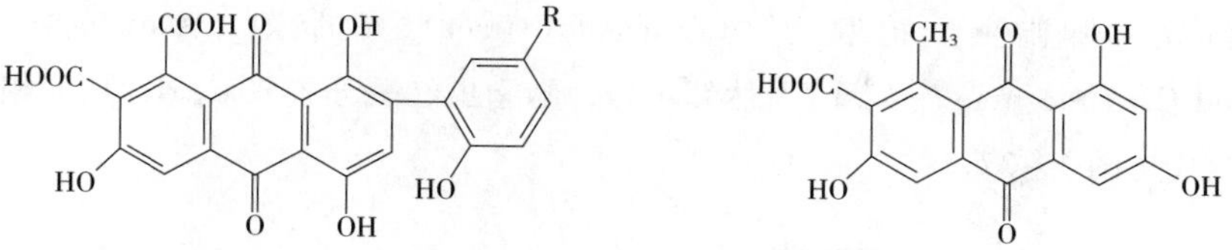

图 4 - 35 紫胶红

（1）理化性质 紫胶红为鲜红色粉末。可溶于水、乙醇、丙二醇。在酸性时对光和热均稳定。色调随环境 pH 变化而变化，介质 pH 小于 4.0 时，呈橙黄色；pH 4.0 ~ 5.0 时，呈橙红色；pH 大于 6.0 时，呈紫红色；在 pH ≥ 12.0 时易褐变。对金属离子不稳定，特别是铁离子含量在 $10^{-6}$ 以上，使色素变黑。

（2）毒理学参数 大鼠经口 $LD_{50}$ 1.8g/kg 体重，Ames 试验没有发现致突变作用（日本食品药品安全中心，1978）。

（3）应用与限量 根据 GB 2760—2014《食品安全国家标准 食品添加剂使用标准》规定：紫胶红作为着色剂可用于果酱、可可制品、巧克力和巧克力制品（包括代可可脂巧克力及制品）以及糖果、焙烤食品馅料及表面用挂浆（仅限风味派馅料）、复合调味料、果蔬汁（浆）类饮料、碳酸饮料、风味饮料（仅限果味饮料）、配制酒中，最大使用量均为 0.5g/kg。

2. 紫草红（Gromwell Red）

紫草红又称紫根色素、欧紫草，紫草醌色素属于萘醌类，分子式 $C_{16}H_{16}O_5$，相对分子质量 288.29，结构式见图 4 - 36。

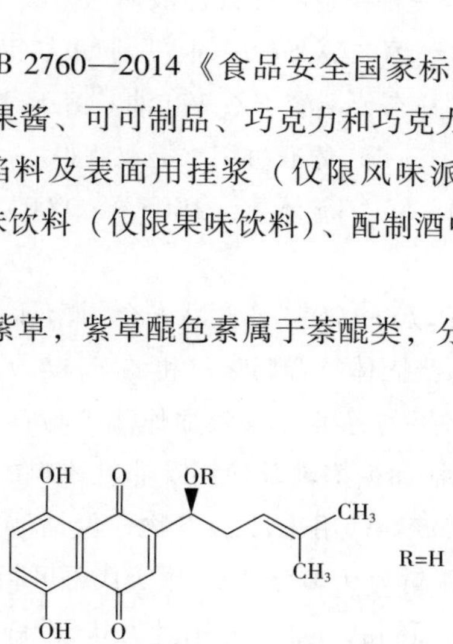

图 4 - 36 紫草红

（1）理化性质 紫草红为深紫红色结晶、粉末或油状液体。纯品溶于乙醇、丙酮、正己烷、石油醚等有机溶剂和油脂，不溶于水，但溶于碱液。酸性条件下呈红色，中性呈紫红色，遇铁离子变为深紫色，在碱性溶液中呈蓝色。在石油醚中最大吸收峰在波长 520nm。有一定抗菌作用。

（2）毒理学参数 小鼠经口 $LD_{50}$ 为 4.64g/kg 体重，致突变试验、Ames 试验、骨髓微核试验、小鼠精子畸变试验，均无致突变作用。

（3）应用与限量 根据 GB 2760—2014《食品安全国家标准 食品添加剂使用标准》规定：紫草红作为着色剂可用于冷冻饮品（食用冰除外）、饼干、果蔬汁（浆）类饮料、风味饮料（仅限果味饮料）、果酒中，最大使用量为 0.1g/kg；用于糕点，最大使用量为 0.9g/kg；用于焙烤食品馅料及表面用挂浆，最大使用量为 1.0g/kg。

### 3. 胭脂虫红（Cochineal Carmine）

胭脂虫红又称胭脂虫红提取物（Cochineal Exfract）、胭脂红（Carmines）、胭脂红酸（Cochineal and Carminic Acid）、C. I. 天然红 4 号，胭脂虫红酸分子式 $C_{22}H_{20}O_{13}$，相对分子质量492.39，结构式见图 4 - 37。

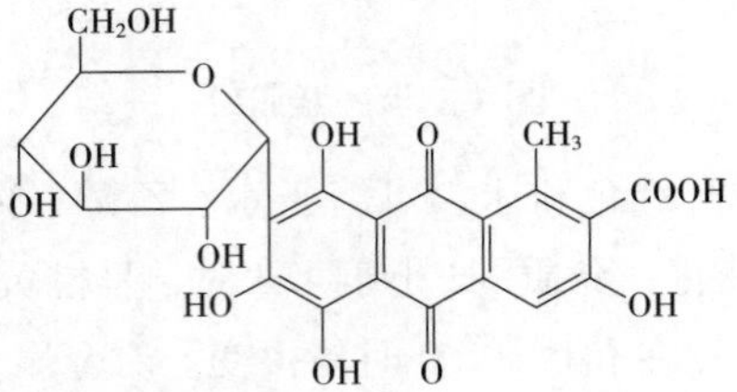

图 4 -37　胭脂虫红酸

（1）理化性质　胭脂虫红是一种稳定的深红色液体，呈酸性（pH 5 ~ 5.3），其色调依 pH而异，在橘黄 - 红色。易溶于水、丙二醇及食用油。胭脂虫红铝是胭脂虫红酸与氢氧化铝形成的螯合物，为一种红色水分散性粉末，不溶于乙醇和油。溶于碱液，微溶于热水。胭脂虫红是由干燥后的雌性胭脂虫（Coccus Cacti）体通过用水提取制得。

（2）毒理学参数　ADI 值 0 ~ 5mg/kg 体重（JECFA，2000）。小鼠经口 $LD_{50}$ 大于 21.5g/kg体重。

（3）使用与限量　根据 GB 2760—2014《食品安全国家标准　食品添加剂使用标准》规定：胭脂虫红可用于风味酵乳、半固体复合调味料和果冻，最大使用量为 0.05g/kg；用于干酪和再制干酪及其类似品、熟制坚果与籽类（仅限油炸坚果与籽类）和膨化食品，最大使用量为 0.1g/kg；用于调制炼乳（包括加糖炼乳及使用了非乳原料的调制炼乳等）、冷冻饮品（食用冰除外），最大使用量为 0.15g/kg；用于即食谷物，包括碾轧燕麦（片），最大使用量为0.2g/kg；用于配制酒，最大使用量为 0.025g/kg；用于代可可脂巧克力及使用可可脂代用品的巧克力类似产品、糖果、方便米面制品，最大使用量为 0.3g/kg；用于面糊（如用于鱼和禽肉的拖面糊）、裹粉、煎炸粉、熟肉制品，最大使用量为 0.5g/kg；用于调制乳粉和调制奶油粉、果酱、焙烤食品、饮料类（包装饮用水除外），最大使用量为 0.6g/kg；用于粉圆和复合调味料，最大使用量为 1.0g/kg。以上食品中色素含量均以胭脂红酸计。

## 六、 其他类

### 1. 甜菜红（Beet Red）

甜菜红又称甜菜根红，属于 $\beta$ - 花色苷，主要着色成分为甜菜苷（Betanine），分子式$C_{24}H_{26}N_2O_{13}$，相对分子质量 550.48，结构式见图 4 - 38。

由食用红甜菜（*Beta vulgaris* L. var rabra）的根（俗称紫菜头）制取的天然红色素，主要由红色的甜菜花青（Betacyanines）和黄色的甜菜黄素（Betaxanthines）组成（除色素外尚含有糖、盐和蛋白质等）。甜菜花青中的主要成分为甜菜红苷（Betanine），占红色素的 75% ~95%。

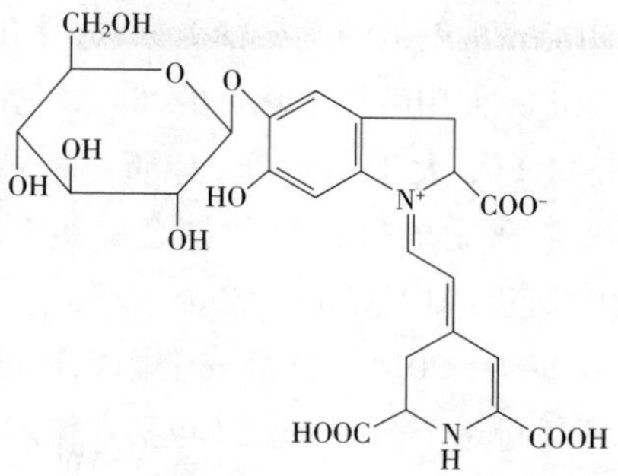

图 4 - 38  甜菜红

（1）理化性质  甜菜红为紫红色液体、粉末或颗粒状固体。易溶于水，微溶于乙醇，不溶于无水乙醇，水溶液呈红至红紫色，色泽鲜艳，在波长 535nm 附近有最大吸收峰。pH 3.0 ~ 7.0 时较稳定，pH 4.0 ~ 5.0 稳定性最好。在碱性条件下则呈黄色。染着性好，耐热性差。其降解速度随温度上升而迅速增快，pH 5.0 时，色素的半减期为（1150 ± 100）min（25℃）、（310 ± 30）min（50℃）、（90 ± 10）min（75℃）和（14.5 ± 2）min（100℃）。光和氧也可促进其降解。遇 $Fe^{3+}$、$Cu^{2+}$ 时可发生褐变。抗坏血酸对甜菜红具有一定的保护作用。

（2）毒理学参数  大鼠经口 $LD_{50}$ 大于 10g/kg 体重；ADI 值无需规定（FAO/WHO，1994）。

（3）应用与限量  根据 GB 2760—2014《食品安全国家标准  食品添加剂使用标准》规定：甜菜红作为着色剂可用于各类食品中，并按生产需要适量使用。

2. 焦糖色（Caramel Colour）

焦糖色又称焦糖、酱色，系糖类物质在高温下脱水、分解和聚合而成，故其化学结构为许多不同化合物的复杂混合物，其中某些为胶质聚集体。

（1）理化性质  焦糖色为黑褐色液体、粉末或颗粒，具有焦糖的焦香味，易溶于水，不溶于通常的有机溶剂及油脂。水溶液呈红棕色，透明无混浊或沉淀，对光和热稳定，具有胶体特性，有等电点。其 pH 随制造方法和产品不同而异，通常在 3 ~ 4.5。

（2）制备  焦糖色以食品级糖类如葡萄糖、果糖、蔗糖、转化糖、麦芽糖浆、玉米糖浆、糖蜜、淀粉水解物等为原料，在 121℃ 以上高温下加热（或加压）使之焦化而制得。在生产过程中，按其是否加用酸、碱、盐等的不同可分成以下几类。

①普通法焦糖色：以碳水化合物为主要原料，加或不加酸（碱）而制得，不使用氨化合物和亚硫酸盐。

②氨法焦糖色：以碳水化合物为主要原料，在氨化合物存在下，加或不加酸（碱）而制得，不使用亚硫酸盐。

③亚硫酸铵法焦糖色：以碳水化合物为主要原料，在氨化合物和亚硫酸盐同时存在下，加或不加酸（碱）而制得。

④苛性硫酸盐法焦糖色：以碳水化合物为主要原料，在亚硫酸盐存在下，加或不加酸（碱）而制得，不使用氨化合物。

以砂糖为原料，采用酸作为催化剂所得的成品对酸、盐稳定性较好，红色色度高，但染色力低，适用于酱油和腌制品；用淀粉酸解液或葡萄糖为原料，用碱性催化剂制得的成品耐碱性强，红色色度高，对酸和盐不稳定；而用酸作催化剂的产品，情况与砂糖相似。

（3）毒理学参数　大鼠经口 $LD_{50}$ 大于 1.9g/kg 体重；普通法焦糖色，ADI 值无需规定（FAO/WHO，1994）；氨法焦糖色和亚硫酸铵法焦糖色，ADI 值 0～200mg/kg 体重（FAO/WHO，1994）；苛性亚硫酸盐焦糖色，ADI 值 0～160mg/kg 体重（FAO/WHO，2000）。

（4）应用与限量　根据 GB 2760—2014《食品安全国家标准　食品添加剂使用标准》规定：普通法焦糖色可按生产需要适量用于调制炼乳（包括加糖炼乳及使用了非乳原料的调制炼乳等）、冷冻饮品（食用冰除外）、豆干再制品、可可制品、巧克力和巧克力制品（包括代可可脂巧克力及制品）以及糖果、面糊（如用于鱼和禽肉的拖面糊）、裹粉、煎炸粉、即食谷物［包括碾轧燕麦（片）］、饼干、焙烤食品馅料及表面用挂浆（仅限风味派馅料）、调理肉制品（生肉添加调理料）、调味糖浆、醋、酱油、酱及酱制品、复合调味料、果蔬汁（浆）类饮料、含乳饮料、风味饮料（仅限果味饮料）、白兰地、配制酒、调香葡萄酒、黄酒、啤酒和麦芽饮料、果冻中；用于果酱，最大使用量为 1.5g/kg；用于膨化食品，最大使用量为 2.5g/kg；用于威士忌和朗姆酒，最大使用量为 6.0g/L。

苛性硫酸盐法焦糖色仅用于白兰地、威士忌、朗姆酒和配制酒，最大使用量为 6.0g/L；氨法焦糖色和亚硫酸铵法焦糖色应用范围和限量见 GB 2760—2014《食品安全国家标准　食品添加剂使用标准》相关规定。

# 第五节　天然色素的制备

天然色素均来源于植物、动物和微生物。各种天然色素产品的制备与生产就是根据不同色素的特性，采用各种各样的处理方法将色素从原料中提取，再经过相应的转化、分离及纯化等工艺制成。

## 一、颜色强度

对于色素的着色效果而言，纯度不是唯一的衡量标准，对于某一种色素而言，其颜色强度与其纯度呈正相关，但是不同的色素，由于其结构不同，呈色强度也不同，即使纯度相同，其颜色强度也可能有很大的差异。因此食用色素通常采用色素物质含量表示其纯度，而用色价表示其颜色强度，在实际应用中色价使用更为普遍。

1. 合成色素的颜色强度

食用合成色素是采用化学合成的方法生产的，与天然色素相比，色素成分单一，化学结构明确，来自自然的杂质较少，另外为减少合成过程中的化学残留，产品的纯度较高，要求含量至少大于 60%，而大部分产品要求色素含量大于 85%。因此，合成色素的质量指标中颜色强度一般是用色素含量来表示，也有个别的用色价表示，如叶绿素铜钠。

2. 天然色素的颜色强度

食用天然色素来源于自然界的生物体，成分复杂，除色素成分外，含有大量细胞溶出物，一般色素纯度较低，即使经过精制的产品，也会含有较多的其他杂质，另外天然色素大部分是以混合物形式存在的，很少以单一成分的状态存在，色素的含量很难准确测定。由于在食品中应用，是利用其呈现的颜色，所以天然色素通常用色价来表示其颜色强度。

色价是在特定的溶剂中，浓度1%的色素溶液，以最大吸收波长、用1cm比色皿测得的吸光度。色价常用$E$表示。对不同浓度的吸光度值可通过色价计算公式换算。

$$E_{1cm}^{1\%}\lambda_{max} = A \times \alpha$$

式中　　$A$——吸光度

　　　　$\alpha$——稀释倍数

　　1%——色素浓度

　　$\lambda_{max}$——最大吸收光波长，nm

　　1cm——比色皿厚度

一般来说，天然色素的颜色强度比合成色素低，这与天然色素的生产技术相关，实际上有些天然色素的颜色强度比颜色相近的合成色素高得多。表4-3是几种食用天然色素与其色彩相似的食用合成色素相对吸收系数的比较。所列结果表明，这些食用天然色素的颜色强度是很高的，随着食用天然色素提制分离精制技术的提高，色素含量可以大大提高。

表4-3　　　　　　　　　　　某些食用天然色素和合成色素的比较

| 天然色素 | | | 合成色素 | | |
|---|---|---|---|---|---|
| 名称 | $E_{1cm}^{1\%}$ | 波长/nm | 名称 | $E_{1cm}^{1\%}$ | 波长/nm |
| 降胭脂树橙 | 2870 | 482 | 日落黄 | 551 | 480 |
| 姜黄素 | 1607 | 420 | 柠檬黄 | 527 | 426 |
| 甜菜苷 | 1120 | 535 | 苋菜红 | 438 | 523 |

# 二、　生产技术

## （一）生产工艺

传统的色素生产工艺主要是根据色素的溶解性不同，采用适当的溶剂将色素从原料中提取出来，不经过精制过程，将提取物经浓缩或干燥制成成品，一般浓缩采用真空浓缩，干燥采用喷雾干燥。由此工艺生产的色素粉或者浸膏为色素的粗制品，具有杂质含量高、色价低、易结块等缺点。因此需要对粗制品进行多次纯化和精制，以得到高色价、低杂质产品。

## （二）现代技术的应用

天然色素的生产制备中的主要技术环节在于提取和精制。随着天然色素的应用发展和需求增长，一些新型、现代的分离技术和方法在色素生产中得到了很好的发挥和应用。包括多溶剂提取、微生物发酵、超临界萃取、树脂及层析分离、膜分离、微波干燥、产品微胶囊化等技术的应用使天然色素无论在原材料的生产和预处理或在分离和纯化以及产品成型方面都有了飞跃发展，由此对天然色素的工业化生产和进步产生了巨大的推动作用。

1. 基因工程技术

应用基因工程技术的目的是提高色素产量，所依据的原理和采取的措施包括以下几个方面：目标色素在植物体内的合成途径；生物合成该产物的前体物质；找到与相关酶对应的基因；把相应基因复制出来，插入到低成本而高产量的宿主植物或微生物的 DNA 序列当中；通过宿主植物或微生物的生长代谢提高目标色素产量。如在胭脂树籽红方面，法国科学家已成功地运用基因工程技术，将番茄红素逐步转变成为胭脂树籽红。也有人把酶的基因插入到大肠杆菌的 DNA 序列当中，使得这些大肠杆菌也能够顺利地生产出胭脂树籽红。

目前除了胭脂树籽红之外，世界各国的研究人员也正在探索其他种类的天然色素的基因工程生产方法，可以乐观地估计，随着人类对于那些五彩缤纷的天然色素的生物合成过程越来越多的了解，就一定能够通过基因工程技术，获得大规模生产天然色素的新方法。

2. 酶工程技术

在天然食用色素生产中采用酶工程技术可以达到多种目的。

（1）利用酶法转化色素前体物质，生产目标色素　选用特定的酶，通过酶催化定向反应，可以使原料中的色素前体物质转化为所需的天然食用色素成分，提高原料中目标色素的含量，进而可以达到显著提高色素得率的目的。如在制备红花红色素时，依次加入不同的氧化 - 还原酶类，在一定的催化反应条件下使红花黄色素转变为红花红色素，红色素的得率可达到未加酶时的 2.5~10 倍。

应用酶促反应还可以利用生产天然栀子黄色素的废液中的栀子苷，通过用 $\beta$ - 葡萄糖苷酶将其水解京尼平，然后使其与氨基酸反应发生结构改变，生产出栀子红、栀子蓝色素。

（2）利用酶催化作用加快提取速度、提高产品得率　如在纤维素酶的催化水解作用下，纤维素、半纤维素等物质发生降解，引起细胞壁和细胞间质结构发生局部疏松、膨胀、通透性增强等变化，从而增大细胞内色素成分向提取介质的扩散，促进色素提取效率的提高。实践表明，与传统水浸提取工艺相比，应用纤维素酶提取红花中的黄色素，可使黄色素提取率增加 10% 以上。

（3）利用酶除去天然色素粗品中不易去除的杂质，提高产品质量　如从蚕沙中提取的叶绿素带有某种异味，品质很差影响使用，加入脂肪酶活化液进行酶促反应精制后，可以除去异味，得到优质叶绿素。

3. 细胞工程技术

采用细胞或组织培养的方法生产天然色素。例如，玫瑰茄细胞培养，用于花青素的生产；滇紫草、软紫草愈伤组织培养生产紫草红；栀子组织和细胞培养生产天然食用色素栀子黄等。

4. 发酵工程技术

利用微生物发酵工程技术生产天然色素是色素生产的重要和有效方式。

（1）以大米为原料，利用红曲霉发酵生产红曲色素，这是目前最廉价的纯天然食用色素；由红发夫酵母发酵后分离、提取制得虾青素；利用三孢布拉霉和红酵母发酵后，分离、提取生产类胡萝卜素；利用产 $\beta$ - 葡萄糖苷酶微生物发酵生产栀子红和栀子蓝色素及利用产酪氨酸酶微生物发酵生产黑色素。

（2）利用微生物发酵除去色素液中的杂质，对色素进行精制，如甜菜红色素提取后用发酵法除去其中的糖类。

5. 分离技术

（1）微波强化萃取技术　在萃取天然食用色素方面已取得了一些可喜的成果。例如采用该技术提取番茄红素、柚皮色素、栀子黄色素、茜草紫色素、野菊花黄色素等天然色素时，都取得了令人满意的效果。

（2）超声波强化萃取技术　已用于叶绿素、姜黄素、栀子黄色素、板栗壳棕色素、桑葚红色素、密蒙黄色素等多种天然食用色素提取。实践表明，此技术与传统的机械搅拌法浸取、循环提取、加热浸取等方法相比，可以显著缩短提取时间、提高提取率、节省能量消耗。

（3）超临界流体萃取技术　最适合提取分离非挥发性、热敏性、脂溶性色素，如辣椒红素、胡萝卜素、胭脂树橙、叶黄素、番茄红素等。在天然色素的提取与纯化方面具有操作温度低、选择性好、提取率高、无溶剂残留等优点。

（4）分子蒸馏技术　采用该技术从冷榨所得的甜橙油中提取的类胡萝卜素，可以获得不含有机溶剂的高纯度、高色价产品；采用此技术对溶剂法所得辣椒红色素进行处理，可使产品中的溶剂残留降低到 0.002%，产品指标达到联合国粮农组织（FAO）和世界卫生组织（WHO）标准。

（5）大孔吸附树脂　在红花黄、栀子黄、红米红色素等多种天然食用色素的分离、精制方面取得了良好的效果，表现出吸附容量大、选择性好、吸附速度快、解吸容易、再生处理方便、节省费用等诸多优点。

（6）超滤膜　在天然食用色素的生产中，采用超滤膜可有效脱除色素提取液中的多糖、果胶、蛋白质等大分子杂质；采用反渗透膜可将其中大量的水去除，使得色素溶液得到精制和浓缩。膜分离技术在栀子黄、可可壳色、红曲色素、甜菜红色素等食用色素的分离、精制和浓缩中已取得了很好的试验效果。

🔍 思考题

1. 分析发色团、助色团和共轭体系长短与化合物颜色的关系。
2. 天然色素按照化学结构可大致分为哪些大类？
3. 什么是色淀，有什么使用特点？
4. 从化学结构差异比较胡萝卜素类和叶黄素类溶解性及其应用。
5. 为什么花色苷类色素的颜色随溶液 pH 的变化而改变？这类色素适用于哪些食品？
6. 黄酮类色素具有哪些生物学功能？
7. 什么是色价？色价一般是如何表示和测定的？
8. 举例说明生物技术在天然色素生产中的应用。
9. 我国允许使用的合成色素。

第五章

CHAPTER

# 发色剂与漂白剂

5

## 内容提要

　　本章主要介绍食品发色剂、食品漂白剂以及部分面粉处理剂。其中发色剂的毒理分析与发色机理，漂白剂的种类以及应用方面的注意要点，不同物种的残留物质计算形式为重点掌握内容。

## 教学目标

　　了解亚硝酸盐的发色机理与毒理分析、食品漂白的作用原理及使用要求。

## 名词及概念

　　食品发色剂、食品漂白剂、发色机理、漂白剂类别。

## 第一节　发色剂

　　食品中使用的发色剂也称护色剂、助色剂或固色剂，主要应用于肉制品加工方面，是一种能与肉原料及肉制品中的呈色物质作用，使加工成品在上市、保藏及食用过程中呈现良好色泽的物质。根据发色机理分析，主要是由于亚硝酸盐所产生的一氧化氮与肉类中的肌红蛋白和血红蛋白结合，生成具有鲜红色的亚硝基肌红蛋白和亚硝基血红蛋白所致。亚硝酸盐具有一定的毒性，但食品添加剂中具有发色作用的物种不多，有些发色剂的使用仅仅起到护色及稳定的作用。因此，人们一直在寻求新的替代物质。直到目前为止，尚未见到具有发色又能防腐的替代品。权衡利弊只得在保证安全和产品质量的前提下，严格控制使用。因此，在了解发色剂的应用原理同时，也应学习和认识有关毒理与剂量间的关联，注重规范使用和添加效果。同时在对其监督和管理方面，也应掌握必要的检测方法和控制措施。

## 一、 发色剂的使用意义

一般来讲，发色剂本身无色，但在食品加工过程中，尤其对肉类加工制品，添加适量的发色剂，会促使肉制品产生鲜红色而呈现良好的感官效果。不仅如此，有些护色剂对肉制品还有独特的防腐作用，如亚硝酸盐可抑制肉毒梭状芽孢杆菌的繁殖，适量地添加在肉制品中，能有效地降低和抑制肉毒杆菌毒素的产生，预防和减少由此引发的中毒事故。

我国在肉制品加工过程中使用护色剂已有较长的历史背景。古代人在腌肉类制品中使用的硝石就是一种硝酸盐（硝酸钾）。硝酸盐的使用，同样是依靠转化形成的亚硝酸盐对肉制品起到的发色和防腐作用。

## 二、 亚硝酸盐的发色机理与毒理分析

### 1. 发色机理

无论使用硝酸盐或亚硝酸盐，最终都会转化为亚硝酸盐而发挥发色作用。其发色机理主要是亚硝酸盐添加后产生的亚硝基（—NO），与肌红蛋白产生鲜红色的亚硝基肌红蛋白。反应历程如下：

$$NO_3^- \xrightarrow{\text{细菌}} NO_2^- \xrightarrow{\text{乳酸}} HNO_2 \xrightarrow{\text{分解}} —NO$$

$$—NO + Mb（肌红蛋白）\longrightarrow Mb—NO（亚硝基肌红蛋白）$$

### 2. 毒理分析

亚硝酸盐的使用虽然很大程度上改善了肉制品的感官与风味效果，但其毒理特性及对食品安全的影响也不得不被引起注意。亚硝酸盐对消费者可能构成的危害主要表现在以下几个方面。

无论硝酸盐或亚硝酸盐通过微生物或酸性条件下，均有可能转化为亚硝酸和亚硝基。当过量摄入后，人体血液中会出现过量的亚硝酸和亚硝基成分。这些外来成分可能使正常的血红蛋白（中心铁离子为二价）变成高铁血红蛋白（三价铁离子），并因此失去携带氧气的功能，最终导致机体组织缺氧，表现症状为头晕、恶心、呕吐，严重者会出现血压急剧下降、呼吸困难、直至休克而死亡。因此，亚硝酸盐的使用一定要有严格控制和监管。

另一方面有报道介绍，亚硝酸在一定条件下转化为具有强致癌性的亚硝胺（$R_2N_2O$）。但这种反应往往需要在一定高浓度的胺类物质存在下发生，如亚硝酸与二甲胺的反应：

$$H_3C—\overset{\overset{\displaystyle CH_3}{|}}{N}—\boxed{H + HO}—NO \longrightarrow H_3C—\overset{\overset{\displaystyle CH_3}{|}}{N}—NO$$

因此，亚硝酸盐不宜在鱼类等水产品中使用，尤其是不新鲜的海产品（易产生胺类物质）。同时在添加和使用亚硝酸盐时，适当补充一定的还原性物质，如抗坏血酸等，会对亚硝胺的生成反应起到一定的抑制和缓解作用。

## 三、 发色剂类别

传统的食品发色剂主要是系列亚硝酸盐和硝酸盐。由于近年来发现，此类物质在使用不当

时，会诱发生成毒性较大的亚硝胺，因此开展了许多替代亚硝酸盐的研究。目前已发现某些物质具有发色或助色作用，但其发色和防腐作用仍远比不上硝酸盐和亚硝酸盐，从发色效果方面也不成熟，但由于此类物质多为营养强化剂（如烟酰胺、抗坏血酸等），且具有一定还原作用和辅助发色作用。在一定程度上，起到部分代替或减少使用亚硝酸盐的作用。

1. 亚硝酸盐（Sodium Nitrite）

亚硝酸盐是食品加工中使用最多、最典型和传统的肉制品护色剂，物种如亚硝酸钠（也包括亚硝酸钾）。亚硝酸盐在食品中的主要作用是对肉制品的护色与发色，以增强其风味特征；同时对肉制品中的肉毒梭状芽孢杆菌繁殖有抑制作用。

（1）理化性质　分子式 $NaNO_2$，相对分子质量 69.00，亚硝酸盐均为晶状固体，外形与粗制食盐相似（常因此误用而中毒）。易溶于水，微溶于乙醇。

（2）毒理学参数　大鼠经口 $LD_{50}$ 85mg/kg 体重，ADI 值 0～0.06mg/kg。属于食品添加剂中毒性最大的物种。

（3）应用与限量　我国 GB 2760—2014《食品安全国家标准　食品添加剂使用标准》规定：腌腊肉制品类（如咸肉、腊肉、板鸭、中式火腿、腊肠等），酱卤肉制品类，熏、烧、烤肉类，油炸肉类，西式火腿（熏烤、烟熏、蒸煮火腿）类，肉灌肠类，发酵肉制品类，肉罐头类等食品中的最大使用量为 0.15g/kg。残留量均以亚硝酸钠计，西式火腿（熏烤、烟熏、蒸煮火腿）类制品要求≤70mg/kg；肉罐头类制品要求≤50mg/kg；其他肉制品要求≤30mg/kg。

2. 硝酸盐（Sodium Nitrate）

同样是传统的肉制品护色剂，主要有硝酸钠和硝酸钾两种。属于亚硝酸盐的不同添加形式。硝酸盐是通过食品中的微生物等因素被转化为亚硝酸盐而发挥护色作用。二者之间的转化换算公式为：

$$W_{NaNO_2} = W_{NaNO_3} \times \frac{M_{NaNO_2}}{M_{NaNO_3}} = 0.81 \times W_{NaNO_3} \qquad (5-1)$$

式中　$M$——相对分子质量；

　　　$W$——质量。

（1）理化性质　硝酸盐为晶状固体，易溶于水，水溶液几乎无氧化作用。

（2）毒理学参数　硝酸钠：大鼠经口 $LD_{50}$ 3236mg/kg 体重，ADI 值 0～3.76mg/kg。

（3）应用与限量　按我国 GB 2760—2014《食品安全国家标准　食品添加剂使用标准》规定：腌腊肉制品类（如咸肉、腊肉、板鸭、中式火腿、腊肠等），酱卤肉制品类，熏、烧、烤肉类，油炸肉类，西式火腿（熏烤、烟熏、蒸煮火腿）类，肉灌肠类，发酵肉制品类中最大使用量为 0.5g/kg。残留量要求≤30mg/kg，均以亚硝酸钠（钾）计。

3. 抗坏血酸（Antiscorbic Acid）

抗坏血酸是一种还原型抗氧化剂（详见抗氧化剂章节）。在果蔬食品的加工和处理过程中，常常作为果蔬切片的护色剂使用。抗坏血酸与柠檬酸、磷酸盐混合使用时，能有效地防止果蔬切片的褐变；用于肉制品处理，可将褐色的氧化型高铁肌红蛋白还原为红色的还原型肌红蛋白，有助于肉制品的发色处理。虽然抗坏血酸不能完全替代亚硝酸盐使用，但与亚硝酸盐结合使用时，可极大地抑制亚硝胺的产生。

按 GB 2760—2014《食品安全国家标准　食品添加剂使用标准》规定：抗坏血酸钙可用于去皮或预切的鲜水果，去皮、切块或切丝的蔬菜中，最大使用量为 1.0g/kg；浓缩果蔬汁

（浆）中可按生产需要适量使用，固体饮料按稀释倍数增加使用量。

D-异抗坏血酸及其钠盐用作食品中抗氧化剂和护色剂。D-异抗坏血酸及其钠盐在浓缩果蔬汁（浆）中按生产需要适量使用，固体饮料按稀释倍数增加使用量，葡萄酒中最大使用量为 0.15g/kg，以抗坏血酸计。

4. 烟酰胺（Nicotinamide）

烟酰胺又称尼克酰胺、维生素 PP。分子式 $C_6H_6N_2O$，相对分子质量 122.13，结构式见图 5-1。

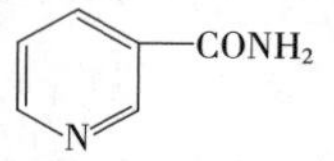

图 5-1　烟酰胺

（1）理化性质　白色结晶性粉末，无臭或几乎无臭，味苦，相对密度 1.400，熔点 128 ~ 131℃，在波长 260nm 处有一条显著吸收光谱。1g 烟酰胺约溶于 1mL 水或 1.5mL 乙醇或 10mL 甘油。对光、热及空气很稳定，在无机酸、碱溶液中强热，则水解为烟酸。烟酰胺是一种维生素，被 FAO（1985）列为一般公认安全物质。对肉制品具有辅助发色的作用，安全性高于硝酸盐。但在单独使用时，其发色效果较差。可与亚硝酸盐结合使用，以降低亚硝酸盐用量。

（2）来源与制法　由烟酸与氨作用后，通过苯乙烯型强碱性离子交换树脂过滤，再经氨饱和滤液而制得。

（3）毒理学参数　大鼠经口 $LD_{50}$ 2.5 ~ 3.5g/kg 体重；GRAS FDA - 21CFR 182.5535；184.1535。本品无烟酸的暂发性副作用，连续服用每日需要量的 1000 倍也无毒性反应。

（4）使用与限量　根据 GB 14880—2012《食品安全国家标准　食品营养强化剂使用标准》规定，烟酰胺作为营养强化剂用于营养强化食品中。在许多研究报道，烟酰胺在肉制品中能起到保护肉制品原色和辅助发色的作用。添加用量为 0.01 ~ 0.022g/kg，肉色良好。本品尚可作核黄素的溶解助剂及护色助剂。

5. 烟酸（Niacin）

烟酸又称尼克酸（Nicotinic Acid）、维生素 PP。分子式 $C_6H_5NO_2$，相对分子质量 123.11。结构式见图 5-2。

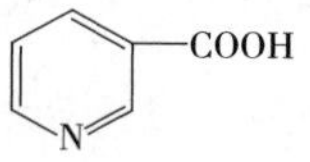

图 5-2　烟酸

（1）理化性质　白色或浅黄色结晶，或结晶性粉末，无臭或微臭，味微酸。略溶于水（1g 约溶于 60mL 水中）。易溶于热水、热乙醇、苛性碱溶液和碳酸盐溶液中，几乎不溶于乙醚。熔点 234 ~ 238℃，有升华性，无吸湿性，对光、热、空气、酸、碱的稳定性均强。将溶液加热亦几乎不分解。本品是机体组织中重要的递氢体，可参与体内的氧化还原反应。

（2）制法　①用对-氨基酚和甘油，在硫酸和对-硝基酚存在下，环合成 6-羟基喹啉，用硝酸氧化，加热脱羧制得。②米糠、鱼、肝脏、酵母等中含有，也可由牛的肝脏、心脏进行提取。

（3）毒理学参数　大鼠经口 $LD_{50}$ 7000mg/kg 体重；GBAS FDA－21CFR 182.5530；184.1530。

（4）应用与限量　烟酸本属于一种人体必需的营养强化剂，有利于防止糙皮和皮炎症状的发生。作为肉制品的辅助发色剂使用同烟酰胺。

# 第二节　漂白剂

## 一、食品漂白剂的作用

在有些食品或原料的加工过程初期，为使最后产品获得更好的感官效果，需要对一些浅色材料进行保护或将杂色进行漂白。对此，采用食品漂白剂进行处理是最方便有效的方法。漂白剂能破坏食物中色素或使褐变的食物得到漂白和脱色，如果脯的生产、固体糖粉、淀粉糖浆等制品的漂白处理。有些漂白剂具有钝化生物酶和抑制微生物繁殖的作用，有助于抑制和减缓食品在加工中出现的酶促褐变、色泽变深色等现象，同时兼顾防腐的作用。

食品漂白剂分为氧化型及还原型两类。氧化型漂白剂是通过本身的氧化作用破坏着色物质或发色基团，从而达到漂白的目的。氧化型漂白剂被用于小麦面粉等部分食品原料中，以氧化面粉中的色素，使面粉白度增加，因此常被称为面粉处理剂。果蔬加工中使用较多的是还原型漂白剂，基本属于亚硫酸及其盐类物质。它们是通过其中二氧化硫成分的还原作用，使果蔬中的许多色素分解或褪色（对花色素苷作用明显，类胡萝卜素次之）。漂白剂除可改善食品色泽外，还有钝化生物酶活性，起到控制酶促褐变、抑制细菌繁殖等作用；面粉中使用的氧化型漂白剂还可增强面筋韧性。

## 二、还原型漂白剂

### （一）漂白剂的使用

（1）熏蒸法　在密闭室内将原料分散架放，通过燃烧硫磺粉产生的二氧化硫蒸气。反应式如下：

$$S + O_2 \xrightarrow{\text{燃烧}} SO_2$$

二氧化硫气体对食物直接进行熏蒸处理，以达到漂白效果。熏蒸法的漂白效果很好，但后处理比较复杂。尤其熏蒸时产生的二氧化硫浓度较大，操作需要格外小心，以免泄漏后造成环境污染。同时熏蒸室也应有良好的密封与通风条件，否则会影响操作人员的安全。熏蒸法多用于果脯、干货、草药等原料类的漂白和防腐处理。

（2）浸渍法　配制一定浓度的亚硫酸盐和辅助剂溶液，将食品或原料放入溶液浸泡一定时间，随后经漂洗除去残留漂白剂即可得到漂白的效果。浸渍法效果较好，也易于操作。为提高漂白效果，可在浸泡液中补充一定的有机酸，如柠檬酸、醋酸、抗坏血酸等。

（3）直接混入法　将一定量的亚硫酸盐直接加入食物或浆汁中，用于原料或半成品的保藏；也可制成包装和罐装食品，使其漂白作用随着放置而发挥作用，如蘑菇罐头等。混入法应注意残留漂白剂对成品的影响。

（4）气体通入法　集中燃烧硫磺产生的二氧化硫气体，将气体不断地通入原料浸泡液中，以达到漂白抑制褐变的效果，如淀粉糖浆生产中对淀粉乳的处理。气体通入的二氧化硫往往是过量的，因此需要脱除的措施和处理设备。

### （二）亚硫酸盐的形式与漂白机理

二氧化硫与碱反应可得到不同的亚硫酸盐（如亚硫酸钠、重亚硫酸盐、焦亚硫酸盐、连二亚硫酸盐等）。但在溶液中随着酸化程度会生成不同的盐，完全酸化后形成水合二氧化硫形式：

$$Na_2SO_3 + H^+ \longrightarrow NaHSO_3$$

$$NaHSO_3 + H^+ \longrightarrow SO_2 \cdot H_2O$$

其中水合二氧化硫的漂白活性最突出，可直接与一些色素中的发色基团反应，使其褪色或产生漂白作用。但是二氧化硫在溶液中的稳定性较差，不仅容易被氧化，而且更容易从溶液中逸出而挥发掉。

$$SO_2 \cdot H_2O \xrightarrow{\triangle} H_2O + SO_2 \uparrow$$

因此，使用亚硫酸盐进行脱色或漂白处理时，应控制处理液为弱酸性介质或使用缓冲溶液（pH 4～6）控制分解二氧化硫的反应速度，以维持水溶液中含有一定浓度的二氧化硫。酸度高时，会使二氧化硫浓度过大而流失。控制二氧化硫的浓度可以使亚硫酸盐的漂白活性达到最高，又能延长和维持漂白作用的时间，以达到和提高其漂白的效果。

### （三）典型物种

1. 亚硫酸钠（Sodium Sulphite）

亚硫酸钠分子式 $Na_2SO_3$，相对分子质量 126.04（无结晶水）（含硫 25%）。

（1）理化性质　亚硫酸钠为无色至白色六角形棱柱结晶或白色粉末，易溶于水（1g 约溶于 4mL 水）。其水溶液对石蕊试纸和酚酞呈碱性，与酸作用产生二氧化硫。1% 水溶液的 pH 8.3～9.4，有强还原性。

（2）毒理学参数　大鼠静脉注射 $LD_{50}$ 115mg/kg 体重（以二氧化硫计，FAO/WHO，1994）。

2. 亚硫酸氢钠（Sodium Sulphite）

亚硫酸氢钠又称重亚硫酸钠、酸式亚硫酸钠，分子式 $NaHSO_3$，相对分子质量 104.04（含硫 31%）。

（1）理化性质　亚硫酸氢钠为白色或黄白色结晶或粉，有二氧化硫气味，遇无机酸分解产生二氧化硫。溶于水（1g 溶于 4mL 水），微溶于乙醇。1% 水溶液的 pH 4.0～5.5，有强还原性。

（2）毒理学参数　大鼠经口 $LD_{50}$ 2000mg/kg 体重。

3. 焦亚硫酸钠（Sodium Metobisulphite）

焦亚硫酸钠又称偏亚硫酸钠，分子式 $Na_2S_2O_5$，相对分子质量 191.11（含硫 29%）。

（1）理化性质　焦亚硫酸钠为白色或黄白色结晶或粉或小结晶，有强烈的二氧化硫气味，遇酸分解产生二氧化硫。溶于水，水溶液呈酸性，久置空气中，则氧化成低亚硫酸钠。高于 150℃，即分解出二氧化硫。

（2）毒理学参数　兔经口 $LD_{50}$ 600～700mg/kg 体重。

4. 低亚硫酸钠（Sodium Hydrosulphite）

低亚硫酸钠又称连二亚硫酸钠、次亚硫酸钠、保险粉，分子式 $Na_2S_2O_4$，相对分子质量

174.11（含硫31%）。

（1）理化性质　低亚硫酸钠产品为白色或灰白色结晶性粉末，无臭或稍有二氧化硫特异臭。有强还原性，极不稳定，易氧化分解，受潮或露置空气中会失效，加热易分解，至190℃时可发生爆炸。易溶于水，不溶于乙醇。本品是亚硫酸盐类漂白剂中还原、漂白力最强者。

（2）毒理学参数　兔经口 $LD_{50}$ 600~700mg/kg 体重。

5. 二氧化硫（Sodium Dioxide）

二氧化硫又称亚硫酸酐，分子式 $SO_2$，相对分子质量64.07（含硫50%）。

（1）理化性质　二氧化硫为无色气体，具有强烈的刺激臭味，有毒，具窒息性。易溶于水形成水合形式，其溶解度约为10%（20℃）。并可溶于乙醇和乙醚。

（2）毒理学参数　ADI 值 0~0.7mg/kg 体重。

（四）使用要求

根据 GB 2760—2014《食品安全国家标准　食品添加剂使用标准》规定：二氧化硫、焦亚硫酸钾、焦亚硫酸钠、亚硫酸钠、亚硫酸氢钠、低亚硫酸钠作为漂白剂可在以下食品中使用，其最大使用量分别是：经表面处理的鲜水果为 0.05g/kg；水果干类为 0.1g/kg；蜜饯凉果为 0.35g/kg；干制蔬菜为 0.2g/kg；干制蔬菜（仅限脱水马铃薯）为 0.4g/kg；腌渍的蔬菜为 0.1g/kg；蔬菜罐头（仅限竹笋、酸菜）为 0.05g/kg；食用菌和藻类罐头（仅限蘑菇罐头）为 0.05g/kg；干制的食用菌和藻类为 0.05g/kg；腐竹类（包括腐竹、油皮）为 0.2g/kg；果酱为 0.1g/kg；坚果与籽类罐头为 0.05g/kg；生湿面制品（如面条、饺子皮、馄饨皮、烧卖皮）（仅限拉面）为 0.05g/kg；冷冻面制品（仅限风味派）为 0.05g/kg；鲜水产（仅限于海水虾蟹类及其制品）为 0.1g/kg；冷冻水产品及其制品（仅限于海水虾蟹类及其制品）为 0.1g/kg；可可制品、巧克力和巧克力制品（包括代可可脂巧克力及制品）以及糖果为 0.1g/kg；食用淀粉为 0.03g/kg；饼干为 0.1g/kg；白糖及白糖制品（如白砂糖、绵白糖、冰糖、方糖等）为 0.1g/kg；其他糖和糖浆［如红糖、赤砂糖、冰片糖、原糖、果糖（蔗糖来源）、糖蜜部分转化糖、槭树糖浆等］为 0.1g/kg；淀粉糖（果糖，葡萄糖，饴糖；部分转化糖等）为 0.04g/kg；调味糖浆为 0.05g/kg；半固体复合调味料为 0.05g/kg；果蔬汁（浆）、果蔬汁（浆）类饮料为 0.05g/kg；葡萄酒为 0.25g/L；果酒为 0.25g/L；啤酒和麦芽饮料为 0.01g/kg。最大使用量均以二氧化硫残留量计。

# 三、氧化型漂白剂

## （一）作用原理

氧化型漂白剂是利用其强氧化性能破坏色素的生色结构或基团，以达到漂白的效果。例如，过氧化氢具有氧化漂白的功能，可用于食物原料或食物纤维的处理方面。我国仅将过氧化氢列为食品工业加工助剂物种名单，不作为直接添加食品中的添加剂使用。食品添加剂中的面粉处理剂（flour treatment agent）是促进面粉的熟化、增白和提高面制品质量的物质。其使用目的除为提高和改善面粉质量外，还有利用其氧化特性进行破坏或消除小麦粉中的杂色，以达到漂白的效果。

## （二）典型物种

1. 偶氮甲酰胺（Azodicar Bonamide，ADA）

偶氮甲酰胺又称偶氮二酰胺、偶氮二甲酰胺，分子式 $C_2H_4N_4O_2$，相对分子质量116.08，结构式见图 5 - 3。

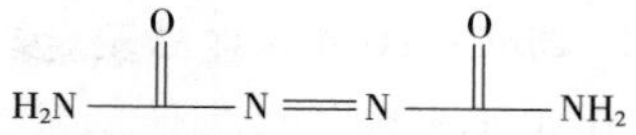

图 5 -3 偶氮甲酰胺

（1）理化性质 偶氮甲酰胺的外观呈白色至浅黄色细粉末，无毒，无臭，相对密度 1.65，分解温度 205℃，发气量 250mL/g，分解热 41.9kJ/mol（359.8J/g）。难溶于水，溶于碱液，不溶于醇、汽油等有机溶剂，分解生成气体以 $N_2$（65%）、CO（32%）为主。

偶氮甲酰胺具有漂白和氧化双重作用，是一种速效面粉增筋剂。本品自身与面粉不起作用。当将其添加于面粉中加水搅拌成面团时，能快速释放出活性氧，此时面粉蛋白质中氨基酸的巯基（—SH）被氧化成二硫键（—S—S—），使蛋白质相互连结而形成网状结构，改善面团的弹性、韧性、均匀性，从而很好地改善了面制品的组织结构和物理操作性质，使生产出的面制品具有较大的体积和较好的组织结构。增筋效果优于溴酸钾（溴酸钾具有一定毒性，已被禁用）。

（2）毒理学参数 ADI 值 0 ~ 45mg/kg 体重。

（3）应用与限量 根据我国 GB 2760—2014《食品安全国家标准 食品添加剂使用标准》规定：偶氮甲酰胺作为面粉处理剂用于小麦粉中，最大使用量为 0.045g/kg。

2. L - 半胱氨酸(盐酸盐)［L - cysteine(L - cysteine hydrochlorides sodium and potassium salts)］

L - 半胱氨酸分子式 $C_3H_7NO_3S \cdot HCl \cdot H_2O$，相对分子质量 175.64，结构式见图 5 - 4。

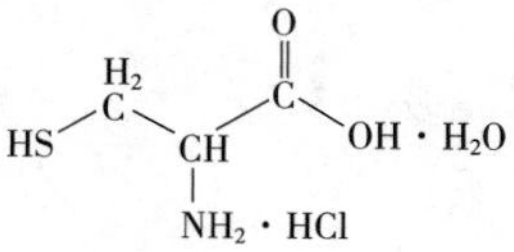

图 5 -4 L -半胱氨酸

（1）理化性质 无色至白色结晶或结晶性粉末，有轻微特殊气味和酸味，熔点 175℃（分解）。溶于水，水溶液呈酸性，1% 溶液的 pH 约为 1.7，0.1% 溶液 pH 约为 2.4。也可溶于醇、氨水和乙酸，不溶于乙醚、丙酮、苯等。具有还原性、抗氧化和防止非酶褐变作用。在中性或微碱性溶液中易被空气氧化成胱氨酸，微量铁及重金属离子可促进氧化。

（2）应用与限量 根据我国 GB 2760—2014《食品安全国家标准 食品添加剂使用标准》规定：L - 半胱氨酸盐酸盐可作为面粉处理剂用于生湿面制品（如面条、饺子皮、馄饨皮、烧卖皮）（仅限拉面），最大使用量为 0.3g/kg；用于发酵面制品，最大使用量为 0.06g/kg；用于冷冻米面制品，最大使用量为 0.6g/kg。

3. 碳酸镁（Magnesium Carbonate）

碳酸镁分子式 $MgCO_3$，相对分子质量 72.08。

（1）理化性质 本品为碱式水合碳酸镁或普通水合碳酸镁，因结晶条件不同可有轻质和重质之分，一般为轻质。常温时为三水盐。轻质碳酸镁为白色松散粉末或易碎块状。无臭，相对密度 2.2，熔点 350℃。在空气中稳定，加热至 700℃分解为 $CO_2$ 和氧化镁。碳酸镁几乎不溶于水，但在水中引起轻微碱性反应。不溶于乙醇，可被稀酸溶解并冒泡。

（2）毒理学参数 ADI：无需规定（FAO/WHO，1994）。

（3）应用与限量 按照我国GB 2760—2014《食品安全国家标准 食品添加剂使用标准》的规定：碳酸镁可作为面粉处理剂用于小麦粉，最大使用量为1.5g/kg；固体饮料，最大使用量为10.0g/kg。

4. 碳酸钙（Calcium Carbonate）

碳酸钙分子式 $CaCO_3$，相对分子质量100.08。

（1）理化性质 白色粉末，无味、无臭。有无定型和结晶型两种形态。结晶型中又可分为斜方晶系和六方晶系，呈柱状或菱形。相对密度2.71。825~896.6℃分解，熔点1339℃。碳酸钙难溶于水和醇。溶于酸，同时放出 $CO_2$，呈放热反应，也溶于氯化铵溶液。在空气中稳定，有轻微的吸潮能力，有较好的遮盖力。

（2）应用与限量 按照我国GB 2760—2014《食品安全国家标准 食品添加剂使用标准》的规定：碳酸钙可作为面粉处理剂用于小麦粉，其最大使用量为0.03g/kg；并可按生产需要量在多类食品中使用。

---

🔍 **思考题**

1. 简述硝酸盐与亚硝酸盐各自的有效成分。
2. 如何实现硝酸盐与亚硝酸盐之间的转换？
3. 试述硝酸盐的发色机理。
4. 亚硝酸盐突出的功能是什么？
5. 试述硝酸盐与亚硫酸盐的残留量计算形式。
6. 如何提高亚硫酸盐的漂白效果？
7. 亚硫酸盐有哪些添加形式和有效成分？
8. 试述面粉处理剂的主要作用。

# 第一节　乳化概念

## 一、乳化剂定义

　　"凡是添加少量，即可以显著降低乳化体系中各种构成相（Component Phase）之间的表面张力，形成各种构成相均匀分散的稳定体系（乳化体系），产生这种效果的物质被称作乳化剂"。食品乳化剂是食品加工中能降低乳化体中各种构成相之间的表面张力，形成均匀分散体或乳化体的物质。乳化剂属于精细化工领域中的表面活性剂产品。

食品是由各种成分如水、蛋白质、脂肪、糖类组成的，各成分单独存在时，均为独立相，如水、油为液相；脂肪、碳水化合物、蛋白质、矿物质、维生素为固相等。其中有些构成相组分互不相溶，例如将水、油放在一起时，它们能分成两个不相溶的独立液相。如经强烈搅拌，则形成一相以微粒形式分散在另一相中的体系（图6-1）。这种分散体系在热力学上是不稳定的。这种情况在食品中就会出现构成相分离现象，如焙烤食品发硬、巧克力糖起霜等结构问题。为使食品体系稳定，需要

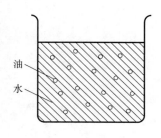

图6-1　乳状液示意图

加入降低界面能的物质，即乳化剂，它能使乳化体系中各种构成相"互溶"，形成稳定的混合体系，从而为食品结构（质构）改良以及食品加工提供有利条件。乳化剂具有乳化、润湿、渗透、发泡、消泡、分散、增溶、润滑等一系列作用。它的乳化功能可以稳定食品的物理状态，改进食品的组织结构，简化和控制食品的加工过程，改善风味、口感、提高食品质量和延长货架寿命。食品乳化剂被广泛应用于焙烤、冷饮、糖果等食品的加工和生产中。

## 二、　乳化现象

把水和油一起注入烧杯，通过剧烈地搅拌后，会使油水形成暂时的均匀混合液。这种油水混合液如奶一样呈乳状，所以称这种现象为乳化，形成的体系称为乳化液。但这种单纯靠外力制得的分散液是不稳定的，经过静置后还会重新分层。若在其中加入少量的乳化剂，再经搅拌混合后，情况就不同了。这时的油会变成微小液粒分散于水中，或水变成微小液粒分散于油中，形成了均匀、稳定的乳化液体。许多类似的乳化液即使经长期存放或运输贮藏时也不分层。乳化液在自然界中广泛存在，例如：动物的乳汁，食物中的油和脂肪在消化过程中也要被胆碱等物质所乳化，才能被肠壁细胞吸收。乳化是乳化剂的主要作用之一，没有乳化剂就没有稳定的乳化液。

## 三、　食品乳化剂的结构和乳化液的分类

### 1. 乳化剂的特征结构

为什么加入乳化剂后会产生稳定的乳化体系呢？我们可以从乳化剂的分子结构中找到解释。乳化剂分子结构由亲水基和亲油基两部分组成（图6-2），能被水湿润，易溶于水的成分称为亲水基，如含羟基的多元醇类和糖类如甘油（丙三醇）、山梨醇（己六醇）、蔗糖、葡萄糖等；另外是与油脂

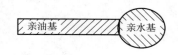

图6-2　乳状剂分子结构示意图

中烃类结构相近似、易溶于油的部分称为亲油基，此类包括各种脂肪酸，如硬脂酸、油酸、中碳链脂肪酸等。这两种基团存在于一个结构中，使乳化剂具有减弱油、水两相相互排斥的性质。在油水两相的界面上，乳化剂分子亲油基伸入（附着于）油相内，亲水基伸入（附着于）水相内，在界面上形成乳化剂的分子膜。不但乳化剂自身处于稳定状态，而且在客观上又改变了油、水界面原来的特性，使其中一相能在另一相中均匀地分散，形成了稳定的乳化液。乳化剂分子结构的两亲特点使油、水两相混溶，产生水乳交融效果。

### 2. 乳化剂及乳化液的类别

从来源上乳化剂可分为天然食品乳化剂和人工合成乳化剂。

食品乳化液通常是由互不相溶的组分（不一定都是液体）构成的多相均匀的混合体系。分析乳化液两相中所存在的状态，乳化液可根据被分散相（内相）和连续相（外相）分为两种类型（图6-3），即水包油型（O/W）、油包水型（W/O）。

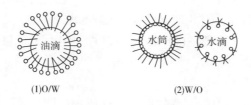

(1)O/W       (2)W/O

图6-3 水包油型、油包水型乳化液示意图

对于不同类型的乳化液，分散相与连续相的性质差别决定了其形成的稳定性以及应用效果。在食品加工方面应用较多的是水包油和油包水两种类型。而对于多重型的乳化液除用于食品体系外，更多用于反胶束萃取等方面。表6-1中仅列出水包油型和油包水型乳化液的区别。

表6-1 两种类型的乳化液

| 类型 | 分散相（内相） | 连续相（外相） | 食品体系 |
|---|---|---|---|
| O/W | 油（Oil） | 水（Water） | 牛乳、冰淇淋 |
| W/O | 水（Water） | 油（Oil） | 牛油、黄油 |

3. 食品乳化剂的基本要求

（1）食品乳化剂应具有无毒、无异味以及本身无色或颜色较浅的特点，以利于应用在加工食品中；

（2）乳化剂在使用时，可以通过机械搅拌、均质分散等混合手段和操作，实现和获得稳定的乳化液；

（3）乳化剂在其亲水和亲油基之间必须有适当的平衡，化学性质稳定；

（4）食品乳化剂在相对较低的浓度下使用时，即可发挥有效的作用，以避免对食品的加工成本及其食物主体的影响。

# 第二节 乳化作用机理与指标

## 一、 作用机理

1. 乳化剂对界面张力的影响

在物体相界面上都自然存在着界面张力，由物理学可知，界面张力有使物体保持最小表面积的趋势，油相与水相由于两者互不相溶，各自要独立存在，由于其界面张力的作用而尽量缩小其表面积，在油与水接触面上就表现为要尽量缩小其接触面积，在界面张力和重力的共同作用下，只有当油、水分层时，它们的接触界面积最小，10mL油若在水中分散成0.1mm的小油滴，其总的界面面积可达 $300m^2$，约为原来的 100 万倍，所以在界面面积增大时，界面张力引起不相溶的构成相排斥，只有达到各构成相分层才使体系的状态最稳定。

乳化液存在着巨大的比表面积，在内相直径趋向极小时界面能和界面张力趋向极大，界面张力促使同类物质聚集，降低界面张力就可以降低内、外相各自聚集的动力和能量，在食品加工中只使用少量（0.3% ~1%）乳化剂就可以明显降低表面张力，这是乳化剂作用的热力学基础。同时，食品乳化剂的分子膜能将内相包住，可防止内相液滴的碰撞聚集，产生各相相互乳化、渗透、分散、增溶的作用，因而形成一定稳定程度的乳化体系。

2. 乳化剂的主要作用机理

（1）在分散相外围形成具有一定强度的亲水性或亲油性的吸附层，防止液滴的合并，吸附层还具有调节分散相比重的作用，使分散相与连续相比重相似；

（2）降低两相间的界面张力，使两相接触面积可以大幅度的增加，促进乳化液微粒的分散与稳定；

（3）利用离子性乳化剂在两界面上的配位，形成单、双电层，增加分散相液滴的电荷，增强其同相的排斥，阻止液滴的聚合。

## 二、 乳化剂的特性指标

### （一） 亲水亲油平衡值 （HLB）

乳化剂分子中同时有亲油、亲水两类基团。乳化剂宏观所表现的倾向，取决于两类基团的作用强弱差异，由两种亲和力平衡所决定的。乳化剂的两亲特性都由哪些因素来决定呢？对于乳化剂亲油、亲水性质有影响的因素很多，互相的关系也很复杂，用什么概念来表示乳化剂的关键特性呢？1949 年格尔芬（Griffin）首先提出了用 HLB 值（即亲水亲油平衡值，Value of hydrophile and lipophile balance）来表示。它是乳化剂分子中亲水性和亲油性的相对强度之"中和"后宏观表现出的特性，并以石蜡（HLB 值为 0）、十二烷基硫酸钠（HLB 值为 40）为标准。在食品体系中食品乳化剂的 HLB 值一般在 1~20，HLB 值越高表明乳化剂亲水性越强，反之亲油性越强。因此，食品体系中 HLB 值为 1 表示乳化剂的亲油性最大，HLB 值为 20 表示乳化剂的亲水性最大。根据 HLB 值可知乳化剂可能形成乳化液的类型。HLB 值低，易形成油包水（W/O）型乳化液；HLB 值高，易形成水包油（O/W）乳化液。例如，HLB 值在 3~5 能形成 W/O 乳化液；HLB 值在 10 以上能形成 O/W 乳化液；HLB 值为 10 左右则可以形成各种形态的乳化液。HLB 值具有加和性，利用这一特性可制备出不同 HLB 值的复合乳化剂，提高了乳化剂的应用效果，拓展了乳化剂的品种和应用范围。

### （二） HLB 值与乳化剂应用的关系

1. 乳化剂的 HLB 值

HLB 值是关于乳化剂性能的一个最重要的特性指标，对于了解乳化剂的功效，正确使用乳化剂都有指导作用。下面介绍理论计算 HLB 值的方法，主要是下列两种形式：

①差值式：

$$HLB = 亲水基的亲水性 - 亲油基的憎水性 \qquad (6-1)$$

②比值式：

$$HLB = \frac{亲水基的亲水性}{憎水基的憎水性} \qquad (6-2)$$

对于不同类型的乳化剂，式（6-1）、式（6-2）可以变化成不同的具体形式。

①差值式的戴维斯法：

$$HLB = 7 + \sum 亲水基团值 - \sum 亲油基团值 \qquad (6-3)$$

亲水基团值和亲油基团值可通过化学《化工手册》查到，再根据分子结构进行计算。

②比值式的川上法：

$$HLB = 7 + 11.7\log \frac{亲水基部分相对分子质量}{憎水基部分相对分子质量} \qquad (6-4)$$

③质量分数法：

$$HLB 值 = 乳化剂分子中亲水基团的质量分数 \times \frac{1}{5} \qquad (6-5)$$

例如，乳化剂硬脂酰乳酸钠相对分子质量中的 42% 是由亲水基团构成，则硬脂酰乳酸钠的 HLB 值 = 42/5 = 8.4。

有些类型的乳化剂的 HLB 值无法用上述公式获得，可以采用实验的方法，如测定乳化剂的皂化值和原料脂肪酸的酸值，根据实验测定结果，用式（6-6）计算乳化剂的 HLB 值。

$$HLB = 20 \ (1 - S/A) \qquad (6-6)$$

式中　$S$——乳化剂的皂化值；

　　　$A$——原料脂肪酸的酸值。

例如，实验测定乳化剂山梨醇酐月桂酸酯皂化值为 164，酸值为 290，根据式（6-6）计算山梨醇酐月桂酸酯的 HLB 值：

$$
\begin{aligned}
HLB &= 20 \ (1 - S/A) \\
&= 20 \ (1 - 164/290) \\
&= 20 \ (1 - 0.57) \\
&= 8.7
\end{aligned}
$$

如果乳化剂的 HLB 值用上述方法无法获得，还可用已知 HLB 值的乳化剂（常用司盘系列或吐温系列乳化剂）进行乳化效果的比较来获得，常用食品乳化剂的 HLB 值如表 6-2 所示。

表 6-2　　　　　　　　　　　常用食品乳化剂的 HLB 值

| 乳化剂名称 | HLB 值 |
| --- | --- |
| 山梨醇酐三油酸酯（司盘 85） | 1.8 |
| 山梨醇酐三硬脂酸酯（司盘 65） | 2.1 |
| 甘油单油酸酯 | 2.8 |
| 甘油单硬脂酸酯 | 2.8 |
| 蔗糖三硬脂酸酯 | 3.3 |
| 丙二醇单硬脂酸酯 | 3.4 |
| 乙酰化甘油单硬脂酸酯 | 3.8 |
| 卵磷脂 | 4.2 |
| 山梨醇酐单油酸酯（司盘 80） | 4.3 |
| 山梨醇酐单硬脂酸酯（司盘 60） | 4.7 |
| 硬脂酰乳酸钙（CSL） | 5.1 |

续表

| 乳化剂名称 | HLB 值 |
|---|---|
| 大豆磷脂 | 8.0 |
| 硬脂酰乳酸钠（SSL） | 8.3 |
| 山梨醇酐单月桂酸酯 | 8.9 |
| 聚氧乙烯（20）山梨醇三硬脂酸酯（吐温 65） | 10.5 |
| 聚氧乙烯（20）山梨醇酐三油酸酯（吐温 85） | 11.0 |
| 聚氧乙烯（20）山梨醇单月桂酸酯（吐温 20） | 13.3 |
| 聚氧乙烯（20）山梨醇单硬脂酸酯（吐温 60） | 14.9 |
| 聚氧乙烯（20）山梨醇单油酸酯（吐温 40） | 15.0 |
| 聚氧乙烯（40）硬脂酸酯（吐温 80） | 16.9 |
| 月桂酸磺酸钠 | 40 |

**2. 复合乳化剂 HLB 值的计算**

利用乳化剂 HLB 值的加和特性，选择两种或两种以上乳化物质进行复配，可依此获得不同应用范围和不同类型的复合乳化制剂。这种复合乳化剂 HLB 值的计算可根据各组分乳化剂的 HLB 值以及质量平均值推算出，具体的计算可按式（6-7）进行。

$$\mathrm{HLB_{AB}} = \frac{\mathrm{HLB_A} \times m_\mathrm{A} + \mathrm{HLB_B} \times m_\mathrm{B}}{m_\mathrm{A} + m_\mathrm{B}} \qquad (6-7)$$

式中　$m_\mathrm{A}$——A 种乳化剂质量

　　　$m_\mathrm{B}$——B 种乳化剂质量

　　$\mathrm{HLB_A}$——A 的 HLB 值

　　$\mathrm{HLB_B}$——B 的 HLB 值

　$\mathrm{HLB_{AB}}$——A、B 混合后复合乳化剂的 HLB 值

例如，HLB 值为 4.7 的司盘和 HLB 值为 14.9 的吐温配成复合乳化剂，其中司盘 60 占 45%，吐温 60 占 55%，则复合乳化剂的 HLB 值为：$\mathrm{HLB} = 4.7 \times 0.45 + 14.9 \times 0.55 = 10.3$。

**3. HLB 值与乳化剂的应用**

乳化剂的应用与 HLB 值关系很大，如表 6-3 所示。

表 6-3　　　　　　　　食品乳化剂的 HLB 值与其用途的关系

| 乳化剂 HLB 值 | 乳化剂用途 |
|---|---|
| 1~3 | 消泡剂，乳化效果较差，水中不分散 |
| 4~6 | 油包水型（W/O）乳化液的乳化剂 |
| 7~9 | 湿润剂，各种类型乳化液的乳化剂 |
| 10~18 | 水包油型（O/W）乳化液的乳化剂 |
| 13~15 | 洗涤剂 |
| 15~20 | 增溶剂，制备透明乳化液 |

HLB 值在很大程度上决定着乳化剂的使用性能。若知乳化剂的 HLB 值，就可判断其亲油、亲水性能，并可根据其乳化特点在应用上选择适宜的使用范围和体系。或者根据食品的组分、工艺要求，来选择所需要的乳化剂。例如，要乳化一种食用油，在众多的乳化剂中使用哪种呢？首先就是根据这种油被乳化所需要的 HLB 值，来选择具有相同和相近 HLB 值的乳化剂；乳化剂一般成对使用，也要根据 HLB 值来选择乳化剂对；选择了乳化剂之后，是先将其溶于水中还是先将其溶于油中，也要根据 HLB 值确定。目前，食品乳化剂的应用和开发已由单一品种趋向于复配型产品，用几种基本乳化剂复合搭配出许多品种，发挥其协同效应。如何复配出理想的复合乳化剂，HLB 值是首要研究的一个重要指标。例如，在选择乳化剂对时要注意，高 HLB 值与低 HLB 值相差不要大于 5，否则就得不到最佳效果，乳化剂厂家能生产出的乳化剂品种有限，但可根据市场的需要出售多种复配型乳化剂，这对于提高厂家的经济效益有十分重要的意义。因此，在食品加工中只要涉及到乳化剂的使用，首先考虑的参数就是 HLB 值。

应该指出，由于 HLB 值没有考虑分子结构的特异性，而乳化剂的性质、功效还与亲水、亲油基的种类、分子的结构和相对分子质量有关。实践经验证明，不同种类的亲油基的亲油性强弱具有如下的顺序排列：脂肪基≥带脂烃链的芳香基 > 芳香基 > 带弱亲水基的亲油基。另外，亲油基和亲水基与所亲和的物质结构越相似，则它们的亲和性越好；亲水基位置在亲油基链一端的乳化剂比亲水基靠近亲油基链中间的乳化剂亲水性要好；相对分子质量大的乳化分散能力比相对分子质量小的好；乳化特性一般在 8 个碳原子以上、呈直链结构的乳化剂才显著表现出来的，10～14 个碳原子的乳化剂的乳化与分散性较好。因此，在需要认真选择最合适的乳化剂时，单靠 HLB 值也是不够的，需要实验确定。

### （三）乳化剂临界胶束浓度 （Critical Micelle Concentration，CMC）

1. 乳化剂临界胶束浓度概念

临界胶束浓度是乳化剂形成胶束的最低浓度，它是乳化剂的另一个重要指标，对于确定乳化剂的最低有效作用量有指导作用。当乳化剂溶于水后，水的表面张力下降。不断地增大乳化剂的浓度，并同时测定其表面张力，会发现表面张力随乳化剂浓度的增加而急剧下降之后，则大体保持不变。解释这个问题对掌握临界胶束浓度的概念、乳化剂的基本性能和正确使用都极其重要。为了简化问题，我们以理想状态阐述。图 6－4 所示为按图 6－4（1）、图 6－4（2）、图 6－4（3）、图 6－4（4）顺序逐渐增加乳化剂浓度时，水中乳化剂分子的活动情况。

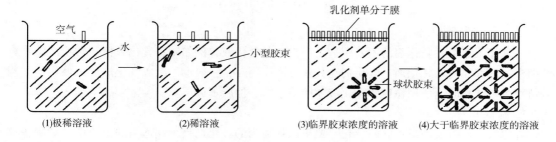

(1)极稀溶液　　(2)稀溶液　　(3)临界胶束浓度的溶液　　(4)大于临界胶束浓度的溶液

图 6－4　乳化剂达到临界胶束浓度过程示意图

图 6－4（1）是极稀溶液，水的界面上还没有很多乳化剂，界面的状态基本没变，水的表面特性与纯水差不多。图 6－4（2）比图 6－4（1）的浓度稍有上升，相当于表面张力曲线急

剧下降部分，此时加入的乳化剂会很快地聚集到界面，使界面状态大大改变，界面性质与原来的差别就很大了。表现之一是界面张力急剧下降，同时水中的乳化剂分子也聚集在一起，亲油基靠拢，开始形成小胶束以求自身稳定。图 6-4（3）表示乳化剂浓度升高到一定范围后，水的表面聚集了足量的乳化剂，形成了一个单分子覆盖膜。此时，水与空气间的界面被乳化剂最大限度地改变，完全不同于原来的情况，这时乳化剂的浓度就称临界胶束浓度。因为再提高浓度，乳化剂的分子就会在溶液内部进行聚集，构成亲油基向内、亲水基向外的球状胶束（产生稳定乳化液的基本单元）。根据以上的理想实验模型分析，首先了解到为什么提高乳化剂的浓度，开始时界面张力急剧下降，而当达到一定浓度时，就保持基本恒定的道理；在处于临界胶束浓度时，界面状态不再改变，界面张力曲线基本上停止下降。进一步分析上述变化也可使我们了解到不互溶的两相之间的界面被乳化剂分子完全打通的过程，CMC 值是这个过程完成的标志。换句话说，乳化剂的浓度在稍高于临界胶束浓度时，才能充分显示其作用。在使用时，如果乳化剂的浓度低于 CMC 值，那么在分散相表面所形成的界面膜密度达不到所需的程度，稳定效果往往不好。所以 CMC 值是充分发挥乳化剂功效的一个重要的量的理论指标。应该指出，CMC 值并非单一的浓度值，而是溶液中胶束开始形成的比较狭窄的一个浓度范围。因此，在概念上应称临界胶束浓度范围。

2. 乳化剂临界胶束浓度的测量

以临界胶束浓度为界限，乳化剂水溶液的界面张力以及许多其他物理性质都与纯水有很大差异。乳化剂溶液的一些物理性质，除了界面张力外，其电阻率、渗透压、冰点、蒸气压、黏度、密度、增溶性、光学散射性及颜色变化等，在达到 CMC 值时都有显著变化。通过测定发生这些显著变化时的突变点，就可以得知临界胶束浓度。Murerjee 等总结出 71 种测定 CMC 的方法。用不同方法测得的 CMC 值，数值有一些差异，但大体一致，原因之一也是因为 CMC 值是一个范围。CMC 值也可以从乳化剂的 HLB 值算出。

# 第三节　食品乳化剂的应用

## 一、　用于食品加工

### （一）　制备乳化液

在食品工业中，乳化剂的主要用途之一是制备乳化液，例如制备乳化香精和防止液体香料油的损失，都要使用乳化剂。乳化剂在其他方面应用时，一般也先制成乳化液后再使用，如制备植物蛋白饮料时，使用稳定的乳化液才能使蛋白、油脂不分层。

1. 制备工艺

乳化液的制备要根据不同的乳化对象来选择适当的乳化剂品种和适当的工艺条件。制备理想的乳化液既要掌握相关的理论知识，同时也需有一定的实践经验。若将某种未知物进行乳化分散，制备相适宜的乳化液，一般需要掌握以下三个环节。

（1）确定乳化体系

①乳化剂的 HLB 值：根据乳化物质特性，查阅相宜的 HLB 值及相应的乳化剂。为得到最

佳乳化效果，还需进行必要的实验测试。可选用标准乳化剂司盘系列和吐温系列（表6-4）物质配成不同HLB值的复合乳化剂系列。以乳化剂:油:水为5:47.5:47.5的质量比例混合，经过搅拌乳化，静置24h或经快速离心后观察。根据乳化液的分散情况来决定哪一个乳化效果好，以此确定乳化油所需HLB值。若所配乳液都很稳定，应减量再试，直到表现出差异。

②根据HLB值确定乳化剂"对"：在上述工作中用司盘、吐温系列乳化剂确定了被乳化物所需的HLB值。为了提高乳化效果，在应用中，一般不使用单一品种的乳化剂而采用复合乳化剂，把HLB值小的和HLB值大的乳化剂混合用，所以，对于已知的HLB值，会有多种不同乳化剂品种的配比，要根据所需乳化液的类型，找出其中效果最佳的一对，筛选时可以参考以下几点规则：选择亲油基和被乳化物结构相近的乳化剂；乳化剂在被乳化物中易于溶解为宜；若乳化剂能使内相液粒带有同种电荷，互相排斥，乳化效果好；选择乳化剂品种间的HLB值不能相差太大，一般在5以内。

③确定最佳的单一乳化剂：根据上述两步工作，再确定乳化效果最好的单一品种，如在一组乳化剂中有HLB值为8和HLB值为6的两种乳化剂，两者的乳化效果可能不一样，而具有此HLB值的各种乳化剂的乳化能力可能也不一样，要根据实际需要选出效果最佳的。在确定单一品种时还要考虑到使用方便、来源广泛、成本低廉。

表6-4　　　　　　　　　　　　　　　乳化剂司盘系列和吐温系列

| 名称 | 化学名称 | HLB值 |
|---|---|---|
| 司盘20 | 山梨糖醇酐单十二烷基酸酯 | 8.6 |
| 司盘40 | 山梨糖醇酐单棕榈酸酯 | 6.7 |
| 司盘60 | 山梨糖醇酐单硬脂酸酯 | 4.7 |
| 司盘65 | 山梨糖醇酐三硬脂酸酯 | 2.1 |
| 司盘80 | 山梨糖醇酐单油酸酯 | 4.3 |
| 司盘85 | 山梨糖醇酐三油酸酯 | 1.8 |
| 吐温20 | 聚氧乙烯山梨糖醇酐单十二烷基酸酯 | 16.7 |
| 吐温21 | 聚氧乙烯（4）山梨糖醇酐单十二烷基酸酯 | 13.3 |
| 吐温40 | 聚氧乙烯山梨糖醇酐单棕榈酸酯 | 15.6 |
| 吐温60 | 聚氧乙烯山梨糖醇酐单硬脂酸酯 | 14.9 |
| 吐温61 | 聚氧乙烯（4）山梨糖醇酐单硬脂酸酯 | 9.6 |
| 吐温65 | 聚氧乙烯山梨糖醇酐三硬脂酸酯 | 10.5 |
| 吐温80 | 聚氧乙烯山梨糖醇酐单油酸酯 | 15.0 |
| 吐温81 | 聚氧乙烯（5）山梨糖醇酐单油酸酯 | 10.0 |
| 吐温85 | 聚氧乙烯山梨糖醇酐三油酸酯 | 11.0 |

④确定最佳乳化剂的用量：在实际应用中油、水会有不同的比例，乳化剂的用量也会有多有少，所以要根据实验确定出乳化剂的用量。

（2）组分配比要点

①不同HLB值的乳化剂能产生不同类型的乳化液，所以在使用复合乳化剂时，要使各组分的配比符合乳化液类型的要求。

②有时乳化剂的HLB值虽然等于乳化液所需要的最佳乳化HLB值，但有时体系会发生乳

液类型的转相，这时体系刚好是转相平衡的体系而不是所需的稳定体系。这种平衡的体系往往容易打破，是不稳定的。所以要调整乳化剂的组分配比，使其大体符合最佳的 HLB 值，以避开相转变点。

（3）完善体系调整

①调整乳化剂的比例，使用量适合于全液相：根据食品原料的实际情况，在乳液中加入香料、色素和防腐剂，并根据产品的要求加入乳化剂，使其在乳化液中起到调整乳化液的亲油、亲水平衡效果。

②调整 pH：有些乳化剂在溶解时具有酸碱性，要根据实际要求调整乳化液的 pH，调整时注意不要影响乳液的性质。

③调黏度：可以根据需要进行，如乳化液黏度高了，提高乳化剂的 HLB 值可以降低其黏度，反之亦然。

实际上，乳化液的配制工艺是可以根据实际情况进行繁、简、先、后的调整，并可集各家所长，互为补充。

2. 制备方法

乳化液制备技术，按乳化剂的加入方式分为以下几种。

（1）乳化剂在油中法　先将溶有乳化剂的油类加热，然后在搅拌条件下加入温水，开始为 W/O 型乳液，再继续加水可得 O/W 型的。此法用于 HLB 值较小的乳化剂。

（2）乳化剂在水中法　将乳化剂先溶于水，在搅拌中将油加入，此法先产生 O/W 型乳液，若欲得 W/O 型乳液则继续加油至发生相转变。

在实际工作中，究竟采用什么加入方式，要根据乳化剂的亲油、亲水特性选择，而且往往要进行必要的组合变化。

3. 主要设备

要制成质量好的乳化液，除需选择有效的乳化剂外，还要采用合适的加工处理设备。一般乳化过程都需要强烈的机械搅拌，才能稳定适宜的乳液。在食品工业中常使用的乳化设备主要包括如下。

（1）混合（搅拌）机　混合（搅拌）机见图 6-5，是在食品加工中普遍使用的使物料充分混合的机械。许多乳化液的形成需要在强烈的搅拌或混合条件下实现。

（2）胶体磨　胶体磨是使待乳化液高速通过磨的转子与定子之间的狭缝，利用转子高速旋转产生的离心力和剪切力使分散相微粒化。它是一种连续进行的乳化设备，如图 6-6 所示。

（3）均质机　均质机的工作原理是将被乳化的液体在很高压力下，自一个小孔喷出，经突然减压膨胀和高速冲撞的双重作用，将混合物料粉碎成微粒，并使其均匀化（图 6-7）。均质机一般用来处理经搅拌和胶体磨乳化后的乳液，使其分散相大小更加均匀。

图 6-5　混合机　　　图 6-6　胶体磨　　　图 6-7　均质机

### （二）　乳化剂对加工食品的作用

食品乳化剂多为非离子型表面活性剂。在食品加工中通过本身的两亲特性，能增加食品组分间的亲和性，降低界面张力，提高食品质量，改善食品原料的加工工艺性能，对加工食品结构和质地具有稳定和改善作用。例如：

①促使水乳交融，可避免富脂食品或饮品的分层与脂圈出现。

②与淀粉形成交联复合物，使产品得到较好的瓤结构特征，增大食品体积，防止老化，保持鲜度。

③与原料中的蛋白质及油脂结合，提高面、米制品的感官与品质。

④有助于充气（含气）体系形成，以此稳定和改善含气泡的组织结构，提高食品内部结构质量，使食品香味保留更久。

⑤提高加工食品的持水性，使产品结构柔软、更加充实和新鲜。

⑥乳化后的营养成分更容易被人体吸收。

⑦乳化剂可渗透许多微生物细胞壁，使其繁殖活性下降，故在许多食品中起着杀菌和防腐的作用。

⑧用作油脂结晶调整剂，控制食品中油脂的结晶结构，改善食品口感质量。

### （三）　乳化剂在典型食品中的应用

1. 巧克力与糖果类

巧克力是可可粉和糖的分散体保持在可可脂中的产物。乳化剂可以使可可脂与可可粉、糖均匀分散，防止巧克力起霜。磷脂、山梨醇三硬脂酸酯是常用的乳化剂和防霜剂。另外，乳化剂可提高巧克力产品表面光滑度，使其具有良好的塑变性及低黏度，利于产品的成形与脱模。除此之外，利用不同晶型的含脂产品具有的感官特性，在巧克力等富含油脂的食品中添加乳化剂使脂类形成有利于人体感官性能所需的质构，控制巧克力的脂类晶型，产生易熔于口、不易熔于手的产品。

胶姆糖中加入乳化剂可提高"胶基"的特性，并能防止胶姆糖生产时的黏着而影响生产效率。

奶糖生产中的煮熬阶段，会发生原料之间的分离，糖浆发泡、黏着等问题；糯米糖等含淀粉量较大的糖类也会因淀粉失水而使成品发硬老化。通过乳化剂的应用可有效地降低黏度、改善质地和口感，使上述问题得到解决。

在糖果生产中，乳化剂具有控制黏度及抗黏结作用，乳化剂可以降低糖膏的黏度，增加流动性，使糖果生产在压片、切块、成型中不粘刀，糖体表面光滑、易分离，提高生产效率；并能防止糖果融化，不粘牙，改善口感。此外，乳化剂还可使脂肪均匀分散，是高脂糖果生产中常用的添加剂。

2. 方便食品

目前，随着方便面、方便饭、方便菜、速溶调料、冲剂之类食品的急剧增长和普及，乳化剂在其生产中的特殊作用更加突出显现。如在提高此类食品的质构性能和延长货架期方面，乳化剂能促进水对加工食品的润湿和渗透，可使方便食品大大缩短冲泡时间，更好地分散于水中形成均匀的糊状、膏状或所需要的形态（如面条、米饭、米线、米粉等）。

3. 饼干和糕点

添加乳化剂，可以提高糕点生面团的气孔率，形成更多的、更细密的气孔，并使面团充气均匀，食品的组织结构质量提高。表面张力的降低又使空气易被搅入面团中，并使面团中能存留更多的气体，含气量的增加能使饼干、糕点体积明显增大，烘烤温度越高，差异越明显。在和面工序中，乳化剂亲水基与麦胶蛋白结合，亲油基与麦谷蛋白结合，形成复合物，改善了面团内部结构，提高了面团的质量。油脂在乳化剂作用下可以分散得更细。脂肪微粒越细，分散越均匀，使相应糕点食品得到更好的柔软性和酥脆性。质地软细的糕点失水慢，淀粉不易老化，吃起来不发干，也不发硬。

在蛋糕制作中，蛋的用量决定蛋糕体积，用蛋量大使蛋糕有腥味、口感差，用小苏打来增加蛋糕体积又使维生素被破坏。使用乳化剂可以很好地解决这一矛盾，使蛋糕中用蛋量降低，又使蛋糕外观、质量提高。

在奶油类糕点生产中，乳化剂可使糕点中的水分、奶油处于更稳定的均匀状态，缩短搅拌时间，改善产品质量。在一般糕点的生产中，为了提高产品的口感和酥脆性，各类油脂用量近年来不断增加。为防止油脂从糕点中渗出，产生"反油"现象，使油脂在乳化状态下均匀地分布于糕点中，提高保水性和防止老化，都要使用乳化剂。此外，乳化剂可以改善奶油中油水比例，提高奶油保型性和稳定性。

**4. 面包类**

在面包制作中，乳化剂主要作用是作为面团的调整剂，用来提高面团的发酵、焙烤质量。它与面团中的脂类、蛋白物质形成氢键或络合物，像一条条锁链一样极大强化了面团在和面及醒发时形成的网络结构。这种结构有利于保存气体和增加面团弹性和韧性。若在发酵过程中能存留更多 $CO_2$ 气体时，特别是醒发后，加乳化剂的面坯比不加的体积明显要大；成品成形后富有弹性，柔软且不易掉渣。其次乳化剂可使各组分在加工中混合得更均匀、稳定，并使食品具有细密均匀的组织结构，如面包中的气泡小而密集。乳化剂可提高面团的润滑性，在制作过程中不黏辊筒等机械设备，减少面团在切割、搓圆、整形过程中的机械损伤，使产品外观光滑丰满。

**5. 冰淇淋**

增强乳化，短缩搅拌时间，有利于充气和稳定泡沫，并能使制品产生微小冰晶和分布均匀的微小气泡，提高比体积，改善热稳定性，从而得到质地干燥、疏松、保形性完好、表面光滑的冰淇淋产品。

## 二、 应用前景与发展

**1. 在传统食品加工中的应用潜力**

我国的传统主食是大米和面粉，其中面粉加工的主食品种以馒头、面条、烙饼、饺子等制品为主。但国内在馒头、面条加工中使用乳化剂方面的研究报道较少，而日本在面制品中对乳化剂的研究和应用早已扩展到生面、煮面、蒸面、冷冻面、干面、油炸与非油炸面等类食品中，并取得了极好的效果。许多深受世人青睐、风味脍炙人口的面制食品均来自日本的加工企业，其中乳化剂的使用对其发展和成形起到至关重要的作用。

我国米面食品市场巨大，但相应的各类产品品质还需改良和发展。产品品质的提高不仅需要良好的加工设备，同时也需要有效的添加剂和配料的使用技术。例如如何在不用溴酸钾和过氧化苯甲酰的条件下，做出更白更软有弹性、不掉皮、不掉渣、耐存放，而且价格便宜的馒头；许多大米制品像米粉、米线、年糕、糕团等产品往往鲜食口感较好，但不耐贮存，易出现返生变味等现象。这些问题使我国许多传统的美食佳品难以提高档次，更难以远销海外。综合食品加工技术，分析各类制品结构与乳化剂性能，利用添加剂技术，使用食品乳化剂应该具有最突出的优势和潜能。

2. 中碳链脂肪酸酯的应用

作为食品乳化剂的亲油基部分，通常使用长链脂肪酸为主，如硬脂酸和棕榈酸等。此类脂肪酸具有来源广泛和价格低廉的优势，通常作为乳化剂生产的主要原料之一。而近年来，对中碳链脂肪酸酯类乳化剂的研究发现，长链脂肪酸甘油酯进入胃肠，首先要通过胰腺脂酶水解，转化成二酸甘油酯、一酸甘油酯、甘油和游离脂肪酸，才能在肠内黏膜细胞表面被吸收。而中碳链（十二碳以下）的三酸甘油酯，无需经过脂酶水解及胆盐乳化，可直接被十二指肠肠道细胞分解成脂肪酸和甘油。由此可见，中链脂肪酸酯，对于胰腺酶分泌低下和胆汁酸分泌低下者，能迅速提供能量、提高胃肠病人或老年人对脂肪的消化能力。利用中碳链脂肪酸制作的甘油酯制品，不仅可作为乳化剂使用，而且可替代食物中的部分脂肪。中碳链脂肪酸酯用于保健食品、老年食品、运动食品，不仅可满足对脂肪的消化和吸收，同时也对食品的风味和口感有所改善。此外，乳化剂含有中碳链脂肪酸的亲油基团更能渗透微生物细胞膜磷脂层，破坏其完整性，干扰细胞代谢和生命活动，产生抑菌作用。所以中碳链脂肪酸乳化剂有防腐抑菌功能。目前面世的产品有辛葵酸甘油酯、单辛酸甘油酯、月桂酸单甘油酯等。

## 三、　常用食品乳化剂

1. 单，双甘油脂肪酸酯［Mono（Di）Glyceryl of Fatty Acids］

又称单甘酯，分子式 $C_{21}H_{42}O_4$，相对分子质量：358.57，结构式见图 6-8。

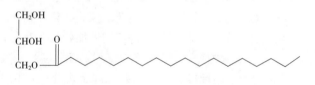

图 6-8　单甘酯

（1）理化性质　单甘酯产品为白色至乳白色粉末或细小颗粒，产品中伴有甘油二酯（仍具有乳化作用）。不溶于冷水，经强烈搅拌可与沸水混合。HLB 值为 2~3，属于 W/O 型乳化剂。

产品按其纯度可分为单甘酯（单酯含量为 30%~55%）、分子蒸馏单甘酯制品（单酯含量 ≥90%）。单硬脂甘油酯是传统的乳化剂，在食品乳化剂中占有 50% 以上的份额。自从上世纪 90 年代研制出分子蒸馏工艺以后，应用效果较好的分子蒸馏单甘酯占领了国内乳化剂的主要市场。它是一种优质高效的乳化剂，具有乳化、分散、稳定、起泡、抗淀粉老化等作用。由于单甘酯亲水性较差，可与其他食品乳化剂，如双乙酰酒石酸单（双）甘油酯、聚甘油单油酸酯、聚甘油单硬脂脂肪酸酯复合使用。

（2）毒理学参数　GRAS，ADI 值无需规定（FAO/WHO，1994）。

（3）制法　单甘酯的合成方法主要有：酯交换法（酯的甘油醇解法）和直接酯化法。

（4）应用与限量　按我国 GB 2760—2014《食品安全国家标准　食品添加剂使用标准》规定：单，双甘油脂肪酸酯（包括油酸、亚油酸、月桂酸、亚麻酸、棕榈酸、山嵛酸、硬脂酸）

作为乳化剂可按生产需要适量使用。

2. 磷脂（Phospholipids）

磷脂包括卵磷脂（Lecithin）、改性大豆磷脂（Modified Soybean Phospholipids）。大豆磷脂包括磷脂酰胆碱（又称卵磷脂，PC）、磷脂酰乙醇胺（PE）、磷脂酰肌醇（PI）等磷脂以及大豆油脂的混合物，结构式见图6-9。

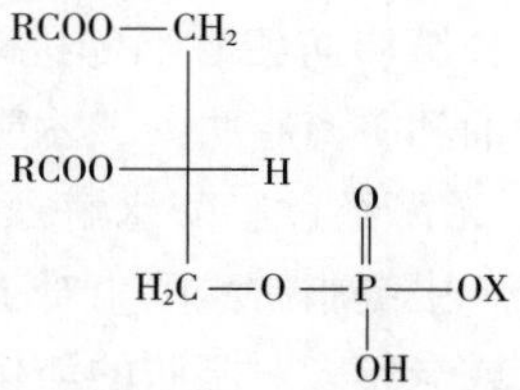

图6-9 磷脂

PC，X = —C₂H₄—N（CH₃）₂  PE，X = —C₂H₄—NH₂  PI，X = —C₆O₅H₅

（1）理化性质 磷脂是一种混合物，用不同的方法提取大豆磷脂的性能和成本差异较大，例如：丙酮沉淀法制造的大豆磷脂组成为含有PC（51%）；用乙醇分离得出的主要是磷脂酰胆碱。磷脂广泛存在于动植物中，是一种天然乳化剂，市售磷脂大多数是大豆磷脂，大豆磷脂是大豆油加工后的副产品，油脂精炼后得到毛磷脂，经水化分离，再经脱臭、脱色，得到精制产品。产品为半透明蜡状物质，稍有臭，在空气中变成黄色，渐次变成不透明褐色。大豆磷脂中磷酸基团的亲水性决定了它可作乳化剂，是亲油性乳化剂。有较强的乳化、润湿、分散作用。

（2）毒理学参数 ADI值不提供（FAO/WHO，1994）。

（3）应用与限量 磷脂及大豆磷脂用在人造奶油能改善口感，还能节约脂肪用量和降低热量；在巧克力中使用能防止糖分起晶而形成表面翻花现象；在糕点饼干中，加入大豆磷脂的制品，口感松酥，体积增加，并可节约油脂用量，保存期还能延长；在月饼中使用可防止产品干硬；在面包、方便面中添加大豆磷脂，均能改善内部结构和口感。按我国GB 2760—2014《食品安全国家标准 食品添加剂使用标准》规定：磷脂作为乳化剂可用于稀奶油、氢化植物油、婴幼儿配方食品、婴幼儿辅助食品中，用量可按生产需要适量使用。

3. 蔗糖脂肪酸酯（Sucrose Fatty Acid Ester）

蔗糖脂肪酸酯又称脂肪酸蔗糖酯、蔗糖酯，分子式 $C_{30}H_{56}O_{12}$，相对分子质量：608.76，结构式见图6-10。

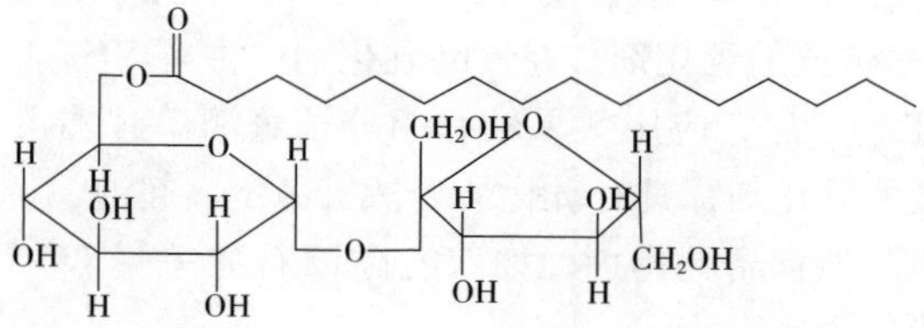

图6-10 蔗糖脂肪酸酯

（1）理化性质 蔗糖酯是蔗糖与脂肪酸形成的酯类化合物。由于蔗糖分子中有8个羟基，故可与1~8个脂肪酸形成相应的脂肪酸蔗糖酯。脂肪酸包括硬脂酸、棕榈酸等。市售商品主要以硬脂酸蔗糖酯为主，其中包括单酯、双酯和三酯等不同比例的混合酯。单酯含量越高，亲水性越强。HLB 值越高，二、三酯含量越高，亲脂性越强，HLB 值越低。

　　蔗糖酯产品为白色至黄色的粉末，或无色至微黄色的黏稠液体或软固体，无臭或稍有特殊的气味。易溶于乙醇、丙酮。单酯可溶于热水，但双酯和三酯难溶于水。溶于水时有一定黏度，有润湿性，软化点 50～70℃。根据蔗糖羟基的酯化数，可获得不同 HLB 值的系列产品，HLB 值为 2～16。蔗糖脂肪酸酯酯化程度可影响其 HLB 值，蔗糖酯既可为 W/O 型乳化剂，又可为 O/W 型乳化剂，因此蔗糖脂肪酸酯的适用性较广。不同酯化程度的 HLB 值如表 6－5 所示。

表 6－5　　　　　　　　　　　不同酯化程度蔗糖酯的 HLB 值

| 单酯/% | 二酯/% | 三酯/% | 四酯以上/% | HLB 值 |
|---|---|---|---|---|
| 70 | 23 | 5 | 0 | 15 |
| 61 | 30 | 6 | 1 | 13 |
| 50 | 36 | 12 | 2 | 11 |
| 46 | 39 | 13 | 2 | 9.5 |
| 42 | 42 | 14 | 2 | 8 |
| 33 | 49 | 16 | 2 | 6 |

　　（2）毒理学参数　　大鼠经口 $LD_{50}$ 39g/kg。GRAS，ADI：暂定 0～20mg/kg（FAO/WHO，1995）。

　　（3）制法　　蔗糖酯的合成方法主要有溶剂法、无溶剂法及酶催化方法。

　　（4）应用与限量　　蔗糖脂肪酸酯的乳化性能优良，产品的高亲水性能使水包油乳状液更加稳定，具有提高乳化稳定性和搅打起泡性；对淀粉有特殊作用，使淀粉的糊化温度明显上升，有显著的防老化作用；其耐高温性较弱，是应用范围极广的乳化剂。并且可与其他乳化剂合用，得到更好的协同效应。使用时，可将蔗糖脂肪酸酯以少量水（或油、乙醇等）混合，润湿，再加入所需量的水，并适当加热，使其充分溶解后添加使用。按我国 GB 2760—2014《食品安全国家标准　食品添加剂使用标准》规定：蔗糖脂肪酸酯作为乳化剂可用于稀奶油（淡奶油）及其类似品，水油状脂肪乳化制品，02.02 类以外的脂肪乳化制品［包括混合的和（或）调味的脂肪乳化制品］，可可制品、巧克力和巧克力制品以及糖果，乳化天然色素中，最大使用量为 10.0g/kg；用于调味品，即食菜肴的最大使用量为 5.0g/kg；焙烤食品，最大使用量为 3.0g/kg；冷冻饮品、经表面处理的鲜水果、杂糖罐头、肉及肉制品、饮料类（包装饮用水除外）、鲜蛋中，最大用量为 1.5g/kg。

　　4. 司盘系列（Span）

　　司盘是失水山梨醇脂肪酸酯的商品名，司盘系列乳化剂为不同的脂肪酸与山梨醇酐的多元醇衍生物所组成的系列脂肪酸酯，包括单脂肪酸山梨醇酐酯和三脂肪酸山梨醇酐酯。其中脂肪酸包括月桂酸、油酸、棕榈酸和硬脂酸等。司盘系列乳化剂为非离子型、亲脂性乳化剂，其 HLB 值为 1.8～8.6，依其乳化性能，在富脂食品中的使用优于其他乳化剂。这类化合物为白色或黄色液体、粉末、颗粒或为浅奶白色至棕黄色硬质蜡状固体。司盘系列为 W/O 型乳化剂，具有较好的水分散性和防止油脂结晶的性能，不同山梨醇酐脂肪酸酯的性质如表 6－6 所示。

表6-6　　　　　　　　　　　　不同山梨醇酐脂肪酸酯性质一览表

| 商品名 | 化学名称 | HLB 值 | 作用 |
|---|---|---|---|
| 司盘 20 | 山梨醇酐单月桂酸酯 | 8.6 | 乳化剂、分散剂 |
| 司盘 40 | 山梨醇酐单棕榈酸酯 | 6.7 | 乳化剂、混浊剂 |
| 司盘 60 | 山梨醇酐单硬脂酸酯 | 4.7 | 乳稳定、消泡剂 |
| 司盘 80 | 山梨醇酐单油酸酯 | 4.3 | 乳化剂 |
| 司盘 65 | 山梨醇酐三硬脂酸酯 | 2.1 | 乳化剂 |
| 司盘 85 | 山梨醇酐三油酸酯 | 1.8 | 乳化剂 |

下面以司盘系列中的山梨糖醇酐单月桂酸酯为例介绍。山梨糖醇酐单月桂酸酯（Sorbitan Monolanrate）又称单月桂酸山梨醇酐酯、司盘 20（Span20），结构式见图 6-11。

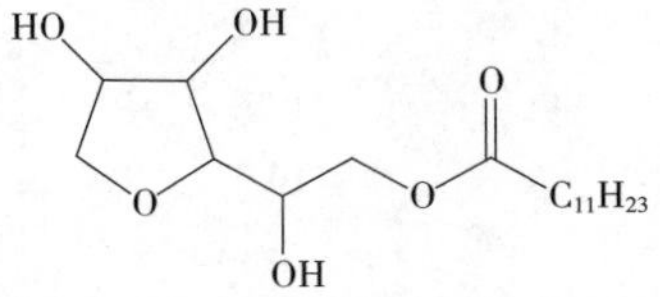

图 6-11　山梨糖醇酐单月桂酸酯

（1）理化性质　山梨糖醇酐单月桂酸酯淡褐色油状黏液体，有特殊气味，味柔和。可溶于乙醇、甲醇、乙醚、醋酸乙酯、石油醚等有机溶剂，不溶于冷水，可分散于热水中。是油包水型乳化剂，HLB 值 8.6，相对密度 1.00~1.06，熔点 14~16℃。

（2）毒理学参数　大鼠经口 $LD_{50}$ 10g/kg 体重，ADI 值 0~25mg/kg 体重（FAO/WHO，1994）。

（3）制法　由山梨糖醇与月桂酸加热进行酯化、脱水制得。

（4）应用与限量　我国 GB 2760—2014《食品安全国家标准　食品添加剂使用标准》规定：山梨醇酐单月桂酸酯（司盘 20）、山梨醇酐单棕榈酸酯（司盘 40）、山梨醇酐单硬脂酸酯（司盘 60）、山梨醇酐三硬脂酸酯（司盘 65）、山梨醇酐单油酸酯（司盘 80）作为乳化剂使用，在饮料混浊剂中，最大使用量为 0.05g/kg；果味饮料中，最大使用量为 0.5g/kg；月饼中，最大使用量为 1.5g/kg；豆类制品中，最大使用量为 1.6g/kg；调制乳、冰淇淋类、可可制品、巧克力和巧克力制品、乳脂糖果、面包和糕点、饼干、果蔬汁（肉）饮料及固体饮料类中，最大使用量为 3.0g/kg；植物蛋白饮料中，最大使用量为 6.0g/kg；稀奶油（淡奶油）及其类似品、氢化植物油、速溶咖啡、干酵母中，最大使用量为 10.0g/kg；而用于经表面处理的鲜水果或新鲜蔬菜，则按生产需要适量使用即可。

5. 吐温系列（Tween）

吐温是聚氧乙烯山梨醇酐系列脂肪酸酯的商品名称，是由山梨醇酐与脂肪酸酯化后，与环氧乙烷进行缩合反应制得。

吐温乳化剂产品为黄色至橙色油状液体（25℃），有轻微的特殊臭味，略带苦味。各种产品 HLB 值在 11.0~16.9，亲水性好，乳化能力强，为水包油（O/W）型乳化剂。吐温系列属于非离子表面活性剂，具有优良的乳化、分散、发泡、润湿、软化等优良特性。吐温系列乳化剂由其相连脂肪酸不同而表现出的差异如表 6 - 7 所示。

表 6 - 7　　　　　　　　　　　　　　吐温系列产品性质

| 商品名 | 化学名称 | HLB 值 | 作用 |
| --- | --- | --- | --- |
| 吐温 20 | 聚氧乙烯山梨醇酐单月桂酸酯 | 16.7 | 乳化剂、稳定剂 |
| 吐温 40 | 聚氧乙烯山梨醇酐单棕榈酸酯 | 15.6 | 乳化剂、分散剂 |
| 吐温 60 | 聚氧乙烯山梨醇酐单硬脂酸酯 | 14.6 | 乳化剂、稳定剂、消泡剂 |
| 吐温 80 | 聚氧乙烯山梨醇酐单油酸酯 | 15.0 | 乳化剂、稳定剂、分散剂、增溶剂 |
| 吐温 65 | 聚氧乙烯山梨醇酐三硬脂酸酯 | 10.5 | 乳化剂、分散剂 |
| 吐温 85 | 聚氧乙烯山梨醇酐三油酸酯 | 11.0 | 乳化剂、分散剂 |

下面仅介绍吐温系列中的聚山梨酸酯 20。聚山梨醇酯 20（Polysorbate 20）又称聚氧乙烯山梨醇酐单月桂酸酯（Sorbitan Monolaurate）、吐温 20（Tween 20），化学结构式见图 6 - 12。

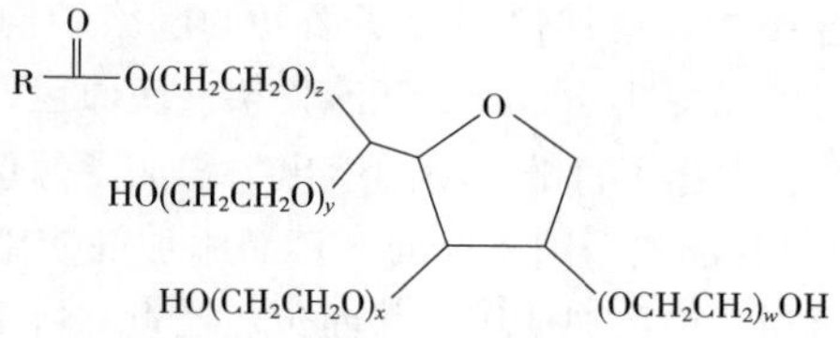

图 6 - 12　聚山梨醇酯 20

（1）理化性质　聚氧乙烯山梨醇酐单月桂酸酯为柠檬色至琥珀色液体，略有特异臭及苦味。溶于水、乙醇、乙酸乙酯、甲醇、二噁烷，不溶于矿物油及溶剂油。易形成水包油体系，HLB 值 16.9。相对密度 1.08 ~ 1.13，沸点 321℃。在水中易分散。

（2）毒理学参数　$LD_{50}$ 大鼠口服大于 10g/kg 体重；ADI 值 0 ~ 25mg/kg 体重（FAO/WHO，1994）。

（3）制法　由山梨糖醇与月桂酸酯化后的产物与摩尔比为 1:20 的环氧乙烷缩合而得。

（4）应用与限量　GB 2760—2014《食品安全国家标准　食品添加剂使用标准》规定：聚氧乙烯山梨醇酐单月桂酸酯（吐温 20）、聚氧乙烯山梨醇酐单棕榈酸酯（吐温 40）、聚氧乙烯山梨醇酐单硬脂酸酯（吐温 60）、聚氧乙烯山梨醇酐单油酸酯（吐温 80）作为乳化剂、消泡剂、稳定剂使用，在豆类制品中，最大使用量为 0.05g/kg；月饼中，最大使用量为 0.5g/kg；饮料中，最大使用量为 0.75g/kg；稀奶油中，最大使用量为 1.0g/kg；调制乳与冷冻饮品中，最大使用量为 1.5g/kg；植物蛋白饮料中，最大使用量为 2.0g/kg；面包中，最大使用量为 2.5g/kg；乳化天然色素中，最大使用量为 10.0g/kg。

6. 硬脂酰乳酸钙（Calcium Stearoyl Lactylate，CSL）

硬脂酰乳酸钙又称十八烷基乳酸钙，分子式 $C_{48}H_{86}CaO_{12}$，相对分子质量 895.30，结构式见图 6 - 13。

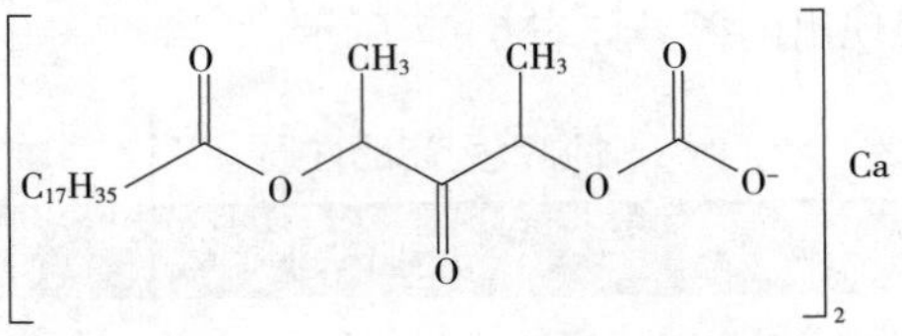

图 6-13　硬脂酰乳酸钙

（1）理化性质　硬脂酰乳酸钙为白色至带黄白色的粉末或薄片状或块状固体，无臭，有焦糖样气味。难溶于冷水，溶于有机溶剂。水中溶解度为 0.5g/100mL（20℃），乙醇为 8.3g/100mL（20℃）。易溶于热的油脂中，冷却则析出。熔点 54~69℃，HLB 值为 5.1。硬脂酰乳酸钙是离子型乳化剂。

（2）毒理学参数　大鼠经口 $LD_{50}$ 27g/kg；GRAS，ADI 值 0~20mg/kg。

（3）制法　乳酸被加热浓缩后加入硬脂酸和碳酸钙，边通惰性气体边加热至 200℃进行酯化反应，将反应生成物制成钙盐。

（4）应用与限量　硬脂酰乳酸钙主要作乳化剂、稳定剂。用于面包，糕点的品质改良剂，可与面粉中淀粉、脂质形成网络结构，这样便强化了面筋的网络结构，增加了面筋的稳定性和弹性，也显著地改善了面包的耐揉混特性，形成多气泡骨架，使面包、馒头体积增大、膨松；与直链淀粉形成不溶于水的络合物，阻止了直链淀粉的溶出，增加了面包的柔软性，延长了面包的货架寿命。我国 GB 2760—2014《食品安全国家标准　食品添加剂使用标准》规定：硬脂酰乳酸钠及硬脂酰乳酸钙均可作为乳化剂及稳定剂使用。在面包、糕点、饼干、肉灌肠类、调制乳、风味发酵乳中，最大使用量为 2.0g/kg；在水油状脂肪乳化制品中，最大使用量为 5.0g/kg。

### 思考题

1. HLB 值是什么？HLB 值的大小与食品的亲水亲脂性有何联系？
2. 乳状液可分为哪两大类？
3. 乳化剂的作用机理是什么？
4. 乳化剂在食品中有何应用？
5. 硬脂酰乳酸钙作为面包、糕点的品质改良剂的作用机理是什么？
6. 乳化剂的发展趋势是什么？

# 增稠剂与稳定剂

　　本章主要介绍食品增稠剂以及有利于稳定和改善食品形态结构方面的食品添加剂，如稳定剂和凝固剂、水分保持剂、膨松剂等；掌握典型物种的物性特点与应用技术。

　　了解增稠剂、稳定剂和凝固剂、水分保持剂、膨松剂的功能特点与使用要求；重点掌握增稠剂的使用目的及其应用原理。

　　增稠剂、稳定剂和凝固剂、水分保持剂、膨松剂。

　　在食品加工中使用增稠剂与稳定性能类添加剂的目的主要是对加工食品的结构或形态进行固化、定型、匀态等稳定性控制，使商品在一定货架时间或存放期间内保持相对的稳定形态和感官效果。增稠剂属于应用较多、范围较广的类别；而具有稳定食品形态功能的食品添加剂类别还包括稳定和凝固剂、膨松剂、水分保持剂、抗结剂等。本章仅选择增稠剂、稳定和凝固剂、水分保持剂、膨松剂典型类别做以介绍。

# 第一节　增稠剂

## 一、 功能与特点

增稠剂是可以提高食品的黏稠度或形成凝胶，从而改变食品的物理性状、赋予食品黏润、适宜的口感，并兼有乳化、稳定或使呈悬浮状态作用的物质。食品增稠剂能溶解于水中，并在一定条件下被水分子充分水化而形成黏稠、滑腻般状或胶冻状浆液形式的大分子物质。

增稠剂一般属于亲水性高分子化合物，可通过水合而形成高黏度的均相液体，故常称作水溶胶、亲水胶体或食用胶等。食品用增稠剂还兼有稳定、悬浮、凝胶、成膜、充气、乳化、润滑、改良组织结构等多种功能制剂的作用，其应用极为广泛。在食品加工方面，利用增稠剂的亲水性，使其与水结合来控制水分子的行为，以控制、提高食品的黏度和膨胀率，使加工食品润滑细腻。另外，增稠剂能防止冷冻食品形成冰结晶、防止糖品中结晶的析出。利用增稠剂有利于增加不同产品的黏度和强度，以减缓产品结构的粗糙或生硬感觉。在液体食品的加工或处理过程中，经常可以通过添加增稠剂方法，来改善食品的流变性能。增稠剂有利于提高食品的黏稠度或形成凝胶，从而改变加工食品的物理形状，赋予食品黏润、适宜的口感，并兼有乳化、稳定或保持某些果肉或固体或颗粒呈悬浮状态的作用。食品用的增稠剂是添加量最多、使用需求量最大的一类食品添加剂。增稠剂大多是天然的植物或动物胶类物质。

对大多数增稠剂而言，它们的基本化学组成是单糖聚合物及其衍生物。常见的单糖包括葡萄糖、葡萄糖醛酸、甘露糖醛酸、鼠李糖、半乳糖、古洛糖醛酸、果糖、半乳糖醛酸等。

## 二、 食品增稠剂的分类

加工食品的原料中，食品增稠剂所占的比例不大，通常为千分之几到百分之几，但却能既有效、又经济地调整和改善加工食品结构的稳定性，并且对食品的感官质量起到关键和决定的作用。迄今，世界上用于食品工业中的各类增稠剂已超过 40 余种，对其中物种的划分就有多种方法。

1. 依增稠剂结构组分分类

增稠剂根据化学结构可分为多肽类和多糖类两大系列物质。以明胶、酪蛋白酸钠等为典型的增稠剂基本是以氨基酸为结构单元构成的多肽类物质。另外一类的增稠剂则是以天然多糖或多糖衍生物为主要成分的胶类物质。后者在加工食品中是使用最多的增稠剂。

2. 根据制备来源分类

根据增稠剂的制备来源可将其分为天然与合成两大类型。食品增稠剂中的物料以天然型为主。对天然型增稠剂可进一步分为动物性胶、植物性胶、微生物胶及酶工程生成胶四大类，它们的大致分类如下。

（1）动物性胶类增稠剂　包括明胶、酪蛋白酸钠、甲壳质、壳聚糖等。

（2）植物性胶类增稠剂　包括种子类胶、树脂胶、提取胶及海藻胶等。

①种子类胶：主要有瓜尔豆胶、槐豆胶、罗望子胶、亚麻子胶、田菁胶、决明子胶、沙蒿

子胶、车前子胶等。

②树脂胶：主要有阿拉伯胶、黄芪胶、桃胶、刺梧桐胶、印度树胶。

③提取胶：主要有果胶、魔芋胶、黄蜀葵胶、阿拉伯半乳聚糖、芦荟提取物、微晶纤维素、秋葵根胶等。

④海藻胶：主要有琼脂、卡拉胶、海藻酸、红藻胶。

（3）微生物性增稠剂　包括黄原胶、结冷胶、凝结多糖、气单胞菌属胶、半知菌胶、菌核胶等。

（4）其他增稠剂　包括羧甲基纤维素钠、海藻酸丙二醇脂、变性淀粉、酶水解瓜尔豆胶、葡萄糖胺、低聚葡萄糖胺等。

3. 按物质属性分类

（1）无机类增稠剂　无机类增稠剂有二氧化硅（Silica）。二氧化硅类包括熏硅（Fumed Silica）和沉淀硅（Precipitated Silica）两种，前者主要在氢氧炉上燃烧四氯化硅（$SiCl_4$）生成的硅胶状物质精细白粉末；后者为硅酸钠盐和硫酸反应后，经过滤、干燥、研磨及分级后制得。此类增稠剂具有非常小的分子粒径（Particle Size），因此可提供非常大的表面积，容易在溶液中形成三度空间的网状结构，产生增稠作用。

（2）纤维素衍生物增稠剂　纤维素衍生物增稠剂包含羧基甲基纤维素（Carboxymethyl Cellulose，CMC），而纤维素衍生物相对分子质量高低则会影响其增稠的效果，高相对分子质量纤维素衍生物增稠剂具有优异的增稠效果，容易造成类似塑化（Pseudoplastics）的效果，在高切变速率时黏度较低；低相对分子质量纤维素衍生物增稠剂对产品的类似塑化性较低，但对水的敏感度较高。

（3）水溶性高分子增稠剂　此类增稠剂主要为亲水性的动、植物胶类物质，其分子中含有大量的亲水基或官能团。水溶性高分子增稠剂具有使用方便、稳定性好、价格便宜等优点，缺点是对水敏感度高。

（4）缔结型增稠剂　缔结型增稠剂主要是通过生物方法或催化聚合反应，制得的水溶性缔合型和交联型聚合物。

### 三、 增稠剂在食品加工中的作用

食品增稠剂是食品工业中最重要的辅料之一，它在食品加工中主要起稳定食品形态的作用，如保持悬浮浆液稳定、光洁程度稳定、乳化体系稳定等。此外，它可以改善食品的触感及加工食品的色、香、味以及料液等状态的稳定性。增稠剂在食品加工中的突出作用主要表现在以下几方面。

1. 增稠、分散和稳定作用

食用增稠剂都是亲水性的高分子物质。溶于水中有很大的黏度，使体系具有稠厚感。体系黏度增加后，体系中的分散相不容易聚集和凝聚，因而可以使分散体系稳定。大多增稠剂具有表面活性剂的功能，可以吸附于分散相的表面，使其具有一定的亲水性而易于在水系中均匀分散。

2. 胶凝作用

有些增稠剂，如明胶、琼脂等溶液，在温热条件下为黏稠流体。当温度降低时，溶液分子连接成网状结构，溶剂和其他分散介质全部被包含在网状结构之中，整个体系形成了没有流动性的半固体，即凝胶。很多食品的加工恰是利用了增稠剂的这个特性，如果冻、奶冻等。有些离子型的水溶性高分子增稠剂，如海藻酸钠，在有高价离子的存在下可以形成凝胶，而与温度没有关系。这为许多特色食品的加工带来了方便和帮助。

**3. 凝聚澄清作用**

大多增稠剂属于高分子材料物质，在一定条件下，可同时吸附多个分散介质使其聚集和被分离，进而达到纯化或净化的目的。如在果汁中加入少量的明胶，就可以得到澄清的果汁。

**4. 保水作用**

持水性增稠剂都是亲水性高分子，本身有较强的吸水性，将其添加于食品后，可以使食品保持一定的水分含量，从而使产品保持良好的口感。增稠剂的亲水作用，在肉制品、面制品中能起到改良品质的作用。如在面类食品中，增稠剂可以改善面团的吸水性，调制面团时，增稠剂可以加速水分向蛋白质分子和淀粉颗粒渗透的速度，有利于调粉过程。增稠剂能吸收几十倍乃至上百倍于其量的水分，并有持水性，这个特性可以改善面团的吸水量，增加产品重量。由于增稠剂有凝胶特性，使面制品黏弹性增强，淀粉 $\alpha$ 化程度提高，不易老化和变干。

**5. 控制结晶**

使用增稠剂可赋予食品较高的黏度，从而使过饱和溶液或体系中不出现结晶析出或使结晶达到细化效果。如控制糖浆制品的返砂现象、抑制冰淇淋食品中的冰晶出现。

**6. 成膜、保鲜作用**

食用增稠剂可以在食品表面形成一层非常光滑的保护性薄膜，保护食品不受氧气、微生物的作用。与食品表面活性剂并用，可用于水果、蔬菜的保鲜，并有抛光作用。可以防止冰冻食品、固体粉末食品的表面吸湿而导致的质量下降。作被膜用的有醇溶性蛋白、明胶、琼脂、海藻酸等，当前，制作可食性包装膜是增稠剂发展的动向之一。

**7. 起泡作用和稳定泡沫作用**

增稠剂可以发泡，形成网络结构。它的溶液在搅拌时如同肥皂泡一样，可包含大量气体和液泡，使加工食品的表面黏性增加而使食品稳定。蛋糕、面包、冰淇淋等使用鹿角藻胶、槐豆胶、海藻酸钠、明胶等作起泡剂时，增稠剂可以提高泡沫量及泡沫的稳定性，如啤酒泡沫及瓶壁产生"连鬓子"均是使用了增稠剂的缘故。

**8. 黏合作用**

香肠中使用槐豆胶、鹿角藻胶的目的是使产品成为一个集聚体，均质后组织结构稳定、润滑，并利用胶的强力保水性防止香肠在贮存中失重。阿拉伯胶可以作为片、粒状产品的结合剂，在粉末食品的颗粒化、食品用香料的颗粒化和其他用途中使用。

**9. 用于保健、低热食品的生产**

许多增稠剂基本为天然胶质类大分子物质，在人体内几乎不被消化，而通过代谢过程排泄，所以在食品中用增稠剂代替部分糖浆、蛋白质后，很容易降低食物的热值。这种方法已应用在果酱、果浆、调料、点心、饼干、布丁等加工食品中，并向更广泛的方面继续发展。1961年，研究发现果胶可以降低血中胆固醇，而且发现海藻酸钠也有这种作用。天然胶的功效作用使它成为保健食品中的重要原料。

**10. 掩蔽与缓释作用**

有些增稠剂对某些原料自身的不良气味具有吸附和掩蔽作用，以达到脱味、除腥的效果，如利用环状糊精进行的除味应用；而对有些挥发较快的香气和不稳定的营养成分可做适当的吸附处理，以使这些成分得到缓释，得到保持风味和稳定组分的效果。

## 四、 增稠剂的结构和流变性

增稠剂对保持食品的色、香、味、结构和食品的相对稳定性起相当重要的作用，这种作用的大小又取决于增调剂分子本身的结构和它的流变性，增稠剂的结构和流变性的关系是食品增稠剂应用的主要理论依据。

1. 增稠剂的黏度和浓度的关系

多数增稠剂在较低浓度时，符合牛顿液体的流变特性，而在较高浓度时呈现假塑性。随着增稠剂浓度的增加，其溶液的表观黏度（$\eta$）也增加（图7-1）。最特殊的食品增稠剂为阿拉伯胶，因为它在水中可以配成浓度高达50%的溶液。

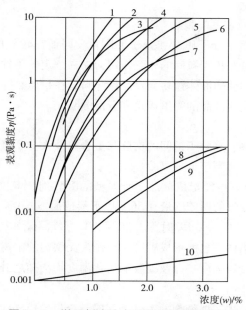

图 7-1 增稠剂溶液表观黏度与浓度的关系

1—瓜尔豆胶 2—海藻酸铵 3—刺梧桐胶 4—藻酸丙二醇酯 5—海藻酸钾
6—黄蓍胶 7—槐豆胶 8—羧甲基纤维素 9—印度树胶 10—阿拉伯胶

多数食品增稠剂在浓度变化较小的范围内，其黏度的对数与浓度之间的关系满足以下的方程式：

$$\lg\eta = a + b\omega$$

式中　$\eta$——表观黏度，Pa·s

　$a$、$b$——特性系数

　$\omega$——增稠剂浓度，%

2. 增稠剂的协同效应

卡拉胶和槐豆胶，黄原胶和槐豆胶，黄蓍胶和海藻酸钠，黄蓍胶和黄原胶都有相互增效的协同效应。这种增效效应的共同特点是混合溶液经过一定的时间后，体系的黏度大于体系中各组分黏度的总和，或者在形成凝胶之后成为高强度的凝胶。

在卡拉胶和槐豆胶体系中，卡拉胶是以具有半酯化硫酸酯的半乳糖残基为主链的高分子多糖。槐豆胶是以甘露糖残基组成主链，平均每4个甘露糖残基就置换一个半乳糖残基，其大分子链中无侧链区与卡拉胶之间有较强的键合作用。在槐豆胶和卡拉胶形成的凝胶体系中，卡拉胶的双螺旋结构与槐豆胶的无侧链区之间的强键合作用，使生成的凝胶具有更高的强度。而另一种与槐豆胶结构相似，但侧链平均数增加一倍的瓜尔豆胶，正因为其侧链太密而不具有槐豆胶这么明显的增稠效应。

利用各种增稠剂之间的协同效应，采用复合配制的方法，可产生更多种复合胶，以满足食品生产的不同需要，并可达到最低用量水平。例如一定比例的黄原胶、魔芋糖复合胶，其在水中的浓度达万分之二时，仍能形成胶冻。增稠剂还有一种叠加减效的效应，例如，阿拉伯胶可降低黄蓍胶的黏度。80%黄蓍胶和20%阿拉伯胶的混合物溶液具有最低的黏度，比其中任一组分的黏度都低。用此混合物制备的乳液具有均匀、流畅的特点。这种复合胶在制备低糖度的稳定乳液方面具有良好的前景。

3. 切变力对增稠剂溶液黏度的影响

由于增稠剂分子的高相对分子质量和分子的刚性，因而在较低的浓度时就具有较高的黏度。切变力的作用是降低分散相颗粒间的相互作用力，在一定的条件下，这种作用力越大，其黏度降低也越多。具有假塑性的液体饮料或食品调味料，在挤压、搅拌等切变力的作用下发生的切变稀化现象，有利于这些产品的管道运送和分散灌装。

4. 增稠剂的胶凝作用

增稠剂高相对分子质量、大分子链间的交联与螯合以及大分子链的强烈溶剂化，都有利于体系三维网络结构的形成，有利于形成凝胶。

琼脂的浓度即使低于1%也能形成凝胶，是典型的凝胶剂。卡拉胶、果胶在$K^+$或$Ca^{2+}$存在下也能形成凝胶。1%~2%的明胶溶液在30℃以下形成凝胶；1%卡拉胶溶液在引起凝胶的阳离子（$K^+$或$Ca^{2+}$）为0.1%~0.9%时，于20~70℃形成凝胶。1%果胶溶液在pH 3，可溶性固体>55%时，于室温条件下也能形成凝胶。在作为交联剂的阳离子存在时，随着阳离子浓度的升高，果胶所形成的凝胶强度，以及凝胶的熔化温度均会随之升高。

5. 增稠剂凝胶的触变

在增稠剂所形成的凝胶中，增稠剂的大分子间的键合只形成松弛的三维网络结构。在交联剂存在下，大分子与大分子之间的螯合，或者螺旋形分子由于氢键和分子间力的作用，均易于形成松弛的三维结构。在$K^+$或$Ca^{2+}$存在下，卡拉胶的凝胶就具有这种特点。

增稠剂凝胶的这种松弛三维网络结构的存在，使其易发生触变现象。这种现象特别有利于食用涂抹酱。这是因为切变力可以破坏松弛的三维网络结构，使酱变稀，但只要外力停止，经过一段时间，已经摇溶或变稀的凝胶又可以形成凝胶。

6. 有机溶剂对增稠剂的增效效应

当在极性有机溶剂中或其水溶液中加入某些增稠剂时，由于体系中的氢键和分子间力的作用，形成混合体系结构，使其整体黏度高于体系中任何一组分的黏度。这种有机溶剂，可用作增稠剂薄膜的增塑剂。例如，对CMC薄膜，甘油就是良好的增塑剂。

# 五、 典型增稠剂

## （一） 动物性胶类增稠剂

### 1. 明胶（Gelatin）

明胶是动物的皮、骨、软骨、韧带、肌膜等所含的胶原蛋白，经部分水解后得到的高分子多肽高聚物。明胶的化学组成中，蛋白质占82%以上，除缺乏色氨酸外，含有组成蛋白质的全部氨基酸，因而除用作增稠剂外，可用以补充人体的胶原蛋白质，而且明胶中不含脂肪和胆固醇，是良好的营养品。明胶的相对分子质量为10000~70000，其结构式见图7-2。

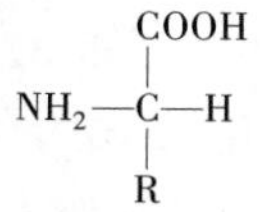

$$\begin{array}{c} COOH \\ | \\ NH_2-C-H \\ | \\ R \end{array}$$

图7-2 明胶

R—多肽基团

（1）理化性质 明胶为白色或淡黄色，半透明，微带光泽的薄片或细粒。有特殊的臭味，潮湿后易为细菌分解。溶于热水，在冷水中会缓慢吸水膨胀，可吸收本身质量5~10倍的水。不溶于乙醇、乙醚、氯仿等有机溶剂，但溶于醋酸、甘油。明胶溶液冷却后即凝结成胶状。溶液的黏度与凝胶强度受pH、温度、电解质等的影响。

明胶是一种两性电解质，在水溶液中可将带电的微粒凝集成块，利用这种特性可作为酒类、果汁的澄清剂。明胶可用作疏水胶体、液体中泡沫的稳定剂。

明胶的凝固力较弱，质量浓度低于5%时不发生胶凝，浓度为10%~15%时胶凝形成冻胶。明胶的凝胶温度与其浓度、共存盐分、溶液的pH等有关。明胶溶液长时间煮沸，或在强酸、强碱条件下加热，水解速度加快、加深，导致胶凝强度下降，甚至不能形成凝胶。明胶溶液中加入大量无机盐，可使明胶从溶液中析出。

（2）毒理学参数 ADI值不需要特殊规定。

（3）制法 明胶生产方法有碱法、酶法和盐酸法，目前多使用碱法生产。生产明胶原料一般为骨头等，制备明胶时先将原料清理、洗净、切小，放入石灰浆进行浸灰，经浸泡提取胶原蛋白，再用 盐酸中和后水洗，然后在60~70℃下熬胶，经防腐、漂白、凝冻、刨片、烘干而制得。

（4）应用与限量 根据GB 2760—2014《食品安全国家标准 食品添加剂使用标准》规定：明胶作为增稠剂可在各类食品中按生产需要适量使用。

①明胶用于各类软糖，具有吸水和支撑骨架的作用，使糖果能保持稳定的柔软形态，即使承受较大的荷载也不变形，一般添加量为5%~10%。在糖果生产中，使用明胶较淀粉、琼脂更富有弹性、韧性和透明性。

②明胶作为稳定剂可用于冰淇淋、雪糕等的生产，其作用是防止形成粗粒的冰晶，保持组织细腻和降低溶化速度，一般用量为0.25%~0.6%。

③明胶用于猪肉、肉冻、罐头、火腿等肉制品的生产，可有效提高产品的感官质量。此外明胶还可在一些肉制品中起乳化剂的作用，如添加在乳化肉酱和奶油汤中，使产品保持原有的风味特色。

④明胶可作为澄清剂用于啤酒、果酒、露酒、果汁、黄酒等饮品的生产。其作用是使明胶与单宁类物质生成絮状沉淀，再经过滤除去，达到澄清的目的和效果。

2. 酪蛋白酸钠（Sodium Caseinate）

（1）理化性质 酪蛋白酸钠又称酪朊酸钠或干酪素，主要源于牛乳蛋白成分。成品为白色至淡黄色粒状、粉末或片状固体。无臭、无味或稍有特异香气和味道。易溶于沸水，pH 呈中性，水溶液加酸产生酪蛋白质沉淀。酪蛋白酸钠分子中同时具有亲水基团和疏水基团，因而具有一定的乳化性，其稳定性优于乳清蛋白或大豆蛋白。酪蛋白酸钠具有很好的起泡性，广泛应用于冰淇淋等冷食加工中。钠离子、钙离子的存在可增加其泡沫稳定性。

（2）毒理学参数　ADI 值不作限制性规定（FAO/WHO，2001）。

（3）应用与限量　酪蛋白酸钠具有乳化增稠剂性能。根据 GB 2760—2014《食品安全国家标准　食品添加剂使用标准》规定：酪蛋白酸钠作为乳化剂可在各类食品中按生产需要适量使用。酪蛋白酸钠用于香肠、火腿、午餐肉等肉糜类制品中，可以增加肉的结着力和持水性，改进肉制品质量，提高肉的利用率，降低生产成本；用于焙烤食品，除了利用其良好的乳化性能提高产品质量、延长货架期外，从营养角度考虑，酪蛋白酸钠具有强化蛋白质的功能，可以补充谷物蛋白质中赖氨酸的不足，从而提高焙烤制品的营养价值；用于蛋白饮品，可增加其乳化稳定效果，从而提高产品质量。

### （二）植物性胶类增稠剂

1. 瓜尔豆胶（Guar Gum）

瓜尔豆胶也称瓜尔胶，是从瓜尔豆中分离出来的一种多糖化合物。通过化学改性处理后，瓜尔胶的分散性、黏度、水化速率等特性大大提高。其结构式见图 7-3。

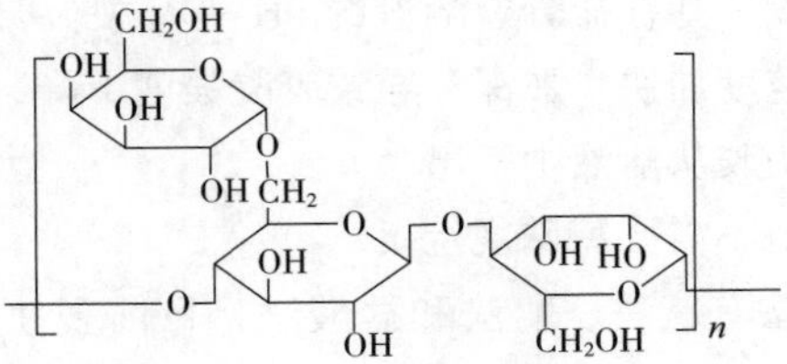

图 7-3　瓜尔胶

（1）理化性质　瓜尔胶一般为白色至浅黄褐色自由流动的粉末，接近无臭。一般含 75% ~ 85% 的多糖和 5% ~ 6% 的蛋白质以及 2% ~ 3% 的纤维等。瓜尔胶是良好的增稠剂，根据其粒度和黏度可分为不同的等级。

瓜尔胶是中性多糖，在冷水中能充分水化（一般需 2h）。天然的瓜尔胶溶液为中性。pH 在 8 ~ 9 时可达到最快的水化速率，pH 大于 10 或小于 4 则水化速率很慢。同样，溶液中有蔗糖等其他强亲水剂存在时，也会导致瓜尔胶的水化速率下降，与其他多糖类物质一样，瓜尔胶及其衍生物在 pH 3 或以下的酸性溶液中会发生降解。

瓜尔胶具有良好的兼容无机盐性能，耐受一价金属盐如食盐的浓度达 60%，但高价金属离子的存在可使溶解度下降。

瓜尔胶是已知最有效的水溶性增稠剂之一。作为假塑性流体，瓜尔胶及其衍生物的溶液不服从牛顿定律。当加热和保持加热时，其溶液随时间不可逆地降解和变稀。瓜尔胶是直链大分子，链上的羧基可与某些亲水胶体及淀粉形成氢键。瓜尔豆胶与小麦淀粉共煮可达到更高的黏度。瓜尔胶能与某些线型多糖，如黄原胶、琼脂糖和 $\kappa$- 型卡拉胶相互作用而形成复合体。

（2）毒理学参数　大鼠经口 $LD_{50}$ 7.0g/kg 体重；ADI 值不作限制性规定（FAO/WHO，1994）。

（3）应用与限量　根据 GB 2760—2014《食品安全国家标准　食品添加剂使用标准》规

定：瓜尔胶作为增稠剂可在各类食品中按生产需要适量使用。用于色拉酱、肉汁中起增稠作用；用于冰淇淋中使产品融化缓慢；用于面制品中能增进口感，延长老化时间；用于方便面可防止吸油过多。瓜尔胶还可作为水分保持剂使用。

2. 阿拉伯胶（Arabic gum）

阿拉伯胶又称金合欢胶，源于豆科中的金合欢树渗出物。其主要成分为高分子多糖类及其钙、镁和钾盐。一般由 D - 半乳糖（36.8%）、L - 阿拉伯糖（30.3%）、L - 鼠李糖（11.4%）、D - 葡萄糖醛酸（13.8%）组成，相对分子质量为 25 万 ~ 100 万。其结构式见图 7 - 4。

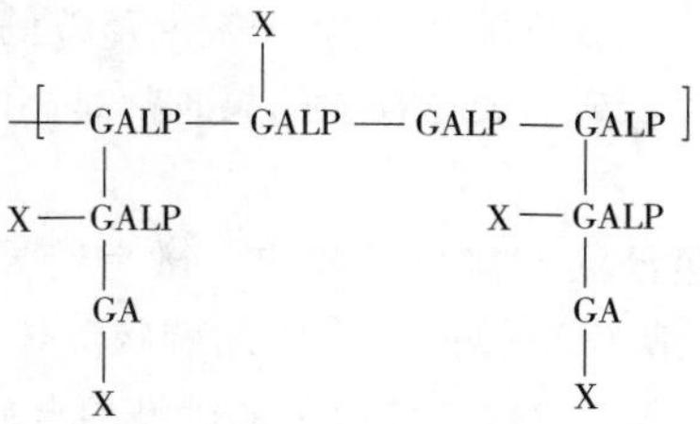

图 7 - 4 阿拉伯胶

GALP—D - 半乳糖吡喃　GA—葡萄糖醛酸　X—鼠李糖或阿拉伯糖

（1）理化性质　阿拉伯胶为黄色至淡黄褐色半透明块状体，或者为白色至淡黄色颗粒状或粉末，无臭，无味。其相对密度为 1.35 ~ 1.49。不溶于乙醇，极易溶于冷、热水中，形成清晰的黏稠液体，其溶液呈酸性。可配制成 50% 浓度的水溶液而仍具有流动性，是典型的"高浓低黏"型胶体溶液。

阿拉伯胶结构上带有酸性基团，溶液呈弱酸性，一般在 pH 4 ~ 5（25%）。溶液的最大黏度在 pH 5 附近，具有酸性稳定的特性，当 pH 低于 3 时，结构上羧酸根离子趋于减少，使得溶解度及黏度随之下降。由于阿拉伯胶结构上带有部分蛋白质及鼠李糖，使得阿拉伯胶有良好的亲水亲油性，是非常好的天然水包油型乳化稳定剂。但不同来源树种的阿拉伯胶其乳化稳定效果有差别。一般规律是：鼠李糖含量高，含氮量高的胶体，其乳化稳定性能更好。

（2）毒理学参数　ADI 值未作规定，FAO/WHO（1995）；美国食品和药物管理局（FDA）将其列为一般公认安全物质。

（3）制法　从阿拉伯胶树或亲缘种金合欢属树的树干和树枝割破处流出的胶状物，除去杂质后经干燥、粉碎而得。

（4）应用与限量　根据 GB 2760—2014《食品安全国家标准　食品添加剂使用标准》规定：阿拉伯胶作为增稠剂可在各类食品中按生产需要适量使用。阿拉伯胶在食品中的应用主要是通过它提供黏度、流变特性使产品达到所要求的性质。

3. 果胶（Pectin）

果胶是陆生植物某些组织细胞间和细胞膜中存在的一类支撑物质的总称。生长初期为不溶性的原果胶，随着成熟度的增长而分解成水溶性的果胶或果胶酸。商品果胶由原料分解成可溶性果胶而抽出制成的干燥品。

果胶实质上是一种含有几百到数千个结构单元的线性多糖，D - 半乳糖醛酸残基是果胶分子链的结构单元。其平均相对分子质量在 50000 ~ 180000，其结构式见图 7 - 5。

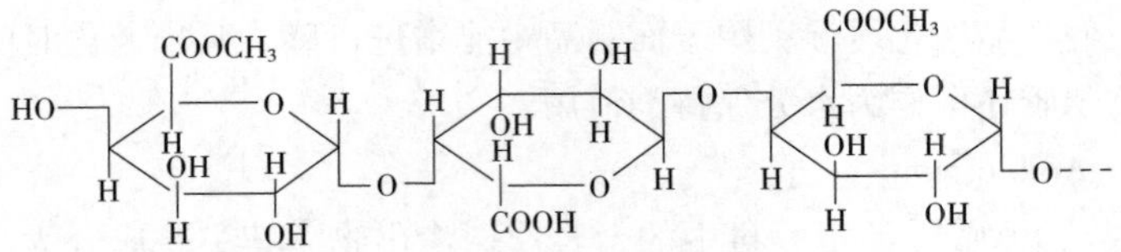

图 7 - 5　果胶

果胶上的羧基可被甲醇酯化，果胶的酯化度（DE）可因提取原料的种类、生长情况、采割期和加工方法不同而有差别。一般将酯化度为 50% ~ 75% 的称为高酯果胶（HM），酯化度为 20% ~ 50% 的称为低酯果胶（LM）。天然存在的果胶都是高酯果胶，经酸或碱处理后得到低酯果胶。

（1）理化性质　果胶为白色至淡黄褐色的粉末，微有特异臭，味微甜带酸，无固定熔点和溶解度，相对密度约为 0.7，溶于 20 倍的水中成黏稠状液体，不溶于乙醇及其他有机溶剂。能为乙醇、甘油和蔗糖浆润湿，与 3 倍或 3 倍以上的砂糖混合后，更易溶于水，对酸性溶液较对碱性溶液稳定。果胶溶胶的等电点为 3.5。果胶液的黏度比其他水溶胶低，故实际应用中往往利用其凝胶性能。用作增稠剂时一般与其他增稠剂如黄原胶等配合使用。

高酯果胶需有共聚物（如含糖 55% 以上，或加多元醇）并在 pH 3.5 以下时才能凝胶，这种凝胶为可逆性凝胶，DE 值越高，凝胶能力越强，凝胶速度也越快。低酯果胶与高酯果胶不同，糖度和酸度对其凝胶能力影响不明显，而钙离子成为其凝胶作用强度的制约因素。这种凝胶形成所谓的"蛋箱"结构见图 7 - 6。

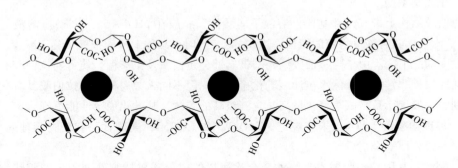

图 7 - 6　低酯果胶的 "蛋箱" 凝胶结构

一般 1g 低酯果胶约需 15mg 的钙离子。如钙离子浓度不足，则凝胶强度不高，如钙离子浓度偏高，则凝胶体不光滑细腻。低酯果胶的凝胶速度与高酯果胶相反，酯化度越低，凝胶速度越快。

（2）毒理学参数　ADI 值不需特殊规定。美国 FDA 将其列为一般公认安全物质（1994）。

（3）制法　果胶的制备多以各种果皮或果渣为主要原料，经过稀酸处理后，使之变成水溶性果胶，将其萃取精制而成。其提取方法分酸法、微生物法、金属盐析法、酒精沉淀法、喷雾干燥法、离子交换法和膜分离法。

（4）应用与限量　根据 GB 2760—2014《食品安全国家标准　食品添加剂使用标准》规定：果胶作为增稠剂可在各类食品中按生产需要适量使用。作为乳化剂、稳定剂、增稠剂用于原味发酵乳（全脂、部分脱脂、脱脂）、稀奶油、黄油和浓缩黄油、生湿面制品（如面条、饺子皮、馄饨皮、烧麦皮）、生干面制品、其他糖和糖浆（如红糖、赤砂糖、槭树糖浆）、葡萄酒、香辛料类均可按生产需要适量使用。用于果蔬汁（浆）中的最大使用量为 3.0g/kg。

4. 琼脂（Agar）

琼脂又称琼胶、冻粉和洋菜，为一种复杂的水溶性多糖类物质，是从红藻类植物——石花菜及其他数种红藻类植物经浸出得到的产物。相对分子质量为 100000～120000，其基本结构式见图 7-7。

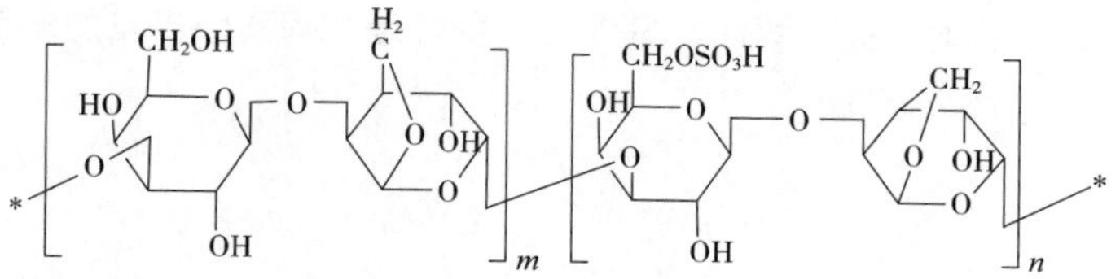

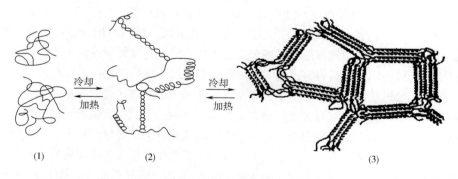

图 7-7　琼脂

（1）理化性质　琼脂为无色透明或类白色淡黄色半透明细长薄片，或为鳞片状无色或淡黄色粉末，无臭，味淡。口感黏滑，不溶于冷水，但可分散溶于沸水。凝胶温度为 32～39℃，熔化温度为 80～97℃，在凝胶状态下不降解。琼脂的品质以凝胶能力来衡量：优质琼脂，0.1% 的溶液即可凝胶；一般品质的琼脂，其凝胶浓度接近 0.4%；较差的凝胶浓度则超过 0.6%。

琼脂的凝胶过程如图 7-8 所示。琼脂由热溶胶液冷却向凝胶转变的过程，图 7-8（1）所示为先在分子内进行结合：一个琼脂的分子长链由氢键结合为无规则线状；图 7-8（2）所示为进一步在分子之间进行缔合：最简单分子缔合是两个琼脂的分子长链缠绕，并呈现分子的双螺旋结构；图 7-8（3）所示为以双螺旋结构为基础，随温度降至 40℃ 以下，出现网状结构而形成凝胶。

图 7-8　琼脂的凝胶形成模式

（1）　　　　（2）　　　　　　　（3）

琼脂凝胶质硬，用于食品加工可使制品具有明确形状，但其组织粗糙，表皮易收缩起皱，质地发脆。当琼脂与卡拉胶复配使用时，可克服这些缺点，得到柔软、有弹性的制品。琼脂与糊精、蔗糖复配时，凝胶的强度升高，而与海藻酸钠、淀粉复配使用，凝胶强度则下降；与明胶复配使用，可轻度降低其凝胶的破裂强度。琼脂在酸性条件下长时间加热，可失去胶凝能力。琼脂的耐酸性高于明胶和淀粉，低于果胶和藻酸丙二醇酯。许多水溶性胶均可发生溶胶 - 凝胶的可逆转变，但是只有琼脂，其凝胶化温度远低于凝胶熔化温度。琼脂的许多用途就是利用了它的这种高滞后性。

（2）毒理学参数  FAO/WHO（1985年至今），ADI值不作限制性规定。FDA将琼脂列为一般公认安全物质。

（3）应用与限量  根据GB 2760—2014《食品安全国家标准  食品添加剂使用标准》规定：琼脂作为增稠剂可在各类食品中按生产需要适量使用。

5. 海藻酸钠 （Sodium Alginate）

海藻酸钠又称藻朊酸钠、褐藻酸钠、海带胶。主要是从褐藻中提取的多糖类。相对分子质量为32000~200000。结构式见图7-9。

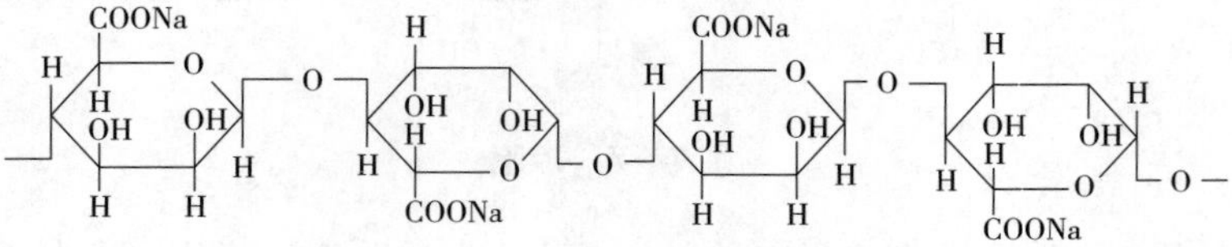

图7-9  海藻酸钠

（1）理化性质  海藻酸钠为白色或淡黄色粉末，几乎无臭，无味。不溶于乙醇、氯仿和乙醚，不溶于稀酸。1%水溶液的pH 6~8，黏度稳定，为水合力较强的高分子增稠剂。加热至80℃或久置会缓慢分解，黏度降低。

在室温下海藻酸钠可与两价阳离子形成凝胶，而且不像卡拉胶和琼脂那样因受热而解凝。这种凝胶的强度与两价阳离子的性质有关，其由强到弱的顺序为 $Ba^{2+}$、$Sr^{2+}$、$Ca^{2+}$、$Mg^{2+}$，其中具有实用价值的是 $Ca^{2+}$。此外，其凝胶强度尚取决于溶液的浓度、$Ca^{2+}$ 含量、pH和温度，可获得从柔性到刚性的各种凝胶体。海藻酸钠可形成纤维和薄膜，易与蛋白质、淀粉、果胶、阿拉伯胶、CMC、甘油、山梨醇等共溶。

（2）毒理学参数  FAO/WHO（1997），ADI值不作限制性规定。

（3）制法  海藻酸钠的生产方法有酸凝 - 酸化提取法、钙凝 - 酸化法、钙凝 - 离子交换法、酶解法、超滤法。其中较理想的可用于工业化生产的工艺是钙凝 - 离子交换法，其工艺流程为：浸泡→切碎→消化→稀释→过滤→洗涤→钙析→离子交换脱钙→乙醇沉淀→过滤→烘干→粉碎→成品。酶解法提取海藻酸钠是近年发展的新工艺，酶解法提取是在一定条件下用纤维素酶溶液浸泡海带，经过分解海带细胞壁，加快海藻酸钠的溶出，大幅度提高了浸出质量。酶解法提取海藻酸钠目前尚未大量用于生产，主要原因是成本高，能量消耗大，且不能完全酶解纤维素，酶解时间长，条件不易控制，技术含量高，需增加大量设备才能实现连续化生产。超滤法提取海藻酸钠是将膜处理技术用于海藻酸钠提取工艺，可降低能耗、降低杂质质量分数，提高产量。超滤法提取海藻酸钠是一种较理想的新工艺，但因我国当前膜提取技术水平和生产成本的限制，尚未大规模用于工业化生产。我国是海洋大国，海带年产量约占世界产量的50%，但其资源至今尚未很好的开发利用，相信随着研究的深入，海藻酸钠的开发利用必将取得可喜的成果。

（4）应用与限量  根据GB 2760—2014《食品安全国家标准  食品添加剂使用标准》规

定：海藻酸钠作为增稠剂可在原味发酵乳（全脂、部分脱脂、脱脂）、稀奶油、黄油和浓缩黄
油、生湿面制品（如面条、饺子皮、馄饨皮、烧麦皮）、生干面制品、香辛料类、果蔬汁
（浆）、咖啡饮料类中按生产需要适量使用；在其他糖和糖浆（如红糖、赤砂糖、槭树糖浆）
中，最大使用量为 10.0g/kg。

### （三）　微生物来源的增稠剂

1. 黄原胶（Xanthan Gum）

黄原胶又称黄胶、汉生胶，是由黄单胞杆菌发酵产生的细胞外酸性杂多糖。由 D – 葡萄
糖、D – 甘露糖和 D – 葡萄糖醛酸按 2:2:1 组成的多糖类高分子化合物，相对分子质量在 100 万
以上，结构式见图 7 – 10。

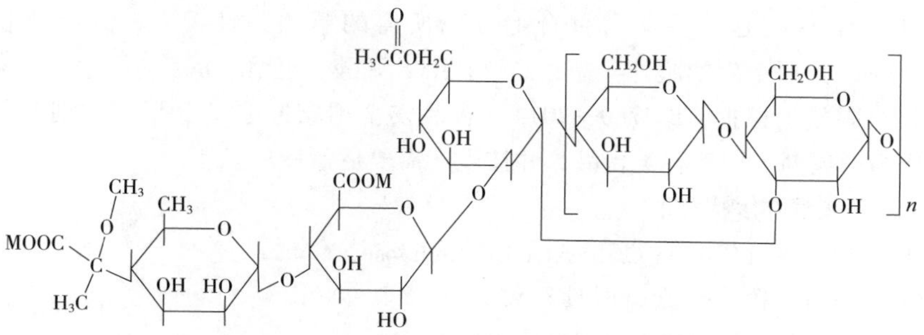

图 7 – 10　黄原胶

（1）理化性质　浅黄色至白色可流动粉末，稍带臭味。黄原胶的优良性能可由它的分子
结构特征来说明，黄原胶有巨大的分子链，主链上每隔两个葡萄糖就有一个支链，这使分子自
身可以交联，缠绕成各种线圈状，分子间靠氢键又可以形成双螺旋状。在溶液里，黄原胶分子
的螺旋共聚体还可以构成类似蜂窝状的结构支持固相颗粒、溶滴气泡，使黄原胶具有很高的悬
浮能力和乳化稳定能力。

黄原胶易溶于冷水和热水，浓度为 1% 时，流体黏度相当于明胶的 10 倍左右。具有热稳定
性，大多数高分子化合物，如羟甲基纤维素、海藻胶、淀粉等一经加热，黏度即明显下降，而
温度低至 0℃ 左右时，分子结构和性能即发生变化，而黄原胶在一个相当大的温度范围内
（ – 18 ~ 80℃），基本保持原有的黏度及性能，具有稳定可靠的增稠效果和冻融稳定效果。

（2）毒理学参数　FAO/WHO（1999），ADI 值不作限制性规定。

（3）应用与限量　根据 GB 2760—2014《食品安全国家标准　食品添加剂使用标准》规
定：黄原胶作为稳定剂、增稠剂可用于稀奶油、香辛料类、果蔬汁（浆）等多种加工食品中，
用量可按生产需要适量使用；用于生湿面制品（如面条、饺子皮、馄饨皮、烧麦皮），最大用
量为 10.0g/kg；用于黄油和浓缩黄油、其他糖和糖浆（如红糖、赤砂糖、槭树糖浆），最大用
量为 5.0g/kg；生干面制品，最大用量为 4.0g/kg。

2. 结冷胶（Gellen Gum）

结冷胶又称凯可胶、洁冷胶，主要成分是由葡萄糖、葡萄糖醛酸和鼠李糖按 2:1:1 的比例
组成的线形多聚糖，其中葡萄糖醛酸可被钾、钙、钠、镁中和成混合盐。直接获得的结冷胶产
品在分子结构上带有乙酰基和甘油基团，即天然结冷胶在第一个葡萄糖基的 $C_3$ 位置上有一个

甘油酯基，而在另一半的同一葡萄糖基的 $C_6$ 位置上有一个乙酰基。如果将获得的产品用碱加热处理，可除去分子上的乙酰基和甘油基团，就可得到用途更广的脱乙酰基结冷胶。天然结冷胶（带有乙酰及甘油基团）能形成柔软的弹性胶，黏着力强，与黄原胶和刺槐豆胶的性能相似，而脱乙酰结冷胶则形成结实的脆性胶，类似于琼脂、卡拉胶的凝胶特性。

（1）理化性质　结冷胶干粉呈米黄色，无特殊的滋味和气味。不溶于非极性有机溶剂，溶于热水及去离子水，水溶液呈中性。结冷胶多糖的水溶液具有高黏性和热稳定性，在低浓度（0.05% ~ 0.25%）下就可形成热可逆凝胶，在水溶液中形成凝胶的效率、强度、稳定性与聚合物的乙酰化程度及溶液中阳离子的类型和浓度有关。结冷胶对 $Ca^{2+}$、$Mg^{2+}$ 特别敏感，且形成的凝胶要比 $K^+$、$Na^+$ 等一价离子有效，$K^+$、$Na^+$ 也能促使结冷胶形成凝胶，但它们所需的浓度比 $Ca^{2+}$、$Mg^{2+}$ 等二价离子大 25 倍。

（2）制法　结冷胶是一种从水百合上分离所得的革兰阴性菌——伊乐藻假单胞杆菌（*Pseudomonaselodea*）所产生的胞外多糖，经过发酵、调酸、澄清、沉淀、压榨、干燥而成。

（3）应用与限量　根据 GB 2760—2014《食品安全国家标准　食品添加剂使用标准》规定：结冷胶作为增稠剂可用于各类食品，并按生产需要适量使用。

### （四）其他来源的增稠剂

1. 羧甲基纤维素钠（Sodium Carboxymethyl Cellulose，CMC）

羧甲基纤维素钠又称纤维素、改性纤维素、CMC – Na，是一种水溶性纤维素醚，它的基本分子结构见图 7 – 11。

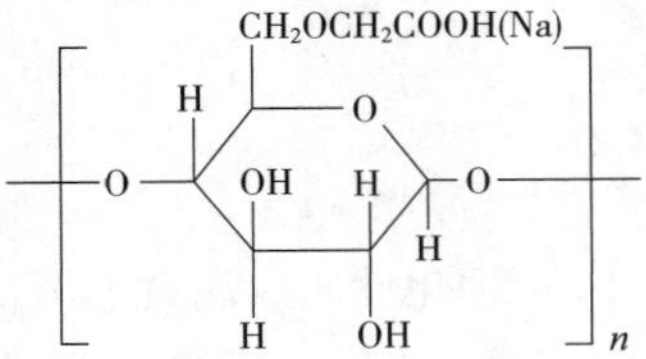

（1）理化性质　羧甲基纤维素钠为白色或淡黄色纤维状或颗粒状粉末物，无臭，无味。有吸湿性，易分散于水成为溶液。不溶于乙醇、乙醚、丙酮、氯仿等有机溶剂。羧甲基纤维素钠的水溶液的黏度随 pH、聚合度而异。pH 的影响因酸的种类和酯化度而不同，一般在 pH 3 以下则成为游离酸，生成沉淀。羧甲基纤维素钠的黏度随聚合度的增加而增大，其水溶液对热不稳定，黏度随温度的升高而降低。

图 7 – 11　羧甲基纤维素钠

（2）毒理学参数　小鼠经口 $LD_{50}27g/kg$ 体重；ADI 值 0 ~ 25mg/kg 体重；FDA 将其列为一般公认安全物质（1985）。

（3）应用与限量　根据 GB 2760—2014《食品安全国家标准　食品添加剂使用标准》规定：羧甲基纤维素钠作为增稠剂可用于各类食品，并按生产需要适量使用。

2. $\beta$ – 环状糊精（$\beta$ – cyclodextrin，$\beta$ – CD）

$\beta$ – 环状糊精又称麦芽七糖、环七糊精等，是由 7 个葡萄糖残基以 $\alpha$ – 1，4 糖苷键连接而成的环状化合物。其结构式见图 7 – 12。

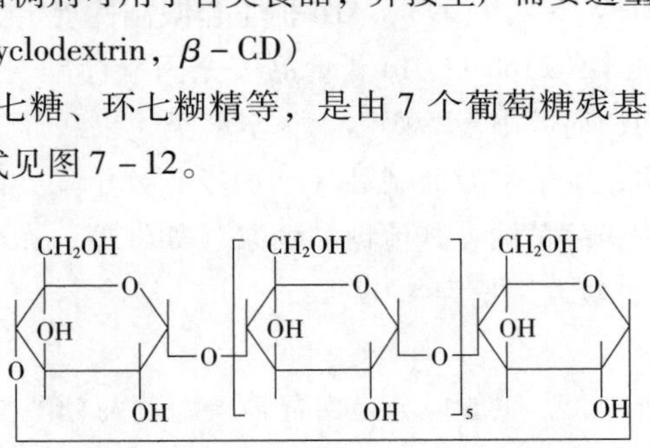

图 7 – 12　$\beta$ – 环状糊精

（1）理化性质　$\beta$–环状糊精为白色结晶或晶体粉末，无臭、味甜，可溶于水，难溶于甲醇、乙醇和丙酮。$\beta$–环状糊精溶解度较大，在水溶液中可以同时与亲水性物质和疏水性物质结合，持水性较高。$\beta$–环状糊精不易吸潮，化学性质稳定，不易受酶、酸、碱及热等环境因素的作用而分解。$\beta$–环状糊精在环状结构的中心具有疏水性空穴，故能与多种有机化合物形成包合物，使其产生缓释和增溶效果，并对氧、光、热、酸、碱的抵抗能力大大增强。也可用于掩盖物料中的苦涩味和异味物质。

（2）应用与限量　根据 GB 2760—2014《食品安全国家标准　食品添加剂使用标准》规定：$\beta$–环状糊精作为增稠剂可用于各类食品，并按生产需要适量使用。

3. 海藻酸丙二醇酯（Propylene Glycol Alginate，P. G. A）

海藻酸丙二醇酯又称藻酸丙二酯、藻朊酸丙二醇酯，是海藻酸钠和环氧丙烷反应生成的酯类化合物，结构式见图 7 – 13。

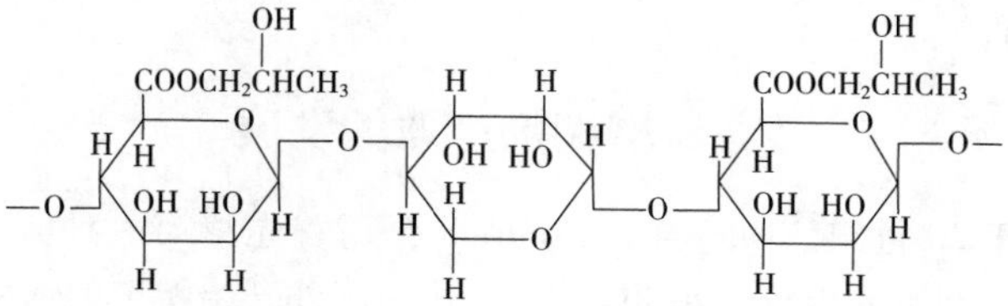

图 7 – 13　海藻酸丙二醇酯

（1）理化性质　海藻酸丙二醇酯为白色或淡黄色粉末，稍有芳香气味，易吸湿，溶于冷水、温水及稀有机酸溶液，形成黏稠状胶体溶液。海藻酸丙二醇酯分子中存在亲脂基，所以有乳化性，故有独特的稳泡作用。在酸性条件下，有良好的稳定蛋白作用，在酸溶液中，其黏度随酸浓度增高而增大，在高温下长时间放置，会逐渐变成不可溶的物质。

（2）毒理学参数　FAO/WHO（1984）规定，ADI 值 0 ~ 25mg/kg。

（3）制法　将海藻酸水溶液通入过量的环氧丙烷气体进行反应，再经冷却、分离、干燥而成。

（4）应用与限量　根据 GB 2760—2014《食品安全国家标准　食品添加剂使用标准》规定：海藻酸丙二酯作为增稠剂、乳化剂、稳定剂用于淡炼乳（原味）、氢化植物油、可可制品、巧克力和巧克力制品、胶基糖果、以蔬菜为基料的调味酱、植物蛋白饮料中，最大使用量为 5.0g/kg；用于乳及乳制品、饮料类中果蔬汁（肉）饮料、啤酒和麦芽饮料中，最大使用量为 3.0g/kg；冰淇淋类，最大使用量为 1.0g/kg。

4. 变性淀粉（Modified Starch）

变性淀粉又称改性淀粉，是天然淀粉经物理、化学或酶法处理，使其某些性质发生改变，以适应各种工业的特定需要的淀粉。变性淀粉根据不同处理方法得到的种类较多，作为食品添加剂使用的主要有预糊化淀粉、酸变性淀粉、醋酸淀粉、氧化淀粉、交联淀粉等。由于食用变性淀粉的制备条件比较温和，基本保持了原淀粉的分子骨架和颗粒模式。此外，变性淀粉在食品中的使用一般无限量要求，而根据生产需要适量使用。

（1）酸处理淀粉（Acid Treated Starch）　白色或类白色粉末，无臭、无味，较易溶于冷水，约75℃开始糊化。用于经过酸处理后使原淀粉有一定程度的降解，同浓度的酸改性淀粉的淀粉糊化液黏度低于同类原淀粉的糊化液。浓度超过 10g/100mL 的糊化液经冷却可形成比较稳定的凝胶态。

（2）醋酸淀粉（Starch Acetate） 白色粉末。与原淀粉相比，分子中部分羟基与醋酸酯化，而引入乙酰基团，使产品对酸、碱、热的稳定性有所提高，淀粉的糊化液黏度趋于稳定、凝沉性低、透明度好。分子间不易形成氢键，有利于抑制淀粉的返生现象发生。

（3）磷酸酯双淀粉（Distarch Phosphate） 白色或近白色的粉末或颗粒，无味，无臭，溶于水，不溶于乙醇、乙醚或氯仿。与原淀粉相比，通过磷酸与淀粉的酯化交联，增强了分子的整体作用和韧性强度，增加了亲水性和膨润力以及耐剪切力。糊化液透光度为 18% ~ 25%，远大于原淀粉的透光度（8%）。

（4）氧化淀粉（Oxidized Starch） 为白色至类似白色粉末，无臭、无味，易分散于冷水中。由于淀粉被氧化后，其中部分伯醇转化为羧酸，使得其糊化温度有所降低，但糊化液的附着性有所提高。易于为食品勾芡挂卤，增加对调味料吸附和浸味。此外，相应的糊化液在冷却时更容易配制凝胶制品。

## 六、 增稠剂产业的发展

工业增稠剂起源于 20 世纪，1953 年，Coodrich 公司首先将第一种完全由人工合成的增稠剂——聚丙烯酸类增稠剂引入市场。20 世纪 60 年代，国外开始将聚丙烯酸钠应用于食品方面。目前，W/O 型聚丙烯酸胶乳作为水相增稠剂已经广泛应用到纺织印花浆、染整和工业涂料等领域。

20 世纪 70 年代中期，我国开始了合成增稠剂的研究工作。近年来，国内已经研究开发成功一些合成增稠剂，它们大部分属阴离子型合成增稠剂，如中科大研制的合成增稠剂 KG－201 以及沈阳化工院研制的合成增稠剂 PF。交联型聚丙烯酸胶乳作为涂料印花增稠剂得到广泛应用，但是这类阴离子型增稠剂仍存在一些缺陷，如耐电解质性能、色浆触变性、印花时得色量等均不十分理想。20 世纪 80 年代，聚氨酯缔合型增稠剂相继发展起来。但目前，世界上只有 ICI、Du Pont、Sun Chemical、KYK 等少数几家国际知名的大公司生产这种产品，其生产技术受到严密封锁，产品以垄断价格出售。我国对水性聚氨酯增稠剂的研究起步较晚，近年来国内也模仿国外品种开发了一些产品，不过效果不理想，产品也未系列化，只能应用于一些低档产品中。

# 第二节　稳定剂和凝固剂

## 一、　功能与特点

稳定剂和凝固剂是用来使食品结构稳定或使食品组织结构不变、增强黏性的物质。食用稳定剂和凝固剂多为有机酸或碱土金属盐，在溶液中电离产生多电荷的离子团。其反应活性在于能破坏不稳定的胶体形态中的夹电层，使其聚集而凝固，如蛋白质溶液的盐析现象。

通常是使食品中的果胶、蛋白质等溶胶凝固成不溶性凝胶状物质，从而达到增强食品中黏性固形物的强度、提高食品组织性能、改善食品口感和外形等目的。

## 二、 作用原理

蛋白质相对分子质量介于一万到百万之间，故其分子的大小达到胶粒范围（1～100nm）。溶液中蛋白质可能形成分子内盐而分散或利用亲水基与水形成的溶剂化效应，使蛋白质分子表面发生极化而形成胶体形态。这种不稳定的胶体形式影响着蛋白质颗粒的相互聚集（图7－14）。因此水相中的蛋白质基本呈离散的。

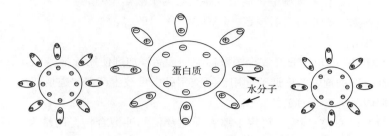

图7－14　水相中的蛋白质颗粒模式

当加入一些盐类物质后，相应离子就会与蛋白质结合而沉淀聚集；酸类物质也会破坏其分子内盐而聚集。随着蛋白质胶体形式或其中的夹电层的逐渐消失，分散的蛋白质颗粒会发生聚集和凝固。这就是制备豆腐或沉淀奶酪的技术原理。豆腐的原料黄豆富含蛋白质，蛋白质含量36%～40%，经水浸、磨浆、除渣、加热，得到蛋白质的胶体浆液。点豆腐就是设法使蛋白质发生凝聚而与水分离。传统使用的盐卤为结晶氯化镁的水溶液，可中和胶体微粒极化或电离产生的电荷，使蛋白质分子凝聚起来得到豆腐。既然点豆腐是让蛋白质发生凝聚，所采用的凝胶剂就不一定是非盐卤不可，其他如石膏、醋酸、柠檬酸等都有相同的作用。有些非离子型物质是通过水解产生的酸或盐，然后与蛋白质胶体结合产生凝固蛋白质的效果，如葡萄糖酸内酯在制备内酯豆腐过程中的作用。另外有些稳定和凝固剂如乳酸钙、氯化钙等盐，在溶液中可与水溶性的果胶结合，生成难溶的果胶酸钙，同样生成凝胶态制品，达到稳定和凝固剂的使用效果。

## 三、 在食品中的主要应用

（1）应用于果蔬罐头与冷冻食品的制作；

（2）应用于豆腐生产的点脑工序；

（3）能与金属离子在其分子内形成内环，使其形成稳定而能溶解的复合物。

使用时应特别注意的两点：

（1）温度可影响凝固速度。温度过高，凝固过快，成品持水性差；温度过低，凝聚速度慢，产品难成型。

（2）pH离蛋白质等电点越近，越易凝固。大豆蛋白质等电点的pH 4.6，原料及水质偏碱性，则不易成型，甚至会凝固不完全。

## 四、 稳定与凝固剂

食品添加剂和配料产品，稳定与凝固剂有以下种类。

（一）豆腐凝固剂 （前三者为盐类凝固剂，后一种为酸类凝固剂）

1. 硫酸钙（Calcium Sulphate）

硫酸钙又称石膏、生石膏，分子式 $CaSO_4 \cdot 2H_2O$，相对分子质量 172.17。

（1）理化性质　硫酸钙为白色结晶性粉末，无臭，具涩味。微溶于甘油，难溶于水，不溶于乙醇，可溶于盐酸，加热可逐步失去结晶水而成无水硫酸钙。熔点 1450℃，相对密度 2.96。加水后成为可塑性浆体，很快凝固。

（2）制法　使用氯化钙加硫酸钠制成或将钙盐与硫酸作用制成。

（3）毒理学参数　ADI 值无需规定（FAO/WHO，1994）。

（4）应用与限量

①根据 GB 2760—2014《食品安全国家标准　食品添加剂使用标准》规定：硫酸钙可作为稳定剂和凝固剂、增稠剂、酸度调节剂用于豆类制品中可按生产需要适量使用；用于小麦粉制品中，最大使用限量为 1.5g/kg。

②FAO/WHO（1984）规定：可用于酪农干酪及稀奶油混合物，用量为 5g/kg（单用或与其他稳定剂及载体的合用量）。

③实际使用参考：用于生产番茄罐头，参考用量为片装 800mg/kg；整装 450mg/kg（单用或与其他固化剂合用，以 Ca 计）。马铃薯罐头可根据配方添加 0.1% ~ 0.3%。生产豆腐常用磨细的煅石膏作为凝固剂效果最佳，最适用量，相对豆浆为 0.3% ~ 0.4%。对蛋白质凝固性缓和，所生产的豆腐质地细嫩，持水性好，有弹性。但因其难溶于水，易残留涩味和杂质。此外，石膏还可以用作过氧化苯甲酰的稀释剂及钙离子硬化剂。用作番茄罐头和马铃薯罐头的硬化剂时，可根据配方添加 0.1% ~ 0.3%。

2. 氯化镁（Magnesium Chloride）

氯化镁又称盐卤、卤片，分子式 $MgCl_2$，相对分子质量 95.21。

（1）理化性质　氯化镁为无色至白色结晶或粉末，无臭，味苦。易溶于水（160g/100mL，20℃）和乙醇，水溶液呈中性，相对密度 1.569。

（2）制法　由海水制盐时的副产物卤水经除去氯化钾，浓缩、过滤、结晶而得。

（3）毒理学参数　大鼠经口 $LD_{50}$ 大于 800mg/kg 体重；ADI 值无需规定（FAO/WHO，1994）。

（4）应用与限量

①根据 GB 2760—2014《食品安全国家标准　食品添加剂使用标准》规定：氯化镁可作为稳定剂和凝固剂用于豆类制品中可按生产需要适量使用。

②实际用量参考：盐卤豆腐具有独特的豆腐风味，用盐卤点浆时，盐卤相对于豆浆的最适用量为 0.7% ~ 1.2%，以纯 $MgCl_2$ 计，其最适用量为 0.13% ~ 0.22%。盐卤一般用来制作老豆腐、豆腐干，难以制作嫩豆腐。

3. 氯化钙（Calcium Chloride）

氯化钙分子式 $CaCl_2 \cdot 2H_2O$，相对分子质量 147.01。

（1）理化性质　氯化钙为白色坚硬的碎块状结晶，无臭，微苦，易溶于水，水溶液呈中性或微碱性。可溶于乙醇。吸湿性强，干燥氯化钙置于空气中会很快吸收空气中的水分。水溶液的冰点降低显著（-55℃）。熔点 772℃，相对密度 2.152。

（2）制法　将由氨法制纯碱的母液加石灰乳得水溶液，经蒸发、浓缩、冷却、固化而成。

（3）毒理学参数　大鼠经口 $LD_{50}$ 1000mg/kg 体重。ADI 值无需规定（FAO/WHO，1994）。

（4）应用与限量

①根据 GB 2760—2014《食品安全国家标准 食品添加剂使用标准》规定：氯化钙作为稳定剂和凝固剂使用，可用于稀奶油、豆类制品中按生产需要适量使用；用于其他饮用水（调制水）中，最大使用量为 0.1g/L（以钙计）。

②一般不用作豆腐凝固剂，可用作甲氧基果胶和海藻酸钠的凝固剂；另外可用于制作乳酪，可使牛乳凝固，用量可达 0.02%；用于冬瓜硬化处理，可将冬瓜去皮，泡在 0.1% $CaCl_2$ 溶液中，抽真空，使 $Ca^{2+}$ 渗入组织内部，渗透 20～25min，经水煮、漂洗后备用；同样可用作什锦菜番茄、莴苣等的硬化剂。

4. 葡萄糖酸 $\delta$ – 内酯（Glucono – delta – lactone）

葡萄糖酸 $\delta$ – 内酯的分子式 $C_6H_{10}O_6$，相对分子质量 178.14，化学结构式见图 7 – 15。

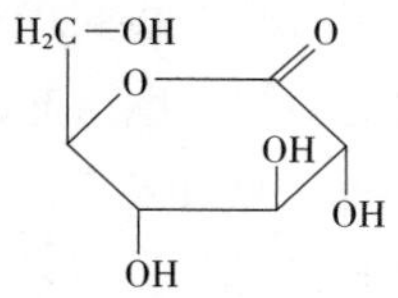

（1）理化性质 葡萄糖酸 $\delta$ – 内酯为白色结晶或结晶性粉末，几乎无臭，味先甜后酸（与葡萄糖酸的味道不同）。易溶于水（60g/100mL），稍溶于乙醇（1g/100mL），几乎不溶于乙醚。在水中水解为葡萄糖酸及其 $\delta$ – 内酯和 $\gamma$ – 内酯的平衡混合物。1% 水溶液 pH 为 3.5，2h 后变为 pH 2.5。本品用 5%～10% 的硬脂酸钙涂覆后，即使用于吸湿性产品中，也很稳定。它约于 153℃ 分解。由于葡萄糖酸内酯有一定的吸水性，温度太高会使其发生糖化。

图 7 – 15 葡萄糖酸 $\delta$ – 内酯

（2）制法 直接用葡萄糖酸溶液，在 40～45℃ 下减压浓缩后进一步制成。

（3）毒理学参数 兔静脉注射 $LD_{50}$ 为 7.63g/kg 体重；ADI 值无需规定（FAO/WHO，1994）。

（4）应用与限量

①根据 GB 2760—2014《食品安全国家标准 食品添加剂使用标准》规定：葡萄糖酸 $\delta$ – 内酯作为稳定剂和凝固剂可在各类食品中按生产需要适量使用，按标准，可用于鱼、虾保鲜，使用量小于 0.1g/kg；用于香肠、鱼糜制品、葡萄汁、豆制品，使用量小于 3.0g/kg；用于发酵粉，可按生产需要适量使用。

②相对于豆浆的最适用量为 0.25%～0.26%，内酯盒装豆腐是当今唯一能连续化生产的豆腐，其生产方式是将煮沸的豆浆冷却到 40℃ 以下，然后加入内酯，用封口机装盒密封，隔水加热至 80℃，保持 15min，即可凝固成豆腐。内酯的特点是在水溶液中能缓慢水解，具有特殊的迟效作用，使 pH 降低，豆腐凝乳是在进入模具后产生，豆腐因之具有质地细腻、滑嫩可口、保水性好、防腐性好、保存期长等优点，一般在夏季放置 2～3d 不变质。其缺点是豆腐稍带酸味。

（5）其他作用

①防腐剂：对霉菌和一般细菌有抑制作用，可用于鱼、肉、禽、虾等的防腐保鲜，使制品外观光泽、不褐变，同时可保持肉质的弹性，0.1%。

②酸味剂：用于果汁饮料、碳酸饮料及果冻等，产气力强，清凉可口，对胃无刺激。

③螯合剂：可用于葡萄汁或其他浆果酒，能防止生成酒石；用于乳制品，可防止生成乳石；用于啤酒生产中，可防止产生啤酒石，0.3%。

（二）其他稳定剂

1. 丙二醇（Propylene Glycol）

丙二醇作为食品中许可使用的有机溶剂，用于糕点中，能增加糕点的柔软性、光泽和保水性。

（1）理化性质　丙二醇为无色，清亮，透明黏稠液体，外观与甘油相似，有吸湿性，无臭，略有辛辣味和甜味；能与水、醇等多数有机溶剂任意混合。对光热稳定，有可燃性，沸点187.3℃，流动点56℃。丙二醇的水溶液不易结冰，60%溶液在 –57℃，40%溶液在 –20℃，30%溶液在 –13℃，10%溶液在 –3℃，都不冻结。

（2）应用与限量　主要用作难溶于水的食品添加剂的溶剂，也可用作糖果、面包、包装肉类、干酪等的保湿剂、柔软剂。加工面条添加丙二醇，能增加弹性，防止面条干燥崩裂，增加光泽，添加量为面粉的2%；加工豆腐添加丙二醇0.06%，可增加风味、白度及光泽，油煎时体积膨大；可用作抗冻液，对食品有防冻作用。

根据GB 2760—2014《食品安全国家标准　食品添加剂使用标准》规定：丙二醇可作为稳定剂和凝固剂、抗结剂、消泡剂、乳化剂、水分保持剂、增稠剂使用。

2. 乙二胺四乙酸二钠（Disodium Ethylenediamintetraacetate，EDTA）

（1）理化性质　乙二胺四乙酸二钠为白色结晶颗粒或晶体粉末，无臭，无味。易溶于水，微溶于乙醇。常温下稳定，有吸湿性。能与金属离子螯合成水溶性的复合物，可除去和消除重金属离子或由其引起的有害作用。

（2）作用　稳定剂、螯合剂、防腐剂、抗氧化剂。

（3）毒性　ADI值为0~2.5mg/kg体重，安全。

（4）应用与限量　根据GB 2760—2014《食品安全国家标准　食品添加剂使用标准》规定：可用于酱菜、罐头，最大用量0.25g/kg；用于防止有金属引起的变质、变色、变浊及Vc的损失；提高油脂的抗氧化作用；作水处理剂。

3. 柠檬酸亚锡二钠（Disodium Starrnous）（8301护色剂）

（1）理化性质　柠檬酸亚锡二钠为白色结晶，极易溶于水，易吸湿潮解，极易氧化，加热至250℃开始分解，260℃开始变黄，283℃变成棕色。是一种强还原剂，可逐渐消耗罐头食品中的氧。

（2）毒理学参数　小鼠经口 $LD_{50}$ 2.5g/kg体重。致突变实验、Ames试验、骨髓微核试验及小鼠精子染色体畸变试验均未见致突变性。在集体肠胃吸收率为2.3%，48h后由尿排除吸收量的50%，属于无毒品。

（3）应用与限量

①我国GB 2760—2014《食品安全国家标准　食品添加剂使用标准》规定：可用于鱼虾保鲜，最大使用量为0.1g/kg，残留量小于0.01mg/kg；用于香肠（肉肠）、鱼糜制品、葡萄汁、豆制品（豆腐、豆花），最大使用量3.0g/kg；用于发酵粉，可按生产需要适量使用。

②FAO/WHO（1984）规定：可用于午餐肉、肉糜，限量3g/kg。

③柠檬酸亚锡二钠具有抗氧化、防腐蚀、护色作用，广泛用于冷冻柠檬、柑橘、青豆、芦笋、胡萝卜、甜菜根等罐头。按GB 2760—2014《食品安全国家标准　食品添加剂使用标准》，应用于蘑菇罐头、果蔬类罐头，用量0.2g/kg，起护色及降低罐内重金属含量的作用。

4. 不溶性聚乙烯吡咯烷酮（Insoluble Polyvinypyrodione）

（1）安全性　GRAS，ADI值无需规定。

（2）应用　作澄清剂，按标准可在啤酒中按需添加。

### （三）复配型凝固剂

一般由两种或多种凝固剂及辅助剂配成，使凝固性能更优良，效果更稳定，产品品质更好，且多为固体粉末型（表7-1）。

表7-1　　　　　　　　　　　　　　　常见复配型凝固剂

| 名称 | 性状 | 成分及配比/% |
|---|---|---|
| 豆腐凝固剂1 | 粉末 | 硫酸钙99，碳酸钙0.96，二苯基硫胺素0.04 |
| 豆腐凝固剂2 | 粉末 | 硫酸钙50，葡萄糖酸-δ-内酯50 |
| 豆腐凝固剂3 | 粉末 | 硫酸钙70，葡萄糖酸-δ-内酯30 |
| 豆腐凝固剂4 | 白色粉末 | 硫酸钙63，葡萄糖酸-δ-内酯36，氯化钠1 |
| 豆腐凝固剂5 | 白色粉末 | 硫酸钙65，葡萄糖酸-δ-内酯4，氯化镁20，葡萄糖9，蔗糖酯2 |
| 豆腐凝固剂6 | 粉状 | 葡萄糖酸-δ-内酯63，硫酸镁37 |
| 豆腐凝固剂7 | 粉状 | 葡萄糖酸-δ-内酯58，硫酸钙28，葡萄糖酸钙11，天然物3 |
| 豆腐凝固剂8 | 粉状 | 葡萄糖酸-δ-内酯62，氯化镁34，蔗糖酯1，乳酸钙1，L-谷氨酸钠1.8，5′-肌苷酸钠0.2 |
| 软豆腐凝固剂 | 粉末 | 葡萄糖酸-δ-内酯40，硫酸钙58，葡萄糖酸钙8，天然物2 |
| 油炸豆腐凝固剂 | 粉状 | 氯化镁62.5，单甘酯7.5，天然物20，富马酸一钠10 |

# 第三节　水分保持剂

## 一、功能与特点

### （一）定义和功能

水分保持剂是有助于保持食品中水分而加入的物质，多指用于肉类和水产品加工中增强其水分的稳定性和具有较高持水性的磷酸盐类。磷酸盐在肉类制品中可保持肉的持水性，保持肉的营养成分及柔嫩性。除了持水作用外，磷酸盐还有防止啤酒、饮料混浊的作用；用于鸡蛋外壳的清洗，防止鸡蛋因清洗而变质；在蒸煮果蔬时，可用以稳定果蔬中的天然色素。

### （二）特征与特点

利用物质中所含的亲水基团对水分子的吸附和控制作用，减少和降低食品中水分的挥发和损失，以保持食品的新鲜特征。

### （三）类型

1. 水分保持剂种类

食品添加剂中的水分保持剂主要涉及磷酸盐、糖醇与多元醇类物质以及部分亲水性多糖类物质。其中使用最多的是不同形式的磷酸盐。

（1）磷酸盐　包括正磷酸盐、多磷酸盐以及偏磷酸盐等；

（2）糖醇与多元醇类。

①糖醇类包括：麦芽糖醇、山梨糖醇等；

②多元醇类包括：丙二醇、丙三醇等。

2. 磷酸盐

磷酸盐虽属于典型的无机酸盐类，除了提供必要的磷元素外（磷是人类和动物生命不可缺少的矿物质元素，磷酸盐中与磷酸根结合的许多阳离子，如钾、钙、镁、铁、锌也都是人体不可缺少的矿物质），可作为多范围的缓冲试剂使用。在食品添加剂中除用于水分保持剂外，还用于酸味剂、酸度调节剂、抗氧化中使用的螯合剂、增稠剂、膨松剂、加工助剂等，并且可与多种添加剂混合使用，起到辅助和增效的作用。

（1）磷酸盐分类　磷酸盐可分为正磷酸盐、缩聚磷酸盐和复合磷酸盐。食品添加剂涉及的磷酸盐如表 7 - 2 所示。

①正磷酸盐为最简单的磷酸盐，其磷酸根为磷与氧结合构成的 $PO_4$ 四面体：$M_3PO_4$、$M_2HPO_4$、$MH_2PO_4$（M 为一价金属离子）。例如：磷酸钙、磷酸铁、磷酸钾、磷酸钠等。

②缩聚磷酸盐包括：链状的聚磷酸盐（$M_{n+2}P_nO_{3n+1}$）、环状的偏磷酸盐（$MPO_3$）$_n$ 和网状的超磷酸盐（$M_{n+2m}P_nO_{3n+m}$）。例如三聚磷酸钠、六偏磷酸钠、焦磷酸铁等。

③复合磷酸盐包括：多种聚磷酸盐的复合物和聚磷酸复盐。如复合磷酸钾—钠就是一种含有钾、钠的二聚、三聚及多聚磷酸盐，磷酸铁钠和焦磷酸铁钠则都属于磷酸盐复盐。

表 7 - 2　　　　　　　　　　　　　常用食品级的磷酸盐

| 名称 | 分子式 | 相对分子质量 | pH（1% 溶液） | 溶解度/（g/100g 水） | $P_2O_5$ 含量/% |
|---|---|---|---|---|---|
| 磷酸二氢钠 | $NaH_2PO_4$ | 119.98 | 4.5 | 46.0 | 59.2 |
| 磷酸氢二钠 | $Na_2HPO_4$ | 141.96 | 9.1 | 7.8 | 50.0 |
| 磷酸三钠 | $Na_3PO_4$ | 163.94 | 11.9 | 11.0 | 43.3 |
| 磷酸二氢钙 | $Ca(H_2PO_4)_2$ | 234.05 | 3 | 1.8 | 60.6 |
| 磷酸氢钙 | $CaHPO_4$ | 136.06 | 7~8 | 0.02 | 52.2 |
| 磷酸三钙 | $Ca_3(PO_4)_2$ | 310.18 | | 不溶 | 45.8 |
| 焦磷酸二氢二钠 | $Na_2H_2P_2O_7$ | 221.97 | 4.1 | 14.5 | 64.0 |
| 焦磷酸钠 | $Na_4P_2O_7$ | 265.90 | 10.2 | 6.2 | 53.4 |
| 三聚磷酸钠 | $Na_5P_3O_{10}$ | 367.86 | 9.7 | 14.6 | 57.9 |
| 六偏磷酸钠 | $(NaPO_3)_n$ | $(102)_n$ | 5.8~6.5 | 易溶 | ≥68 |
| 磷酸二氢钾 | $KH_2PO_4$ | 136.09 | 4.5 | 22.7 | 52.2 |
| 磷酸氢二钾 | $K_2HPO_4$ | 174.18 | 8.9 | 159.7 | 40.8 |
| 四聚磷酸钠 | $Na_6P_4O_{13}$ | 469.83 | 8.5 | 170 | 60.4 |
| 磷酸三钾 | $K_3PO_4$ | 212.28 | 11.8 | 98.8 | 33.4 |
| 焦磷酸钾 | $K_4P_2O_7$ | 330.35 | 10.3 | 184.8 | 43.0 |
| 三聚磷酸钾 | $K_5P_3O_{10}$ | 448.43 | 9.9 | 200 | 47.5 |

（2）磷酸盐特性

①螯合作用：磷酸盐对许多金属离子具有络合能力，并形成稳定的水溶性络合物，从而降低水的硬度，防止饮料类食品产生沉淀、分层、浑浊、氧化变色、维生素 C 分解等现象，达到保持色泽、延长货架期的目的。磷酸盐对金属离子的螯合能力随聚合度增加而提高（表 7 - 3）。

②缓冲作用：磷酸盐品种不同，其酸碱度各异，pH 从酸性到强碱性。不同磷酸盐按一定的比例配伍可以得到各种 pH 范围的缓冲剂，能够起到高效的 pH 调节和稳定作用。

表 7 - 3　　　　　　　　　　磷酸盐的螯合性　　　　　　　　　　单位：g/100g

| 聚磷酸盐 | $Ca^{2+}$ | $Mg^{2+}$ | $Fe^{3+}$ |
| --- | --- | --- | --- |
| 焦磷酸钠 | 4.7 | 8.3 | 0.273 |
| 三聚磷酸钠 | 13.4 | 6.4 | 0.184 |
| 四聚磷酸钠 | 18.5 | 3.8 | 0.092 |
| 六偏磷酸钠 | 19.5 | 2.9 | 0.031 |

③持水作用：缩聚磷酸盐是亲水性很强的物质，可控制和稳定食品中的水分。在肉制品和海产品加工中是很好的水分保持剂。聚磷酸盐的链越长，其持水性越弱。

④胶溶、乳化、分散性：聚磷酸盐是一种无机类表面活性剂，具有排除离子集聚、使固体微粒分散的作用，并与脂肪乳化和对蛋白质起到增溶效果。

⑤营养强化功能：磷酸钙盐、磷酸镁盐、磷酸铁盐、磷酸锌盐及磷酸锰盐常用作微量矿物元素营养强化剂。磷酸盐的种类与其各种特性的对应关系见图 7 - 16。

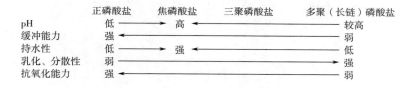

图 7 - 16　磷酸盐的种类与其各种特性的对应关系

## 二、 磷酸盐

1. 磷酸三钠（Trisodium Phosphate）

磷酸三钠又称磷酸钠、正磷酸钠，分子式 $Na_3PO_4$，相对分子质量 163.94，结构式见图 7 - 17。

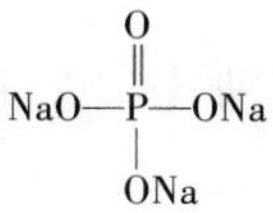

$$NaO-\overset{\overset{O}{\|}}{\underset{\underset{ONa}{|}}{P}}-ONa$$

图 7 - 17　磷酸三钠

（1）理化性质　磷酸三钠为无色至白色晶体颗粒或粉末。易溶于水，不溶于乙醇，1% 水溶液 pH 11.5 ~ 12.0。加热至 212℃ 以上成无水物。

（2）制法　磷酸溶液与氢氧化钠或碳酸钠中和，经浓缩、结晶而得。

（3）毒理学参数　ADI 值，MTDI，70mg/kg 体重（以各种来源的总磷计，FAO/WHO，1994）。

（4）应用与限量　根据 GB 2760—2014《食品安全国家标准　食品添加剂使用标准》规定：磷酸三钠作为水分保持剂、稳定剂、酸度调节剂可用于乳及乳制品、八宝粥罐头、肉类罐头中，最大使用限量为 0.5g/kg；用于其他油脂或油脂制品（仅限植脂末）、饮料类最大使用量为 1.5g/kg；用于预制肉制品、熟肉制品最大使用量为 3.0g/kg；用于干酪最大使用量为 5.0g/kg。

2. 磷酸二氢钠（Sodium Dihydrogen Phosphate）

磷酸二氢钠又称酸性磷酸钠，分子式 $NaH_2PO_4$，相对分子质量 119.98（无水物）。

（1）理化性质　磷酸二氢钠产品分无水物与二水物。二水物为无色至白色，结晶或结晶性粉末，无水物为白色粉末或颗粒。易溶于水（25℃，12%），几乎不溶于乙醇。水溶液呈酸性，1% 溶液的 pH 4.1~4.7。100℃失去结晶水。

（2）制法　浓磷酸加氢氧化钠或碳酸钠，在 pH 4.4~4.6 下控制浓缩、结晶，制得含二分子水的磷酸二氢钠。

（3）毒理学参数　大鼠经口 $LD_{50}$ 8290mg/kg 体重；ADI 值，MTDI 70mg/kg 体重（以各种来源的总磷计。FAO/WHO，1994）。

（4）应用与限量　根据 GB 2760—2014《食品安全国家标准　食品添加剂使用标准》规定：磷酸二氢钠作为水分保持剂可用于婴儿配方食品、较大婴儿和幼儿配方食品、婴幼儿断乳期食品中，可按生产需要适量使用。

3. 焦磷酸钠（Tetrasodium Pyrophosphate）

焦磷酸钠又称二磷酸四钠，分子式 $Na_4P_2O_7 \cdot nH_2O$，相对分子质量 265.9（无水物），化学结构式见图 7-18。

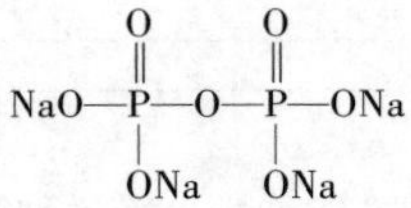

$$
\begin{array}{ccc}
 & O & O \\
 & \| & \| \\
NaO—&P&—O—&P&—ONa \\
 & | & | \\
 & ONa & ONa
\end{array}
$$

图 7-18　焦磷酸钠

（1）理化性质　焦磷酸钠十水物为无色或白色结晶或结晶性粉末，焦磷酸钠无水物为白色粉末，熔点 988℃，相对密度 1.82。溶于水，水溶液呈碱性（1% 水溶液 pH 为 10），不溶于乙醇及其他有机溶剂。与 $Cu^{2+}$、$Fe^{3+}$、$Mn^{2+}$ 等金属离子络合能力强，水溶液在 70℃ 以下尚稳定，煮沸则水解成磷酸氢二钠。

（2）制法　磷酸氢二钠在 200~300℃加热，生成无水焦磷酸钠，溶于水，浓缩后得结晶焦磷酸钠。

（3）毒理学参数　大鼠经口 $LD_{50}$ 4.0g/kg 体重；ADI 值，MTDI 70mg/kg 体重（以各种来源的总磷计。FAO/WHO，1994）。

（4）应用与限量　根据 GB 2760—2014《食品安全国家标准　食品添加剂使用标准》规定：焦磷酸钠作为水分保持剂、膨松剂、酸度调节剂可用于食用淀粉，最大使用量为 0.025g/kg；用于预制水产品（半成品）、八宝粥罐头、水产品罐头、果蔬汁（果肉）饮料、植物蛋白饮料、风味饮料（包括果味饮料、乳味、茶味及其他味饮料）中，最大使用量为1.0g/kg；用于乳及乳制品、冰淇淋类、方便米面制品、预制肉制品、熟肉制品中，最大使用量为5.0g/kg。

4. 三聚磷酸钠（Sodium Tripolyphosphate）

三聚磷酸钠又称三磷酸五钠、三磷酸钠，分子式 $Na_5P_3O_{10}$，相对分子质量367.86，化学结构式见图7-19。

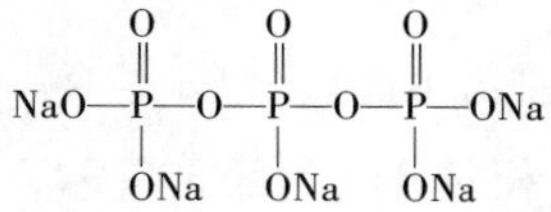

图7-19　三聚磷酸钠

（1）理化性质　三聚磷酸钠为无水盐或含六分子水的物质，白色玻璃状结晶块、片或结晶性粉末，有潮解性。易溶于水，1%水溶液pH约为9.5。能与金属离子结合，无水盐熔点622℃。

（2）制法　磷酸二氢钠与磷酸氢二钠充分混合，加热至550℃脱水制得。

（3）毒理学参数　大鼠经口 $LD_{50}$ 6.5g/kg体重；ADI值，MTDI 70mg/kg体重（以各种来源的总磷计。FAO/WHO，1994）。

（4）应用与限量　根据GB 2760—2014《食品安全国家标准　食品添加剂使用标准》规定：三聚磷酸钠作为水分保持剂可用于八宝粥罐头、肉类罐头、果蔬汁（果肉）饮料、蛋白饮料类、茶饮料中，最大使用量为1.0g/kg；用于乳及乳制品、冰淇淋类、方便米面制品、预制肉制品、熟肉制品中，最大使用量为5.0g/kg。

5. 六偏磷酸钠（Sodium Polyphosphate）

六偏磷酸钠又称磷酸钠玻璃、四聚磷酸钠、格兰汉姆盐。分子式 $(NaPO_3)_6$，相对分子质量611.76，化学结构式见图7-20。

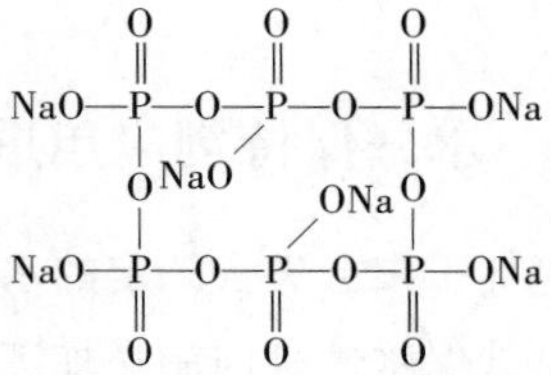

图7-20　六偏磷酸钠

（1）理化性质　六偏磷酸钠为无色透明的玻璃片状或粒状或者粉末状。潮解性强，能溶于水，不溶于乙醇及乙醚等有机溶剂。水溶液可与金属离子形成络合物。二价金属离子的络合物较一价金属离子的络合物稳定，在温水、酸或碱溶液中易水解为正磷酸盐。其中以 $P_2O_5$ 含量来确定成分指标。

（2）制法　由磷酸酐和碳酸钠或由磷酸二氢钠经高温（650℃）聚合制成。

（3）毒理学参数　大鼠经口 $LD_{50}$ 7250mg/kg体重；ADI值，MTDI 70mg/kg体重（以各种来源的总磷计。FAO/WHO，1994）。

（4）应用与限量 根据 GB 2760—2014《食品安全国家标准 食品添加剂使用标准》规定：六偏磷酸钠作为水分保持剂、乳化剂、酸度调节剂可用于茶饮料类中，其最大使用量为 0.5g/kg；用于八宝粥罐头、肉类罐头、水产品罐头、果蔬汁（果肉）饮料、植物蛋白饮料、风味饮料（包括果味饮料、乳味、茶味及其他风味饮料）中，最大使用量为 1.0g/kg；用于乳及乳制品、油脂或油脂制品（仅限植脂末）、冰淇淋类、方便米面制品、预制肉制品、熟肉制品中，最大使用量为 5.0g/kg。

6. 三偏磷酸钠（Sodium Trimetaphosphate）

三偏磷酸钠分子式（NaPO$_3$）$_3$，相对分子质量 305.92，结构式见图 7 – 21。

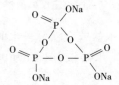

图 7 –21 三偏磷酸钠

（1）理化性质 三偏磷酸钠为白色结晶或结晶性粉末。熔点 627.6℃，相对密度 2.476。易溶于水（21g/100mL），1% 水溶液 pH 约为 6.0。在水溶液中加氯化钠可形成六水盐的结晶体，能与金属离子结合。

（2）制法 由 P$_2$O$_5$ 与 Na$_2$CO$_3$ 在 475 ~ 500℃ 条件下加热制得。

（3）毒理学参数 大鼠经口 LD$_{50}$ 3650mg/kg 体重。

（4）应用与限量 三偏磷酸钠与六偏磷酸钠属同一系列产物，两种产品均含有二者的混合物，因此其理化性质比较相近，二者在添加使用及功能和效果方面也相近。但由于三偏磷酸钠尚未列入 GB 2760—2014《食品安全国家标准 食品添加剂使用标准》中，我国仅作为淀粉变性加工中的交联剂使用。

## 三、 水分保持剂应用进展

肉在冻结、冷藏、解冻、加热等加工中会失去一定的水分，不仅使肉的质地变硬，而且会导致营养成分的损失。因此，肉制品的保水性是肉制品加工生产的关键，其高低直接关系到肉制品的品质。磷酸盐是水分保持剂的主要部分，其中常用作肉制品水分保持剂的包括焦磷酸钠、磷酸、磷酸三钠、六偏磷酸钠、三聚磷酸钠等。研究发现，磷酸盐和改性牛肉结缔组织在生产低脂、高持水性的法兰克香肠中的作用时，磷酸盐是肉制品的一种有效保水剂。生产高品质的乳类制品就成为了当前乳制品企业开拓市场、提高竞争力的关键。磷酸盐在乳类制品的生产中发挥了重要作用：水分保持剂、乳化剂、酸度调节剂、稳定和凝固剂等。面包、馒头等淀粉类食品在冷却和贮藏过程中，会有一部分水从食物中被排挤出来，出现老化离水现象，致使馒头等淀粉类食品出现变硬等不良现象，口感很快劣化。添加水分保持剂以提高淀粉类食品的持水性。在面包的加工过程中，水分保持剂不单独出现，而是与乳化剂、氧化剂、面粉处理剂等一起组成面包改良剂共同作用。

# 第四节　膨松剂

## 一、　功能与特点

1. 定义

膨松剂又称膨胀剂（Leavening Agent）或疏松剂，是糕点和饼干等焙烤食品生产或家庭蒸面食品中常用的添加辅料。作为食品添加剂的功能类别是在食品加工过程中加入的，能使产品起发形成致密多孔组织，从而使制品具有膨松、柔软或酥脆的物质。

膨松剂具有使食品膨胀的作用，但不同于其他填充式膨松剂（Bulking agent）。膨松剂的作用是通过产生的气体或气泡，使添加食品的体积增大，达到膨松、柔软和酥脆的效果。膨松剂不仅能使食品产生松软的海绵状多孔组织，使之口感柔松可口、体积膨大；而且能使咀嚼时唾液很快渗入制品的组织中，以透出制品内可溶性物质，刺激味觉神经，使之迅速反应该食品的风味；当食品进入胃之后，各种消化酶能快速进入食品组织中，使食品能容易、快速地被消化、吸收，避免营养损失。

2. 膨松方法与膨松物质

在食品加工或制作过程中，使食品膨松的方法很多。如利用发酵剂产生气体使食品膨胀，这也是传统的家庭制作发面食品的方法；或通过化学反应产生的气泡促使食品体积变大，如各类化学发面剂或膨松剂的使用；还有通过机械方法同样也可使食品充气和膨胀，如冰淇淋的膨化过程；另外通过快速加热除去气体，也能达到发泡膨松的效果，如油炸食品的制备。从这些膨松、膨胀的方法看，使用膨松剂应是最简单、最快速、最有效果的方法。

膨松剂物质可按物种性质和作用原理简单分为生物膨松剂（Biological Leaveners）、化学膨松剂（Chemical Leaveners）。生物膨松剂是利用活性酵母菌及其制剂，通过酵母发酵过程产生气体使面制品体积膨大，得到膨松的效果。过去多使用压榨鲜酵母，但由于其不易久存，制作时间长而被现在使用的活性干酵母（Active Dry Yeast）所代替。干酵母是由压榨酵母经低温干燥而成的酵母制品，一般需要用温水溶解和活化后再使用。干酵母常被列入食品及其食物原料的类别中。

化学膨松剂是一些能够不经过发酵过程就可以让面团产生气体、变得膨大松软的物质。目前食品工业中使用的化学膨松剂包括明矾、酒石酸氢钾、磷酸氢铵以及碳酸氢钠等碱性盐类。化学膨松剂可以分为两种：一是碱性膨松剂，如碳酸氢钠（小苏打）、碳酸氢铵（臭粉）；另一种是复合膨松剂又称发酵粉（Baking powder）或发泡粉、焙粉，即由硫酸铝钾或硫酸铝铵与碳酸盐调配而成的混合物。碱性膨松剂在一定温度下在面团中缓慢分解，从而释放出 $CO_2$，使面团膨胀；复合膨松剂是由碱剂、酸剂与填充剂混合而成，在加热的面团中，酸和碱发生中和反应后，释放出大量 $CO_2$ 气体。食品添加剂中的膨松剂一般多指化学膨松剂。

3. 膨松剂要求

食品加工中使用的膨松剂除了具有安全性可靠、价格低廉的基本特点外，还应该注意对其在使用性能以及贮运稳定性方面的要求，如：

①能以较低的使用量产生较多的气体；

②在冷面团里面产生气体慢，而加热时则能均匀地产生充足的气泡；

③加热分解后的残留物不影响成品的风味和质量；

④贮存方便，在贮存期内不易发生分解和失效。

# 二、 作用原理

## （一） 生物膨松剂

目前使用的生物膨松剂大多以酵母或酵母制品为主。其膨化原理是酵母菌通过利用食品中的糖类和其他营养物质，先后进行有氧呼吸与无氧呼吸，产生水、$CO_2$ 和少量有机酸物质，使面制品体积膨大并形成海绵状网络组织。利用酵母作膨松剂，需要注意控制面团的发酵温度和酸度。因为温度过高（超过 35℃）时，乳酸菌会大量繁殖，使面团的酸度增加；而面团的 pH 控制在 5.5 时，方可得到容积最大的膨化效果。

## （二） 化学膨松剂

化学膨松剂是由食用化学物质配制的，可分为单一膨松剂和复合膨松剂。

1. 单一膨松剂　常用的单一膨松剂有碳酸氢钠（$NaHCO_3$）和碳酸氢铵（$NH_4HCO_3$）。两者均是碱性化合物，受热时分解均产生 $CO_2$ 气体：

$$NaHCO_3 \longrightarrow CO_2 \uparrow + Na_2CO_3 + H_2O$$

$$NH_4HCO_3 \longrightarrow CO_2 \uparrow + NH_3 \uparrow + H_2O$$

碳酸氢铵对温度不稳定，在焙烤温度下即分解。由于碳酸氢钠分解的残留物 $Na_2CO_3$ 在高温下会与油脂作用产生皂化反应，使制品品质不良、口味不纯、pH 升高、颜色加深，并破坏组织结构；而碳酸氢铵分解产生的气体量大，容易使成品过松和内部出现大的气室或空洞。同时过量的 $NH_3$ 易残留，并使面制品出现氨臭味和碱味等不良现象。氨的碱性对伴随的维生素类成分有一定的破坏性。此外，单一的碱性膨松剂所产生的气体相对比复合膨松剂少，而且不均匀。所以碳酸氢铵通常只用于水分含量较少和需高温处理的产品中，如饼干、膨化酥饼等加工食品。单一膨松剂一般价格低于复合膨松剂。

2. 复合膨松剂

复合膨松剂是为克服碱性膨松剂的缺点，经过复配的混合膨松剂。一般由三种成分组成：碳酸盐类、酸性盐类（如硫酸铝钾、硫酸铝铵、酒石酸氢钾、磷酸氢钙等）、淀粉和脂肪酸等。其中的主要组分是酸性盐。它可与碳酸盐发生化学反应而产生气体。在分解碳酸盐的同时还能有效地降低成品的碱性。

（1）产气反应

①碳酸氢钠与酸性盐：

$$NaHCO_3 + KAl(SO_4)_2 \longrightarrow CO_2 \uparrow + NaKSO_4 + Al(OH)_3 + H_2O$$

②碳酸氢铵与酸性盐：

$$NH_4HCO_3 + NH_4Al(SO_4)_2 \longrightarrow CO_2 \uparrow + NH_3 \uparrow + Al_2(SO_4)_3 + H_2O$$

（2）产气反应速度　复合膨松剂还可依产生气体的速度分为三类：

①快性发粉：通常在食品烘焙前产生膨松气体；

②慢性发粉：在食品烘焙前产生的气体较少，大部分在加热后才放出；

③双重反应发粉：含有快性和慢性发粉，二者混合而制成。

复合膨松剂的产气速度依赖于酸性盐与碳酸氢钠的反应速度，不同的产品要求发粉的产气速度不尽相同。如蛋糕类使用发粉应为双重发粉，因为在烘焙初期产气太多，体积迅速膨大，此时蛋糕组织尚未凝结，成品易塌陷且组织较粗，而后期则无法继续膨大；若慢性发粉太多，初期膨胀慢，制品凝结后，部分发粉尚未产气，使蛋糕体积小，失去膨松意义。馒头、包子所用发粉由于面团相对较硬，需要产气稍快，若凝结后产气过多，成品将出现"开花"现象。而像油条油炸食品，需要常温下尽可能少产气、遇热产气快的发粉。

在复合膨松剂配制中，应尽可能使碳酸氢钠与酸性盐的反应完全，一方面可使产气量大，另一方面能使发粉的残留物为中性盐，保持成品的色、味。同时为避免氨的残留，碳酸氢铵及酸性铵盐仅用于饼干等低水分焙烤食品。家庭蒸食和面包制作使用的发粉则以碳酸氢钠为主。

不同的发粉对温度的敏感程度是不一样的。对温度不太敏感的发粉，只有在接近最高焙烤温度时，才显示出较剧烈的作用。例如，磷酸一氢钙，它是一种微碱性酸式盐，在室温下并不与碳酸氢钠发生反应；可是，在焙烤温度升至60℃以上时，它可在水的作用下释放出氢离子。

（3）酸性物质类别　各种复合膨松剂中的不同酸性物质能表现出与碳酸盐反应和产生气体的速度差异。常用的酸性物质主要有以下几类。

①有机酸类：许多有机酸（如柠檬酸、酒石酸、乳酸等）的反应都是速效的，遇水立即溶解，发生反应而产气。因此在和面时就开始产生气体，到烘烤时产气量明显下降而使膨松效果受到影响，为此可通过酸性盐（如酒石酸氢钾）或酯（如葡萄糖酸酯）来解决直接加酸带来的问题。酸性盐性质较稳定、反应速度相对较慢，这样可以更充分地发挥气体的膨松作用。葡萄糖酸内酯虽然本身不是酸，但加热水解呈酸的作用使其反应产气更均匀。用它配制复合膨松剂，可制成组织更加膨松、细腻、口味良好的效果。

②酸性磷酸盐：包括磷酸二氢钙、磷酸氢钙、焦磷酸盐等。酸性磷酸盐性质比有机酸盐稳定。虽在加水和面时也开始产气，但反应缓慢。使用酸性磷酸盐的成品口味和光泽较好，但有时出现内部组织中气泡不规则的现象。

③明矾类：包括钾明矾和铵明矾等。明矾类的产气是通过铝盐的分步水解反应来完成的，因此其产气速度最慢。其成品内部的膨松效果较好，口感较硬、口味略差。除铵明矾宜在低水分和高温加热条件的使用要求外，还应注意控制铝盐在食品中的残留限量。

通常发粉中所用的酸式盐包括：酒石酸氢钾、硫酸铝钠、葡萄糖酸 $\delta$ - 内酯、硫酸铝钠、各种磷酸氢钙、磷酸铝钠、酸式焦磷酸钠等磷酸盐。其与碳酸氢钠的产气反应速度比较如表7-4所示。

表7-4　　　　　　　　　　几种酸式盐及性质

| 化学名称 | 化学式 | 反应速度 |
|---|---|---|
| 硫酸铝钠 | $Na_2SO_4 \cdot Al_2(SO_4)_3$ | 慢 |
| 硫酸铝钾 | $KAl(SO_4)_2$ | 慢 |
| 二水磷酸氢钙 | $CaHPO_4 \cdot 2H_2O$ | 慢 |
| 一水磷酸二氢钙 | $Ca(H_2PO_4)_2 \cdot H2O$ | 快 |
| 磷酸铝钠 | $NaH_{14}Al_3(PO_4)_8 \cdot 4H_2O$ | 中等 |
| 酒石酸氢钾 | $C_4H_5O_6K$ | 极快 |
| 酸式焦磷酸钠 | $Na_2H_2P_2O_7$ | 慢 |
| 葡萄糖酸 $\delta$ - 内酯 | $C_6H_{10}O_6$ | 极慢 |

方便食品的崛起刺激了配制发粉混合物和冷冻生面团的大量销售。在白色和黄色蛋糕粉中，最广泛使用的发粉包含无水磷酸二氢钙和磷酸铝钠；巧克力蛋糕粉则通常包含无水磷酸二氢钙和酸式焦磷酸钠。饼干和面包制品所用的冷冻生面团，要求在制备和包装期间以较慢的起始速率释放 $CO_2$，而在焙烤期则大量释放气体。饼干配方按总生面团重量计算，通常含 1% ~ 1.5% 的碳酸氢钠和 1.4% ~ 2.0% 作用缓慢的发粉，如有覆盖层的磷酸一氢钙和酸式焦磷酸钠。

酵母和复合膨松剂单独使用时，各有不足之处。酵母发酵时间较长，有时制得的成品海绵状结构过于细密、体积不够大；而合成膨松剂则正好相反，制作速度快、成品体积大，但组织结构疏松，口感较差。二者配合正好可以扬长避短，制得理想的产品。

## 三、 常用膨松剂

### （一） 复合膨松剂

复合膨松剂多采用以碳酸氢钠或碳酸氢铵为主要组分，再复配一些酸性物质。一般酸性物质为 10% ~ 20% 作用快的无水磷酸二氢钙和 80% ~ 90% 作用较慢的磷酸铝钠或酸式焦磷酸钠。在已制好的饼干配料中，发酵粉通常包含 30% ~ 50% 无水磷酸一氢钙和 50% ~ 70% 磷酸铝钠或酸式焦磷酸钠。表 7 - 5 所示为几种与碳酸氢钠复配的组分配方。

表 7 - 5　　　　　　　　　　几种复合膨松剂的组分配比

| 组分物质 | 配方比例/% | | | | |
| --- | --- | --- | --- | --- | --- |
| | 1 | 2 | 3 | 4 | 5 |
| 碳酸氢钠 | 25 | 23 | 30 | 40 | 35 |
| 酒石酸 | — | 3 | — | — | — |
| 酒石酸氢钾 | 52 | 26 | 6 | — | — |
| 磷酸二氢钾 | — | 15 | 20 | — | — |
| 钾明矾 | — | — | 15 | — | 35 |
| 烧明矾 | — | — | — | 52 | 14 |
| 轻质碳酸钙 | — | — | — | 3 | — |
| 淀粉 | 23 | 33 | 29 | 5 | 16 |

### （二） 单一膨松剂

1. 碳酸氢钠 （Sodium Bicarbonate）

碳酸氢钠又称小苏打、重碳酸钠、酸式碳酸钠，分子式 $NaHCO_3$，相对分子质量 84.01。

（1）理化性质　碳酸氢钠为白色结晶性粉末。相对密度 2.20。熔点 270℃，加热至 50℃时开始分解并放出 $CO_2$，至 270 ~ 300℃ 时，成为碳酸钠。易溶于水（9.6%，20℃），呈碱性（pH 7.9 ~ 8.4），不溶于乙醇。遇酸立即分解而释放 $CO_2$ 气体。

（2）制法　由碳酸钠与 $CO_2$ 反应而得。

（3）毒理学参数　大鼠经口 $LD_{50}$ 4.3g/kg；ADI 无限制性规定（FAO/WHO，1994）；GRAS FDA - 21CFR 184.1736。

（4）应用与限量　根据 GB 2760—2014《食品安全国家标准　食品添加剂使用标准》规定：碳酸氢钠可作为膨松剂用于各类食品中，按生产需要适量使用。

## 2. 硫酸铝钾 （Aluminium Potassium Sulphate）

硫酸铝钾又称钾明矾、烧明矾、明矾、钾矾，分子式 $AlK(SO_4)_2 \cdot 12H_2O$，相对分子质量 474.3（含水）；258.2（无水）。

（1）理化性质 硫酸铝钾为无色透明结晶或白色结晶性粉末、片、块，无臭，相对密度 1.757，熔点 92.5℃，略有甜味和收敛涩味。在空气中可风化成不透明状，加热至200℃以上因失去结晶水而成为白色粉状的烧明矾。可溶于水，溶解度随水温升高而显著增大，在水中可水解生成氢氧化铝胶状沉淀。可缓慢溶于甘油，几乎不溶于乙醇。

（2）制法 由明矾石燃烧后，经萃取、蒸发、结晶制得。

（3）毒理学参数 猫经口 $LD_{50}$ 5~10g/kg 体重；ADI 值未提出（FAO/WHO，1994 始）；GRAS FDA-21CFR 184.11129。

（4）应用与限量 根据 GB 2760—2014《食品安全国家标准 食品添加剂使用标准》规定：硫酸铝钾可作为膨松剂用于豆类制品、小麦粉及其制品、虾味片、焙烤食品、威化饼干、水产品及其制品（包括鱼类、甲壳类、贝类、软体类、棘皮类等水产品及其加工制品）、油炸食品、膨化食品中，并按生产需要适量使用。添加食品中铝的残留量≤100mg/kg（以干样品中 Al 计）。

## 3. 磷酸氢钙 （Calcium Hydrogen Phosphate）

磷酸氢钙又称磷酸一氢钙，分子式 $CaHPO_4 \cdot 2H_2O$，相对分子质量 172.09（含水）；136.06（无水）。

（1）理化性质 磷酸氢钙无水物或含2分子水的水合物为白色粉末，无臭，无味，在空气中稳定。几乎不溶于水（0.02%，25℃），易溶于稀盐酸、稀硝酸和乙酸，不溶于乙醇。

（2）制法 磷酸氢钙可由磷酸与石灰乳或碳酸钙反应制得。

（3）毒理学参数 ADI：70mg/kg 体重（以各种来源的总磷计。FAO/WHO，1994）。

（4）应用与限量 根据 GB 2760—2014《食品安全国家标准 食品添加剂使用标准》规定：磷酸氢钙可作为膨松剂用于各类食品中，按生产需要适量使用。

## 4. 硫酸铝铵 （Aluminium Ammonium Sulfate）

硫酸铝铵又称铵明矾、铵矾、铝铵矾，分子式 $AlNH_4(SO_4)_2 \cdot 12H_2O$，相对分子质量 453.32（十二水物）。

（1）理化性质 无色至白色结晶，或结晶性粉末、片块。无臭，有收敛涩味，相对密度 1.465，熔点 94.5℃。加热至250℃时，脱去结晶水成为白色粉末，即烧明矾。超过280℃则分解，并释放出氨气。易溶于水（13g/100mL，25℃），水溶液呈酸性，不溶于乙醇。

（2）制法 由硫酸铝溶液与硫酸铵混合反应制得。

（3）毒理学参数 猫经口 $LD_{50}$ 8~10g/kg 体重；ADI 值 0~0.6g/kg 体重；（对铝盐类，以铝计，FAO/WHO，1994）。

（4）应用与限量 根据 GB 2760—2014《食品安全国家标准 食品添加剂使用标准》规定：硫酸铝铵可作为膨松剂在食品中使用。使用范围与限量要求同硫酸铝钾。

## 5. 碳酸氢铵 （Ammonium Bicarbonate）

碳酸氢铵又称重碳酸铵、酸式碳酸铵、食臭粉，分子式 $NH_4HCO_3 \cdot 2H_2O$，相对分子质量 79.06。

（1）理化性质 碳酸氢铵为无色到白色结晶，或白色结晶性粉末，略带氨臭，相对密度

1.586。在室温下稳定，在空气中易风化，稍吸湿，对热不稳定，60℃以上迅速挥发，分解为氨、二氧化碳和水。易溶于水（1g 溶于约 6mL 水中），水溶液呈碱性。可溶于甘油，不溶于乙醇。

（2）制法　将 $CO_2$ 通入氨水中饱和后经结晶制得。

（3）毒理学参数　小鼠静脉注射 $LD_{50}$ 245mg/kg 体重；ADI 值无需规定（FAO/WHO，1994）。

（4）应用与限量　根据 GB 2760—2014《食品安全国家标准　食品添加剂使用标准》规定：碳酸氢铵可作为膨松剂用于各类食品中，按生产需要适量使用。

6. 酒石酸氢钾（Potassium Acid Tartrate）

酒石酸氢钾又称酸式酒石酸钾、酒石，分子式 $C_4H_5O_6K$，相对分子质量 188.18，化学结构式见图 7-22。

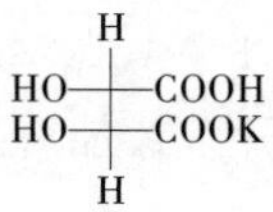

图 7-22　酒石酸氢钾

（1）理化性质　酒石酸氢钾为无色结晶或白色结晶性粉末，无臭，有清凉的酸味。强热后炭化，且具有砂糖烧焦气味。相对密度 1.956。难溶于冷水，可溶于热水。饱和水溶液的 pH 为 3.66。不溶于乙醇。

（2）制法　由酿造葡萄酒时的副产品酒石，经水萃取后进一步用酸或碱等结晶制得；或用酒石酸与氢氧化钾或碳酸钾作用，经精制制得。

（3）毒理学参数　小鼠经口 $LD_{50}$ 6.81g/kg 体重。

（4）应用与限量　根据 GB 2760—2014《食品安全国家标准　食品添加剂使用标准》规定：酒石酸氢钾可作为膨松剂用于小麦粉及其制品及焙烤食品中，最大使用量为 250mg/kg。

7. 轻质碳酸钙（Calcium Bicarbonate）

轻质碳酸钙又称沉淀碳酸钙、轻质碳酸钙，分子式 $CaCO_3$，相对分子质量 100.09。

（1）理化性质　碳酸钙依粉末粒径大小不同，分为重质碳酸钙（30~50mm）、轻质碳酸钙（5mm）和胶体碳酸钙（0.03~0.05mm）三种，其他性状基本相同。本品为白色微晶粉末，无臭，无味。熔点 825℃，分解变成 $CO_2$ 和氧化钙。在空气中稳定，溶于稀乙酸、稀盐酸和稀硝酸，并产生 $CO_2$。难溶于稀硫酸，几乎不溶于水和乙醇。若有铵盐或 $CO_2$ 存在，可增大其在水中的溶解度。任何碱金属的氢氧化物的存在，均可降低其溶解度。

（2）毒理学参数　大鼠经口 $LD_{50}$ 6450mg/kg 体重；ADI 值无需规定（FAO/WHO，1994）。

（3）应用与限量　根据 GB 2760—2014《食品安全国家标准　食品添加剂使用标准》规定：碳酸钙（包括轻质和重质碳酸钙）可作为膨松剂用于各类食品中，按生产需要适量使用。

## 四、膨松剂的发展

为利于食品生产企业在生产中的有效控制，充分提高产品的蓬松效果，适应消费者的需求，应大力研究开发和推广能替代明矾的安全、高效、方便的无铝复合膨松剂。无铝膨松剂是可与食用碱反应生成 $CO_2$ 气体，但本身又不含铝的化学膨松剂，按照试验确定比例组成的复合膨松剂。无铝膨松剂的优点很多，安全、高效、方便，适应于消费者的需求，也是近年来膨松剂的主要发展趋势，应逐步成为食品企业使用膨松剂的首选。

🔍 思考题

1. 什么是食品增稠剂？增稠剂一般具有哪些特点？
2. 增稠剂按来源如何进行分类？
3. 解释琼脂的胶凝机理与特性，在相关食品的生产中如何利用这种特性？
4. 简述黄原胶的增稠特性及其生产应用。
5. 冷冻食品中常使用哪些增稠剂？举例说明。
6. 综述国内外增稠剂的发展趋势和前景。

第八章

# 调味类添加剂

## 内容提要

　　本章主要介绍酸度调节剂、增味剂和甜味剂三类添加剂的特点，风味阈值、相对甜度的概念及影响因素；典型物种的添加作用与使用要求。

## 教学目标

　　了解酸度调节剂、增味剂和甜味剂特殊添加功能及对加工食品的影响；掌握对不同甜味剂的使用要求。

## 名词及概念

　　酸度调节剂、增味剂、天然与合成甜味剂、阈值。

　　中国在食品添加剂中对调味剂的分类仅涉及了酸度调节剂、增味剂和甜味剂三种。调味是利用风味材料进行调整和改善食品的不同口味或滋味，以获得良好的感官效果。为了得到色、香、味俱佳的美食产品，通过运用调味类食品添加剂，使加工食品更加香甜可口，味道鲜美，更加激发消费者的食欲。

　　一般来讲，食品进入口腔引起人的味觉是判断食品风味的重要指标。食品的风味是指食物进入口腔咀嚼时或者饮用时通过口腔内的味道受体细胞所感受的一种综合感觉，这主要取决于舌头表面的味蕾组织。各国对味觉的分类并不一致，我国分为酸、甜、苦、辣、咸、鲜、涩七种味；日本分酸、甜、苦、辣、咸五种味；欧美分为六种，即甜、酸、咸、苦、辣和金属味。在生理学上只有酸、甜、苦、咸四种基本口味，近年来鲜味已被列为第五种基本味道。

　　酸味通常是由氢离子（$H^+$），在化学上更准确地说是酸的水合氢离子（$H_3O^+$）引起的。然而，单独的 $H^+$ 不能给人以酸味感觉。感觉上的酸味不总是正比于化学法测量的酸性（pH），酸的分子结构对酸味的感觉起着非常重要的作用。在许多食品中，酸味主要来自于其中的有机酸（如柠檬酸、乳酸、酒石酸或乙酸等）。磷酸是唯一一个对食品酸味起重要作用的无机酸类的酸味剂（多用于软饮料中）。

对于甜味，人们常常会与碳水化合物自然联系在一起，然而，除此之外，带有甜味的物质还包括多元醇类（如山梨醇、甘露醇、木糖醇等）、一些氨基酸及合成的甜味剂（如糖精、甜蜜素、天门冬酰苯丙氨酸甲酯、安赛蜜）等物质。

能够带来鲜味的物质，主要为谷氨酸盐、嘌呤核苷磷酸钠盐，如肌苷酸钠（IMP）、鸟苷酸钠（GMP）和腺苷酸钠（AMP）。下面将重点讲述在食品加工中广泛应用的酸味剂、鲜味剂和甜味剂。

# 第一节　酸味剂

## 一、　酸味剂概述

1. 定义与功能

酸味剂是赋予食品酸味的物质，在食品添加剂的分类定义中是用以维持或改变食品酸碱度的物质。酸味给味觉以爽快的刺激，具有增进食欲的作用。酸还具有一定的防腐和抑菌作用，又有助于纤维素及钙、磷等物质的溶解，促进人体的消化吸收。

酸味是味蕾受到 $H^+$ 刺激的一种感觉。酸味剂的阈值与 pH 的关系是：无机酸的酸度值为 pH 3.4 ~ 3.5，其酸味阈值为 pH 3.7 ~ 4.9。大多数食品在 pH 5.0 ~ 6.5，虽然呈弱酸性，但却无酸味感觉，若 pH 在 3.0 以下，酸味感较强，且难以适口。此外，酸味感的时间长短并不与 pH 成正比，解离速度慢的酸味维持时间久，解离速度快的酸味剂的味觉会很快消失。酸味剂解离出 $H^+$ 后的阴离子，也影响酸味。在相同的 pH 下酸味的强度不同，其顺序为：乙酸 > 甲酸 > 乳酸 > 草酸 > 盐酸。如果在相同浓度下，把柠檬酸的酸味强度定为 100，则酒石酸的相对强度为 120 ~ 130，磷酸为 200 ~ 230，富马酸为 263，L - 抗坏血酸仅为 50。

酸味剂中不同物种是根据其分子羟基、羧基、氨基等基团的数量多少以及在分子结构中所处的位置等要素而产生酸味差异。目前在食品中常用的酸味剂有以下几种：磷酸、柠檬酸、乳酸、酒石酸、偏酒石酸、苹果酸、富马酸、抗坏血酸、葡萄糖酸、乙酸及琥珀酸。按其口感的不同可分成：令人愉快的酸味剂（如柠檬酸、L - 苹果酸等）；有苦味的酸味剂（如 DL - 苹果酸）；带有涩味的酸味剂（如磷酸、酒石酸等）；有刺激性气味的酸味剂（如乙酸）。

在使用中，酸味剂与其他调味剂的作用是：酸味剂与甜味剂之间有拮抗作用，两者易相互抵消，故食品加工中常需要控制一定的糖酸比。酸味与苦味、咸味一般无拮抗作用。酸味剂与涩味物质混合，会使酸味增强。酸味剂在食品中的应用如下。

（1）用于调节食品体系的酸碱性　如在凝胶、干酪、果冻、软糖、果酱等产品中，为了取得产品的最佳形态和韧度，必须恰当地选择酸及用量，果胶的凝胶、干酪的凝固尤其如此。酸味剂降低了体系的 pH，可以抑制许多有害微生物的繁殖，抑制不良的发酵过程，并有助于提高酸性防腐剂的防腐效果，减少食品高温杀菌温度和时间，从而减少高温对食品结构与风味的不良影响。

（2）用作香味辅助剂　酸味剂广泛应用于调香。许多酸味剂都构成特定的香味，如酒石酸可以辅助葡萄的香味，磷酸可以辅助可乐饮料的香味，苹果酸可辅助许多水果和果酱的香味。酸味剂能平衡风味、修饰蔗糖或甜味剂的甜味。

（3）可作螯合剂　某些金属离子如 $Ni^{3+}$、$Cr^{3+}$、$Cu^{2+}$、$Se^{2+}$ 等能加速氧化作用，对食品产生不良的影响，如变色、腐败、营养素的损失等。许多酸味剂具有螯合这些金属离子的能力，酸与抗氧化剂、防腐剂、还原性漂白剂复配使用，能起到增效的作用。

（4）酸味剂遇碳酸盐可以产生 $CO_2$ 气体　这是化学膨松剂产气的基础，而且酸味剂的性质决定了膨松剂的反应速度。

（5）某些酸味剂具有还原性　在水果、蔬菜制品的加工中可以作护色剂，在肉类加工中可作为护色助剂。

酸味剂在使用时还须注意：由酸味剂电离出的 $H^+$ 对食品加工的影响，如对纤维素、淀粉等食品原料的降解作用以及同其他食品添加剂的相互影响。因此，在食品加工中需要考虑加入酸味剂的程序和时间，否则会产生不良后果；当使用固体酸味剂时，要考虑它的吸湿性和溶解性，因此，必须采用适当的包装材料和包装容器。阴离子除影响酸味剂的风味外，还能影响食品风味，如前所述的盐酸、磷酸具有苦涩味，会使食品风味变劣，而酸味剂的阴离子常常使食品产生另一种味，这种味称为副味，一般有机酸可具有爽快的酸味，而无机酸一般酸味不很适口；此外酸味剂有一定的刺激性，能引起消化系统的疾病。

2. 影响酸味的因素

（1）酸的强度与刺激阈值　酸味剂的酸味是溶液中解离的氢离子刺激味觉神经的感觉，但是，酸味的强弱不能单用 pH 来表示。例如同一 pH 的弱酸比强酸的酸味强。由此可知弱酸所具有的未离解的氢离子（与 pH 无关）与酸味也有关系。以同一浓度来比较不同酸的酸味强度，其顺序为：磷酸 > 醋酸 > 柠檬酸 > 苹果酸 > 乳酸。

酸味的刺激阈值是指感官上能尝出酸味的最低浓度，例如柠檬酸刺激阈值的最大值为 0.08%，最小值为 0.0025%。若用 pH 来衡量，一般来说，无机酸的酸味阈值为 pH 3.4 ~ 3.5，有机酸则为 pH 3.7 ~ 3.9。而对缓冲溶液来说，即使是离子浓度更低，也可感觉到酸味。

（2）温度　温度不同，味觉感受也不相同。酸味与甜味、咸味及苦味相比，受温度的影响最小。各种味觉在常温时的阈值与 0℃ 时的阈值相比，则都变钝。例如盐酸奎宁的苦味约减少 97%，食盐的咸味减少 80%，蔗糖的甜味减少 75%，而柠檬酸的酸味则仅减少 17%。

（3）其他味觉　酸味与甜味、咸味、苦味等味觉可相互影响，甜味与酸味易互相抵消，故在食品加工中，对某些制品需要控制一定的糖酸比。酸味与咸味难以互相抵消。但酸味与某些苦味物质或收敛性物质（如单宁）混合，则能使酸味增强。

## 二、　常用酸味剂

1. 柠檬酸（Citric Acid）

柠檬酸又称枸橼酸，化学名称 3 - 羟基 - 3 - 羧基戊二酸，分子式 $C_6H_8O_7 \cdot H_2O$，相对分子质量 210.14。结构式见图 8 - 1。

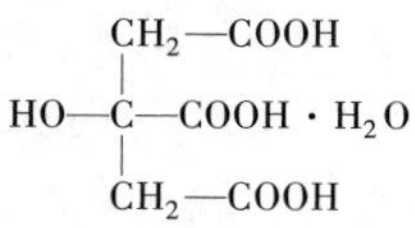

$$CH_2—COOH$$
$$HO—C—COOH \cdot H_2O$$
$$CH_2—COOH$$

图 8 - 1 柠檬酸

（1）制法　柠檬酸可由水果提取，也可用化学法合成，还可用发酵法制备。

①提取法：柠檬酸可以柠檬、橙、橘子等柠檬酸含量较高的水果为原料，先进行榨汁、放置发酵、沉淀、加石灰乳，取沉淀的柠檬酸钙，然后用硫酸交换分解后精制而得。

②发酵法：发酵法是制取柠檬酸的主要方法，它是以废糖蜜、淀粉、糖质等为原料，用黑曲霉发酵、沉淀，然后用石灰乳处理，获得的柠檬酸钙用硫酸交换分解，精制而得。

（2）理化性质　柠檬酸是一种应用广泛的酸味剂，为无色透明结晶或白色颗粒、白色结晶性粉末，无臭，味极酸，酸味爽快可口。在干燥空气中可失去结晶水而风化，在潮湿空气中徐徐潮解。极易溶解于水，也易溶于甲醇、乙醇，略溶于乙醚。相对密度 1.542，熔点 153 ~ 154℃。水溶液呈酸性。20℃时在水中的溶解度为 59%，其 2% 水溶液 pH2.1。柠檬酸易溶于水，使用方便，酸味纯正，温和，芳香可口。其刺激阈的最大值为 0.08%，最小值为 0.02%。易与多种香料配合而产生清爽的酸味，适用于各类食品的酸化。

柠檬酸有较好的防腐作用，特别是抑制细菌的繁殖效果较好。它螯合金属离子的能力较强，作为金属封锁剂，作用之强居有机酸之首，能与本身质量的 20% 的金属离子螯合。可作为抗氧化增强剂，延缓油脂酸败，也可作色素稳定剂，防止果蔬褐变。

柠檬酸与柠檬酸钠或钾盐等配成缓冲液，可与碳酸氢钠配成起泡剂及 pH 调节剂等，可改善冰淇淋质量，制作干酪时容易成形和切开。

（3）毒理学参数　$LD_{50}$ 为 975mg/kg，柠檬酸是人体三羧酸循环的重要中间体，无蓄积作用，正常的使用量可认为是无害的。许多试验结果表明，柠檬酸及其钾盐、钠盐对人体没有明显危害。

（4）应用与限量　根据我国 GB 2760—2014《食品安全国家标准　食品添加剂使用标准》规定：在婴幼儿配方食品、婴幼儿辅助食品、浓缩果蔬汁（浆）按生产需要适量使用。

2. 乳酸（Lactic Acid）

乳酸又称丙醇酸，化学名称 2 - 羟基丙酸，分子式 $C_3H_6O_3$，相对分子质量 90.08。其分子结构中含有一个不对称碳原子，因此具有旋光性。按其构型及旋光性可分为 L - 乳酸、D - 乳酸和 DL - 外消旋乳酸三类，但人体只具有代谢 L - 乳酸的 L - 乳酸脱氢酶，因此只有 L - 乳酸能被人体完全代谢，且不产生任何有毒、副作用的代谢产物，D - 乳酸或 DL - 乳酸的过量摄入则有可能引起代谢紊乱，甚至导致中毒。结构式见图 8 - 2。

$$COOH \qquad\qquad COOH$$
$$HO—C—H \qquad\qquad H—C—HO$$
$$CH_3 \qquad\qquad\quad CH_3$$
$$(1) \qquad\qquad\qquad (2)$$

图 8 - 2 乳酸

（1）L - 乳酸　（2）D - 乳酸

（1）理化性质　乳酸制剂多为乳酸与乳酸酐的混合物，其乳酸含量大于 85.0%。产品为澄清无色或微黄色的糖浆状液体，几乎无臭，味微酸，有吸湿性，能与水完全互溶，水溶液呈酸性。相对密度为 1.206（20℃）。可与水、乙醇、丙酮或乙醚任意混合，不溶于氯仿。L-乳酸分子内含有羟基和羧基，有自动酯化能力，脱水能聚合成聚 L-乳酸。

（2）制法　乳酸发酵一般采用德式乳杆菌，发酵培养基以淀粉水解糖、玉米粉、碳酸钙、碳酸氢钙等为主要成分，在 45~50℃ 下发酵 4~5d，发酵过程中可缓慢搅拌，间断地补加碳酸钙，使 pH 9~10，升温澄清，从溶液中提取乳酸。

（3）毒理学参数　大鼠经口 $LD_{50}$ 3730mg/kg 体重。乳酸异构体有 DL-型、D-型和 L-型三种。L-型为哺乳动物体内正常代谢产物，在体内分解为氨基酸和二羧酸物，几乎无毒。ADI 值不需要规定。

（4）应用与限量　乳酸在自然界中广泛存在，是世界上最早使用的酸味剂。按我国 GB 2760—2014《食品安全国家标准　食品添加剂使用标准》规定：乳酸在婴幼儿配方食品中按生产需要适量使用。

按 FAO/WHO（1984）规定，乳酸的使用范围和最大用量为：番茄、梨、草莓、沙丁鱼、鲭鱼、鲹鱼等罐头、人造奶油、酸黄瓜、肉汤羹、食用真菌、冷饮、婴儿食品等，用量按正常生产需要量添加。在果酱，果冻和橘皮冻中，用于调整和保持 pH 2.8~3.5。在番茄浓缩物中，用于调整 pH 小于 4.3。加工谷物为基料的儿童食品中，用量为 15g/kg；加工干酪中的用量为 40g/kg；婴儿罐头食品用量为 2g/kg。

**3. 酒石酸（Tartaric Acid）**

化学名称 2，3-二羟基丁二酸，分子式 $C_4H_6O_6$，相对分子质量 150.09。酒石酸分子中有 2 个不对称的碳原子，存在 D-酒石酸、L-酒石酸、DL-酒石酸和中酒石酸（内消旋体）4 种异构体。DL-酒石酸和中酒石酸的溶解性不及 D 型和 L 型异构体，用作酸味剂的主要是 D-酒石酸和 L-酒石酸。结构式见图 8-3。

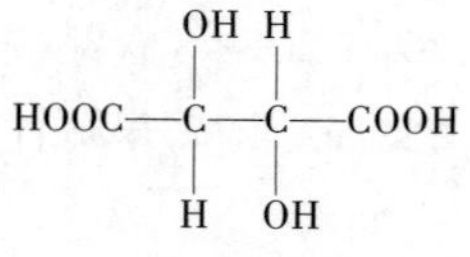

$$HOOC-\overset{\overset{OH}{|}}{\underset{\underset{H}{|}}{C}}-\overset{\overset{H}{|}}{\underset{\underset{OH}{|}}{C}}-COOH$$

图 8-3　酒石酸

（1）制法

①抽提法：以制葡萄酒所生成的酒石为原料制成酒石酸钙，再用硫酸将酒石酸游离出来，浓缩制得。制备酒石酸钙可以采用倾滤法、离子交换树脂吸附法等。由酒石酸钙制备的 D-酒石酸经酸解后，可通过离子交换等提纯方法，获得质量较好的酒石酸。其化学反应式为：

$$2KHC_4H_4O_6 + CaSO_4 \longrightarrow 2CaC_4H_4O_6 + K_2SO_4 + 2H_2O$$

或 $2KHC_4H_4O_6 + 2HCl \longrightarrow 2H_2C_4H_4O_6 + KCl$

$$H_2C_4H_4O_6 + CaCO_3 \longrightarrow CaC_4H_4O_6 + H_2O + CO_2$$

$$CaC_4H_4O_6 + H_2SO_4 \longrightarrow C_4H_6O_6 + CaSO_4$$

②生物酶转化法：用化学方法合成顺式环氧琥珀酸及其酸类，利用微生物产生的酶进行水解反应，生成 D-酒石酸盐，经提炼，也可制得 D-酒石酸及其盐类。

（2）理化性质　酒石酸为无色至半透明结晶性粉末。无臭，味酸，有旋光性，旋光度

$[\alpha]_D^{20}$ +11.5° ～ +13.5°（20%水溶液）。熔点 168～170℃，易溶于水，可溶于乙醇、甲醇，但难溶于乙醚。稍有吸湿性，但比柠檬酸弱，酸味为柠檬酸的 1.2～1.3 倍。

（3）毒理学参数　小鼠经口 $LD_{50}$ 为 4.36g/kg 体重；ADI 值为 0～30mg/kg。

（4）应用与限量　酒石酸可作为清凉饮料、果汁、葡萄酒、果子冻、果子酱、糖果、罐头等的酸味剂，也可用作螯合剂、抗氧化增效剂、增香剂、速效性膨松剂。根据我国 GB 2760—2014《食品安全国家标准　食品添加剂使用标准》规定：面糊（如用于鱼和禽肉的托面糊）、裹粉、煎炸粉、油炸面制品、固体复合调味料中，最大使用量为 10.0g/kg；果蔬汁（浆）类饮料、植物蛋白饮料、复合蛋白饮料、碳酸饮料、茶、咖啡、植物（类）饮料、特殊用途饮料、风味饮料中，最大使用量为 5.0g/kg；葡萄酒中，最大使用量为 4.0g/L。

4. 苹果酸（Malic Acid）

苹果酸化学名称羟基丁二酸，又称羟基琥珀酸，分子式 $C_4H_6O_5$，相对分子质量 134.09。广泛存在于未成熟的水果如苹果、葡萄、樱桃、菠萝、番茄中。苹果酸分子中含有一个手性碳原子，有两种对映异构体，即左旋苹果酸和右旋苹果酸。结构式见图 8-4。

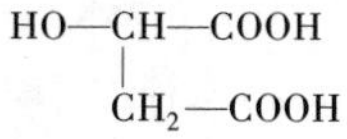

$$\begin{array}{l} HO\!-\!CH\!-\!COOH \\ \ \ \ \ \ \ \ \ | \\ \ \ \ \ CH_2\!-\!COOH \end{array}$$

图 8-4　苹果酸

（1）制法

①提取法：将未成熟的果蔬、落果（如苹果、葡萄、桃、山楂等）破碎，过滤取浆，浆汁中加入石灰水，生成 L-苹果酸钙盐沉淀，分离后的固体再经酸处理生成游离酸，即可得 L-苹果酸。

②糠醛氧化法：糠醛可由戊糖与稀酸作用经水解、脱水和蒸馏而制得，糠醛在钒催化剂作用下气相氧化成顺丁烯二酸酐，水合成顺丁烯二酸，加温、加压成苹果酸。

（2）理化性质　苹果酸为白色的结晶或结晶性粉末，有特殊的酸味，熔点 127～130℃，易溶于水，溶解度为：55.5%（20℃）、72.8%（60℃）和 80.8%（80℃），可溶于乙醇但不溶于乙醚。有吸湿性，1% 水溶液的 pH 2.4。

（3）毒理学参数　大鼠经口 $LD_{50}$ 1.6～3.2g/kg 体重；ADI 值不作规定。

（4）应用与限量　苹果酸的酸味柔和、持久性长。苹果酸和柠檬酸在获得同样效果的情况下，苹果酸用量平均可比柠檬酸少 8%～12%（质量），最少可比柠檬酸少用 5%，最多可达 22%。苹果酸能掩盖一些蔗糖的替代物所产生的后味。同时苹果酸用于水果香型食品（特别是果酱）、碳酸饮料及其他一些食品中，可以有效地提高其水果风味。L-苹果酸为天然果汁的重要成分，与柠檬酸相比酸度大，但味道柔和，具特殊香味，不损害口腔与牙齿，代谢上有利于氨基酸吸收，不积累脂肪，是新一代的食品酸味剂，在食品与医药中具有良好的应用前景。按我国 GB 2760—2014《食品安全国家标准　食品添加剂使用标准》规定：苹果酸可在各类食品中按生产需要适量使用。

5. 富马酸（Fumaric Acid）

富马酸又称延胡索酸，化学名称为反式丁烯二酸，分子式 $C_4H_4O_4$，相对分子质量 116.07。结构式见图 8-5。

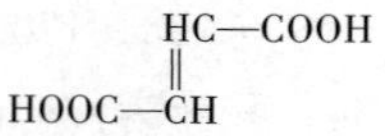

$$HC—COOH$$
$$HOOC—CH$$

图 8-5 富马酸

（1）理化性质　富马酸为白色晶体粉末，无臭，有特异酸味。其相对密度 1.635，熔点 287～302℃，290℃分解。加热 230℃以上，先转变为顺丁烯二酸，然后失水生成顺丁烯二酸酐。与水共煮可得苹果酸。它微溶于水，溶于乙醚和丙酮，极难溶于氯仿。富马酸的酸味强，为柠檬酸的 1.5 倍，故低浓度的富马酸溶液可代替柠檬酸。但由于微溶于水，一般不单独使用，与柠檬酸、酒石酸复配使用能呈现果实酸味。

（2）制备　富马酸可以通过化学合成法与发酵法制取，目前仍以化学合成法为主。工业上用苯、萘、糠醛等经氧化生成马来酸，也可由糖类用根霉属的丝状菌发酵来制取，还可由顺丁烯二酸异构化制得。

（3）毒理学参数　大鼠经口 $LD_{50}$ 8g/kg 体重。富马酸的异构体马来酸（顺式丁烯二酸）有毒性，而富马酸几乎无毒性。ADI 值 0～0.006g/kg。

（4）应用与限量　富马酸用作酸味剂，往往与柠檬酸、酒石酸等复配使用，与柠檬酸复配时，使用量为柠檬酸的 20%～30%（质量）。在咸菜、配制清酒里添加量为 0.2%～0.5%（质量）。富马酸还可用作膨胀剂的缓效性酸性物质以及固体饮料产气剂的酸性物质，使气泡持久，饮料口感细腻；也可用于强化蛋白饮料。此外，富马酸还可用作抗氧化助剂、增香剂等。根据我国 GB 2760—2014《食品安全国家标准　食品添加剂使用标准》规定：富马酸用于胶基糖果中，最大使用量为 8.0g/kg；用于生湿面制品（如面条、饺子皮、馄饨皮、烧麦皮）中，最大使用量为 0.6g/kg；用于果蔬汁（浆）饮料中，最大使用量为 0.6g/kg；碳酸饮料中，最大使用量为 0.3g/kg；面包、糕点、饼干中，最大使用量为 3.0g/kg；烘烤食品馅料及表面用挂浆、其他焙烤食品中，最大使用量为 2.0g/kg。

**6. 己二酸（Adipic Acid）**

己二酸又称肥酸，分子式 $C_6H_{10}O_4$，相对分子质量 146.14。结构式见图 8-6。

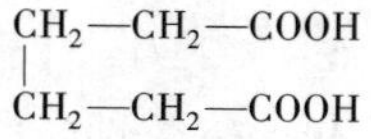

$$CH_2—CH_2—COOH$$
$$CH_2—CH_2—COOH$$

图 8-6 己二酸

（1）制备　环己烷经空气中的氧化，得环己酮和环己醇的混合物，然后在催化剂存在下用硝酸氧化后析出己二酸结晶，再行精制而得，也可以由水解己二胺制得。还可以由糠醛脱碳形成呋喃，然后加氢成为四氢呋喃，再在高温高压下与 CO 反应而得。

（2）理化性质　己二酸为白色结晶或晶体粉末，味酸，熔点 152℃，沸点 330.5℃（发生分解）。它不吸湿，相当稳定，可燃烧，易溶于乙醇，溶于丙酮，微溶于水。0.1% 己二酸水溶液的 pH 3.2。己二酸的酸味柔和、持久，并能改善味感，使食品风味保持长久，能形成后酸味。

（3）毒理学参数　大鼠经口 $LD_{50}$ 5.05g/kg 体重；ADI 值 0～0.005g/kg。

（4）应用与限量　己二酸可有效地防止大多数水果褐变，能改进干酪和干酪涂抹品的熔化特性，还能促进人造果酱、仿制果冻的胶凝作用。按我国 GB 2760—2014《食品安全国家标

准　食品添加剂使用标准》规定：己二酸用于固体饮料中，最大使用量为 0.01g/kg；用于果冻中，最大使用量为 0.1g/kg；用于胶基糖果中，最大使用量为 4.0g/kg。

7. 醋酸（Acetic Acid）

醋酸又称乙酸，分子式 $C_2H_4O_2$，相对分子质量 60.05。含量 99% 的醋酸称为冰醋酸，冰醋酸不能直接使用，稀释后才成为通常所说的醋酸。结构式 $CH_3COOH$。

（1）制备　醋酸主要采用乙醇法和乙烯法制取。乙醇法是将乙醇在催化剂存在下用空气氧化成乙醛，进一步氧化成醋酸。乙烯法是在催化剂存在下用氧将乙烯氧化成乙醛，再氧化成醋酸。工业上也有用木材干馏法生产的。木材干馏制得醋酸稀溶液，在溶液内加石灰，使醋酸转变为醋酸钙，分离后再用硫酸分解即得醋酸。

（2）理化性质　醋酸常温下为无色透明液体，有强刺激性气味，味似醋。冰醋酸在16.75℃凝固成冰状结晶，故而得名。其相对密度 1.049，沸点 118℃，折射率 1.372。醋酸可与水、乙醇混溶，水溶液呈酸性，6% 的水溶液 pH 2.4。醋酸味极酸，在食品中使用受到限制。用大量水稀释仍呈酸性反应。醋酸能除去腥臭味。

（3）毒理学参数　小鼠经口 $LD_{50}$ 4.96g/kg 体重。

（4）应用与限量　根据我国 GB 2760—2014《食品安全国家标准　食品添加剂使用标准》规定：醋酸可在各类食品中按生产需要适量使用；醋酸钠作为酸度调节剂可用于复合调味料中，最大使用量为 10.0g/kg；用于膨化食品（仅限油炸薯片）中，最大使用量为 1.0g/kg。

# 第二节　鲜味剂（增味剂）

## 一、鲜味剂的作用

鲜味剂也可称为风味增强剂，主要是指能补充或增强食品原有风味的物质。鲜味剂种类很多，但对其分类还没有统一的规定。如可按来源分成动物性鲜味剂、植物性鲜味剂、微生物鲜味剂和化学合成鲜味剂等；也可按化学成分分成氨基酸类鲜味剂、核苷酸类鲜味剂、有机酸类鲜味剂、复合鲜味剂等。我国目前应用最广的鲜味剂是谷氨酸钠（味精，氨基酸类）、5-肌苷酸及 5′-鸟苷酸（核苷酸类）。肌苷酸钠或鸟苷酸钠等与谷氨酸钠混合后，鲜味可增加几倍到几十倍，具有强烈增强风味的作用，目前已在食品中得到较广泛的应用。

## 二、典型鲜味剂

1. L-谷氨酸钠（monosodium L-glutamate，MSG）

L-谷氨酸钠又称味精，L-谷氨酸一钠，分子式 $C_5H_8O_4NNa \cdot H_2O$，相对分子质量187.14。结构式见图 8-7。

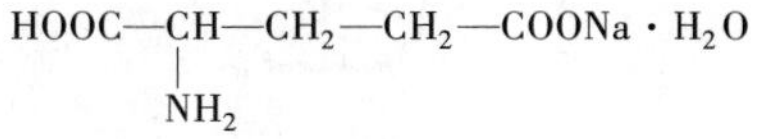

$$HOOC—CH—CH_2—CH_2—COONa \cdot H_2O$$
$$\underset{NH_2}{|}$$

图 8-7　L-谷氨酸钠

（1）制法

①水解法：水解小麦中的面筋，产生谷氨酸磷酸盐，加氢氧化钠调 pH 而游离出味精。此法成本高。

②发酵法：以薯类、玉米等淀粉的水解糖或糖蜜、乙酸、液态石蜡等作为碳源，以铵盐、尿素等为氮源，在无机盐类、维生素等存在的情况下，加入谷氨酸产生菌，在大型发酵罐中通气搅拌发酵，发酵温度 30 ~ 34℃，pH 6.5 ~ 8.0，经 30 ~ 40h 发酵后，除去细菌，将发酵液中的谷氨酸提取出来，用氢氧化钠或碳酸钠中和，经脱色除铁、浓缩结晶、干燥后即得 L - 谷氨酸钠。

（2）理化性质 味精是人们最常使用的第一代鲜味剂。为无色至白色的结晶或结晶性粉末，无臭，有特有的鲜味，微有甜味或咸味。易溶于水（7.71g/100mL，20℃），微溶于乙醇，不溶于乙醚。无吸湿性，对光稳定，水溶液加温也相当稳定。相对密度 1.65，熔点 195℃。在 2mol/L 盐酸溶液中，比旋光度 $[\alpha]_D^{20}$ + 25.16，透光率 98.0% 以上。0.2% 的水溶液 pH 7.0。在碱性条件下加热发生消旋作用，呈味力降低。在 pH 为 5.0 以下的酸性条件下加热时亦发生吡咯烷酮化，变成焦谷氨酸，呈味力降低。在中性时加热则很少变化。

（3）毒理学参数 急性毒性试验结果为，小白鼠经口 $LD_{50}$ 16.2g/kg 体重。ADI 值 0 ~ 120mg/kg。

（4）应用与限量 根据我国 GB 2760—2014《食品安全国家标准 食品添加剂使用标准》规定：谷氨酸钠作为增味剂可在各类食品中按生产需要适量使用。

在一般罐头、汤类等食品中的添加量为 0.1% ~ 0.3%，浓缩汤料、速食粉类的添加量为 3% ~ 10%，水产品、肉类的添加量为 0.5% ~ 1.5%，酱油、酱菜、腌渍食品的添加量为 0.1% ~ 0.5%，面包、饼干、酿造酒的添加量为 0.015% ~ 0.06%，竹笋、蘑菇罐头的添加量为 0.05% ~ 0.2%。味精除作为鲜味剂，在豆制品、曲香酒中有增香作用外，在竹笋、蘑菇罐头中也有防止浑浊、保形和改良色、香、味等作用。味精与肌苷酸、鸟苷酸等其他调味料混合使用时，用量可减少 50% 以上。味精对热稳定，但在酸性食品中应用时，最好加热后期或食用前添加。在酱油、食醋及其腌渍等酸性食品中应用时可增加 20% 用量。因味精的鲜味与 pH 有关，当 pH 在 3.2 以下时呈味最弱，pH 6 ~ 7 时，谷氨酸钠全部解离，呈味最强。添加谷氨酸钠不仅能增进食品的鲜味，对香味也有增进作用，它在一般食品的烹调加工条件下相当稳定，一般不必考虑其变质问题，但在 pH 低的酸性食品中则会有些变化，所以最好是在食用前添加。此外，对酸性强的食品，可比普通食品多加 20% 左右，则效果更好。

2. 5′ - 肌苷酸钠（Sodium 5′ - Inosinate，IMP）

5′ - 肌苷酸钠又称肌苷酸钠即 5′ - 肌苷酸二钠、肌苷 - 5′ - 磷酸二钠。分子式 $C_{10}H_{11}Na_2O_8P \cdot 7.5H_2O$，相对分子质量 527.20。结构式见图 8 - 8。

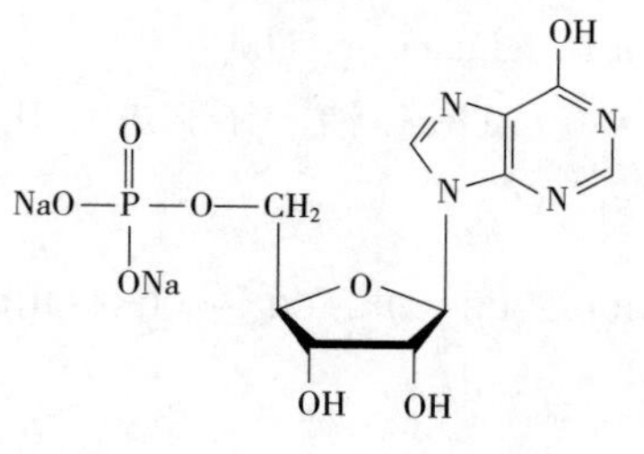

图 8 - 8 5′ - 肌苷酸钠

（1）制备 以葡萄糖为碳源，加入肌苷菌种，发酵48h后，用离子交换分离肌苷酸，浓缩、冷冻结晶、干燥后得到肌苷酸，经与磷酸钠反应后得肌苷酸二钠。

（2）理化性质 白色结晶颗粒或白色粉末，无臭，有特殊强烈的鲜味。易溶于水，不溶于乙醚、乙醇。稍有吸湿性，但不潮解。对酸、碱、盐、热均稳定，在一般食品的 pH 范围（4~6）内，100°C 加热几乎不分解；但在 pH 3 以下的酸性条件下长时间加压、加热时，则有一定的分解。可被动植物组织中的磷酸酯酶分解而失去鲜味。本品通常以含有 6~8 个结晶水的形式存在，与谷氨酸有协同作用。

（3）毒理学参数 小白鼠经口 $LD_{50}$ 12g/kg 体重。ADI 值不需特殊规定。

（4）应用与限量 按我国 GB 2760—2014《食品安全国家标准 食品添加剂使用标准》规定：肌苷酸钠可在各类食品中按生产需要适量使用。

肌苷酸钠与鸟苷酸钠的混合物被称为 I + G，作为一般食用汤汁和烹调菜肴的调味用，多与谷氨酸钠（味精）和鸟苷酸钠混合。在食品加工中多应用于配制强力味精、特鲜酱油和汤料等，用量为 0.02~0.03g/kg，添加 2%（I + G）于味精中，可使鲜味提高 4 倍，而成本增加不到 2 倍。这种复合味精鲜味更丰厚、滋润，鲜度比例可任意调配。增加肉类的原味，可用于肉、禽、鱼等动物性食品，也可用于蔬菜、酱等植物性食品，均可增强其天然香味和鲜味，用量为 0.05~0.1g/kg。改善风味，可改善一般食品的基本味觉，使甜、酸、苦、辣、鲜、香、咸味更柔和而浓郁，抑制异味，可抑制食品中的淀粉味、硫磺味、铁腥味、生酱味，牛肉干、鱼片中的腥味和酱油中的苦涩味等。

3. 5′-鸟苷酸钠（guanosine 5′-monophosphate，GMP）

5′-鸟苷酸钠又称鸟苷 5′-磷酸钠、鸟苷酸二钠，分子式 $C_{10}H_{12}N_5Na_2O_8P$，相对分子质量 407.19。结构式见图 8-9。

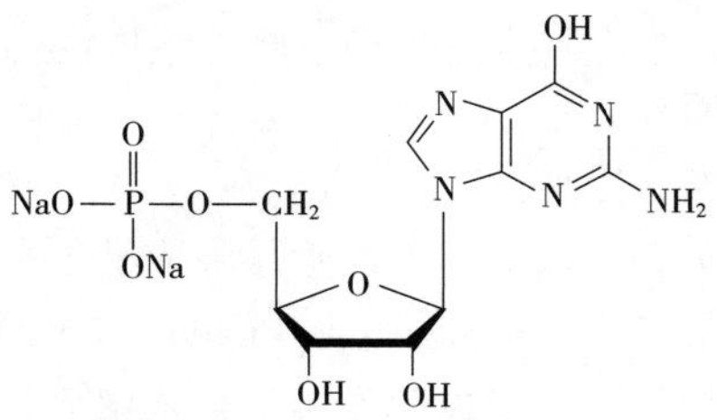

图 8-9 5′-鸟苷酸钠

（1）理化性质 5′-鸟苷酸钠为无色结晶或白色粉末。无臭，有特殊的类似香菇的鲜味。易溶于水，微溶于乙醇，几乎不溶于乙醚。吸湿性较强。在通常的食品加工条件下，对酸、碱、盐和热均稳定。GMP 代表着蔬菜和菇类食物的鲜味。GMF 鲜味程度为 IMP 的 3 倍以上，它与 MSG 合用有十分强的相乘作用。

（2）毒理学参数 小鼠经口 $LD_{50}$ 10g/kg 体重。

（3）应用与限量 按我国 GB 2760—2014《食品安全国家标准 食品添加剂使用标准》规定：鸟苷酸钠可在各类食品中按生产需要适量使用。可与 MSG 及 IMP 配合使用。混合使用时，其用量为味精总量的 1%~5%。酱油、食醋、肉、鱼制品、速溶汤粉、速煮面条及罐头食品等均可添加，其用量为 0.01~0.1g/kg；也可以与赖氨酸等混合后，添加于蒸煮米饭、速煮面条、快餐中，用量约为 0.5g/kg。

GMP 与 IMP 以 1:1 配合，广泛应用于各类食品。

4. 琥珀酸二钠（Disodium Succinate）

琥珀酸二钠又称琥珀酸钠、丁二酸钠，分子式 $C_4H_4Na_2O_4$，相对分子质量 162.05。结构式 NaOOC—$CH_2$—$CH_2$—COONa。

（1）制备　用酒石酸铵或葡萄糖等为原料发酵而得琥珀酸，加氢氧化钠生成琥珀酸二钠溶液，经浓缩、结晶、精制得琥珀酸二钠晶体。

（2）理化性质　琥珀酸二钠为无色或白色结晶或白色结晶性粉末，无臭，无酸味，有特殊贝类滋味，味觉阈值 0.03%，易溶于水（35g/100mL，20℃），不溶于乙醇，在空气中稳定。

（3）毒理学参数　小鼠经口 $LD_{50}$ 大于 10g/kg 体重。

（4）应用与限量　按我国 GB 2760—2014《食品安全国家标准　食品添加剂使用标准》规定：琥珀酸二钠作为增味剂可用于调味料中，最大使用量为 20g/kg。

5. 新型鲜味剂

除味精以外的营养型天然鲜味剂，主要包括动物蛋白质水解物、植物蛋白质水解物及酵母抽提物，也被称为新型食品鲜味剂，主要用于生产各种调味品和食品的营养强化，并作为功能性食品的基料，是生产肉味香精的重要原料。

（1）动物蛋白质水解物（Hydrolyzed Animal Protein，HAP）

①来源：动物蛋白质水解物是指用物理或者酶的方法，水解富含蛋白质的动物组织而得到的产物。这些原料如畜、禽的肉、骨及鱼等的蛋白质含量高，而且所含蛋白质的氨基酸构成模式更接近人体需要，是完全蛋白质，有很好的风味。动物蛋白质水解物除保留原料的营养成分外，由于蛋白质被水解为小肽及游离的 L-型氨基酸，易溶于水，有利于人体消化吸收，原有风味更为突出。

②性状与性能：动物蛋白质水解物为淡黄色液体、糊状物、粉状体或颗粒。制品的鲜味程度和风味，因原料和加工工艺而异。

③毒理学特点：无毒性，安全性高。

④应用：用于各种食品加工和烹饪中或与其他调味品配合使用。

（2）植物蛋白质水解物（Hydrolyzed Vegetable Protein，HVP）

①来源：植物蛋白质水解物是指在酸或酶作用下，水解含蛋白质的植物组织得到的产物。这些产物不但具有适用的营养保健成分，而且可用作食品调味料和风味增强剂。水解植物蛋白作为一种高级调味品，是近年来蓬勃发展起来的一种新型调味品，它集色、香、味等营养成分于一体。由于其氨基酸含量高，逐渐成为取代味精的新一代调味品。植物蛋白质水解物的生产原料为资源丰富的植物蛋白质，经水解、脱色、中和、除臭、除杂、调味、杀菌、喷雾干燥等工艺制造而成，可机械化、大规模、自动化生产，因此，水解植物蛋白作为调味品，前景非常广阔。

②性状与性能：制品的鲜味程度和风味，因原料和加工工艺而异。

③毒理学特点：采用酶法生产工艺制得的产品安全性高。

④应用：用于各种食品加工和烹饪中调味料的配合使用，特别广泛用于方便食品，如方便面、佐餐调味料中。

蛋白质水解物的应用范围非常广泛，可用于多种多样需要增加风味的食品和用于制造食品的原料中，如小吃食品、糖果、调味汁、罐头食品、肉类加工、医药和保健品等。

（3）酵母抽提物（Yeast Extract，YE）

①来源：酵母抽提物，也称酵母精或酵母味素，是以酵母菌体为原料，通过生物技术手段精制而成的天然调味料。其内富含氨基酸、肽以及多肽类、维生素、微量元素等，营养丰富、滋味鲜美，它具有增鲜、增香以及赋予食品醇厚品位的功能，使食品风味浓郁、口感醇厚。

②应用：广泛应用于各种加工食品，如汤类、酱油、香肠、焙烤食品等。如在酱油、蚝油、鸡精、各种酱类、腐乳、食醋等加入1%~5%的酵母抽提物，可与调味料中的动植物提取物以及香辛料配合，引发出强烈的鲜香味，具有相乘效果；添加0.5%~1.5%酵母抽提物的葱油饼、炸薯条、玉米等经高温烘烤，更加美味可口；榨菜、咸菜、梅菜等，添加0.8%~1.5%酵母抽提物，可以起到降低咸味的效果，并可掩盖异味，使酸味更加柔和，风味更加香浓持久。

# 第三节　甜味剂

甜味剂是赋予食品以甜味的物质。目前世界上使用的甜味剂很多，且有几种不同的分类方法，按其来源可分为天然甜味剂和人工合成甜味剂，以其营养价值来分可分为营养性和非营养性甜味剂，若按其化学结构和性质分类又可分为糖类和非糖类甜味剂等。

## 一、　甜味化学

### （一）　甜味剂概述

在自然界中，许多化合物带有甜味，随着科学技术的发展，人们又通过化学合成的方法人工制备出一些具有甜味的化合物。这些化合物中，有的对人体有益，有的则有害，还有的对人体的作用仍在研究之中，尚不能定性。因此，在有关的食品法规中，对有害的甜味化合物禁止使用，对作用尚未清楚、但已有一定实验依据的甜味化合物严格控制用量。根据甜味物质的来源与化学性质，大体可分为天然和人工合成两大类。

（1）天然甜味剂　天然甜味剂主要有食糖、淀粉糖，以及用天然物质为原料提取精制或通过生物技术加工成的低聚糖、糖醇、糖苷、蛋白质类甜味剂，例如：树糖、蜂蜜、淀粉糖浆、果葡糖浆、各类糖醇、糖苷、蛋白质类甜味剂、异构糖等。一些天然甜味物质对人体的营养有着重要作用，是最适合、最有效的能量来源。除此之外，还有其他功能。

①风味的调节和增强：在饮料中，风味的调整就有"糖酸比"一项，酸味、甜味相互作用，可使产品获得新的风味，又可保留新鲜的味道。

②不良风味的掩盖：甜味和许多食品的风味是相互补充的，许多产品的味道就是由风味物质和甜味剂相结合产生的，所以许多食品和饮料中都加入甜味剂。

③食品的甜味不但可以满足人们的嗜好要求，而且还能改进食品的可口性和其他食品的工艺特性。

（2）人工合成甜味剂　合成甜味剂是用化学合成法制得，由于对人体的毒性程度不一，因此各国对合成甜味剂有严格的规定。该类甜味剂有糖精、甜蜜素、阿苏切法等。通常所说的甜味剂是指人工合成的非营养甜味剂、糖醇类甜味剂与非糖天然甜味剂三类。至于蔗糖、葡萄糖、果糖等糖类除赋予食品以甜味外，虽然也是天然甜味剂，但因长期被人食用，且是重要的营养素，供给人体以热能，通常都被视作食品原料或配料，称为食糖，一般不作为食品添加剂加以控制。

### （二） 甜味剂的化学结构

在人体的各种感觉中，味觉是最普遍、最常产生的一种感觉。但对食物甜味的化学结构的研究还只有一些经验性认识，对甜味分子结构的预见性还很差。一般认为，羟基、氨基酸、酚与多酚等结构与甜味有一定的关系。

（1）羟基结构与甜味　一些单糖是碳水化合物，其分子中有羟基结构，但并非所有的碳水化合物都具有甜味。有人认为，这些糖具有甜味是由于存在着邻二羟基结构，而甜度则与邻二羟基间的氢键有关，氢键结合力越大，甜度越低，因为羟基间的氢键阻碍了邻二羟基和甜味接受体的相互作用。

（2）氨基酸结构与甜味　食品中的一些氨基酸和蛋白质也是甜味物质。在 L-型氨基酸中，仅 L-丙氨酸有较高的甜味，而丝氨酸、苏氨酸有微甜味，其他的 L-氨基酸几乎没有甜味。D-色氨酸的甜度约为蔗糖的 35 倍，D-6-氯色氨酸和 D-6-甲基色氨酸的甜度可达到 1000 倍，这说明氨基酸的甜味及甜度与其构型有关。近年来研制的天冬酰苯丙酸甲酯（天冬甜，又称阿斯巴甜），具有氨基酸结构，甜度很高，这类物质有多种衍生物，又称二肽衍生物。

（3）酚、多酚结构与甜味　一些具有酚或多酚结构的物质带有甜味，其中，二氢查尔酮是一类很有应用前景的甜味剂，在其结构中有两个酚基基团。

### （三） 甜味的强度

甜味的强度又称甜度，是评价甜味剂的重要指标。不同物质的甜度是不同的，通常以蔗糖的甜度作基准进行比较。

（1）相对甜度　目前，甜度还只能凭人的味觉来判断，难以用物理或化学方法进行定量的测定，在评价甜味剂的甜度时，不可避免地带有主观性。因此，评价甜度需要有专门的评品小组，小组成员应当具有一定的知识和工作经验。

表示甜度大小还没有统一的标准，一般选用蔗糖为基准，因为蔗糖是一种非还原性糖，其水溶液比较稳定，其他甜味剂的甜度，则是与蔗糖比较后的相对甜度。以蔗糖的标准相对甜度为 1，其他甜味剂的相对甜度见表 8-1。

（2）影响甜味强度的因素　甜味剂甜度受很多因素的影响，现简述如下。

①浓度的影响：一般情况是，随着甜味剂浓度的增加，其甜度也增高，但这种增高不一定是线性关系，对不同的甜味来说，增高的程度不同。例如，许多糖的甜度随浓度增高的程度比蔗糖大。此外，一些非甜味剂和合成甜味剂在低浓度时呈现甜味，当浓度高时往往出现苦味。据研究，可能是其分子在与舌面接触时发生障碍，引起异感。

②粒度的影响：粒度不同的同一种甜味剂往往会产生不同甜度的感觉，例如蔗糖有大小不同的晶粒，粗砂糖的粒径在 0.5mm 以上，绵白糖的粒径在 0.05mm 以下，当糖与唾液接触时，晶粒越细则接触面积越大，溶解的速度越快，能很快地达到较高的浓度，所以口感绵白糖比粗砂糖甜一些，实际上，将它们配成相等浓度的溶液时，它们的甜度是相等的。

表8-1　　　　　　　　　　　　　　　各种甜味剂的相对甜度

| 名　称 | 相对甜度 | 名　称 | 相对甜度 |
|---|---|---|---|
| 蔗　糖 | 1.0 | 1′,4-二氯半乳蔗糖 | 600 |
| 葡萄糖 | 0.7 | 1′,6-二氯蔗糖 | 500 |
| 果　糖 | 1.03~1.73 | 1,4,6-三氯代蔗糖 | 2000 |
| 麦芽糖 | 0.46 | 甜菊糖苷 | 300 |
| 乳　糖 | 0.16~0.27 | 甘草素 | 200~300 |
| 鼠李糖 | 0.3 | 甘茶素 | 600~800 |
| 棉籽糖 | 0.23 | 罗汉果素 | 300 |
| 半乳糖 | 0.3~0.6 | 二氢查耳酮 | 100~200 |
| 甘露糖 | 0.3~0.6 | 罗布苷 | 100 |
| 木　糖 | 0.4~0.7 | 阿斯巴甜 | 160~220 |
| 低聚果糖 | 0.3~0.6 | 莫奈林 | 2500~3000 |
| 低聚木糖 | 0.4 | 索吗啶 | 2000~3000 |
| 大豆低聚糖 | 0.7 | 帕拉金糖 | 0.42 |
| 山梨糖醇 | 0.5~0.7 | 异构乳糖 | 0.48~6.62 |
| 木糖醇 | 0.6~1.0 | 低聚麦芽糖 | 0.2 |
| 麦芽糖醇 | 0.75~0.95 | 甜蜜素 | 50 |
| 甘露糖醇 | 0.7 | 阿苏切法糖 | 130 |
| 赤藓糖醇 | 0.75 | | |

③ 温度的影响：温度对甜度也有影响。在5℃时5%蔗糖溶液的甜度为1.0，5%果糖溶液的甜度为1.47，至18℃时，果糖溶液的甜度降至1.29，40℃时降至1.0，60℃时只有0.79。而蔗糖、葡萄糖等溶液的甜度在温度变化时几乎没有变化。其原因是，在较高温度下，果糖溶液中的不同异构体达到一种平衡，较高甜度异构体的相对含量降低，因此，以果糖作为食品甜味剂时，应当考虑到该食品的进食温度。

④ 介质的影响：甜味剂处于不同的介质中，其甜度也会有一些变化。例如，在5~40℃时，果糖在柠檬汁中的甜度与同等浓度的蔗糖柠檬汁大致相同。在蔗糖中，添加增稠剂（如淀粉或树胶）后能使甜度稍有提高。食品中的食盐和酸对糖的甜度也有影响，但没有一定规律。

⑤ 甜味剂之间的影响：将不同的甜味剂混合，有时会互相提高甜度。如果混合糖液中蔗糖和葡萄糖的甜度互不影响的话，混合液的甜度应当是两者之和，但实际上甜度还有所增加。

## 二、　天然甜味剂

### （一）果葡糖浆　（High Fructose Syrup）

果葡糖浆，因其糖分中主要含有果糖（占42%）和葡萄糖（占50%）而得名，是一种新型甜味剂。果葡糖浆中果糖含量在55%以上的，往往称为高果糖浆（High Fructose Syrup，HFS）。大约100年前，荷兰人罗利和爱尔彼塔发现，葡萄糖能在碱性条件下发生异构化反应转化为果糖。1933年人们发现微生物或动物的糖代谢中，在异构酶作用下存在异构化现象。

20 世纪 50 年代，有人发现微生物中存在一种木糖异构酶也能异构葡萄糖为果糖。1966 年日本利用这种异构酶在酶法生产淀粉糖化液中使部分葡萄糖转化为果糖，首先在世界上成功生产果葡糖浆。1968 年开始生产果糖含量 42% 的产品，即第一代产品 $F_{42}$ 型。1972 年开始使用固定化酶技术，这也是固定化技术在食品工业中得到运用最广的产品。1976 年第二代和第三代果葡糖浆开始工业化生产，果糖含量分别达到 55% 和 90%，即 $F_{55}$ 型和 $F_{90}$ 型。

（1）来源及存在　果葡糖浆能以任何淀粉为原料，世界上几乎所有国家和地区都具有可供选择的原料。工业上生产果葡糖浆是用淀粉为原料，在酸法、酶法或酸酶法生产的淀粉糖化液中，经葡萄糖异构酶作用，将葡萄糖转化为一定数量的果糖，并加以精制而得。

酶法生产果葡糖浆的主要工艺流程如：淀粉→ 糊化 → 液化酶液化 → 糖化酶糖化 → 异构酶异构化 → 脱色 → 离子交换 → 浓缩 →果葡糖浆。

（2）化学结构及组成　果葡糖浆浓度较高，干物质含量较高，主要为糖分。糖分主要由果糖、葡萄糖组成，还有少量低聚糖，如麦芽糖、异麦芽糖、潘糖等。不同型号的果葡糖浆，其糖分组成有所不同（表 8－2）。

表 8－2　　　　　　　　　　不同类型的果葡糖浆糖分组成

| 种类/% | 42 型 | 55 型 | 90 型 |
|---|---|---|---|
| 浓度（干物质） | 71 | 77 | 80 |
| 单糖 | 95 | 96 | 97 |
| 果糖 | 42 | 55 | 90 |
| 葡萄糖 | 53 | 41 | 7 |
| 其他低聚糖 | 5 | 4 | 3 |

①甜度：不同类型的果葡糖浆，甜度也不相同。与蔗糖比较，$F_{42}$ 型果葡糖浆甜度为 1.0，而 $F_{55}$ 型和 $F_{90}$ 型分别为 1.1 和 1.4。

②应用：果葡糖浆属于食品中的淀粉糖，具有可口风味和诸多优良的理化特性，已引起国内外食品界广泛重视，并在饮料、面包、罐头、乳制品和蜜饯等多种食品生产中使用，果葡糖浆已成为当今极其重要的新型甜味剂。

## （二）塔格糖（Tagatose）

D－塔格糖是一种天然低热量甜味剂，存在于 Sterculia Setigera 胶（一种乙酰化酸性多糖）中。在热牛乳中也发现有 D－塔格糖存在，它是由乳糖生成，并且存在于其他各种乳制品中。D－塔格糖的甜味及物理性能与蔗糖类似，因而 D－塔格糖主要是用作低热量甜味剂，用于低热量食物中，如即食谷物、软饮料、冷冻酸奶/脱脂冰淇淋、软糖、硬糖、糖霜及口香糖的低热量甜味剂。

美国马里兰贝尔茨维尔 Biospherics 公司在 1988 年和 1991 年分别申请了 D－塔格糖在食品中的应用专利。1996 年，丹麦 MD 食品成分公司买断了所有的专利，包括如何将塔格糖用于食品及饮料中，负责这种甜味剂产品及其商业化。

D－塔格糖或塔格糖是一种己酮糖，其中在第四个碳（手性碳），D－塔格糖和果糖互为镜相。D－塔格糖的 CAS 编号是 87－81－0，分子式 $C_6H_{12}O_6$，相对分子质量 180.16。D－塔格糖及 D - 果糖的结构式见图 8 - 10。

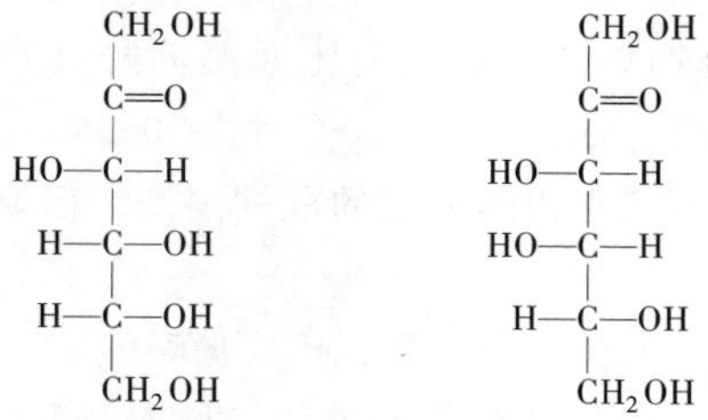

$$
\begin{array}{cc}
CH_2OH & CH_2OH \\
C=O & C=O \\
HO-C-H & HO-C-H \\
H-C-OH & HO-C-H \\
H-C-OH & H-C-OH \\
CH_2OH & CH_2OH \\
(1) & (2)
\end{array}
$$

图 8 - 10　D - 果糖和 D - 塔格糖

(1) D - 果糖　(2) D - 塔格糖

（1）理化性质　塔格糖作为己酮糖，是还原性糖，且有较大的化学活性。塔格糖参与美拉德反应，这导致独特的棕色效果。它在高温下比蔗糖更易分解（焦糖化）。在较低和较高 pH 时，塔格糖不太稳定并转化成各种化合物。然而，塔格糖可被成功地用于很多不同的高温短时加工食品中。塔格糖在减压下可直接用于生产高温熔溶的糖果中。其突出特点为：

①甜度：D - 塔格糖的甜度确定是通过在 D - 塔格糖溶液的甜度高于 10% 蔗糖溶液的甜度的倍数与塔格糖溶液浓度之间做线性回归得到的。当塔格糖的浓度增加至评审员不能再区别出塔格糖溶液与蔗糖溶液哪一个更甜时（50% 的可能性），D - 塔格糖溶液的甜度则等价于 10% 的蔗糖溶液，这时塔格糖的浓度为 10.8%。在甜度等价甜味测试的基础之上，D - 塔格糖的甜度被确定为 10% 蔗糖溶液的 92%（$10/10.8 \times 100$）。

②风味增强剂：在实际应用中，塔格糖和阿斯巴甜的混合物给人较强的甜味协同作用。塔格糖与阿斯巴甜和安塞蜜的混合物也具有增效作用。

③结晶体：塔格糖是白色晶体粉末，具有类似于蔗糖的外观。主要的区别在于其结晶形式，塔格糖是四角双锥形（图 8 - 11）。

塔格糖结晶是 α - 吡喃形无水晶体，熔点为 $134 \sim 137℃$。在溶液中，塔格糖变旋并达到平衡，71.3% 的 α - 吡喃、18.1% 的 β - 吡喃、2.6% 的 α - 呋喃、7.7% 的 β - 呋喃和 0.3% 的酮的形式。

④吸湿性：塔格糖类似于蔗糖，具有非吸湿性，这意味着塔格糖在普通环境中不会从周围环境吸收水分，不需要特殊的保藏措施。

⑤水分活度：水分活度影响产品的微生物稳定性和新鲜度。塔格糖拥有较大的渗透压，比同等浓度的蔗糖有较低的水分活度。塔格糖对水分活度的影响类似于果糖。

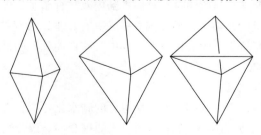

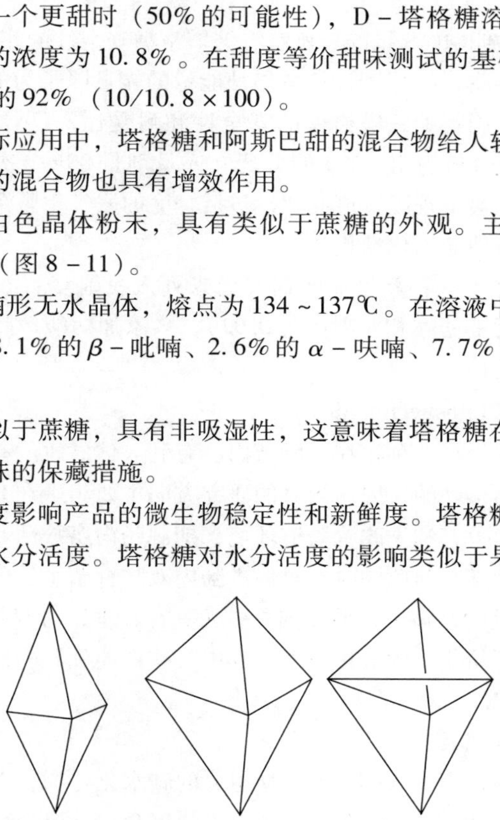

图 8 - 11　塔格糖四角双锥形晶体

⑥溶解度：塔格糖可溶于水并类似于蔗糖，这使它适合用于需要取代蔗糖的食品中。相同数量的产品具有几乎相同的甜度。塔格糖适合用于不可高温蒸煮的罐头、冰淇淋、巧克力、软饮料和谷物中。与多羟基化合物相比，塔格糖比赤藻糖醇具有更大的溶解度（在20℃时为36.7%），比山梨糖醇具有更小的溶解度（在20℃时为70.2%）。

⑦黏度：塔格糖溶液的黏度低于相同浓度的蔗糖溶液，但略高于果糖和山梨糖醇（20℃、70%的黏度为180MPa·s）。

⑧加热溶液：塔格糖的冷效应比蔗糖更强，比果糖略强。

（2）制备　D－塔格糖的合成是分阶段实现的，原料是乳糖，乳糖在多种酶的作用下水解、异构化，最后运用分离纯化技术进行分离。食品级乳糖在固定化乳糖酶的作用下被水解成半乳糖和葡萄糖。葡萄糖和半乳糖的分离是非常重要的，运用美国食品药品管理局（FDA）批准的钙阳离子交换树脂，用于葡萄糖和果糖的普通产业化分离。在色谱上分离的半乳糖通过加入工业级氢氧化钙悬浮液及工业级催化剂氯化钙，在碱性条件下转化成D－塔格糖。通过加入工业级硫酸终止反应。同时，在D－半乳糖异构化的过程中会发生较少量的副反应，这些反应都是众所周知的，是发生在所有己糖（如D－果糖和D－葡萄糖）及氢氧根离子之间的典型反应。塔格糖在异构化反应过程中是稳定的，在去除形成的石膏体的过程中，滤液用去矿物质及色谱法进一步纯化，分离纯化的D－塔格糖溶液浓缩、结晶成白色晶体产品（纯度＞99%）。

（3）安全性

①D－塔格糖已经得到GRAS批准：所有有关塔格糖安全性的相关研究在FDA认可的科研机构得到证实。FDA已经提供了用于计算塔格糖能量的能量因子为1.5kcal/g。

②人体耐受性：为了确定D－塔格糖的安全性和耐受性，已经进行了大量的人体临床实验。对D－塔格糖的数据分析表明，20g的大药丸或日剂量30g分次给药，人体具有很好的耐受性，仅有一些敏感的人会出现肠胃道症状，包括轻度的胀气、腹泻和痢疾。所有的临床研究均表明，肠胃道症状与其他非消化糖相似。

（4）应用　塔格糖作为一种新型甜味剂（尚未列入我国食品添加剂名单中）具有低热量值、非龋齿性、甜度接近蔗糖（相对甜度为0.92）、多添加功能等特点，因而将成为未来低能量甜味剂中的一个主要品种。

## （三）　低聚糖（Oligosaccharides）

双歧杆菌已被广泛认为是一种存在于肠道内、有利人体健康的有益菌，由于它最初是从母乳喂养的婴儿粪便中分离得到的，因而当时的研究方向主要集中在儿科方面。但是，进一步的研究表明，双歧杆菌的增殖有利于改善肠道环境，抑制肠内腐败菌和有害菌的生长，这对于控制老化及抗癌具有重要意义。与此同时，对促进肠内双歧杆菌生长的物质，即"双歧杆菌增殖因子"的研究引起了广泛的兴趣。目前在国外，尤其在日本，对双歧杆菌增殖因子——低聚糖的研究已达到多样化、商品化、优质化程度，其中一些性能优异的低聚糖，更受到众多保健食品研究者和生产商的青睐。

1. 低聚糖的种类与生理活性

化学上，低聚糖被定义为由2~10个单糖组成的碳水化合物，而应用于保健品的低聚糖通常由2~7个单糖组成，常见为由3~6个单糖组成的聚合物。聚合度的多寡不是决定低聚糖品质优劣的标准，而主要取决于其所体现出的生理学性质。

近年来，常见诸报道的应用于食品并被较为详细研究的低聚糖主要有如下诸类：低聚麦芽糖、环糊精、低聚果糖、异麦芽低聚糖、低聚乳糖、帕拉金糖、大豆低聚糖、低聚木糖、异构乳糖、低聚壳聚糖、低聚琼脂糖及低聚甘露糖等。

2. 高品质低聚糖所具备的条件

以上所列的低聚糖并非都能作为保健食品原料，也不能因为某种低聚糖经体外试验能增殖双歧杆菌而将其认定为"双歧杆菌增殖因子"，或称之为"食品保健因子""食品功能因子"。只有当其符合以下诸因素时，才被认为是一种性能优越的低聚糖，并能将其应用于食品或医药工业。高品质的低聚糖应具有如下特性：

①对人体微生态的保健性；

②安全性；

③难消化性；

④非龋齿性；

⑤非胰岛素依赖性；

⑥经济上可行性。

尽管大多数低聚糖在体外试验中均具有增殖双歧杆菌的作用，但不能因此被认定它是一种双歧杆菌增殖因子，一个显而易见的原因是，如某种低聚糖能被胃或小肠中的酶水解，那么它在抵达大肠以前，也即被大肠中双歧杆菌利用之前，就已被分解成单糖，被人体吸收利用。

3. 几种常见的低聚糖

（1）低聚麦芽糖（Malto – oligosaccharides）

①来源及存在：低聚麦芽糖是以玉米或薯类淀粉为原料，经酶法糖化，而制备得到的一种淀粉糖。其方法是采用液化酶液化淀粉后，再用切枝酶和 $\beta$ – 淀粉酶水解为糖化液，再经过色谱分离、离子交换等处理过程得到。主要工艺流程如：淀粉→ $\alpha$ – 淀粉酶液化→ $\beta$ – 淀粉酶切枝酶糖化→粗制低聚麦芽糖→过滤→离子交换→色谱分离→分馏→浓缩。

②化学结构与组成：低聚麦芽糖是链状连结的低聚葡萄糖，由麦芽糖、麦芽三糖、麦芽四糖到麦芽十糖等低聚糖组成，其中麦芽三糖、麦芽四糖等低聚糖含量高达 90% 以上。平均相对分子质量约为葡萄糖的 5 倍。

③性状：低聚麦芽糖中含 10 糖以上葡聚糖较少，故黏度低；呈非结晶性，浓缩时也无结晶析出。

④应用：低聚麦芽糖用于面包、月饼、蛋糕等食品，可使产品保持水分，提高松软度，迟缓淀粉老化，改善产品结构和风味，降低甜度。

（2）低聚异麦芽糖（Iso – malto – oligosaccharides）

①来源及存在：低聚异麦芽糖是异麦芽糖组成的低聚糖。自然界中，异麦芽糖几乎不以游离态存在，而作为各种多糖的组成部分。酶法生产葡萄糖时，发生复合反应，生成的 5% 复合糖中，有 68% ~70% 异麦芽糖。酶法生产葡萄糖时，普遍使用黑曲霉糖化酶，常混有葡萄糖基转移酶，能作用于糖化液中的葡萄糖和麦芽糖，发生 $\alpha$ – 葡萄糖基转移反应，生成异麦芽糖、异麦芽三糖和异麦芽四糖等低聚异麦芽糖。

②化学结构与组成：低聚异麦芽糖是麦芽糖的同分异构体，它为还原性二糖，系二个葡萄糖经 $\alpha$ – 1，6 糖苷键结合而成的同低聚葡萄糖。异麦芽三糖、四糖分别是 3 ~4 个葡萄糖分子以 $\alpha$ – 1，6 键结合成的直链同低聚葡萄糖。

③性状：低聚异麦芽糖还未制得结晶，目前常制得糖浆状或无定形产物，右旋光性，[α] +122°。异麦芽糖具还原性，吸潮强，需在无水情况下贮存。异麦芽糖不能被酵母发酵。

（3）低聚果糖（Fructo - oligosaccharides）

①来源与存在：低聚果糖又称寡果糖或蔗果三糖族低聚糖，分子组成为：G—F—Fn；n = 1~3（G 为葡萄糖，F 为果糖），它由蔗糖和 1~3 个果糖基通过 β - 2，1 键与蔗糖中的果糖结合而成的蔗果三糖、蔗果四糖和蔗果五糖及其混合物。它是存在于香蕉、蜂蜜等物质中的天然活性成分，它是一种天然、新型保健食品原料。

②化学结构与组成：低聚果糖是由蔗果三糖、蔗果四糖与蔗果五糖组成，其结构式见图 8 - 12。

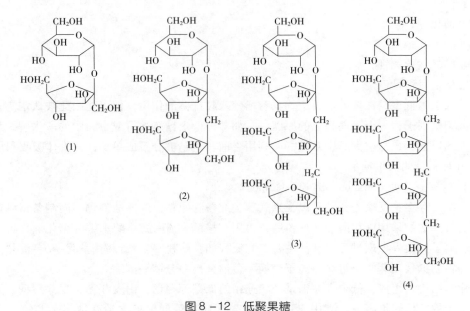

图 8 - 12　低聚果糖
（1）蔗糖　（2）蔗果三糖　（3）蔗果四糖　（4）蔗果五糖

③性状：蔗果三糖、蔗果四糖和蔗果五糖都是非还原性糖。它们的旋光度分别为 + 28.5、+ 10.1、- 1.6，相对甜度约为 0.31。蔗果三糖和蔗果四糖的熔点分别为 199~200℃ 和 134℃，它们很易形成白色结晶。低聚果糖的吸湿性很强，它的含水产品难于在空气中长期保存，而黏度比同浓度的蔗糖溶液的黏度略大，热稳定性较蔗糖高，它在一般的食品 pH 范围（4.0~7.0）内非常稳定，在冷藏温度下保存一年以上。低聚果糖的一些物化性质如溶解性、冰点和沸点、结晶点等都与蔗糖非常相似。

④安全性：1982 年，日本明治制糖公司中央研究所对低聚果糖的安全性进行了急性毒理试验、亚急性毒理试验等，结果表明，低聚果糖没有任何副作用，并确定了低聚果糖作为食品及食品配料的安全性。因而在日本，低聚果糖已超出食品添加剂范围，被作为一种食品配料使用。在我国，国产低聚果糖经国家卫生部指定的科研机构完成的多项安全毒理学试验表明，低聚果糖是安全、无毒的。酶法生产低聚果糖所采用的菌种一般为黑曲霉（*Aspergillus niger*），属可安全用于食品的菌种。低聚果糖作为保健食品或食品配料添加到 AD 钙奶、乳酸饮料和酒等中都已获得国家卫生部颁发的保健食品证书。

⑤应用：低聚果糖在日本已用于乳制品、饮料、糖果糕点、保健食品、肉食加工品、腌菜、豆腐等食品中。多聚果糖（含低聚果糖）以及低聚乳糖均为食品添加剂新品种，可作为营养强化剂用于婴儿配方食品、较大婴儿和幼儿配方食品。该类物质在婴儿配方食品、较大婴儿和幼儿配方食品中总量不超过 64.5g/kg。

（4）低聚木糖（Xylo-oligosaccharides）

①化学结构及组成：低聚木糖是 2~7 个木糖分子以 $\beta-1,4$ 键链状结合而成，是木糖的直链低聚糖。

②来源与存在：低聚木糖是木糖的低聚糖质。D-木糖为半纤维素、植物胶等若干种多糖的组成部分，广泛存在于植物体中。低聚木糖常采用富含木聚糖的植物原料（玉米芯、蔗渣、棉籽壳、麸皮、稻草等），通过木聚糖酶水解获得，生产工艺流程为：木聚糖→木聚糖酶水解→分离→精制→低聚木糖。

③应用：低聚木糖主要用于医药保健品：适合肠胃功能失调、糖尿病、高血压、龋齿患者等食用；在食品中用于焙烤食品、调味品、罐头等，或用于酸奶、乳酸菌饮料等饮品中。

## （四）天门冬酰苯丙氨酸甲酯（L-aspartyl-L-phenylalanine methyl ester）

天门冬酰苯丙氨酸甲酯又称阿斯巴甜（Aspartame），从 1965 年发现至今已经有 40 年了，估计现在全世界已在 6000 多种食品中使用。阿斯巴甜的安全性已在动物和人身上得到广泛验证，它是一种研究较为透彻的高强度甜味剂。

天门冬酰苯丙氨酸甲酯是两个氨基酸组成的二肽，L-天冬氨酸-L-苯丙氨酸甲酯。结构式见图 8-13。

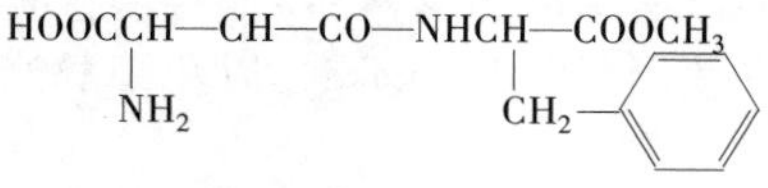

$$\text{HOOCCH—CH—CO—NHCH—COOCH}_3$$

图 8-13 天门冬酰苯丙氨酸甲酯

（1）理化性质 阿斯巴甜微溶于水（25℃的溶解度约 1%），在甲醇中的溶解性较低，不溶于油和脂肪。在一定温度和 pH 下，二肽的酯键发生水解，形成天冬酰苯丙氨酸和甲醇。最后，天冬酰苯丙氨酸被水解成独立的氨基酸天冬氨酸和苯丙氨酸。

（2）口感 天门冬酰苯丙氨酸甲酯的口感如蔗糖一样纯净和甜美，没有其他高强度甜味剂后味的苦味和金属味。定量分析法表明，天门冬酰苯丙氨酸甲酯的甜味与蔗糖相比，甜味曲线类似于蔗糖。

（3）风味强化 天门冬酰苯丙氨酸甲酯可强化或拓展各种食品和饮料的风味，尤其是酸性的水果风味。这种风味强化特性，在口香糖类食品中可使风味持续时间延长 4 倍多。

（4）甜味强化 在不同的饮料和食品体系中，天门冬酰苯丙氨酸甲酯的甜味强度被确定为是蔗糖的 160~200 倍。通常，天门冬酰苯丙氨酸甲酯的甜味强度与被取代的蔗糖浓度之间存在负相关性。总之，天门冬酰苯丙氨酸甲酯的甜味强度依赖于风味系统、pH 和蔗糖的量或被取代的其他甜味剂的量。

（5）毒理学分析 阿斯巴甜已被证明是非常安全的甜味剂。JECFA 确定的 ADI 值为 40mg/kg。美国 FDA 确定的 ADI 为 50mg/kg。除了以上各天然甜味剂外，像甜菊糖苷、甘草素等糖苷及帕拉金糖、异构乳糖、蔗糖衍生物等异构糖等均属天然甜味剂。按我国 GB 2760—2014《食品安

全国家标准　食品添加剂使用标准》规定：阿斯巴甜可在大多类食品中有选择限量使用。

（6）应用　阿斯巴甜被批准用于食品中，包括碳酸饮料、粉末状软饮料、酸奶、硬糖和糖果。在干燥产品中的应用较为稳定（如餐桌甜味料、粉末饮料、餐后甜点混合物）。阿斯巴甜受加热条件影响较小，可用于乳制品和果汁，以及需要无菌加工或其他高温短时或超高温加工的条件下。在一些极端高温的条件下，阿斯巴甜的水解会影响其使用效果。天门冬酰苯丙氨酸甲酯的甜度范围较宽，被人们所接受。

### （五）甜菊糖（Stevioside）

甜菊糖又称甜菊苷，分子式 $C_{38}H_{60}O_{18}$，相对分子质量804.9。甜菊苷与柠檬酸或甘氨酸并用味道良好；与蔗糖、果糖等其他甜味料配合，味质较好。食用后不被吸收，不产生热能，故为糖尿病、肥胖病患者良好的天然甜味剂。

（1）理化性质　甜菊苷在酸和盐的溶液中稳定，室温下性质较为稳定。易溶于水，在空气中会迅速吸湿，室温下的溶解度超过40%。

（2）毒理学参数　甜菊糖结晶小鼠经口 $LD_{50} > 16g/kg$ 体重。

（3）应用与限量　按我国 GB 2760—2014《食品安全国家标准　食品添加剂使用标准》规定：风味发酵乳中，最大使用量为0.2g/kg；冷冻饮品（03.04食用冰除外）中，最大使用量为0.5g/kg；蜜饯凉果中，最大使用量为3.3g/kg；熟制坚果与籽类中，最大使用量为1.0g/kg；糖果中，最大使用量为3.5g/kg；糕点中，最大使用量为0.33g/kg；餐桌甜味料中，最大使用量为0.05g/份；调味品中，最大使用量为0.35g/kg；膨化食品中，最大使用量为0.17g/kg；茶制品（包括调味茶和代用茶类）中，最大使用量为10.0g/kg；以上均以甜菊醇当量计。饮料类（14.01包装饮用水除外）中，最大使用量为0.2g/kg，以甜菊醇当量计，固体饮料按稀释倍数增加使用量。果冻中，最大使用量为0.5g/kg，以甜菊醇当量计，如用于果冻粉，按冲调倍数增加使用量。

## 三、合成甜味剂

1. 糖精（Saccharin）及糖精钠（Sodium Saccharin）

糖精学名邻-磺酰苯甲酰亚胺（O-sulfobenzoic Acid Imide）；糖精钠又称可溶性糖精或水溶性糖精。结构式见图8-14。

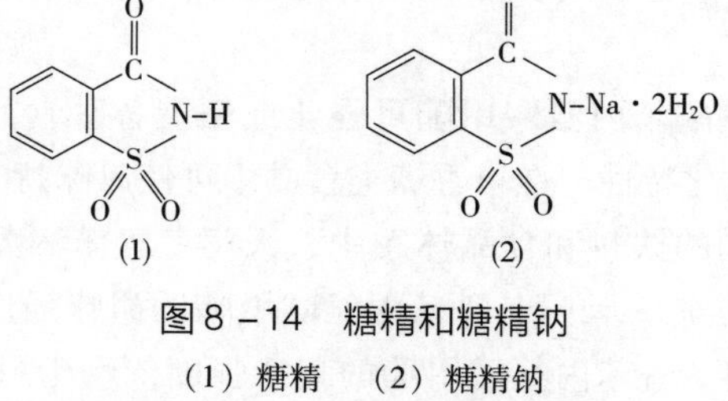

图8-14　糖精和糖精钠
（1）糖精　（2）糖精钠

（1）理化性质　由于糖精的溶解度很低，市售的糖精实际是糖精钠。糖精钠为白色的结晶或结晶性粉末，无臭，微有芳香气。在空气中徐徐风化，约失去一半结晶水而成为白色粉末，有强甜味，并稍带苦味，甜度为蔗糖的200~700倍（一般为300~500倍）。稀释1000倍的水溶液也有甜味，甜味阈值为0.00048%。

糖精钠易溶于水，在水中的溶解度随着温度的上升而迅速增大，例如其溶解度为：99.8（20℃）、186.8（50℃）、253.5（75℃）、328.3（95℃）。略溶于乙醇（可溶于 50 倍量的乙醇中）。10% 水溶液大致为中性。在常温时，糖精钠水溶液长时间放置后甜味也降低，故配好的溶液不应长时间放置。其热稳定性与糖精类似，但较糖精更好。

（2）制法　由邻苯二甲酸酐酰胺化、酯化，制成邻氨基苯甲酸甲酯，经重氮置换及氯化后再氨化环合等得到邻磺酰苯甲酸亚胺，最后加碳酸氢钠制得。此外，也可用甲苯为原料（甲苯法）制得。

（3）毒理学参数　小白鼠腹腔注射 $LD_{50}$ 17500mg/kg 体重；大白鼠经口 MNL 500mg/kg 体重。

（4）使用与限量　按我国 GB 2760—2014《食品安全国家标准　食品添加剂使用标准》规定：糖精钠作为甜度剂可用于冷冻饮品（食用冰除外）、配制酒、腌渍的蔬菜及复合调味料，其最大使用量为 0.15g/kg；用于蜜饯凉果、熟制豆类、脱壳熟制坚果与籽类、新型豆制品（大豆蛋白及其膨化食品、大豆素肉等），其最大使用量为 1.0g/kg；带壳熟制坚果与籽类中，最大使用量为 1.2g/kg；用于水果干类（仅限芒果干、无花果干）、凉果类、话化类、果糕类，其最大使用量为 5.0g/kg；果酱中，最大使用量为 0.2g/kg；糖精、糖精钠含量测定均以糖精计。

2. 甜蜜素（Sodium Cyclamate）

甜蜜素又称环己基氨基磺酸钠，包括环己基氨基磺酸钙（Calcium Cyclamate）。分子式 $C_6H_{12}O_3NSNa$，相对分子质量 201.22，化学结构式见图 8 – 15。

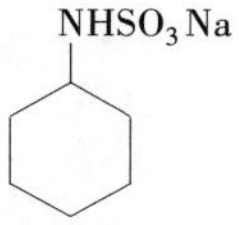

图 8 – 15　甜蜜素

（1）理化性质　甜蜜素为白色结晶粉末，熔点 169～170℃，溶于水，具有柠檬甜味。环己基氨基磺酸是一种强酸，10% 水溶液 pH 0.8～1.6。环己基氨基磺酸钠或其钙盐是强电解质，在溶液中具有较高离解度。钠盐（$C_6H_{13}NO_3S·Na$）及钙盐（$C_6H_{24}N_2O_6S_2·Ca$）均溶于水，溶解度远超过常规应用所需的溶解度，在脂肪及非极性溶剂中溶解度较低。甜蜜素溶液在较宽的 pH 范围内对热、光和空气等稳定。

甜蜜素拥有一些优良的品质，使它成为一种良好的甜味剂。它具有无热量和非龋齿性，尽管它的相对甜度低于糖精或阿斯巴甜，但它的甜味能力也是足够的，尤其是与其他的高强度甜味剂联合使用时。甜蜜素具有良好的甜味曲线，在常规应用浓度下不会具有令人不悦的后味。它比其他糖具有更好的苦味掩盖性能，能够提高水果风味。甜蜜素与大部分食品或食品成分具有相容性，也与天然和人工风味剂、化学保藏剂和其他甜味剂具有相容性。其溶解性能够满足大部分应用要求，在常规浓度下，它不会改变溶液黏度和密度。在光、氧、酸、加热条件及其他食品化学剂存在下，甜蜜素都非常稳定。甜蜜素具有非吸湿性，不支持霉菌或其他细菌生长。

（2）制备　通过环己胺与磺化剂反应得到的环己基胺基磺酸的环己基铵盐，再用氢氧化钠处理，可得到环己基胺基磺酸钠，即环氨甜精类甜蜜素。

（3）应用　与蔗糖的甜味相比，来自甜蜜素的甜度达到其最高水平的速度较慢且持久。通常认为甜蜜素的甜度是蔗糖的 30 倍，但当与高强度甜味剂混合时甜度降低。如甜蜜素的甜度是 2% 蔗糖溶液的 40 倍、20% 蔗糖溶液甜度的 24 倍。这主要是因为随着甜蜜素浓度增大而出现的苦味和后味增加，不过这种不良风味在常用的浓度下是没有问题的。

甜蜜素钙盐的甜度略低于钠盐，Vincent 等研究表明这两个盐之间的区别在于它们的离子化，因为甜度是由于甜蜜素离子造成的，然而，甜味减弱可能与未离解的盐有关。甜蜜素的甜味随其介质的变化而变化，其相对甜度与其盐的种类有关。

甜蜜素的主要用途在于它是非热量甜味剂，通常与其他甜味剂混合使用，用于各种食品、饮料、液体药和药片中，目前在 50 多个国家的数种食品中应用。按我国 GB 2760—2014《食品安全国家标准　食品添加剂使用标准》规定：甜蜜素及甜蜜素钙盐作为甜味剂可用于冷冻饮品（除食用冰外）、酱渍的蔬菜、盐渍的蔬菜、腐乳类、面包、糕点、饼干、复合调味料、饮料类（除包装饮用水类外，固体饮料按冲调倍数增加使用量）、配制酒、果冻（果冻粉以冲调倍数增加），其最大使用量为 0.65g/kg；用于蜜饯凉果，其最大使用量为 1.0g/kg；脱壳烘焙（炒制）坚果与籽类中，最大使用量为 1.2g/kg；烘焙（炒制）坚果与籽类（仅限瓜子）中，最大使用量为 2.0g/kg；带壳烘焙/炒制坚果与籽类中，最大使用量为 6.0g/kg；用于凉果类、话化类（甘草制品）、果丹（饼）类，其最大使用量为 8.0g/kg。均以环己基氨基磺酸计。

3. 乙酰磺胺酸钾（Acesulfame）

乙酰磺胺酸钾又称安赛蜜、双氧噁噻嗪钾，分子式 $C_4H_4KNO_4S$，相对分子质量 201.24。化学结构见图 8 – 16。

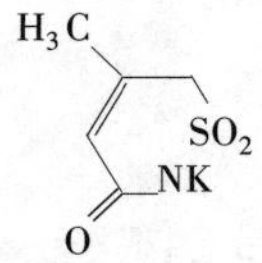

图 8 – 16　乙酰磺胺酸钾

（1）理化性质　乙酰磺胺酸钾为白色结晶状粉末，无臭，易溶于水（20℃，270g/L），难溶于乙醇等有机溶剂，无明确的熔点，甜度约为蔗糖的 200 倍，味质较好，没有不愉快的后味，对热、酸均很稳定，缓慢加热至 225℃ 以上才会分解。

（2）制备　由叔丁基乙酰乙酸酯与异氰酸氟磺酰进行加成，再与 KOH 反应制得。

（3）毒理学参数　小鼠经口 $LD_{50}$ 2.2g/kg 体重；ADI 值 0 ~ 15mg/kg 体重（FAO/WHO，1994）。

（4）使用与限量　根据我国 GB 2760—2014《食品安全国家标准　食品添加剂使用标准》规定：乙酰磺胺酸钾作为甜味剂可用于冷冻饮品（食用冰除外）、饮料类（包装饮用水类除外）、水果罐头、果酱、蜜饯类、腌渍的蔬菜、加工食用菌和藻类、果冻、杂粮罐头、其他杂粮制品、谷类和淀粉类甜品、焙烤食品，其最大使用量为 0.3g/kg；调味和果料发酵乳中，最大使用量为 0.35g/kg；调味品中，最大使用量为 0.5g/kg；用于酱油，其最大使用量为 1.0g/kg；糖果（无糖胶基糖果除外）中，最大使用量为 2.0g/kg；熟制坚果与籽类中，最大使用量为 3.0g/kg；胶基糖果中，最大使用量为 4.0g/kg；餐桌调味料中，最大使用量为 0.04g/份。

**思考题**

1. 写出谷氨酸钠、三氯蔗糖、柠檬酸的结构式。
2. 写出苹果酸、乳酸互为手性异构体。
3. 写出甜度值计算过程。
4. 试述几种合成甜味剂的甜度比较。
5. 试述饮料中糖精钠、安赛蜜、甜蜜素的使用限量。
6. 试述淀粉水解产物的甜度与水解程度的关系。
7. 试述酸碱介质对葡萄糖甜度的影响原因。
8. 试述谷氨酸钠结构式，呈味的酸度范围。
9. 柠檬酸、苹果酸、酒石酸、乳酸、乙酸各为几元酸，哪种分子中有手性碳和旋光性？哪种溶液是因为内旋所导致的无旋光性？
10. I + G 是哪两种物质混合物？

第九章

CHAPTER

9

# 食品用香料香精

**内容提要**

　　本章主要介绍有关食品用香料香精方面的基础知识；掌握香料与香精的概念以及二者的相互关系；了解香料类别与香精香型以及典型的食品用香料与香精的生产与调配方法。

**教学目标**

　　了解香料与香精及其二者的相互关系、典型产品的制备、香料和香精香型的分类要求；学习食品加工中的调香方法。

**名词及概念**

　　香料、香精、香型、调香

## 第一节　概　述

　　通常人们在选择食物的时候，会考虑色、香、味、形等因素。香味诱人的食品通常更易获得人们的青睐，所以香味在食品中占有举足轻重的地位。

　　从古至今，人们通过不同的方式使得食品的味道更加丰富，其方式主要体现在以下两个方面：一是食品加工、加热引起的美拉德反应、焦糖化反应、脂肪氧化反应等都会产生风味物质，而微生物引起的发酵反应，也会产生新的香味物质；二是在食品加工过程中加入食品香料、香精、调味品等带来的，如糖果、薯片及方便面调料中的部分香味。加入的香味化合物在食品组成中含量很小，通常是 μg/kg ~ mg/kg 这样含量级别。

古人所用的香料，都是从芳香植物中提取或动物分泌的天然香料，大都用于入药医病、兰汤沐浴、供奉祭祀或调味增香。最具代表性的就是辛香料在各种菜肴中的应用，如大蒜、姜、八角、桂皮、辣椒、花椒等都是中国菜肴烹制中不可缺少的。相较于传统烹调方式，现代食品厂采用设备大规模快速加工食品的方式，由于工艺简化、加热时间短等原因，其香味一般不如传统方法制作的食品可口，所以需要额外添加能够补充和改善食品香味的物质，即食品香料香精。

由于不恰当的舆论宣传，食品香料香精被"妖魔化"，一些食品生产厂商为了迎合这些消费者，刻意在食品包装上标注"绝对不含香料"或"绝对不含香精"等字样，加深了消费者对食用香料香精的误解。事实上，香料香精对现代食品加工有着重要影响，食品香精的使用对食品是必要的和有益的，在以国家标准要求下进行生产和使用的食品香料香精和其他辅料不会影响食品的安全性，更不会对人体健康带来危害。

在 GB 29938—2013《食品安全国家标准　食品用香料通则》中对食品香料进行了定义。食品香料是生产食品用香精的主要原料，在食品中赋予、改善或提高食品的香味，只产生咸味、甜味或酸味的物质除外。食品用香料包括食品用天然香料、食品用合成香料、烟熏香味料等，一般配制成食品用香精后用于食品加香，部分也可直接用于食品加香。食品香料常分为食品用天然香料和食品用合成香料两类。

在 GB 30616—2014《食品安全国家标准　食品用香精》中对食品香精进行了定义。食品香精是由食品用香料和（或）食品用热加工香味料与食品用香精辅料组成的用来起香味作用的浓缩调配混合物（只产生咸味、甜味或酸味的配制品除外），它含有或不含有食品用香精辅料。通常它们不直接用于消费，而是用于食品加工。此外，香精与调味品不同，调味品是食品中的一类，而香精不是。香精具有一定香型，例如，玫瑰香精、茉莉香精、薄荷香精、檀香香精、菠萝香精、咖啡香精、牛肉香精等。

食品用香料和食品香精的关系是原料和产品的关系。通过香料调配来创拟香精配方的过程、方法和艺术统称为调香。从事调香的人员称为调香师。从事食品香精调香的人员称为食品调香师。

在世界范围内，添加了食品香料、食品香精的制造食品占绝大多数，其发展的潮流是不可阻挡的，不添加食品香精的加工食品越来越少，食品香精工业的发展的结果必将使现代加工食品更加丰富多彩，人类的饮食更加方便、快捷、可口，可以说没有食品香料就没有现代食品工业。

# 一、香味的分类

香料的香味千差万别，极不统一，世上没有香味完全相同的香料化合物。不同的人感觉器官各有所异，对香味的爱好也因人而异。所以对香味的分类方法也是百花齐放、百家争鸣。在此介绍几种香味的分类方法。

1. 陆克塔（Lucta）分类法

Lucta 根据主观与客观相统一的原则对日用香料和食用香料的香味进行了分类，将日用香料的香气分为 24 种，将食用香料香味分为 25 种，对比见表 9 - 1。

表 9 – 1                                          Lucta 分类法

| 食用香料分类 | 日用香料分类 |
| --- | --- |
| 果香（Fruity） | 柑橘香（Citrus ） |
| 柑橘香（Citrus） | 木香（Woody） |
| 香草香（Vanilla） | 花香（Floral） |
| 乳香（Dairy） | 野草香（Wild – herbaceous） |
| 辛香（Spicy） | 动物香（Animal） |
| 野草香（Wild – herbaceous） | 橙花（Orange Flower） |
| 大茴香（Anisic） | 芳香（Aromatic） |
| 薄荷香（Minty） | 青香（Green） |
| 烤香（Roasted） | 辛香（Spicy） |
| 葱蒜香（Alliaceous） | 醛香（Aldehydic） |
| 烟熏香（Smoke） | 香草香（Vanilla） |
| 青香（Green） | 具松果香（Coniferous） |
| 芳香（Aromatic） | 果香（Fruity） |
| 药香（Medicinal） | 香茅 – 马鞭草香 |
| 蜜糖香（Honey – Sugar） | 大茴香（Anisic） |
| 香菌 – 壤香（Fungal – earthy） | 薄荷香（Minty） |
| 醛香（Aldehydic） | 药香（Medicinal） |
| 具松果香（Coniferous） | 烟草香（Tobacco） |
| 海产品香（Marine） | 蜜糖香（Honey – sugar） |
| 橙花（Orange Flower） | 海产品香（Marine） |
| 动物香（Animal） | 烟熏香（Smoke） |
| 木香（Woody） | 香菌 – 壤香（Fungal – earthy） |
| 花香（Floral） | 烤香（Roasted） |
| 烟草香（Tobacco） | 葱蒜香（Alliaceous） |
| 香茅 – 马鞭草香（Citronella – vervain） | |

**2. 罗伯特（Roberts）分类法**

罗伯特分类法根据天然香料和合成香料的香气特征，将香气分为 18 类，如表 9 – 2 所示。这种分类方法比较接近于客观实际，容易被人们接受，有一定的指导意义。除此之外，还有奇华顿（Givaudan）分类法，是将常用的合成香料分为 40 个香气类型，这种分类法对于调配化妆品香精很有价值。

表 9 – 2                                          罗伯特的香气分类

| 香气类别 | 代表性香料 |
| --- | --- |
| 醛香类 | $C_6 \sim C_{12}$ 的醛类 |
| 果香类 | 桃子、杨梅、香蕉、柑橘、橙、柠檬等 |
| 清凉香类 | 樟脑、薄荷脑、百里香酚、大茴香脑、水蒸气蒸馏松节油等 |

续表

| 香气类别 | 代表性香料 |
| --- | --- |
| 芳樟醇香类 | 柠檬油、薰衣草油、芫荽油等 |
| 橙花香类 | 晚香玉净油、金合欢净油、橙花净油等 |
| 茉莉花香类 | 依兰油、α-戊基肉桂醛、吲哚、大花茉莉净油/浸膏、小花茉莉净油/浸膏等 |
| 水仙花香类 | 丁香花蕾油、苏合香油、苯乙醛等 |
| 香调料香类 | 肉豆蔻油、中国肉桂油、月桂叶油等 |
| 蜜香类 | 苯乙酸及其酯类 |
| 玫瑰香类 | 香叶油、香叶醇、橙花醇、苯乙醇等 |
| 鸢尾根香类 | 紫罗兰叶净油/浸膏、桂花净油、含羞草净油、甲基紫罗兰酮、鸢尾浸膏等 |
| 岩兰草香类 | 柏木油萜烯、香风茶油等 |
| 霉味或胡椒味类 | 广藿香油、白/黑胡椒油等 |
| 橡苔和烟熏味类 | 橡苔净油、桦焦油等 |
| 干草和草香气类 | 大茴香醛、八氢香豆素等 |
| 香兰素香类 | 安息香、秘鲁香脂、香兰素等 |
| 龙涎香类 | 赖百当净油、香紫苏油、乳香油等 |
| 动物性香类 | 海狸酊、灵猫净油、吲哚等 |

## 二、　香气的强度

各种香料的香气，在强弱程度上区别是很大的。香气强度不仅与气相中有香物质的蒸气压有关，而且与其分子固有的性质，即分子在嗅觉上皮的刺激能力相关联。香气强度有强弱之分外，也可以定量进行描述。

1. 香气强度的分类

为了便于调香、闻香、评香上的比较，可以把香气的强弱分为 5 个级别。

①特强，稀释至 1/10000 时，能相当嗅辨者。

②强，稀释至 1/1000 时，能相当嗅辨者。

③平，稀释至 1/100 时，能相当嗅辨者。

④弱，稀释至 1/10 时，能相当嗅辨者。

⑤微，不稀释时，能相当嗅辨者。

由于香气是香料成分在物理、化学上的质与量在空间和时间上的表现，所以在某一固定的质与量、某一固定的空间或时间所观察到的香气现象，并不是真正的香气全貌。有些香料在浓缩时香气并不强，但冲淡后，香气变强，使人容易低估它们的强度。有些香料在浓缩时香气似乎极强，但在冲淡后香气显著减弱，使人易于高估它们的强度。如果没有丰富的经验，在香气强弱的判定上，往往容易形成错觉。

2. 香气强度的定量表示

香气强度常用阈值，也称槛限值或最少可嗅值表示。通过嗅觉能感觉到的有香物质的界限浓度，称为有香物质的嗅阈值。能辨别出其香种类的界限浓度称阈值。阈值不仅与有香物质的浓度有关，而且与该物质在嗅觉上的刺激能力和嗅觉的灵敏度有关。阈值虽然可以用数值表示，但由于嗅辨者的主观因素，很难达到非常客观的定量表示。对于同一个香料，有时会出现不同的阈值。

阈值的测定，可以采取空气稀释法，阈值的单位用每立方米空气中含有香物质的量表示（$g/m^3$ 或 $mol/m^3$）。阈值的测定也可以采用水稀释法，单位采用百万分之一（mg/kg）或十亿分之一（μg/kg）的浓度单位。阈值越小香气越强，阈值越大香气越弱。

# 三、 分子结构对香味的影响

分子结构与香味之间的关系，一直是人们所感兴趣的研究课题。但是，由于香料分子结构本身的复杂性和鉴定器官的主观性的影响，要在有机化合物分子结构与香味之间，确定一种能够肯定的预测某种新化合物香味特征的理论是很困难的。在此只能简单地分析有机化合物分子的结构，包括分子骨架、分子中原子个数、不饱和性、官能团、取代基、异构体等因素对香料化合物香味产生的影响。

1. 碳原子个数对香味的影响

香料化合物的相对分子质量一般在 50~300，相当于含有 4~20 个碳原子。在有机化合物中，碳原子个数太少，则沸点太低，挥发过快，不易作香料使用。如果碳原子个数太多，由于蒸气压减小而特别难挥发，香气强度太弱，也不宜作香料使用。

碳原子个数对香气的影响，在醇、醛、酮、酸等化合物中，均有明显的表现。在此，举几个具有代表性的例子加以说明。

脂肪族醇化合物的气味，随着碳原子个数增加而变化。$C_1~C_3$ 的低碳醇，具有酒香香气；$C_6~C_9$ 的醇，除具有青香果香外，开始带有油脂气味；当碳原子个数进一步增加时，则出现花香香气；$C_{14}$ 以上的高碳醇，气味几乎消失。

在脂肪族醛类化合物中，低碳醛具有强烈的刺激性气味；$C_8~C_{12}$ 醛，具有花香、果香和油脂气味，常作香精的头香剂；$C_{16}$ 高碳醛几乎没有气味。

碳原子个数对大环酮香气的影响是很有趣的。它们不但影响香气的强度，而且可以导致香气性质的改变。$C_5~C_8$ 的环酮具有类似薄荷的香气，$C_9~C_{12}$ 的环酮转为樟脑香气，$C_{13}$ 的环酮具有木香香气，$C_{14}~C_{18}$ 大环酮具有麝香香气（图 9-1）。

(1)弱薄荷香　　(2)类似樟脑香　　(3)麝香香气

图 9-1　碳原子个数对大环酮香气的影响

2. 不饱和性对香味的影响

同样的碳原子个数，而且结构非常类似的有机化合物，双键存在与否，位置处于何处，对化合物的香味均可产生影响。以醇和醛为例（图9-2）。

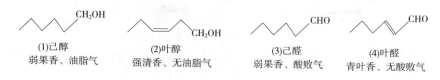

(1)己醇
弱果香、油脂气

(2)叶醇
强清香、无油脂气

(3)己醛
弱果香、酸败气

(4)叶醛
青叶香、无酸败气

图9-2 不饱和性对香味的影响

3. 取代基对香味的影响

取代基对香味的影响也是显而易见的，取代基的类型、数量及位置，对香味都有影响。例如在吡嗪类化合物中，随着取代基的增加，香味的强度和香味特征都有所变化（表9-3）。

表9-3 吡嗪类化合物香味强度和香味特征

| 分子式 | 香气特征 | 香气阈值（水中）/（mg/kg） |
|---|---|---|
| 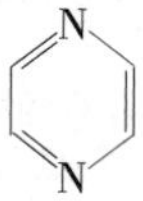 | 强烈芳香，吡啶气味 | 300 |
| 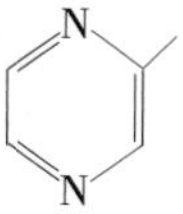 | 稀释后巧克力香 | 1 |
| 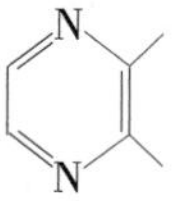 | 巧克力香，刺激性 | 0.1 |

紫罗兰酮和鸢尾酮相比较，基本结构完全相同，只差一个甲基取代基，它们的香味有很大的差别（图9-3）。

(1)α-紫罗兰酮(紫罗兰花香)

(2)α-鸢尾酮(鸢尾根香)

图9-3 紫罗兰酮和鸢尾酮

4. 官能团对香味的影响

市售香料化合物分子中几乎都有数个官能团，官能团对有机化合物香味的影响是非常显著的。例如，乙醇、乙醛和乙酸的碳原子个数虽然相同，但官能团不同，香味则有很大差别。再如，苯酚、苯甲醛和苯甲酸，它们都具有相同的苯环，但取代官能团不同，它们的香味相差甚远。

5. 异构体对香味的影响

在香料分子中，由于双键的存在，而引起的顺式和反式几何异构体，或者由于含有不对称碳原子而引起的左旋和右旋光学异构体，它们对香味的影响也是比较普遍的。例如，在薄荷醇、香芹酮分子中，都含有不对称碳原子，因此具有旋光异构体，其左旋和右旋体香味有很大差别。

（1）l－薄荷醇　强薄荷香，清凉感；　（2）l－香芹酮　留兰香香气；
　　　d－薄荷醇　弱薄荷香，不清凉　　　　　d－香芹酮　黄蒿香气

图9－4　异构体对香味的影响

6. 分子骨架对香味的影响

（1）含有环酮结构类化合物　具有焦糖香味，这类香料中最典型的代表性化合物的名称和结构如表9－4所示。

表9－4　　　　　　　　具有焦糖香味化合物的代表及分子骨架结构

| 香料化合物 | 分子骨架结构 | 香料化合物 | 分子骨架结构 |
|---|---|---|---|
| 麦芽酚 | 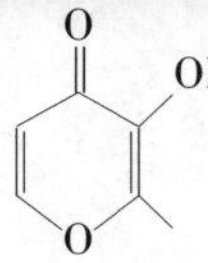 | 4－羟基－5－甲基－3（2H）呋喃酮 | 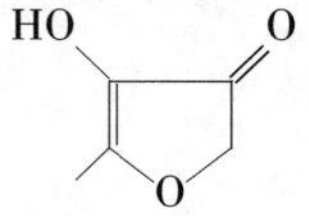 |
| 乙基麦芽酚 | 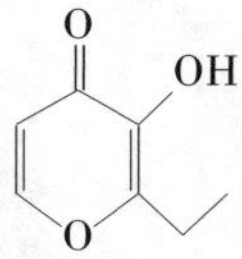 | 2－乙基－4－羟基－5－甲基－3（2H）－呋喃酮 | 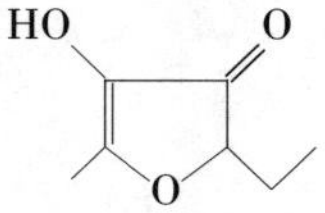 |
| 4－羟基－2，5－二甲基－3（2H）－呋喃酮 | 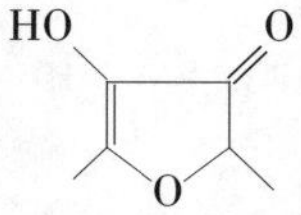 | 甲基环戊烯醇酮（MCP） | 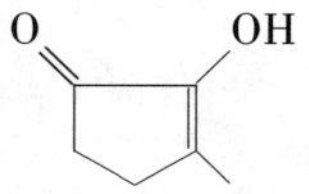 |

（2）含有混合共轭双键结构的化合物　具有烤香香味，这类香料中最典型的代表性化合物的名称和结构如表9－5所示。

表9－5　　　　　　　　具有烤香香味化合物的代表及分子骨架结构

| 香料化合物 | 分子骨架结构 | 香料化合物 | 分子骨架结构 |
|---|---|---|---|
| 2－乙酰基吡嗪 | 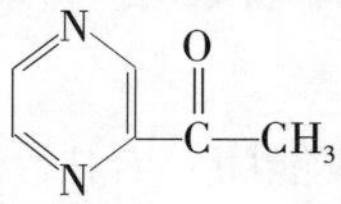 | 2－乙酰基吡啶 | 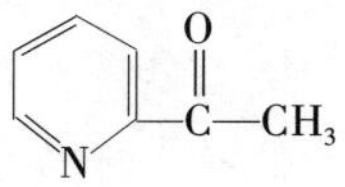 |
| 2－乙酰基－3，5－二甲基吡嗪 | 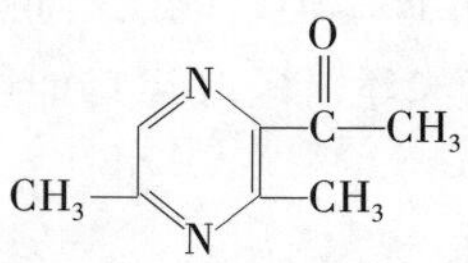 | 2－乙酰基噻唑 | 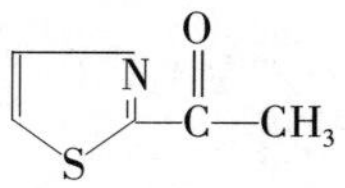 |

（3）分子中含有下面特征骨架的含硫化合物　具有肉香味，这类香料中最典型的代表性化合物的名称和结构如表9-6所示。

表9-6　具有肉香香味化合物的代表及分子骨架结构

| 香料化合物 | 分子骨架结构 | 香料化合物 | 分子骨架结构 |
|---|---|---|---|
| 2-甲基-3-呋喃硫醇 | 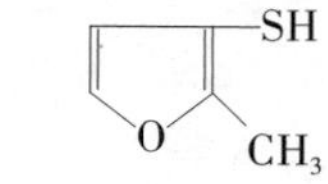 | 双（2-甲基-3-呋喃基）二硫醚 | 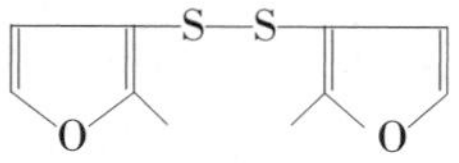 |
| 2，5-二甲基-3-呋喃硫醇 | 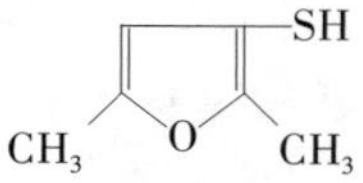 | 2，3-丁二硫醇 | 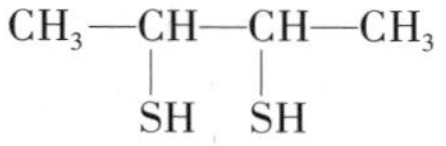 CH₃—CH—CH—CH₃ 下SH SH |
| 甲基2-甲基-3-呋喃基二硫醚 | 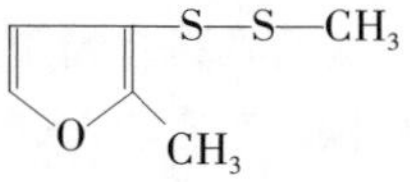 | 2-巯基-3-丁醇 | 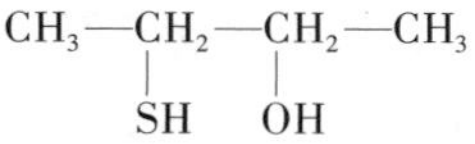 CH₃—CH—CH₂—CH₃ 下SH OH |
| 3-巯基-2-丁酮 | 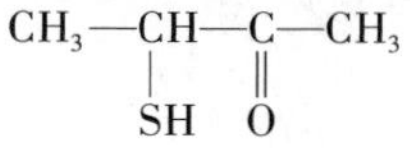 CH₃—CH—C—CH₃ 下SH O | 2，5-二羟基-1，4-二噻烷 | 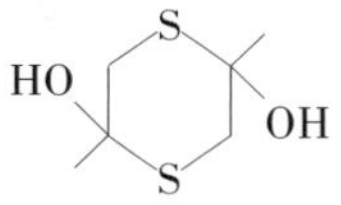 |

（4）分子中含有图9-5骨架结构的酚类香料　具有烟熏香味，具有代表性的烟熏香味香料有丁香酚、异丁香酚、香芹酚、对甲酚、愈创木酚、4-乙基愈创木酚、对-乙基苯酚、2-异丙基苯酚、4-烯丙基-2，6-二甲氧基苯酚、4-甲基-2，6-二甲氧基苯酚等。

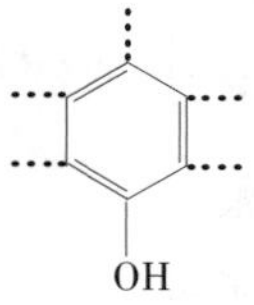

图9-5　酚类香料的骨架结构

（5）具有丙硫基（CH₃—CH₂—CH₂—S—）或烯丙硫基（CH₂＝CH₂—CH₂—S—）基团的化合物　一般具有葱蒜香味，符合这一规律的葱蒜香味香料有烯丙硫醇、烯丙基硫醚、甲基烯丙基硫醚、丙基烯丙基硫醚、烯丙基二硫醚、甲基烯丙基二硫醚、丙基烯丙基二硫醚、烯丙基三硫、甲基烯丙基三硫、丙基烯丙基三硫、二丙基硫醚、甲基丙基硫醚、二丙基二硫醚、甲基丙基二硫醚、二丙基二硫醚、甲基丙基二硫醚等。

## 四、　食品用香料的安全管理及相关法规

目前，世界上生产的合成香料有5000多种，天然香料1500多种。哪些香料可以用于食品，世界各国都有自己的法规。

1. 中国食品用香料管理情况及相关法规

2009 年 6 月 1 日实施的《中华人民共和国食品安全法》，对包括食品用香料在内的食品添加剂的生产、销售、使用和管理等均作了明确的规定。

2015 年 5 月 24 日开始实施的 GB 2760—2014《食品安全国家标准　食品添加剂使用标准》中的食品用香料名单。在我国，食品香精生产中不允许使用该标准之外的食品香料。同时，食品香料香精的品质和使用要求在 GB 30616—2014《食品安全国家标准　食品用香精》和 GB 29938—2013《食品安全国家标准　食品用香料通则》有严格的规定。

中国香精香料化妆品工业协会（Chinese Association of Fragrance Flavor Cosmetic Industry, CAFFCI）成立于 1984 年 8 月，该协会对食品用香料的使用起协调、咨询和建议作用。

2. 国外食品用香料管理情况及相关法规

在全世界范围内，食品用香料管理比较权威的机构主要有以下几个：联合国粮食及农业组织（FAO）和世界卫生组织（WHO）成立的国际食品法典委员会（CAC）1995 年采纳制定的食品添加剂通用法典标准。

联合国食品添加剂法规委员会（CCFA）、国际食品香料香精工业组织（IOFI）等制定的食品用香料分类系统，并将香料分为天然、天然等同和人造香料三类，以"N""I""A"等字母表示，写在编码前面。

IOFI 对全球的食品香料规范生产、安全使用等方面起到积极、推动作用。

# 第二节　食品用香料的制备及应用

食品用香料（Flavor）是一类能使嗅觉器官和味觉器官感觉出香味的食品添加剂，能用于调配食品香精，以提高食品的香味，增加人们的食欲。

## 一、　食品用香料的特殊性

食品用香料与日用香料不同。日用香料的香气只需通过人们的鼻腔嗅感到，而食品用香料除了要求嗅感到外，还要求能被味觉器官感觉到，所以两者是有一定区别的。食品香料的特殊性，主要表现在以下几个方面。

（1）食品用香料具有自我限量的特点。因为食品用香料是要进入人体的，其对人体的安全性特别重要，因而在最终加香食品中要有严格用量限制。另外，香料的香味要为人们所接受，必须在一个适当的浓度范围内，浓度过大香味变成臭味，浓度过小香味不足。

（2）食品用香料以再现食品的香味为根本目的。因为人类对食品具有本能的警惕性，对未经验过的全新的香味常常拒绝食用。

（3）食品用香料必须考虑食品味感上的调和，很苦的或者很酸涩的香料不能用于食品，注重于味道。

（4）人类对食品用香料的感觉比日用香料灵敏得多。这是因为食用香料可以通过鼻腔、口腔等不同途径产生嗅感或味感。

（5）食品用香料与色泽、想象力等有着更为密切的联系。例如在使用水果类食用香料时，若不具备接近于天然水果的颜色，就连香气也容易引起人们认为是其他物质的错觉，使其效果大为降低。

## 二、　食品用香料的分类

食品用香料种类繁多，依据不同的目的有不同的分类方法。食品用香料常按其来源和制造方法的差异分为食品用天然香料和食品用合成香料。

1. 食品用天然香料

食品用天然香料是通过物理方法或酶法或微生物法工艺，从动植物来源材料中获得的香味物质的制剂或化学结构明确的具有香味特性的物质，包括食品用天然复合香料和食品用天然单体香料。食品用天然香料几乎全是植物性天然香料。已知可从 1500 多种植物中得到香味物质，目前用作食品香料的植物 200 多种，其中被国际标准化组织（ISO）承认的有 70 多种。

（1）食品用天然复合香料：通过物理方法或酶法或微生物法工艺从动植物来源材料中获得的香味物质的制剂（由多种成分组成）。这些动植物来源材料可以是未经加工的，也可以是通过传统食品制备工艺加工过的，包括精油、果汁精油、提取物、蛋白质水解物、馏出液或经焙烤、加热或酶解的产物。

（2）食品用天然单体香料：通过物理方法或酶法或微生物法工艺从动植物来源材料中获得的化学结构明确的具有香味特性的物质。这些动植物材料可以是未经加工的，也可以是通过传统食品制备工艺加工的。

2. 食品用合成香料

食品用合成香料是通过化学合成方式形成的化学结构明确的具有香味特性的物质。食品用合成香料比天然食品香料要多一个数量级，目前全世界使用的食品用合成香料有 3000 种左右。

## 三、　食品用天然香料及制备

### （一）　食品用天然香料产品类型

根据食品用天然香料产品和产品形态可大略分为辛香料、精油、浸膏、净油、酊剂、油树脂等以及单体香料制品。其产品具有以下一些特点：

（1）辛香料（Spices）　主要是指在食品调香调味中使用的芳香植物或干燥粉末。此类产品中的精油含量较高，具有强烈的呈味、呈香作用，不仅能促进食欲，改善食品风味，而且还有杀菌防腐功能。包括具有热感和辛辣感的香料，如辣椒、姜、胡椒、花椒等；具有辛辣作用的香料，如大蒜、葱、洋葱、韭菜、辣根等；具有芳香性的香料，如月桂、肉桂、丁香、孜然、众香子、香荚兰豆、肉豆蔻等；带有香草类香料，如茴香、葛缕子（姬茴香）、甘草、百里香、枯茗等。这些辛香料大部分在我国都有种植，资源丰富，有的享有很高的国际声誉，如八角、茴香、桂皮、桂花等。

（2）精油（Essential Oil）　又称香精油、挥发油或芳香油，是植物性天然香料的主要品种。对于多数植物性原料，主要用水蒸气蒸馏法和压榨法制取。例如玫瑰油、薄荷油、八角茴香油等均是用水蒸气蒸馏法制取的精油。对于柑橘类原料，则主要用压榨法制取精油，例如红橘油、甜橙油、圆橙油、柠檬油等。液态精油是我国目前天然香料的最主要的应用形式。世界上总的精油品种在 3000 种以上，用在食品上的精油品种 140 多种。

（3）浸膏（Concrete）　一种含有精油及植物蜡等呈膏状浓缩的非水溶剂萃取物。用挥发性有机溶剂浸提香料植物原料，然后蒸馏回收有机溶剂，蒸馏残留物即为浸膏。在浸膏中除含有精油外，尚含有相当量的植物蜡、色素等杂质，所以在室温下多数浸膏呈深色膏状或蜡状。例如，大花茉莉浸膏、桂花浸膏、香荚兰豆浸膏等。

（4）油树脂（Oleoresin）　一般是指用溶剂萃取天然辛香料，然后蒸除溶剂后而得到的具有特征香气或香味的浓缩萃取物。油树脂通常为黏稠液体，色泽较深，呈不均匀状态。例如辣椒油树脂、白胡椒油树脂、黑胡椒油树脂、姜黄油树脂等。

（5）酊剂（Tincture）　又称乙醇溶液，是以乙醇为溶剂，在室温或加热条件下，浸提植物原料、天然树脂或动物分泌物所得到的乙醇浸出液，经冷却、澄清、过滤而得到的产品。例如咖啡酊、可可酊、香荚兰豆酊等。

（6）净油（Absolute）　用乙醇萃取浸膏、香脂或树脂所得到的萃取液，经过冷冻处理，滤去不溶的蜡质等杂质，再经减压蒸馏蒸去乙醇，所得到的流动或半流动的液体通称为净油。如玫瑰净油、小花茉莉净油、大花茉莉净油等。

### （二）　食品用天然香料产品制备

#### 1. 制备方法概况

天然香料的制备多采用直接提取和浓缩的方法，如蒸馏法、压榨法、萃取（浸提）法、吸收法、超临界萃取法等。其生产方法如图9-6所示。对单体香料的分离制备往往需要在提取的基础上进一步进行分离和纯化后获得。

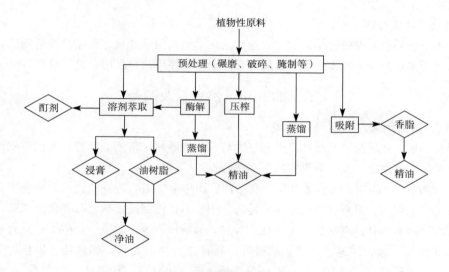

图9-6　天然香料生产方法

#### 2. 常用提取方法

①蒸馏法：用于提取精油，最常用的方法就是水蒸气蒸馏。微波辅助蒸馏技术和分子蒸馏技术虽然出现得较晚，但目前都已发展为比较成熟的技术了，其中分子蒸馏技术主要制备单体香料。

②压榨法：适用于柑橘、柠檬类精油的提取。压榨法的最大特点是生产过程可以在室温下进行，这样柑橘油中的萜烯类化合物不会发生化学变化，可以确保精油质量，使其香气逼真，但操作复杂，出油率低。

③浸提法：即采用水、酒精、石油醚、油脂及其他溶剂对芳香原料（包括含精油的植物各部分、树脂树胶以及动物的泌香物质等）做选择性萃取，提取芳香成分。根据所用的溶剂不同，可分为冷浸法、温浸法和浸提法三种。

④吸附法：主要用于捕捉鲜花和食品中的一些挥发性香味成分。目前，常用的吸附剂有活性炭、氧化铝、硅酸、分子筛、XAD-4 树脂和多孔聚合物，如 Chromosorb 100、Porapak-Q 和 R、Tenax-GC、TA 等，尤其以易脱附的 XAD-4 树脂和 Tenax-GC 应用最广。

⑤超临界萃取法（supercritical Fluid Extraction，SFE）：是 20 世纪 60 年代兴起的一种新型分离技术。超临界流体（Supercritical Fluid）的密度接近于液体，而其黏度、扩散系数接近于气体，因此其不仅具有与液体溶剂相当的溶解能力，还有很好的流动性和优良的传质性能，有利于被提取物质的扩散和传递。超临界流体萃取技术正是利用其特殊性质，通过调节系统的温度和压力，改变溶质的溶解度，实现溶质的萃取分离。

3. 食品用天然单体香料的制备

食品用天然复合香料是多种化合物的混合物，其成分一般多达数百种。在这些天然香料中，如果其中某一种成分或几种成分含量较高，根据实际使用的需要常将它们从天然香料中分离出来，称为单离。单离出来的香料化合物称为单体香料，通常是纯度很高的单一化合物。

单体香料同属于天然香料范畴。单体香料的香气一般比普通天然香料稳定，在调香中使用起来很方便。另外，单体香料是合成其他香料的重要原料。由于单体香料属于天然香料，具有可再生特点。单体香料的生产方法分为两大类（图9-7）。

$$单体香料\begin{cases}物理方法——分馏、冻析、重结晶、分子蒸馏\\化学方法——硼酸酯法、酚钠盐法、亚硫酸氢钠加成法\end{cases}$$

图9-7　单体香料的生产方法分类

①分馏法：是从天然香料中单离某一化合物最常用的一种方法，适用于在常压或减压下要单离化合物的沸点与其他的组分的沸点有较大差距的天然香料。例如从芳樟油中单离芳樟醇，从香茅油中单离香叶醇，从松节油中单离蒎烯等。分馏法生产的主要设备是填料塔，为防止分馏过程中温度过高引起香料组分的分解、聚合，通常均采用减压分馏。

②冻析法：是利用低温使天然香料中的某些化合物呈固体析出，然后将析出的固体化合物与其他液体成分分离，从而得到较纯的单体香料，适用于单离的化合物与其他组分的凝固点有较大差距的天然香料。例如从薄荷油中提取薄荷脑，从樟脑油中提取樟脑等。

③分子蒸馏：也称短程蒸馏（Short-path Distillation），是一种在高真空度下（0.1～100Pa）进行液液分离操作的连续蒸馏过程，其实质是分子的蒸发过程。分子蒸馏法是一种温和的分离技术，具有真空度高、蒸馏温度低、物料受热时间短、分离程度高等特点。目前，国内已具备了单级和多级短程降膜式分子蒸馏装置的制造能力和应用技术，并应用于多种产品的生产中。

另外，化学法是利用对天然香料中的单离成分基团的衍生、修饰和转化，再进行分离和提取的方法。如硼酸酯法是利用硼酸与精油中的醇反应生成高沸点的硼酸酯，经减压分馏，先将精油中的低沸点成分回收，所剩高沸点的硼酸酯经皂化反应使醇游离出来，分离出来的醇再经减压蒸馏即得到精醇；酚钠盐法是采用酚类化合物与碱作用生成溶于水而不溶于有机溶液的盐，将酚钠盐分离出来后，再经过酸化，酚类化合物便可重新析出。

4. 制备实例

（1）亚洲薄荷油（Mint Oil） 原料为亚洲薄荷的地上部分（茎、枝、叶和花序），采用水上蒸馏，得油率0.5%～0.6%。

①工艺条件：鲜薄荷草收割后晒至半干进行蒸馏。加水量以距离蒸垫15cm为宜。蒸馏器装料量为150～200kg/m³。蒸馏速度保持1h馏出液为蒸馏器容积的7%左右，蒸馏时间为1.5～2.0h。蒸馏的蒸汽经冷凝，冷凝液经油水分离器分离得到薄荷原油，薄荷原油经冷冻结晶，过滤分出液体薄荷油素得到粗薄荷脑，最后粗薄荷脑经重结晶得到薄荷脑。

②工艺流程：见图9-8。

图9-8 亚洲薄荷油工艺流程

（2）桂花浸膏（Osmanthus Concrete） 原料为桂花，以石油醚为溶剂，采用转鼓式浸提器，浸膏得率0.13%～0.2%。

①工艺条件：转鼓式浸提器每立方米装150～200kg鲜花。桂花与石油醚的配比为1kg:3L。室温浸提，浸提器转速为6r/min，浸提时间90min，分出浸提液，然后用石油醚洗涤浸提物2次，每次20min，合并洗涤液和浸提液。

合并的石油醚溶液先常压蒸馏回收石油醚，然后在4℃、80kPa条件下真空蒸馏制取粗膏。

粗膏中加入5%的无水乙醇，加热搅拌溶解。在50℃、90kPa条件下真空蒸馏回收乙醇、石油醚共沸物，即可得到桂花浸膏。

②工艺流程：见图9-9。

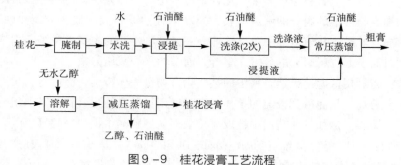

图9-9 桂花浸膏工艺流程

# 四、 食品用合成香料的制备

## （一） 食品用合成香料类型

食品用合成香料（Synthetic Flavor）采用天然原料或化工原料，通过化学合成制取的香料化合物。食品用合成香料的制备包括了对各种类型香料中主体物质（化合物）的合成。从化学结构上合成香料可按照其中的官能团和碳原子骨架进行分类。

1. 按官能团分类

按官能团可分为烃类香料、醇类香料、酚类香料、醚类香料、醛类香料、酮类香料、缩醛基类香料、酸类香料、酯类香料、内酯类香料、腈类香料、硫醇香料、硫醚类香料等。

2. 按碳原子骨架分类

按碳原子骨架可分为萜烯类（萜烯、萜醇、萜醛、萜酮、萜酯）、芳香族类（芳香族醇、醛、酮、酸、酯、内酯、酚、醚）、脂肪族类（脂肪族醇、醛、酮、酸、酯、内酯、酚、醚）、杂环和稠环类（呋喃类、噻吩类、吡咯类、噻唑类、吡啶类、吡嗪类、喹啉类）。

### （二）食品用合成香料的制备

随着对食品用香料的需求量增大，仅仅使用天然香料已经不能满足需要，于是人们开始研究用有机合成的方法，生产物美、价廉、产量大的合成香料。随着科学技术水平不断提高，生产工艺逐步完善，合成香料品种迅速增加。据统计，20世纪50年代合成香料约有300个品种，60年代约为750个，70年代达到3100个，目前世界上合成的香料已超过5000个品种，能够用于食品的有近3000多种。由于食品合成香料的种类繁多，制备方法各不相同，在此仅对制备中的工艺特点及主要产品品种做以简单介绍。

1. 食品用合成香料的工艺特点

食品用合成香料的生产按其生产性质属于精细有机合成工业，但食品用合成香料工业也有其本身的特点。

（1）食品用合成香料具有品种多、消费量少的特点。因此，在生产上大多采用生产规模小的间歇式生产方式。

（2）有些食品用合成香料对温度、光或空气是不稳定的。因此，在工艺选择、生产设备、包装方法和贮存运输等方面，应给与足够的重视。

（3）生产食品用合成香料所用的化工原料种类多，其性质各不相同，而且食品用合成香料本身又大多具有挥发性，因此，要特别注意安全生产和环境保护等问题。

（4）食品用合成香料与人们的日常生活和身体健康息息相关。其产品质量必须严格检验，要有安全卫生管理制度和必要的检测设备，必要时还应做毒理检验。

2. 主要食品用合成香料品种

食品用合成香料是利用有机合成方法制备的香料，其品种已近3000种。食品用合成香料是食品添加剂中数量最多、作用最突出、最重要的组成部分。

大多数食品用香料化合物除了含有 C、H 两种元素外，还含有一定比例的 O、S、N 三种元素。以下按其中的官能团分类，选择典型香料介绍。

（1）醇类香料 在香料工业中占有重要地位，其品种约占合成香料总数的五分之一。醇类化合物存在于自然界中。例如乙醇、丙醇、丁醇，在酒、酱油、食醋、面包中均有存在；苯乙醇是玫瑰、橙花、依兰的主要香成分之一；萜醇在自然界中存在更为广泛，例如在玫瑰油中，香叶醇含量约为14%，橙花醇约为7%，芳樟醇约为1.4%，金合欢醇约为1.2%。如苯乙醇，系统命名：2 - 苯基乙醇，分子式 $C_8H_{10}O$，相对分子质量 122.17。结构式见图 9 - 10。

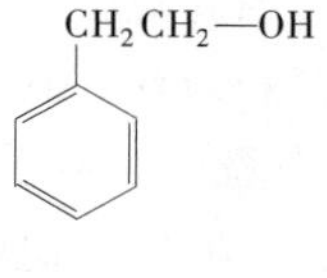

图 9 - 10 苯乙醇

①理化性质：苯乙醇为无色液体，具有类似玫瑰香气。微溶于水，溶于乙醇等有机溶剂中。沸点 220～223℃，相对密度 $d_{25}^{25}1.017～1.020$，折射率 $n_D^{20}1.531～1.534$。在玫瑰油、依兰油、香叶油、橙花油、茶叶、烟草中均有存在。

②制备方法：以苯乙烯为原料制取。

③应用及使用参考量：软饮料 1mg/kg；糖果 12mg/kg；烘烤食品 16mg/kg；口香糖 20～80mg/kg。

（2）酚类香料　广泛存在于自然界中，例如丁香酚存在于丁香油（含 80% 左右）、月桂叶（含 80% 左右）；百里香酚存在于百里香油（含 50% 左右），在酒类、烟熏肉类等食品中常有酚类化合物。如乙基麦芽酚，系统命名：3－羟基－2－乙基－4－吡喃酮，分子式 $C_7H_8O_3$，相对分子质量 140.14，结构式见图 9－11。

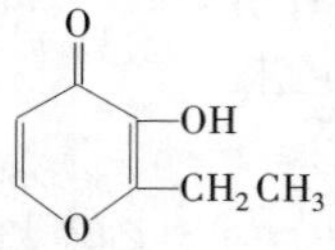

图 9－11　乙基麦芽酚

①理化性质：白色结晶，具有甜蜜的焦糖香，香势比麦芽酚强 4～6 倍。微溶于水，溶于乙醇等有机溶剂中。熔点 89～93℃，因室温下有较大的挥发性，宜密闭贮存。尚未发现天然存在，为人造香料。

②制备方法：以曲酸和氯化苄为原料，经五步反应制取。

③应用及使用参考量：乙基麦芽酚为非天然等同香料，与麦芽酚的用途基本相同。乙基麦芽酚在食品中的使用参考量：软饮料 3mg/kg；糖果 10mg/kg；冰制品 5mg/kg；口香糖 10mg/kg；调味料 5mg/kg。

（3）醛类香料　约占合成香料总数的 1/10。由于醛类香料容易氧化聚合，使其应用受到限制。如香兰素，系统命名：3－甲氧基－4－羟基苯甲醛，分子式 $C_8H_8O_3$，相对分子质量 152.15，结构式见图 9－12。

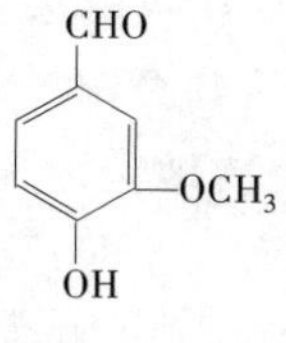

图 9－12　香兰素

①理化性质：白色至微黄色针状结晶，具有香荚兰豆的香气。微溶于水，溶于乙醇等有机溶剂中。由于香兰素既有醛基又有羟基，因此化学性质不太稳定，在空气中容易氧化为香兰酸，在碱性介质中容易变色，所以在贮存和应用时应加以注意。熔点 81～83℃，沸点 284～285℃，在常压蒸馏时，部分分解生成儿茶酚。是香荚兰的主要香成分。在香茅油、丁香油、橡苔、马铃薯、安息香脂、秘鲁香脂、苏合香脂、吐鲁香脂中均有存在。

②制备方法：以黄樟油素为原料制取。

③应用及使用参考量：香兰素广泛应用在食品、酒中，在香子兰、巧克力、太妃等香精中是必不可少的香料。香兰素的使用参考量：软饮料63mg/kg；糖果200mg/kg；口香糖270mg/kg；糖浆330mg/kg；烘烤食品200mg/kg；调味品150mg/kg。按我国婴幼儿配方食品和谷类食品中香料使用规定，香兰素在较大婴儿和幼儿配方食品中最大使用量为5mg/100mL；在婴幼儿谷类食品中最大使用量为每7mg/100g。

（4）酮类香料　在香料工业中占有重要地位。许多萜酮和脂环酮类化合物是天然香料的主要香成分，一些大环酮类化合物是动物性天然香料的主要香成分，许多食品的香成分中都含有酮类化合物，如苹果、香蕉、桃、黄瓜等。酮类香料由于其良好的香气和化学稳定性，在调香中得到了广泛的应用。如丁二酮，俗名二乙酰，分子式 $C_4H_6O_2$，相对分子质量86.09，结构式见图9-13。

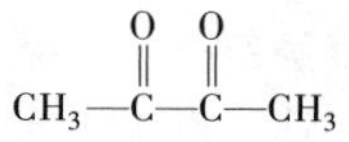

$$CH_3 - \overset{\overset{O}{\|}}{C} - \overset{\overset{O}{\|}}{C} - CH_3$$

图9-13　丁二酮

①理化性质：丁二酮为黄色至浅绿色液体。稀释时具有奶油香味。与水1:4混溶，溶于乙醇等有机溶剂中。沸点87~88℃，相对密度 $d_{15}^{15}0.9904$，折射率 $n_D^{20}1.393 \sim 1.395$，凝固点 $-3 \sim -4$℃。存在于当归、薰衣草、肉豆蔻、香茅、香叶、丁香、木兰等精油中，在覆盆子、草莓、苹果、番茄、葡萄酒、食醋中也有检出。

②制备方法：以甲基乙基酮为原料，经亚硝反应制取。

③应用及使用参考量：丁二酮主要用途是配制奶油、干酪、巧克力、可可、蜂蜜、酒香、烟香等的食品香精，在食品中的使用参考量：糖果21mg/kg；口香糖35mg/kg；果冻10mg/kg；烘烤食品44mg/kg。

（5）缩羰基类香料　包括缩醛和缩酮两大类，是最近二三十年发展起来的新型香料化合物。此类香料大部分化合物未发现天然存在，多数为人造香料。由于它们的化学稳定性强、香气好，目前使用已经很普遍。如乙醛二乙缩醛，系统命名：1，1-二乙氧基乙烷，分子式 $C_6H_{14}O_2$，相对分子质量118.18，结构式见图9-14。

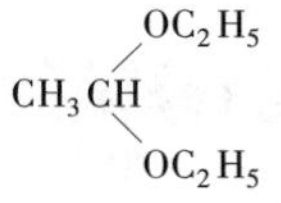

$$CH_3CH \overset{OC_2H_5}{\underset{OC_2H_5}{<}}$$

图9-14　乙醛二乙缩醛

①理化性质：乙醛二乙缩醛为无色液体，具有令人愉快的坚果香气。微溶于水，溶于乙醇等有机溶剂中。容易燃烧，长期放置易变质。沸点97~112℃，相对密度 $d_4^{20}0.826 \sim 0.830$，折射率 $n_D^{20}1.3805$。存在于发酵酒中。

②制备方法：以乙醛和乙醇为原料，在氯化钙存在下，经缩合反应制取。

③应用及使用参考量：乙醛二乙缩醛在食品中的使用参考量：软饮料7.3mg/kg；糖果39mg/kg；冰制品52mg/kg；烘烤食品60mg/kg。

（6）酯类香料　在香料工业中占有特别重要的地位，其中大多具有花香、果香、酒香或蜜香香气，是鲜花、水果、酒等香成分的重要组成部分。酯类香料品种约占香料总数的1/5，在食品香精中都是不可缺少的。如己酸烯丙酯，俗名凤梨醛、菠萝醛、十九醛，分子式 $C_9H_{16}O_2$，相对分子质量 156.23，结构式见图9 – 15。

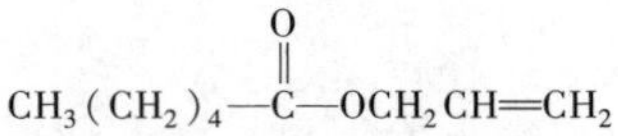

$$CH_3(CH_2)_4 \overset{\overset{\displaystyle O}{\|}}{-C} -OCH_2CH=CH_2$$

图9 –15　己酸烯丙酯

①理化性质：己酸烯丙酯为无色至浅黄色液体，具有类似菠萝水果香气。不溶于水，溶于乙醇等有机溶剂中。沸点 185 ~ 187℃，相对密度 $d_4^{25}$ 0.885 ~ 0.890，折射率 $n_D^{20}$ 1.422 ~ 1.426。为人造香料。

②制备方法：由正己酸和烯丙醇在浓硫酸存在下进行酯化反应制取。

③应用及使用参考量：凤梨醛主要用途是配制菠萝、苹果、草莓、杏子、桃子、甜橙等香型的食品用香精，在食品中的使用参考量：软饮料 7mg/kg；糖果 32mg/kg；口香糖 210mg/kg；果冻 22mg/kg；冰制品 1mg/kg；烘烤食品 25mg/kg。

（7）含硫香料　主要用于食品香精。含硫香料阈值都很低，香势很强，纯品一般具有令人厌恶的气味，极度稀释后则香气诱人，广泛存在于各种肉类、蔬菜等食品中。含硫香料在最终加香食品中的用量一般为 $10^{-6}$ 数量级，甚至更低。如1，6 – 己二硫醇，系统命名：1，6 – 二硫基己烷，分子式：$C_6H_{14}S_2$，相对分子质量：150.31。结构式 HS（$CH_2$）$_6$SH。

①理化性质：无色液体，具有鸡肉特征香味。不溶于水，溶于乙醇等有机溶剂。沸点为 118 ~ 119℃/2kPa，相对密度 $d_4^{20}$ 为 0.983，折射率 $n_D^{20}$ 为 1.5110。

②制备方法：1，6 – 己二醇与三溴化磷反应制取1，6 – 二溴己烷，后者与硫脲反应，产物经氢氧化钠水溶液水解制取。

③应用及使用参考量：微量存在于鸡肉、清炖牛肉香成分中。主要用于食用肉味香精，在鸡肉香精中使用能增加产品的特征鸡肉香味。

# 第三节　食品香精的调制及应用

食用香精是由数种乃至数十种食品香料及溶剂等组分调配而成的、带有不同香型的混合制品，用于食品调香的食品添加剂。

## 一、　食用香精的分类

1. 根据食品香精的香型分类

①果香型香精：大多是模仿果实的香气调配而成，如橘子、香蕉、苹果、葡萄、梨、草莓、柠檬、甜瓜等。这类香精大多用于食品、洁齿用品中。

②酒用香型香精：如清香型、浓香型、酱香型、米香型、朗姆酒香、杜松酒香、白兰地酒香、威士忌酒香等。

③坚果香型香精：如咖啡香精、杏仁香精、椰子香精、糖炒栗子香精、核桃香精、榛子香精、花生香精、可可香精等。

④肉味香精：如牛肉香精、鸡肉香精、海鲜香精、羊肉香精等。

⑤乳香型香精：如乳用香精、奶油香精、白脱香精、奶酪香精等。

⑥辛香型香精：如生姜香精、大蒜香精、芫荽香精、丁香香精、肉桂香精、八角茴香香精、辣椒香精等。

⑦凉香型香精：如薄荷香精、留兰香香精、桉叶香精等。

⑧蔬菜香型香精：蘑菇香精、番茄香精、黄瓜香精、芹菜香精等。

⑨其他香型食品香精：如可乐香精、粽子香精、泡菜香精、巧克力香精、香草香精、蜂蜜香精、香油香精、爆玉米花香精等。

2. 根据食品香精的形态分类

食品香精按形态分类见图9－16。

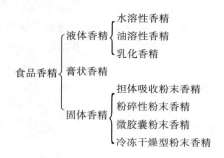

图9－16 食品香精的形态分类

（1）水溶性香精 所用的各种香料成分必须能溶于水或醇类溶剂中。水溶性香精广泛用于果汁、汽水、果冻、果子露、冰淇淋和酒类中。

（2）油溶性香精 选用的天然香料和合成香料溶解在油性溶剂中配制而成。油溶性香精主要用于糖果、巧克力等食品中。

（3）乳化香精 以香料、乳化剂、稳定剂及蒸馏水为主要组分的混合物。乳化香精主要用于果汁、奶糖、巧克力、糕点、冰淇淋、乳制品等食品中。

（4）膏状香精 是一种形态介于固体和液体之间的香精，以肉味香精居多。

（5）固体香精 大体上可分为固体香料磨碎混合制成的粉末香精、粉末担体吸收香精制成的粉末香精、由赋形剂包覆香料而形成的微胶囊粉末香精和通过冷冻干燥形成的粉末香精等四种类型。粉末香精广泛应用于固体饮料、固体汤料、奶粉中。

3. 按味道分类

人们根据食品中的化学成分引起感觉器官的味觉反应特点对食品基本味道进行分类。由于人们味觉的偏爱，以及目前的食品香精现状，食品香精可依主要味感分为甜味香精和咸味香精两大类。有的甜味香精中会有酸味，咸味香精中一般都还有鲜味。

（1）甜味香精（Sweet Flavoring） 指具有甜味的食品香精，按香型分为果香型香精、乳香型香精、坚果香型香精等。

（2）咸味食品香精（Savory Flavoring） 指由热反应香料、食品香料化合物、香辛料（或其提取物）等香味成分中的一种或多种与食用载体和或其他食品添加剂构成的混合物，用于咸味食品的加香。从品种来看，咸味食品香精主要包括牛肉、猪肉、鸡肉等肉味香精，鱼、虾、蟹、贝类等海鲜香精，各种菜肴香精以及其他调味香精。咸味食品香精分类见图9-17。

$$
\text{咸味食品香精}
\begin{cases}
\text{调合型咸味香精} \\
\text{反应型咸味香精} \\
\text{发酵型咸味香精} \\
\text{酶解型咸味香精} \\
\text{脂肪氧化型咸味香精}
\end{cases}
$$

图9-17 咸味食品香精的分类

①调合型咸味香精：指用各种食品香料、溶剂和载体等原料混合而成的咸味香精，此类香精常作为热反应咸味香精的头香使用。如牛肉调合香精通常添加到牛肉热反应香精中，然后应用于各种肉制品中。

②反应型咸味香精：指香味前体物质通过热反应后，再与各种原料混合而成的食品香精，如热反应牛肉香精、热反应猪肉香精等，通常应用于方便面、火腿肠等食品中。

③发酵型咸味香精：指香味前体物质通过微生物发酵后，再加入一些乳化剂、稳定剂和食品香料混合后制成的食品香精。

④酶解型咸味香精：指香味前体物质通过酶解后，再加入一些乳化剂、稳定剂和食品香料混合后制成的食品香精。

⑤脂肪氧化型咸味香精：指先将动物油脂或植物油氧化后，参与热反应，最后再与香料、乳化剂、稳定剂等各种原料混合而成的食品香精。

## 二、 常用术语

①香型（Type）：描述某一种香精或加香食品的整体香气类型或格调，如果香型、玫瑰型、肉香型等。

②香韵（Note）：描述某一种香料、香精或加香食品中带有某种香气韵调而不是整体香气的特征。香韵的区分是一项比较复杂的工作。

③香势（Odor Concentration）：又称香气强度，是指香气本身的强弱程度，这种强度可以通过香气的阈值来判断，阈值越小，则香气强度越大。

④头香（Top Note）：又称顶香，是指对香精或加香食品嗅辨中，最初片刻时香气的印象，也就是人们首先能嗅感到的香气特征。

⑤体香（Body Note）：又称中段香韵，是香精的主体香气。体香是在头香之后立即被嗅感到的香气，而且能在相当长的时间内保持稳定或一致。体香是香精最主要的香气特征。

⑥基香（Basic Note）：又称尾香或底香，是香精的头香和体香挥发过后，留下的最后香气。这种香气一般是由挥发性较差的香料或定香剂所产生。

⑦调合（Blend）：指将几种香料混合在一起，使之散发出一种协调一致香气的操作过程。调合的目的是使香精的香气变得或者优美，或者清新，或者强烈，或者微弱，使香精的主剂更能发挥作用。

⑧修饰（Modify）：指用某种香料的香气去修饰另一种香料的香气，使之在香精中发生特定效果，从而使香气变得别具风格。

⑨香基（Base）：又称香精基，是由数种香料组合而成的香精的主剂。香基具有一定的香气特征，或代表某种香型。

## 三、　香精的基本组成

一个比较完整的香精配方，应由哪几部分组成？对此主要有两种观点。国内大多数调香师认为香精应包括主香剂、辅香剂、头香剂、定香剂四种类型的香料；国外某些调香师认为应包括头香、体香、基香三种类型的香料。以下仅介绍四部分组成香精的内容。

1. 主香剂

主香剂又称香精主剂或打底原料。主香剂是形成香精主体香韵的基础，是构成香精香型的基本原料。调香师要调配某种香精，首先要确定其香型，然后找出能体现该香型的主香剂。

2. 辅助剂

辅助剂又称配香原料或辅助原料。主要作用是弥补主香剂的不足。添加辅助剂后，可使香精香气更趋完美，以满足不同类型的消费者对香精香气的需求。辅助剂可以分为协调剂和变调剂两种。

（1）协调剂（Blender）　又称合香剂或调和剂。协调剂的香气与主香剂属于同一类型，其作用是协调各种成分的香气，使主香剂香气更加明显突出。例如，在调配香蕉香精时，常用乙酸甲酯、乙酸丁酯、2－甲基丁酸－2甲基丁酯作协调剂。

（2）变调剂（Modifier）　又称矫香剂或修饰剂。用作变调剂香料的香型与主香剂不属于同一类型，是一种使用少量即可奏效的暗香成分，其作用是使香精变化格调，使其别具风格。例如，在调配香蕉香精时，常用乙醛、具有强的花香，玫瑰－紫罗兰香型香料、香兰素等作变调剂。

3. 头香剂

头香剂又称顶香剂。用作头香剂的香料挥发度高，香气扩散力强。其作用是使香精的香气更加明快、透发，增加人们的最初喜爱感。例如，在调配甜橙香精时，常用乙醛等脂肪醛作头香剂。

4. 定香剂

定香剂又称保香剂。它的作用是使香精中各种香料成分挥发均匀，防止快速蒸发，使香精香气更加持久。

必须指出，香精的各个组成物质在不同香精配方中的作用是变化的。例如，香草香精中的主香剂是香兰素，但香兰素本身又是定香香料；橘子油在橘子香精中是主香剂，但在香蕉香精中它又是辅助香料。

在食用香精调配中，稀释剂也是不可缺少的组成，常用的稀释剂有蒸馏水、酒精、甘油、丙二醇、邻苯二甲酸二丁酯和精制的茶油、杏仁油、胡桃油、色拉油及乳化液等。

## 四、　食用香精的作用

食品香精能补充和增强食品的香气，增加人们的愉快感和食欲，同时也促进消化系统的唾液分泌，增强对食物的消化和吸收。食用香精的功能主要表现在以下几个方面。

①赋香作用：使食品产生香味。某些原料本身没有香味，要靠食用香精使产品带有香味，如人造肉、饮料等。加入香精后，使这些食品人为地带有各种风味，以满足人们对食品香味的需要。

②增香作用：使食品增加或恢复香味。因为食品加工中的某些工艺，如加热、脱臭、抽真空等，会使香味成分挥发，造成食品香味减弱。添加香精可以恢复食品原有的香味，甚至可以根据需要将某些特征味道强化。

③矫味作用：改变食品原有的风味，或消杀其中的不良味道。食品加工中，对某些带难闻气味的食品原料需要矫正和掩饰，如羊肉、鱼类的膻、腥气味的消除。添加适当的香精可得到味道矫正、去除或抑制作用。

④赋予产品特征：许多风味性食品，其特征需要使用香精显现出来，否则就没有风味的差异。现今，不少的香料或香型制品已成为各国、各民族、各地区饮食文化的一部分。

## 五、 食用香精的调制与使用

食用香精的制作程序分为两步，第一步是香精配方的拟定，第二步是根据配方制作质量合格的香精产品。

### （一） 食用香精配方的拟定步骤

①首先明确所配制香精的香型、香韵、用途。确定香精的组成，要考虑选择哪些香料可以作此种香精的主香剂、协调剂、变调剂和定香剂。

②按香料挥发程度，将可能应用的香料按头香（顶香）、体香（主香）和基香（尾香）进行比例排序。一般来说头香香料占 20%～30%，体香占 35%～45%、基香占 25%～35%。在用量上要使香精的头香突出、体香统一、留香持久，做到三个阶段的衔接与协调。

③提出香精配方的初步方案。可用嗅觉辨别香精样品或食品等实物，确定其香气特征和香韵，定格局，定配比，提出模仿型香精调配方案。

④正式调配。调香通常是从主香（体香）部分开始，体香基本符合要求以后，逐步加入容易透发的头香香料、使香气浓郁的协调香料、使香气更加优美的修饰香料和使香气持久的定香香料。

⑤确定配方。经过多次加料、嗅辨、修改以后，配制出数种小样（10g）进行评估，经过闻香评估认可后，放大配成香精大样（约 500g），大样通过在加香产品中的应用考察后，确定香精配方。

### （二） 香精的制作与应用

1. 水溶性食用香精

①溶剂和原料：常用的溶剂是蒸馏水和 95% 食用酒精，也可用少量的丙二醇或丙三醇代替部分乙醇作溶剂，溶剂用量一般为 40%～60%。水溶性食品香精大部分为水果香型香精，其主要香原料为酯类香料和橘子、橙子、柚子、柠檬等柑橘类精油，同时使用一些其他种类的合成香料和天然香料。

②水溶性香精生产工艺流程：见图 9－18。

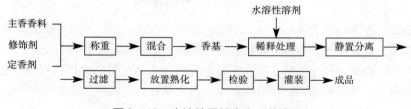

图 9－18　水溶性香精生产工艺流程

③特点：水溶性食用香精一般是透明的液体，其色泽、香气、香味、澄清度均应符合应用要求。不出现液面分层或浑浊现象。在蒸馏水中的溶解度为 0.10% ~ 0.15%（15℃）。在 15 ~ 30℃下密闭贮存为宜。

④应用：水溶性食用香精主要用于汽水、果汁、果子露、果冻、冰棒、冰淇淋、酒制品中。用量一般为 0.05% ~ 0.15%。

⑤水溶性食用香精配方示例（甜瓜香精）：如表 9-7 所示。

表 9-7　　　　　　　　　　　甜瓜香精配方

| 组分 | 用量/g | 组分 | 用量/g |
| --- | --- | --- | --- |
| 甲酸乙酯 | 2 | 柠檬油 | 1 |
| 丁酸戊酯 | 3 | 苯甲酸苄酯 | 1 |
| 正戊酸乙酯 | 4 | 邻氨基苯甲酸甲酯 | 0.2 |
| 戊酸异戊酯 | 3 | 杨梅醛 | 0.2 |
| 壬酸乙酯 | 1.5 | 大茴香醛 | 0.1 |
| 肉桂酸甲酯 | 1 | 苯乙醛 | 0.2 |
| 肉桂酸苄酯 | 1 | 香兰素 | 0.5 |
| 蒸馏水 | 300 | 丙三醇 | 531 |

2. 脂溶性食用香精

①溶剂和原料：常用的溶剂有精制茶油、杏仁油、胡桃油、色拉油、甘油和某些二元酸二酯等高沸点稀释剂，其耐热性比水溶性香精高。脂溶性食用香精的原料比水溶性香精广泛，各种允许在食品中使用的天然香料和合成香料都可以用于调配脂溶性食品香精。

②脂溶性食用香精生产工艺流程：见图 9-19。

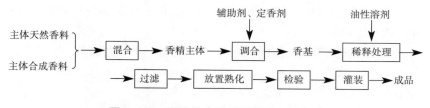

图 9-19　脂溶性食用香精生产工艺流程

③特点：脂溶性食用香精一般是透明的油状液体，其色泽、香气、香味与澄清度均应符合应用要求，不呈现表面分层或混浊现象。

④应用：脂溶性食用香精适用于糖果、巧克力、糕点、饼干等食品的加香。在糖果中用量一般为 0.05% ~ 0.1%；面包中用量一般为 0.01% ~ 0.1%；饼干、糕点中用量一般为 0.05% ~ 0.15%。

⑤脂溶性食用香精配方示例（玫瑰香精）：如表 9-8 所示。

表9-8 玫瑰香精配方

| 组分 | 用量/g | 组分 | 用量/g |
|---|---|---|---|
| 香叶油 | 4.5 | 芳樟醇 | 0.5 |
| 苯乙醇 | 10 | 橙花醇 | 3 |
| 香叶醇 | 6 | 苯甲醛 | 0.1 |
| 乙酸香叶酯 | 0.5 | 乙酸己酯 | 0.05 |
| 柠檬醛 | 1 | 辛醛 | 0.02 |
| 丁香酚 | 0.3 | 植物油 | 74.03 |

**3. 乳化食用香精**

①原料：乳化香精主要以水包油型乳液为主。一般产品由芳香剂、乳化剂、增稠剂、抗氧化剂、防腐剂、pH调节剂、调味增香剂、色素和水等组成。

②乳化香精生产工艺流程：见图9-20。

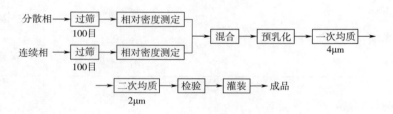

图9-20 乳化香精生产工艺流程

③主要设备：用于乳化香精生产的乳化分散设备有胶体磨、高速乳化泵、超声波乳化器和高压均质机等。

④特点：乳化香精的贮存期一般为6~12个月。存放温度5~27℃。过冷或过热都会导致乳化香精体系稳定性下降，最终产生油水分离现象。乳化香精中的某些原料易受氧化，故开封的乳化香精应尽快使用完毕。

⑤应用：乳化食用香精主要用于柑橘香型汽水、果汁、可乐型饮料、冰淇淋、雪糕等食品中。用量一般为0.1%~0.2%。

⑥乳化食用香精配方示例（柠檬香精）：如表9-9所示。

表9-9 柠檬香精配方

| 组分 | 用量/g | 组分 | 用量/g |
|---|---|---|---|
| 柠檬香精（芳香剂，油相） | 6.50 | 苯甲酸钠（防腐剂，水相） | 1.00 |
| 松香酸甘油酯（增重剂，相油） | 6.00 | 柠檬酸（酸度剂，水相） | 0.80 |
| BHA（抗氧剂，油相） | 0.02 | 色素（水相） | 2.00 |
| 乳化胶（乳化剂，水相） | 3.50 | | |

4. 微胶囊粉末香精

（1）微胶囊香精的原料

①微胶囊壁膜或壁材：包括植物胶类（阿拉伯胶、海藻酸钠、卡拉胶等）、淀粉及其衍生物、蛋白质类（明胶、酪蛋白等）、纤维素及其衍生物等。

②微胶囊香精芯材：芯材主体是香精，玫瑰、茉莉、白兰等花香型香精，柠檬、橘子、甜橙、草莓、香蕉、葡萄、樱桃、苹果等果香型香精，猪肉、鸡肉、牛肉、海鲜等咸味香精，蒜油、姜油、芥子油、薄荷油等。

（2）微胶囊香精生产主要有喷雾干燥法、挤压法和分子包结法。喷雾干燥法生产工艺流程见图9－21。

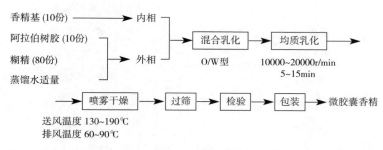

图9－21　喷雾干燥法生产工艺流程

（3）特点　微胶囊香精为直径5~500μm的微小胶囊颗粒。其中包括香料、辛香料、精油或油树脂的产品，统称为微胶囊香精或微胶囊香料。内包物质含量可达全量的50%~90%。香精经微胶囊化后，能有效抑制其挥发损失，提高香精的贮藏和使用的稳定性，并具有缓释效果等优势。

（4）应用　微胶囊香精主要用于饼干、面包、糕点等焙烤制品，以及糖果、固体饮料等食品中，也可用于目前兴起的微波加工食品中。

（5）脂溶性食用香精配方示例（辛香料）：如表9－10所示。

表9－10　　　　　　　　　　　　　　　　辛香料配方

| 组分 | 用量/g | 组分 | 用量/g |
| --- | --- | --- | --- |
| 辛香料油 | 485 | 柠檬酸 | 43 |
| 阿拉伯胶 | 156 | 白糖 | 3000 |
| 明胶 | 158 | 食盐 | 1850 |
| 白糊精 | 3000 | 味精 | 2500 |
| 蒸馏水 | 适量 | 固体酱油 | 250 |

# 第四节　香精的配方及应用

用于软饮料、冰制品、糖果、烘烤食品和乳制品等食品的香精一般为甜味香精，应用于酒的香精为酒用香精，应用于方便食品和各种肉制品的香精一般为咸味香精。休闲食品和膨化食品可以加甜味香精，也可以加咸味香精。以下介绍此三种食用香精的参考配方及应用示例。

# 一、 甜味香精

1. 用于软饮料

（1）香精　用于软饮料的香精配方如表9－11所示。

表9－11　软饮料的香精配方

| 香精类型 | 组分 | 用量/g | 组分 | 用量/g |
|---|---|---|---|---|
| 菠萝香型 | 乙酸乙酯 | 25 | 3-环己基丙酸烯丙酯 | 2 |
|  | 丁酸乙酯 | 30 | 香兰素 | 2 |
|  | 己酸乙酯 | 30 | 麦芽酚 | 1 |
|  | 己酸烯丙酯 | 10 | 酒精（95%） | 60 |
|  | 蒸馏水 | 40 |  |  |
| 樱桃香型 | 乙酸乙酯 | 6.2 | 苯甲醛 | 1.4 |
|  | 丁酸乙酯 | 1.8 | 大茴香醛 | 0.2 |
|  | 丁酸戊酯 | 2.5 | 香兰素 | 0.4 |
|  | 乙酸戊酯 | 0.9 | 洋茉莉醛 | 0.9 |
|  | 庚酸乙酯 | 0.2 | 甜橙油 | 1.0 |
|  | 甲酸戊酯 | 1.4 | 丁香花蕾油 | 0.5 |
|  | 蒸馏水 | 40.0 | 酒精（95%） | 60.0 |
| 葡萄香型 | 乙酸乙酯 | 40.0 | 甜橙油 | 2.0 |
|  | 邻氨基苯甲酸甲酯 | 25.0 | 酒精（95%） | 25.0 |
|  | 丁酸乙酯 | 5.0 |  |  |
|  | 戊酸戊酯 | 5.0 |  |  |
| 橘子油香精 | 橘子油 | 50.00 | 柠檬醛 | 2.00 |
|  | 辛醛 | 0.05 | 芳樟醇 | 16.00 |
|  | 壬醛 | 0.05 | 植物油 | 49.40 |
|  | 癸醛 | 0.10 |  |  |
| 柠檬可乐香精 | 白柠檬油 | 30 | 可乐油 | 8 |
|  | 柠檬油 | 30 | 橙花净油 | 5 |
|  | 香柠檬油 | 5 | 香兰素 | 5 |
|  | 香橙皮油 | 10 | 肉豆蔻油 | 2 |
|  | 甜橙油 | 5 |  |  |

（2）应用　以橘子果味饮料为例，其配方如表9-12所示。

表9-12　　　　　　　　　　　　　橘子果味饮料配方

| 组分 | 用量/g | 组分 | 用量/g |
|---|---|---|---|
| 鲜橘汁 | 25 | 糖精 | 0.15 |
| 甜橙乳化香精 | 0.5 | 砂糖 | 75 |
| 柠檬酸 | 4.0 | 加碳酸水至 | 1000 |
| 苯甲酸钠 | 0.2 | | |

### 2. 用于冷食

（1）香精　用于冷食的香精配方如表9-13所示。

表9-13　　　　　　　　　　　　　冷食的香精配方

| 香精类型 | 组分 | 用量/g | 组分 | 用量/g |
|---|---|---|---|---|
| 草莓香型 | 乙酸乙酯 | 10 | 乙酸戊酯 | 6 |
| | 丁酸乙酯 | 10 | 丁酸戊酯 | 4 |
| | 甲酸乙酯 | 2 | 杨梅醛 | 2 |
| | 水杨酸甲酯 | 2 | 酒精（95%） | 20 |
| | 叶醇 | 2 | 精制水 | 40 |
| | 苏合香醇 | 2 | | |
| 香蕉香型 | 乙酸戊酯 | 25 | 甜橙油 | 2 |
| | 丁酸戊酯 | 6 | 橘子油 | 2 |
| | 丁酸乙酯 | 4 | 洋茉莉醛 | 1 |
| | 丁酸丁酯 | 2 | 香兰素 | 1 |
| | 苯甲酸乙酯 | 2 | 精制水 | 30 |
| | 异戊酸苄酯 | 1 | 酒精（95%） | 24 |
| 柠檬香型 | 戊酸戊酯 | 20.0 | 柠檬油 | 20.0 |
| | 戊酸乙酯 | 12.5 | 甜橙油 | 10.0 |
| | 丁酸戊酯 | 12.5 | 香兰素 | 10.0 |
| | 乙酸乙酯 | 10.0 | 丁酸 | 2.0 |
| | 乙酸戊酯 | 8.0 | | |

（2）应用　以巧克力雪糕为例，其配方如表9-14所示。

表9-14　　　　　　　　　　　　巧克力雪糕配方

| 组分 | 用量/g | 组分 | 用量/g |
| --- | --- | --- | --- |
| 牛乳 | 3200 | 砂糖 | 1400 |
| 可可粉 | 300 | 糖精 | 1 |
| 精炼油脂 | 300 | 香精 | 适量 |
| 淀粉 | 200 | 色素 | 适量 |

### 3. 用于糖果

用于糖果的香精配方如表9-15所示。

表9-15　　　　　　　　　　　　糖果的香精配方

| 香精类型 | 组分 | 用量/g | 组分 | 用量/g |
| --- | --- | --- | --- | --- |
| 果仁香型 | 苦杏仁油 | 40 | 丁香花蕾油 | 10 |
|  | 甜橙油 | 30 | 肉豆蔻油 | 5 |
|  | 橙花油 | 10 | 中国肉桂油 | 5 |
| 胡桃香型 | 肉豆蔻油 | 30.0 | 小茴香油 | 2.5 |
|  | 柠檬油 | 25.0 | 苦杏仁油 | 11.5 |
|  | 小豆蔻油 | 1.0 | 香兰素 | 12.5 |
|  | 丁酸 | 5.0 | 甜橙油 | 7.5 |
|  | 丁香花蕾油 | 5.0 |  |  |
| 巧克力香型 | 苯乙酸丁酯 | 4.00 | 乙醛二乙缩醛 | 0.50 |
|  | 香兰素 | 4.00 | 丙二醇 | 48.00 |
|  | 椰子醛 | 0.13 | 可可浸液 | 91.37 |
| 薄荷香型 | 薄荷油 | 82.0 | 薄荷脑 | 5.5 |
|  | 桉叶油 | 6.0 | 辛香料 | 1.5 |
|  | 冬青油 | 2.0 | 其他 | 3.0 |

### 4. 用于烘烤食品

用于烘烤食品的香精配方如表9-16所示。

表9-16　　　　　　　　　　　用于烘烤食品的香精配方

| 香精类型 | 组分 | 用量/g | 组分 | 用量/g |
| --- | --- | --- | --- | --- |
| 水果香型 | 椰子醛 | 0.7 | 丁香花蕾油 | 0.1 |
|  | 桃醛 | 0.4 | 柠檬醛 | 1.5 |
|  | 柑橘油 | 15.0 | 乙酸戊酯 | 0.1 |
|  | 香兰素 | 5.0 | 丁酸戊酯 | 0.1 |

续表

| 香精类型 | 组分 | 用量/g | 组分 | 用量/g |
|---|---|---|---|---|
| | 乙基香兰素 | 2.0 | 丙二醇 | 35.0 |
| | 肉桂皮油 | 0.1 | 色拉油 | 40.0 |
| 咖啡香型 | 肉桂皮油 | 2.0 | 芫荽油 | 0.8 |
| | 肉豆蔻油 | 1.0 | 小豆蔻油 | 0.2 |
| | 柠檬油 | 1.0 | 香兰素 | 0.2 |
| | 苦杏仁油 | 0.8 | 酒精（95%） | 94.0 |
| 奶油香型 | 奶油 | 40 | 香兰素 | 10 |
| | 中国肉桂油 | 10 | 乙基香兰素 | 5 |
| | 肉豆蔻油 | 4 | 椰子醛 | 2 |
| | 小豆蔻油 | 2 | 酒精（95%） | 20 |
| | 丁香花蕾油 | 7 | | |
| 蛋糕香型 | 香兰素 | 12 | 中国肉桂油 | 42 |
| | 乙基香兰素 | 3 | 柠檬油 | 20 |
| | 苦杏仁油 | 7 | 丁香花蕾油 | 7 |
| | 肉豆蔻油 | 6 | 小豆蔻油 | 3 |

## 二、 咸味食品香精

1. 咸味食品香精

咸味食用香精是 20 世纪 70 年代兴起的一类用于咸味食品加香的新型食用香精。咸味食品香精的主要品种有猪肉香精、牛肉香精、鸡肉香精、火腿香精、各种海鲜香精等。

我国 20 世纪 80 年代开始研究生产咸味食品香精，20 世纪 90 年代是我国咸味食品香精飞速发展的十年。目前我国咸味食品香精生产技术已经进入世界先进行列，咸味食品香精生产量和消费量也进入世界前列。

咸味食品香精的主要功能是补充和改善咸味食品的香味，这些食品包括各种肉类罐头食品、各种肉制品和仿肉制品、汤料、调味料、鸡精、膨化食品等。咸味食品香精生产技术已经突破了传统香精生产的概念，由单纯的依赖调香技术，发展为集生物工程技术、脂肪氧化技术、传统烹饪技术、热反应技术和调香技术于一体的复合技术。所用原料也由香料扩展到动植物蛋白、动植物提取物、脂肪、酵母、蔬菜、还原糖、氨基酸、辛香料及其他食品原料。

2. 咸味香精配方

咸味香精配方如表 9-17 所示。

表 9-17                                          咸味香精配方

| 香精类型 | 组分 | 用量/g | 组分 | 用量/g |
|---|---|---|---|---|
| 烤肉香精 | 植物蛋白水解液 | 90.00 | 四氢噻吩-3-酮 | 1.00 |
| | 4-甲基-5-羟乙基噻唑 | 5.00 | 糠硫醇 | 0.01 |
| | 二糠基二硫 | 0.49 | 甲硫醇 | 0.50 |
| | 2-壬烯醛 | 0.50 | 2-甲基-3-乙酰基呋喃 | 2.00 |
| | 二甲基硫醚 | 0.50 | | |
| 热反应鸡肉香精（在130℃加热40min即得鸡肉香精） | 鸡肉酶解物 | 3600 | HVP液 | 2800 |
| | 酵母 | 2600 | 谷氨酸 | 60 |
| | 精氨酸 | 50 | 丙氨酸 | 100 |
| | 甘氨酸 | 55 | 半胱氨酸 | 155 |
| | 木糖 | 510 | 桂皮粉 | 7 |
| 热反应猪肉香精（在120℃加热40min即得热反应猪肉香精） | 猪肉酶解产物 | 100.0 | HVP | 40.0 |
| | 酵母膏 | 16.0 | 猪骨素酶解物 | 10.0 |
| | 甘氨酸 | 4.0 | 丙氨酸 | 1.6 |
| | 谷氨酸钠 | 12.0 | I+G | 20 |
| | 葡萄糖 | 8.0 | 木糖 | 8.0 |
| | 猪油控制氧化产物 | 1.2 | | |
| 热反应牛肉香精（在120℃加热40min即得热反应猪肉香精） | 牛肉酶解物 | 60.0 | 牛骨素酶解物 | 20.0 |
| | L-半胱氨酸盐酸盐 | 1.6 | 蛋氨酸 | 2.0 |
| | 维生素 $B_1$ | 1.2 | HVP | 80.0 |
| | 酵母膏 | 20.0 | 牛油控制氧化产物 | 1.6 |
| | 葡萄糖 | 2.0 | 木糖 | 2.0 |

3. 咸味食品香精的应用

以鸡精配方为例，如表 9-18 所示。

表 9-18                                          鸡精配方

| 组分 | 用量/g | 组分 | 用量/g |
|---|---|---|---|
| 鸡肉香精 | 7.0 | 味精 | 16.0 |
| I+G | 4.0 | 食盐 | 30.0 |
| 白糖 | 8.0 | 沙姜粉 | 0.3 |
| 白胡椒粉 | 0.5 | HVP 粉 | 1.0 |
| 酵母粉 | 1.0 | 麦芽糊精 | 30.0 |

## 三、　酒用香精

1. 酒用香精组成

（1）主香剂　主香剂的作用主要体现在闻香上。如香槟酒气满场飞香，曲酒酒气筵席间四座生香等。酒用主香剂的特点是挥发性比较高，香气的停留时间较短，用量不多，但香气特别特出。

①浓香型主香剂：乙酸异戊酯、丁酸乙酯、己酸乙酯等。

②清香型主香剂：乙酸乙酯、乳酸乙酯等。

③米香型主香剂：苯乙醇、乳酸乙酯等。

④酱香型主香剂：丙烯基乙基愈创木酚、苯乙醇、香茅醛、3-羟基-2-丁酮等。

⑤兼香型主香剂：丙酸乙酯、苯乙醇、苯甲醛等。

（2）助香剂　助香剂的作用是辅助主香剂的不足，使酒香更为纯正、浓郁、清雅、细腻、协调、丰满。在酒用香精中，除主香剂用香料外，其他多数香料起助香剂作用。

（3）定香剂　其主要作用是使酒的空杯留香持久，回味悠长。如安息香香膏、肉桂油等，均可起到定香剂的作用。

2. 酒用香精调香基本要求

配制酒的调香是在一定的酒基上进行的，配制酒的花色品种比较多，因此它的调香要求因品种而异。使用的香料种类和用量也不应要求一致。配制酒的调香应注意以下要求。

①酒香与果香、药香等充分协调，使人闻后有吸引力，感到愉快、幽雅、自然。

②主香剂、助香剂、定香剂选料和配比要恰到好处，平稳均匀。主香剂可稍微突出，以显示其典型性，但不能过头。助香剂应使酒香协调、丰满。定香剂因有一定吸附能力，使酒香浓郁持久、空杯留香悠长。

③添加的香料应品质优良，香气纯正，符合食品卫生要求。

3. 酒用香精的配方

酒用香精一般是以脱臭食用酒精和蒸馏水为溶剂配制而成的水性香精。如果所用的香原料为固体时，则用脱臭酒精浸渍，然后用浸提液勾兑酒基。如果所用的香原料为天然香料和合成香料，则用脱臭酒精水溶液直接溶解，然后用所配香精对酒基进行勾兑。由于酒用香精保密性很强，公开发表的资料很少，其数据也未必详实，但对调香工作者还是有一定参考价值，在此列举一些配方示例（表9-19）。

表9-19　　　　　　　　　　　　　酒用香精配方

| 香精类型 | 组分 | 用量/g | 组分 | 用量/g |
|---|---|---|---|---|
| 白兰地香精 | 乙酸乙酯 | 4.0 | 天然康酿克油 | 1.5 |
| | 庚酸乙酯 | 3.2 | 玫瑰水 | 0.4 |
| | 亚硝酸乙酯（5%） | 0.6 | 精馏酒精 | 70.0 |
| | 亚硝酸戊酯（5%） | 0.6 | 水 | 15.0 |
| | 其他 | 4.8 | | |

续表

| 香精类型 | 组分 | 用量/g | 组分 | 用量/g |
|---|---|---|---|---|
| 朗姆酒香精 | 乙酸乙酯 | 4.00 | 肉桂皮油 | 0.50 |
| | 甲酸乙酯 | 2.00 | 橙花油 | 0.29 |
| | 乙酸戊酯 | 1.50 | 当归籽油 | 0.10 |
| | 丁酸乙酯 | 0.40 | 焦桦油 | 0.10 |
| | 戊酸戊酯 | 0.20 | 乙醇 | 70.00 |
| | 香荚兰豆酊 | 1.00 | 水 | 20.00 |
| 威士忌酒香精 | 乙酸乙酯 | 2.8 | 小茴香酊 | 0.3 |
| | 乙酸戊酯 | 1.0 | 葛缕籽油 | 0.1 |
| | 庚酸乙酯 | 0.2 | 其他 | 5.0 |
| | 戊醇 | 0.6 | 脱臭酒精 | 60.0 |
| | 亚硝酸乙酯（5%） | 0.5 | 蒸馏水 | 28.0 |
| | 亚硝酸戊酯（5%） | 1.5 | | |
| 浓香型白酒香精 | 乙酸乙酯 | 120 | 乳酸乙酯 | 200 |
| | 己酸乙酯 | 290 | 丁酸乙酯 | 28 |
| | 戊酸乙酯 | 7 | 异丁酸 | 12 |
| | 庚酸乙酯 | 8 | 仲丁醇 | 12 |
| | 油酸乙酯 | 4 | 异戊醇 | 60 |
| | 辛酸乙酯 | 3 | 己醇 | 2 |
| | 棕榈酸乙酯 | 5 | 甲酸 | 4 |
| | 壬酸乙酯 | 2 | 乙酸 | 52 |
| | 丙二醇 | 20 | 丙酸 | 2 |
| | 丙三醇 | 120 | 丁酸 | 13 |
| | 2,3－丁二酮 | 65 | 戊酸 | 3 |
| | 乙醛 | 50 | 异戊酸 | 2 |
| | 乙醛二乙缩酮 | 100 | 己酸 | 42 |
| | 丙酮 | 40 | 乳酸 | 35 |
| | 丁醇 | 8 | 3－羟基－2－丁酮 | 55 |
| 浓香—酱香型白酒香精 | 甲酸乙酯 | 10 | 乙酸 | 40 |
| | 乙酸乙酯 | 120 | 丙酸 | 3 |
| | 乙酸异戊酯 | 10 | 丁酸 | 16 |
| | 丁酸乙酯 | 20 | 戊酸 | 4 |
| | 戊酸乙酯 | 8 | 己酸 | 35 |
| | 己酸乙酯 | 320 | 丙醇 | 26 |
| | 乳酸乙酯 | 140 | 丁醇 | 18 |
| | 乙醛 | 50 | 异丁醇 | 12 |
| | 乙醛二乙缩醛 | 110 | 异戊醇 | 42 |
| | 丙三醇 | 150 | 己醇 | 2 |
| | 乳酸 | 45 | | |

续表

| 香精类型 | 组分 | 用量/g | 组分 | 用量/g |
|---|---|---|---|---|
| 酱香型白酒香精 | 甲酸乙酯 | 2.0 | 乙酸乙酯 | 15.0 |
| | 丁酸乙酯 | 2.5 | 戊酸乙酯 | 0.5 |
| | 己酸乙酯 | 4.0 | 乳酸乙酯 | 14.0 |
| | 乙酸异戊酯 | 0.3 | 正丙醇 | 2.0 |
| | 丁醇 | 1.0 | 仲丁醇 | 0.4 |
| | 异丁醇 | 1.6 | 异戊醇 | 5.0 |
| | 己醇 | 0.2 | 庚醇 | 1.0 |
| | 辛醇 | 0.5 | 甲酸 | 0.6 |
| | 乙酸 | 11.0 | 丙酸 | 0.5 |
| | 丁酸 | 2.0 | 戊酸 | 0.4 |
| | 己酸 | 2.0 | 乳酸 | 10.5 |
| | 乙醛 | 5.0 | 乙缩醛 | 12.0 |
| | 丙烯基愈创木酚 | 0.8 | 苯乙醇 | 0.5 |
| | 丙三醇 | 4.7 | | |
| 清香型白酒香精 | 乙酸乙酯 | 35.96 | 己酸乙酯 | 0.24 |
| | 庚酸乙酯 | 0.35 | 乳酸乙酯 | 30.65 |
| | 丙醇 | 1.18 | 仲丁醇 | 0.35 |
| | 异丁醇 | 1.42 | 异戊醇 | 5.90 |
| | 乙酸 | 11.20 | 丙酸 | 0.12 |
| | 丁酸 | 0.12 | 乳酸 | 3.54 |
| | 乙醛 | 1.18 | 乙醛二乙缩醛 | 5.90 |
| | 2,3-丁二酮 | 0.12 | 3-羟基-2-丁酮 | 1.18 |
| | 苯乙醇 | 0.24 | | |
| 米香型白酒香精 | 乙酸乙酯 | 35.5 | 壬酸乙酯 | 0.8 |
| | 乳酸乙酯 | 87.1 | 肉豆蔻酸乙酯 | 1.3 |
| | 棕榈酸乙酯 | 8.5 | 油酸乙酯 | 2.6 |
| | 亚油酸乙酯 | 3.0 | 正丙醇 | 0.5 |
| | 正丁醇 | 0.5 | 异丁醇 | 10.0 |
| | 异戊醇 | 84.2 | 苯乙醇 | 3.2 |

🔍 思考题

1. 简述香精和香料的区别及相互关联。
2. 食用香精的定义是什么？
3. 香料和香精是如何分类的，分类的依据是什么？各可以分多少种类？
4. 何谓天然香料、天然等同香料、人造香料？
5. 常用的食用香料和香精有哪些？
6. 水质类与油质类香精的稀释剂有什么差异和要求？

第十章

# 营养强化剂

**内容提要**

本章主要介绍营养强化、营养素、营养强化剂、强化食品的基本概念以及相关的指标依据；营养强化剂的应用意义和使用原则；食品加工中使用营养强化剂的种类及典型物种。

**教学目标**

学习了解营养强化剂的应用意义和使用原则；掌握强化食品的基本要求以及对营养强化剂使用的法规要求。

**名词及概念**

营养强化剂、营养素、强化食品、RDA、RNI、AI、EAR、UL。

众所周知，任何单一的自然食物或熟化食品难以满足人体健康所需要的各种营养成分。因此，对食品的营养强化历来是各国政府在实施国民卫生和健康计划中的重要举措。食品强化的根本目标在于提高整体国民的营养与健康水平，消除因营养素缺乏而导致的各类疾病。

据统计，发展中国家由于营养缺乏问题每年在经济上要损失 3% ~ 5% 的 GDP。而我国的区域性营养调查的结果显示，营养缺乏将是目前和未来普遍存在的、亟待解决的重大问题。目前，我国的营养不良问题相当严重，在数量上，我国是世界上营养不良人数最多的国家；在结构上，我们将面临营养摄入不足和营养结构失衡两类营养不良的双重难题。我国既有发达国家存在的失衡型营养不良问题，又有发展中国家普遍亟待解决的营养摄入不足问题。

从世界人口增长和食品增长的不平衡现状来看，我们需要从提高人类营养的供给量或提高现有食品中营养素的价值及增强机体对营养素的生物利用率等多方面着手。利用现代科学技术在某些食品中强化人体所需要的营养素，是改善人类营养状况的经济、有效的途径，这在许多国家的实践中已经得到验证。我国卫生部颁布和修改的 GB 14880—2012《食品安全国家标准 食品营养强化剂使用标准》明确规定了我国允许使用的营养强化剂及相关要求。为提高国民整体健康和营养水平，实现营养强化目标，发挥营养强化剂的积极、有效的功能，明确认识营养的基本概念和强化意义，深刻了解和掌握有关营养强化剂方面的知识和技术是十分必要的。

# 第一节　营养强化的意义

## 一、 营养强化概念

　　营养强化概念的形成是一个渐进的过程，其间出现了各种各样的名称。在食品加工中组合或添加营养素分为营养素的复原（Restoration）、强化（Fortification）和富集（Enrichment），可统称为对营养素的补充和增强（Enhancement）。其中，营养素复原是指部分或完全弥补食品在加工过程中的营养素损失，例如，在谷物精加工过程中 B 族维生素和铁的损失，马铃薯制品在加工过程中维生素 C 的损失。营养素强化是指向食品中添加原来不存在或含量极低的维生素和矿物质等营养素，一般在具有特定营养素缺乏症高发地区实施。营养素强化的另一个目的在于期望某种食品发挥一种特殊功能，例如，在碘缺乏地区的食盐中强化碘，以解决公众因碘缺乏引发的健康问题。营养素增补或富集的涵义是提高食品中营养素水平，使之成为营养素的丰富资源。我国 GB 14880—2012《食品安全国家标准 食品营养强化剂使用标准》规定，"营养强化剂是为了增加食品的营养成分（价值）而加入到食品中的天然或人工合成的营养素和其他营养成分"，例如维生素、矿物质、膳食纤维、蛋白质或构成蛋白质的氨基酸和构成脂肪的脂肪酸等。

　　总而言之，营养强化是对人体健康所必需、且易于贫乏的营养素所做的增补。

## 二、 营养强化的指标依据

1. 相关参数

（1）推荐膳食营养日供给量（Recommended Daily Allowances，RDA）　为了保证饮食健康，指导食品的营养强化，各国政府或营养学权威组织根据营养科学的发展，结合本国实际情况，向不同人群提出一日膳食中应含有的热能和各种最易缺乏的营养素种类、数量，称为推荐膳食营养供给量（RDA）。随后，各种相关的概念不断推出，对指导食品强化生产、保障人们身体健康起到了重要的作用。

　　1994 年之后，RDA 被"膳食营养素参考摄入量"（Dietary Reference Intakes，DRIs）取代，即 DRIs 是从 RDA 演变过来的，包括 RDA，但比 RDA 内容更全面。而且，RDA 一般是为预防出现临床缺乏症而制定的推荐量。DRIs 在 RDA 的基础上，还考虑到了降低慢性病发病风险等需要。相比起来，肯定 DRIs 更好。

（2）膳食营养素推荐摄入量（Recommended Nutrient Intake，RNI）　RNI 相当于传统使用的 RDA，是可以满足某一特定性别、年龄及生理状况群体中绝大多数（97%～98%）个体需要量的摄入水平。长期摄入 RNI 水平，可以满足身体对该营养素的需要，保持健康和维持组织中有适当的储备。

（3）适宜摄入量（Adequate Intake，AI）　有些书将 AI 当 RNI 用，其实这两个概念有区别。AI 是根据观察和试验获得的营养素摄入量，RNI 是根据平均需要量（EAR）算出来的。AI 和 RNI 都能满足群体中几乎所有个体的需要，但 AI 的准确性远不如 RNI。

（4）平均需要量（Estimated Average Requirements，EAR）　是根据个体需要量的研究资料制定的，指满足某一特定性别、年龄及生理状况群体中 50% 个体需要量的摄入水平，这一摄入水平不能满足群体中另外 50% 个体对该营养素的需要。

（5）可耐受最高摄入量（Tolerable Upper Intake Levels，UL）　指某一生理阶段和性别人群，几乎对所有个体健康都无任何副作用和危险的平均每日营养素最高摄入量。目的是限制膳食和来自强化食物及膳食补充剂的某一营养素的总摄入量，以防止该营养素引起的不良作用。

UL 是平均每日摄入营养素的最高量。当摄入量超过 UL 进一步增加时，损害健康的危险性随之增大。UL 并不是一个建议的摄入水平。许多营养素还没有足够的资料来制定其 UL，故没有 UL 并不意味着过多摄入没有潜在的危害。

（6）最大无副反应剂量（No Observed Adverse Effect Level，NOAEL）　即在人体研究中未发现不良作用的最高摄入量。

（7）最低毒副作用剂量（Lowest Observed Adverse Effect Level，LOAEL）　即在人体研究中观察到毒副反应的最低摄入量。

2. 营养素供给量的制定原则

RDA 的基础是营养生理需要量，它是指能够保持人体健康、达到应有发育水平和能够充分有效地完成各项体力和脑力活动的、人体所需要的热能和各种营养素的必需量。这个数值的确定一般需要将健康人群调查和临床营养缺乏症表现者的实验研究结果相结合。

公认的 RDA 制定原则是：既能够保证人体对热能和各种营养素的生理需求，又保持它们之间的平衡。但由于学术观点、方法学、实际地理和饮食条件上的差异，各国和不同团体所建议的 RDA，在所包含的营养素种类和数量上是不同的，关于这一点，在食品强化实践中应该予以充分考虑。

3. 营养素摄入不足或过多的危险性

人体长期摄入某种营养素不足就有发生该营养素缺乏症的危险。根据统计学观点分析，当一个人群的平均摄入量达到 EAR 水平时，人群中有半数个体的需要量可能得到满足；当摄入量达到 RDA 水平时，所有个体几乎没有发生缺乏症的危险；RDA 与 UL 之间为安全摄入范围，摄入量超过 UL 水平再继续增加时，则产生毒副作用的可能性就随之增加。营养素的摄入对其危险性的影响关系见图 10 - 1。

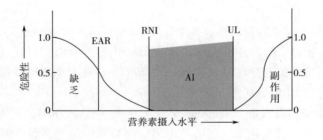

图 10 - 1　营养素摄入水平与危险性的关系

4. 我国执行的 DRIs

我国营养学会于 2013 年改版了《中国居民膳食营养素参考摄入量》，系统介绍了能量、宏量营养素、维生素、矿物质等营养素的性质、功能以及推荐摄入量，同时还充实了预防非传染性慢性病的研究资料，增加了有关植物化合物的性质、生物学作用等内容。应用 DRIs 评价个体的摄入量时，可以运用统计学方法评估在一段时间内观察到的摄入量是高于还是低于其需要量，应用观测摄入量进行评价。我国制定的部分营养 RNI 见表 10 - 1、表 10 - 2 和表 10 - 3。

表 10 - 1　　　　　　　　　　能量和蛋白质的 RNIs 及脂肪供能比

| 年龄/岁 | 能量[1] | | | | 蛋白质 | | 脂肪占能量百分比/% |
| --- | --- | --- | --- | --- | --- | --- | --- |
| | 男 | 女 | 男 | 女 | 男 | 女 | |
| 0 ~ | 0. 4MJ/kg | | 0. 4MJ/kg[2] | | 1. 5 ~ 3g/ (kg · d) | | 45 ~ 50 |
| 0. 5 ~ | | | | | | | 35 ~ 40 |
| 1 ~ | 4. 60 | 4. 40 | 1100 | 1050 | 35 | 35 | |
| 2 ~ | 5. 02 | 4. 81 | 1200 | 1150 | 40 | 40 | |
| 3 ~ | 5. 64 | 5. 43 | 1350 | 1300 | 45 | 45 | 30 ~ 35 |
| 4 ~ | 6. 06 | 5. 83 | 1450 | 1400 | 50 | 50 | |
| 5 ~ | 6. 70 | 6. 27 | 1600 | 1500 | 55 | 55 | |
| 6 ~ | 7. 10 | 6. 67 | 1700 | 1600 | 55 | 55 | |
| 7 ~ | 7. 53 | 7. 10 | 1800 | 1700 | 60 | 60 | |
| 8 ~ | 7. 94 | 7. 53 | 1900 | 1800 | 65 | 65 | |
| 9 ~ | 8. 36 | 7. 94 | 2000 | 1900 | 65 | 65 | 25 ~ 30 |
| 10 ~ | 8. 80 | 8. 36 | 2100 | 2000 | 70 | 65 | |
| 11 ~ | 10. 04 | 9. 20 | 2400 | 2200 | 75 | 75 | |
| 14 ~ | 12. 00 | 9. 62 | 2900 | 2400 | 85 | 80 | |
| 18 ~ | | | | | | | 20 ~ 30 |
| 体力活动 PAL[3] | | | | | | | |
| 轻 | 10. 03 | 8. 80 | 2400 | 2100 | 75 | 65 | |
| 中 | 11. 29 | 9. 62 | 2700 | 2300 | 80 | 70 | |
| 重 | 13. 38 | 11. 30 | 3200 | 2700 | 90 | 80 | |
| 孕妇 | | +0. 84 | | +200 | +5, +15, +20 | | |
| 乳母 | | +2. 09 | | +500 | +20 | | |
| 50 ~ | | | | | | | 20 ~ 30 |
| 体力活动 PAL[3] | | | | | | | |
| 轻 | 9. 62 | 8. 00 | 2300 | 1900 | | | |
| 中 | 10. 87 | 8. 36 | 2600 | 2000 | | | |
| 重 | 13. 00 | 9. 20 | 3100 | 2200 | | | |
| 60 ~ | | | | | 75 | 65 | 20 ~ 30 |

续表

| 年龄/岁 | 能量[1] | | | | 蛋白质 | | 脂肪占能量百分比/% |
|---|---|---|---|---|---|---|---|
| | 男 | 女 | 男 | 女 | 男 | 女 | |
| 体力活动 PAL[3] | | | | | | | |
| 轻 | 7.94 | 7.53 | 1900 | 1800 | | | |
| 中 | 9.20 | 8.36 | 2200 | 2000 | | | |
| 70 ~ | | | | | 75 | 65 | 20 ~ 30 |
| 体力活动 PAL[3] | | | | | | | |
| 轻 | 7.94 | 7.10 | 1900 | 1700 | | | |
| 中 | 8.80 | 8.00 | 2100 | 1900 | | | |
| 80 ~ | 7.74 | 7.10 | 1900 | 1700 | 75 | 65 | 20 ~ 30 |

注：[1] 各年龄组的能量的 RNI（推荐摄入量）与其 EAR（平均需要量）相同；[2] 为 AI（适宜摄入量），非母乳喂养应增加 20%；[3] PAL 为体力活动水平；凡表中缺数字则表示未制定该参考值。

表 10 - 2　　　　　　　常量和微量元素的 RNIs 或 AIs

| 年龄/岁 | 钙 AI/mg | 磷 AI/mg | 钾 AI/mg | 钠 AI/mg | 镁 AI/mg | 铁 AI/mg | 碘 RNI/mg | 锌 RNI/mg | 硒 RNI/mg | 铜 AI/mg | 氟 AI/mg | 铬 AI/mg | 锰 AI/mg | 钼 AI/mg |
|---|---|---|---|---|---|---|---|---|---|---|---|---|---|---|
| 0 ~ | 300 | 150 | 500 | 200 | 30 | 0.3 | 50 | 1.5 | 15（AI） | 0.4 | 0.1 | 10 | | |
| 0.5 ~ | 400 | 300 | 700 | 500 | 70 | 10 | 50 | 8.0 | 20（AI） | 0.6 | 0.4 | 15 | | |
| 1 ~ | 600 | 450 | 1000 | 650 | 100 | 12 | 50 | 9.0 | 20 | 0.8 | 0.6 | 20 | | 15 |
| 4 ~ | 800 | 500 | 1500 | 900 | 150 | 12 | 90 | 12.0 | 25 | 1.0 | 0.8 | 30 | | 20 |
| 7 ~ | 800 | 700 | 1500 | 1000 | 250 | 12 | 90 | 13.5 | 35 | 1.2 | 1.0 | 30 | | 30 |
| | | | | | | 男　女 | | 男　女 | | | | | | |
| 11 ~ | 1000 | 1000 | 1500 | 1200 | 350 | 16　18 | 120 | 18.0　15.0 | 45 | 1.8 | 1.2 | 40 | | 50 |
| 14 ~ | 1000 | 1000 | 2000 | 1800 | 350 | 20　25 | 150 | 19.0　15.5 | 50 | 2.0 | 1.4 | 40 | | 50 |
| 18 ~ | 800 | 700 | 2000 | 2200 | 350 | 15　20 | 150 | 15.0　11.5 | 50 | 2.0 | 1.5 | 50 | 3.5 | 60 |
| 50 ~ | 1000 | 700 | 2000 | 2200 | 350 | 15 | 150 | 11.5 | | 50 | 2.0 | 1.5 | 50 | 3.5 | 60 |
| 孕妇 | | | | | | | | | | | | | | |
| 早期 | 800 | 700 | 2500 | 2200 | 400 | 15 | 200 | 11.5 | 50 | | | | | |
| 中期 | 1000 | 700 | 2500 | 2200 | 400 | 25 | 200 | 16.5 | 50 | | | | | |
| 晚期 | 1200 | 700 | 2500 | 2200 | 400 | 35 | 200 | 16.5 | 50 | | | | | |
| 乳母 | 1200 | 700 | 2500 | 2200 | 400 | 25 | 200 | 21.5 | 65 | | | | | |

注：凡表中数字缺失之处表示未制定该参考值。

表 10 – 3　　　　　　　　　　　脂溶性和水溶性维生素的 RNIs 或 AIs

| 年龄/岁 | 维生素A | 维生素D | 维生素E | 维生素B₁ | 维生素B₂ | 维生素B₆ | 维生素B₁₂ | 维生素C | 泛酸 | 叶酸 | 烟酸 | 胆碱 | 生物素 |
|---|---|---|---|---|---|---|---|---|---|---|---|---|---|
| | RNI/mg | RNI/mg | AI/mg* | RNI/mg | RNI/mg | AI/mg | AI/mg | RNI/mg | AI/mg | RNI/mg | RNI/mg | AI/mg | AI/mg |
| 0 ~ | 400（AI） | 10 | 3 | 0.2(AI) | 0.4(AI) | 0.1 | 0.4 | 40 | 1.7 | 65(AI) | 2(AI) | 100 | 5 |
| 0.5 ~ | 400（AI） | 10 | 3 | 0.3（AI） | 0.5（AI） | 0.3 | 0.5 | 50 | 1.8 | 80（AI） | 3（AI） | 150 | 6 |
| 1 ~ | 500 | 10 | 4 | 0.6 | 0.6 | 0.5 | 0.9 | 60 | 2.0 | 150 | 6 | 200 | 8 |
| 4 ~ | 600 | 10 | 5 | 0.7 | 0.7 | 0.6 | 1.2 | 70 | 3.0 | 200 | 7 | 250 | 12 |
| 7 ~ | 700 | 10 | 7 | 0.9 | 1.0 | 0.7 | 1.2 | 80 | 4.0 | 200 | 9 | 300 | 16 |
| 11 ~ | 700 | 5 | 10 | 1.2 | 1.2 | 0.9 | 1.8 | 90 | 5.0 | 300 | 12 | 350 | 20 |
| | 男　女 | | | 男　女 | 男　女 | | | | | | 男　女 | | |
| 14 ~ | 800　700 | 5 | 14 | 1.5　1.5 | 1.2 | 1.1 | 2.4 | | 5.0 | 400 | 15　12 | 450 | 25 |
| 18 ~ | 800　700 | 5 | 14 | 1.4　1.3 | 1.4　1.2 | 1.2 | 2.4 | 100 | 5.0 | 400 | 14　13 | 450 | 30 |
| 50 ~ | 800　700 | 10 | 14 | 1.3 | 1.4 | 1.5 | 2.4 | 100 | 5.0 | 400 | 13 | 450 | 30 |
| 孕妇 | | | | | | | | | | | | | |
| 早期 | 800 | 5 | 14 | 1.5 | 1.7 | 1.9 | 2.6 | 100 | 6.0 | 600 | 15 | 500 | 30 |
| 中期 | 900 | 10 | 14 | 1.5 | 1.7 | 1.9 | 2.6 | 130 | 6.0 | 600 | 15 | 500 | 30 |
| 晚期 | 900 | 10 | 14 | 1.5 | 1.7 | 1.9 | 2.6 | 130 | 6.0 | 600 | 15 | 500 | 30 |
| 乳母 | 1200 | 10 | 14 | 1.8 | 1.7 | 1.9 | 2.8 | 130 | 7.0 | 500 | 18 | 500 | 35 |

注：* α – TE 为 α – 生育酚当量；凡表中数字缺失之处表示未制定该参考值。

# 三、 营养强化的意义与途径

1. 营养现状与强化意义

　　中国作为发展中国家，人口众多。由于南北差异、城乡差异和各地饮食文化、饮食结构等的不同，我国成为一个营养问题较多、较复杂的国家。据统计，中国目前人均消费营养强化剂的数量远低于发达国家的水平，而中国的营养不良问题又十分突出，由于营养素摄入不足和营养素摄入失衡导致的多种疾病和亚健康状态，给人们的生活带来沉重的负担，给国民经济发展造成巨大损失，同时，制约着中华民族整体素质的提高。其中，世界最广泛的营养不良——铁缺乏造成缺铁性贫血，全球发病率达到 37%，不同人群中发达国家和发展中国家的发病率见表 10 – 4。

表 10 – 4　　　　　　　　　　　缺铁性贫血的发病率

| 人群/岁 | 发病率/% | |
|---|---|---|
| | 发达国家 | 发展中国家 |
| 0 ~ 4 | 20.1 | 39.0 |
| 5 ~ 14 | 5.9 | 48.1 |
| 孕妇 | 22.7 | 52.0 |
| 妇女 15 ~ 59 | 10.3 | 42.3 |
| 男性 15 ~ 59 | 4.3 | 30.0 |
| 老人 60 岁以上 | 12.0 | 45.2 |

缺铁性贫血将严重影响儿童的生长发育和国民身体素质。资料显示，当成人血红蛋白低于标准1%可导致1.5%劳动生产率的下降，对国民经济的发展带来重大影响。

我国是农业为主的国家，农作物仍是我国居民的主食，以粮食为主的膳食是一种良好的膳食结构。谷类食物中虽然含有人体所需的各种营养成分，但这些营养成分并不完全符合人体营养的需要，特别是粮食的蛋白质含量不足，缺少赖氨酸、苏氨酸及色氨酸等人体所必需的氨基酸。此外，农作物的加工方法和居民饮食的烹饪方式也将影响食物中营养素的保存。加工精度过高，烹调过度都会丢失可观的营养素。在面粉加工中，随着出粉率的降低（面粉的精细度提高），小麦粉中营养素含量不断降低，变化最大的为维生素和无机盐（表10-5）。

表10-5　　　　　　　　每100g不同出粉率的面粉中营养素含量变化

| 营养素 | 出粉率/% | | | | | |
|---|---|---|---|---|---|---|
| | 50 | 72 | 75 | 80 | 85 | 95~100 |
| 蛋白质/g | 10.0 | 11.0 | 11.2 | 11.4 | 11.6 | 12.0 |
| 铁/mg | 0.9 | 1.0 | 1.1 | 1.8 | 2.2 | 2.7 |
| 钙/mg | 15.0 | 18.0 | 22.0 | 57.0 | 50.0 | — |
| 维生素 $B_1$/mg | 0.08 | 0.11 | 0.15 | 0.26 | 0.31 | 0.40 |
| 维生素 $B_2$/mg | 0.03 | 0.035 | 0.04 | 0.05 | 0.07 | 0.12 |
| 烟酸/mg | 0.70 | 0.72 | 0.77 | 1.20 | 1.60 | 6.0 |
| 泛酸/mg | 0.4 | 0.6 | 0.75 | 0.9 | 1.1 | 1.5 |
| 维生素 $B_6$/mg | 0.1 | 0.15 | 0.2 | 0.25 | 0.3 | 0.5 |

2. 营养强化途径

针对营养素摄入不足的不良状况以及相应的地域和人群，可采用三种主要的途径进行强化和改善。

（1）调整饮食结构　从理论上讲，利用不同食物所含营养素的含量优势，调整饮食结构、保持营养素摄取均衡、实现对营养的补充和强化，应该是最理想的办法。然而，调整饮食结构在一定程度上会改变人们的饮食习惯，这对于非常重视食物色、香、味的国人来说，是难以接受的。而且调整膳食结构需要一定的经济条件支持，选择多种食物对一些经济欠发达地区和中低收入的人群，在今后相当长的时间内还无法做到。

（2）营养补充剂　服用药物类营养素补充剂的方法针对性强、见效快，具有很好的营养改善效果。但是，它需要对服用者进行医学诊断，按剂量服用，以避免过量摄入的风险，无法作为国家改善公众营养状况的可行手段。

（3）食物营养强化　食物营养强化就是在现代营养科学的指导下，根据居民营养状况，针对不同区域、不同工作、不同生长发育期人群的营养缺乏水平和营养需要，在广泛消费的食品（载体）中加入特定营养强化剂以补充人群所缺乏的营养素，在不改变人群的饮食习惯的前提下实现营养强化的目的。

食物营养强化的优点是强化食品生产方便、安全、经济。当然，这种方式虽然相对营养补充剂见效慢，但由于营养强化载体是大众食品，所以通过日常膳食即可实施强化。

通过添加营养强化剂来补充和平衡膳食营养是我国解决营养不良与失衡的重要手段，而采用食物营养强化的方式提高人民群众的营养健康水平也是国家的既定政策，具有重大的经济利益和深远的社会意义。

# 第二节　营养强化剂与强化食品

## 一、　营养强化剂

1. 定义

食品营养强化剂是为增强营养成分而加入食品中的天然的或者人工合成的属于天然营养素范围的食品添加剂。

2. 定义说明

（1）营养强化剂的使用是以增强营养成分为目的，无医病和治疗作用。

（2）允许使用合成强化剂物种，但应属天然营养素范围。

（3）营养强化剂属于食品添加剂，需要依附载体（食物）使用。

（4）国内对营养强化剂的使用与监管必须依照 GB 14880—2012《食品安全国家标准　食品营养强化剂使用标准》及相关法规执行。

## 二、　强化食品

1. 强化食品

强化食品是指按照 GB 14880—2012《食品安全国家标准　食品营养强化剂使用标准》的规定加入了一定量的营养强化剂的食品。

2. 强化食品的作用

从营养科学角度看，向加工食品或原料食品中添加营养强化剂或进行食品营养强化的目的主要有以下三方面内容。

（1）补充因地域资源原因或某些天然食物成分的限制造成的某些营养素不足，使其营养趋于全面和均衡，如远离沿海地区的缺碘、谷物食品中低含量赖氨酸等情况。

（2）弥补和复原食品在加工过程中由于过度熟化和精细处理而造成的营养素损失，以维持食品中的天然营养组成和特性，如果汁杀菌过程对其中维生素的破坏、小麦中营养素在精粉生产中的损失等现象。

（3）提高食品的整体营养价值，增补不同人群对特定营养素的需要，防止因缺乏天然营养素而导致的各种特定疾病，如婴幼儿食品、老年人食品、井下作业人员、高耗能运动员、病愈康复患者等人群的食品都应进行适当的强化处理。

3. 强化食品的特点

强化食品仍然属于大众食品，与其他类食品的比较可参考表 10 – 6。

表 10-6　　　　　　　　　　　不同类型食品的比较

| | 普通食品 | 强化食品 | 保健食品 |
|---|---|---|---|
| 特征成分 | 依具体食品 | 营养强化剂 | 部分中草药 |
| 功能 | 食用 | 补充营养素 | 调节机能 |
| 适用人群 | 无制约 | 大众化 | 特定人群 |
| 卫生审批机构 | 区县卫生局 | 省级卫生厅 | 国家食品药品监督管理总局 |
| 执行标准 | GB 2760 | GB 2760—2014<br>GB 18440—2012 | GB 2760—2014<br>GB 18440—2012<br>保健食品管理办法 |
| 证明标识 | 无 | | |

**4. 已获准上市的强化食品**

（1）原料食品　强化面粉，面粉中添加维生素 A、维生素 $B_1$、维生素 $B_2$、铁、锌等人体所需微量元素。

（2）烹调用料　加碘盐、铁强化酱油、强化食用油。

（3）儿童食品　铁强化糖果、钙强化饼干、强化固体饮料。

（4）配方食品　强化婴儿奶粉。

# 三、　强化食品的审批

在营养强化食品管理与审批工作中，各有关部门严格依照《中华人民共和国食品安全法》《中华人民共和国产品质量法》《中华人民共和国消费者权益保护法》以及其他相关法律法规，并按照市场经济的原则和机制进行管理与运作。

## （一）　营养强化食品的管理

由于营养强化食品承载着公众营养改善的特殊意义，其管理非常严格。营养强化食品及其标识的管理部门——公众营养与发展中心除了按规定限制了能申请该标识的产品类别，还规定了严格的申报企业审查制度。凡是申请加入国家项目"营养强化食品"试点生产的企业都要经过由国家级行业组织、项目专家组和项目审批办的严格审查。只有企业制度健全并执行完善、强化添加工艺可靠、人员素质高、享有行业声誉、检验化验手段完备，接受 GMP、HACCP 等质量保证体系才能取得标识的使用权。这从制度上保证了贴有"营养强化食品"标识的强化产品不仅仅是对消费者健康有益，更是质量上乘的好产品。

## （二）　营养强化食品的申报

《国家公众营养改善项目营养强化食品管理办法》对营养强化食品的申报进行了严格的规定，责成其审批单位公众营养与发展中心，对申报营养强化食品证明标识使用权的产品及其生产企业实行资格认定制度。

1. 申报企业应具备的条件

申报营养强化食品证明标识使用权的生产企业，必须具备以下基本条件：①具有当地卫生管理部门颁发的生产卫生许可证；②有符合相应规范要求的生产工艺和设备条件；③具有良好的质量管理体系（GMP、HACCP和其他质量体系）和生产卫生规范，并通过营养强化食品的认定（营养素添加组方及添加量）；④产品符合国家标准和卫生标准；⑤有必备的检验仪器设备和素质良好的专职检验人员，能够系统地进行营养强化食品的常规理化检测，做到检测与生产同步完成；⑥具有完善、严格的检验室管理和档案管理制度，检验数据应当保存3年以上，对保存的数据应当进行统计分析，定期提供分析报告以指导生产，防止出现产品重大问题；⑦产品年产量有一定规模（不同产品基准有所不同）；⑧有完善的、高效的配送和服务系统，产品市场占有率高，属全国知名品牌或区域性知名品牌；⑨有稳定的产品质量，未发生过重大产品质量事故，在近两年的全国质量监督抽查中无不合格记录；⑩申报产品必须全部使用有"营养强化食品"证明标识的强化营养素原料（申报预混料产品必须全部使用有"营养强化食品"证明标识的单体营养素）。

2. 申报营养强化食品证明标识使用权的产品应具备的条件

申报营养强化食品证明标识使用权的产品必须按照《营养强化食品证明标识使用权（产品）审批办法》（试行）进行申请，其申报条件规定如下。

（1）可以申报营养强化证明标识的产品类型　根据国家公众营养改善项目的规定，营养强化食品载体为小麦粉及部分制品、大米及部分制品、儿童辅助食品、酱油、食用油、盐。

（2）申报营养强化证明的产品需要具备的重要条件

①所申报的产品应具有一定的加工规模和稳定的产品质量。

②所申报的产品要符合国家相应的卫生、质量、检验等标准。

③申报企业对所申报的产品具备常规的检验手段。

④所申报产品应是全国或区域性的优质产品。

3. 申报企业的申报中需要向审核单位提供的文件

应提供下列文件：①公司简介；②企业营业执照；③当地卫生管理部门颁发的生产卫生许可证；④产品注册商标受理书；⑤生产厂区平面图，并标明比例尺寸；⑥生产工艺（详细的工艺流程图），面粉企业需说明计划生产强化产品的是哪个车间、哪条线，企业采用配粉添加还是总粉绞龙添加，并要求附该添加方式的工艺流程图和控制过程的文字说明；⑦主要生产设备目录；⑧检验、化验设备目录和技术人员情况（面粉企业若做过营养素添加的不均度测定请附后）；⑨企业执行的产品标准；⑩产品品牌、产品销售区域及产品的市场占有率；最近三年产品的产量、销售额等（新企业除外）；申报产品必须全部使用有"营养强化食品"证明标识的强化营养素原料（申报预混料产品必须全部使用有"营养强化食品"证明标识的单体营养素）。

（三） 营养强化食品的审批

国家公众营养改善项目营养强化食品的审批程序见图10-2。

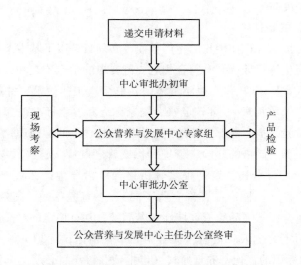

图 10 - 2　营养强化食品生产企业审批程序示意

### （四）营养强化食品标识的使用

取得营养强化食品证明标识使用权的产品和取得营养强化食品试点生产单位的企业，公众营养与发展中心将授予相应的证书，通过审批的产品准予使用营养强化食品证明标志。授权单位定期在媒体上统一发布正式公告。

### （五）营养强化食品质量、标识的监督

取得营养强化食品试点生产单位的企业必须建立起一套完善的管理制度，努力提高生产效率，降低成本，并指定专业人员，定期检查本管理办法第五条所列各项条件的执行情况，及时解决存在的问题，确保营养强化食品的质量。

企业必须按照质量标准，对所生产的每批产品进行质量检验，提出规范化检测报告，同时建立产品质量档案，对每批受检产品样品封存待查。

企业必须依法接受当地的卫生、质量技术监督等部门的监督管理，产品卫生和质量不合格的，有关执法部门应责令其停产整顿，以期达标。

营养强化食品的质量及标识的印刷使用应执行 GB 14880—2012《食品安全国家标准　食品营养强化剂使用标准》、GB 2760—2014《食品安全国家标准　食品添加剂使用标准》和 GB 7718—2011《食品安全国家标准　预包装食品标签通则》等标准规定，且净含量负偏差符合国家规定。产品标签、标识及营养强化食品证明标识均应在包装盒（袋）上统一印制。

### （六）营养强化食品证明标识授权使用情况

按照 GB 28050—2011《食品安全国家标准　预包装食品营养标签通则》、GB 14880—2012《食品安全国家标准　食品营养强化剂使用标准》，标识的管理部门——"公众营养与发展中心"除了按规定限制了能申请该标识的产品类别，还规定了严格的申报企业审查制度。凡是申请加入国家项目"营养强化食品"试点生产的企业都要经过由国家级行业组织、项目专家组和项目审批办的严格审查。只有企业制度健全并执行完善、强化添加工艺可靠、人员素质高、享有行业声誉、检化验手段完备，接受 GMP、HACCP 等质量保证体系，才能取得标识的使用权。这从制度上保证了贴有"营养强化食品"标识的产品不仅仅是对消费者健康有益，更是

质量上乘的优质产品。

2001 年以来，公众营养与发展中心依照《营养强化食品证明标识授权使用产品审批办法》《营养强化食品授权试点生产单位授权审批办法》《营养强化食品管理办法》，对申请加入营养强化食品定（试）点生产的企业进行了严格的审批，并授权生产企业及其营养强化食品使用营养强化证明标识，产品涉及面粉、酱油、食用油脂、挂面等粮食制品以及营养强化食品强化原料等多个品种，其中面粉及粮食制品占有绝对的优势，这与国家对公众营养强化事业特别是基础膳食营养强化的重视有着密切的联系。同时，一些具有良好资质和生产、研发能力的企业，还为国内其他企业提供合法、安全、标准的营养强化剂（强化原料），这将有利于在更大的范围和更多的食品领域中推广营养强化工作。

# 第三节　营养强化剂的管理

## 一、　安全评估

为保证营养强化剂使用的安全性，各国均立法规定能够使用的食品添加剂品种及其使用范围和最大使用量。我国目前实施的是 2014 年修订的 GB 15193.1—2014《食品安全国家标准 食品安全性毒理学评价程序》，包括急性、遗传、亚慢性和慢性毒性试验四个阶段，并规定在不同条件下，可有选择地进行某些阶段或全部四个阶段的试验。

1. 安全性的度量指标

包括营养强化剂在内的一种食品添加剂，经过毒理学试验将获得关于安全性的量化指标，可借此评价、比较不同添加剂的安全性。目前，在国际上公认的安全性指标主要是每日允许摄入量（ADI）和半数致死量（$LD_{50}$），此外，一般公认安全的（GRAS）也成为一种安全级别标志。

FAO/WHO 所属食品添加剂专家委员会（JECFA）对 ADI 的定义是：依据人体体重，终生摄入一种食品添加剂而无显著健康危害的每日允许摄入估计值，用 mg/kg·d 表示。这是根据大鼠、小鼠等动物近乎一生的长期毒性试验中所求得的最大无副作用量（MNL），取其 1/500 ~ 1/100作为人的 ADI 值。此外，各国在制订食品添加剂使用标准时，往往根据其饮食习惯，取平均摄食量的数倍作为人体可能摄入某种添加剂数量的依据，可绝对保证制定的每日允许摄入量不会超过 ADI 值所规定的标准。

按照 FAO/WHO（1996 年）规定，若食品体系中使用了多种形式的营养强化剂，例如，钙强化食品中同时使用了碳酸钙和葡萄糖酸钙两种营养强化剂，则以钙元素计的总量应该满足 ADI 值所限定的标准。

2. 一般公认安全的（GRAS）

美国 FDA 将很多香料、中草药成分列入"一般公认安全的（GRAS）"物质名单。在其联邦法规公布属于 GRAS 的物质当中，包括了 56 种营养增补剂和 16 种营养剂。凡属于 GRAS 的物质，均应满足下述一种或数种条件。

（1）存在于某种天然食品中。

（2）在一般常量范围内，已经证实其在人体内极易代谢者。

（3）化学结构与某种已知安全的物质极其近似者。

（4）在广大范围内具有长期安全食用历史者（即在某些国家已经安全使用 30 年以上者）或符合下面第（5）条者。

（5）同时满足下列条件的物质　①在某一国家最近已经使用 10 年以上；②在任何最终食品中其平均最高用量不超过其总量的 1/1000；③美国全年消费总量低于 454kg；④从化学结构分析以及实际应用均证明其安全无问题者。

## 二、　法规管理

国内外颁布了一些关于食品营养强化的法规，内容主要涉及营养强化剂的卫生要求、使用限量和范围、质量标准等。通过标示具体强化产品，作为有关食品强化的法规的重要内容之一，对食品技术人员至关重要。

### （一）国外法规

1. 联合国

联合国 FAO/WHO 所属食品添加剂专家委员会（JECFA），是由世界权威专家组织以个人身份参加组成的，将从科学的立场对世界各国所使用的食品添加剂进行评议，并将评议结果不定期地在"FAO/WHO、FNP"上报告、公布。基于这些评议，联合国向各国建议的法规或标准主要包括以下几个方面的内容：

（1）准许使用的食品添加剂名单及其毒理学评价（ADI 值）；

（2）食品添加剂的质量指标、标准；

（3）食品添加剂的允许使用范围和建议用量；

（4）各种食品添加剂质量指标的通用测定方法。

2. 美国

1994 年 5 月，FDA 在标题 21CFRl04.20 内发布强化政策，试图建立一套统一的模型或规定，规范向食品中合理添加营养素的程序。这些准则旨在保证国家食品供应达到和维持所需要的营养质量水平，防止随意性运作，因强化不足或过度强化等导致的营养失衡；防止欺骗性或误导性标示；以及防止出现向诸如鲜活产品、肉、糖、休闲食品、糖果以及碳酸饮料等不适当的食品体系内不分选择地添加营养素。

自从 1994 年营养标签和教育法生效以来，美国已经建立了一套特殊的准则以规范维生素和矿物质元素的标示方法，并为不少国家所效仿。其中，维生素 A、维生素 C、钙和铁等依次被要求标示出能够满足每日摄入量的百分率（Percent of the Daily Value, % DV）。"每日摄入量（Daily Value，DV）"和"每日摄入量百分率（% DV）"，分别是与两个不同系列参量"每日推荐值（Daily Reference Values，DRVs）"和"每日推荐摄入量（Reference Daily Intakes，RDIs）"配套的术语。% DV 标示折算成一顿能量为 8374J 的标准饮食，每份食物内某种营养素数量应该有多少方能满足需求。除上述四种营养素外，当添加物作为一种营养补剂或声称具有某种特性时，还需要标示其他维生素和矿物质含量［CFR21101（c）（8）（ii）］。

1989 年，美国国家科学院食品营养局建议了几种维生素和矿物质的日膳食摄取量，是基于足以满足一切健康人的已知营养需求并且估计是超出了大多数人的需求时的摄取量。因此，可认为能够满足几乎所有普通人群的需求，该建议摄入量被称为日推荐允许用量或 RDAs。

参考日摄取量（RDIs）相当于美国的 RDAs，可以视为 FDA 建立的适用于标示食品和维生素补剂标注的 RDAs 的简化版本，设计的 RDI 包括任何年龄和性别营养亚群的最高 RDA 量，建立了18 种维生素和矿物质的 RDIs 水平（表 10 - 7）。这些膳食营养素摄入量标准的建立，将成为强化食品营养素标示的基础，例如，可以说"该强化食品每千克含某种营养素的 RDA 的 1/2"，为消费者提供明确的膳食指导。

表 10 - 7　　　　　　　　　　　维生素和矿物质的参考日摄取量

| 营养素 | 日摄取量 | 营养素 | 日摄取量/mg | 营养素 | 日摄取量 |
| --- | --- | --- | --- | --- | --- |
| 维生素 A | 5000IU | 硫胺素 | 1.5 | 生物素 | 0.3mg |
| 维生素 C | 60mg | 核黄素 | 1.7 | 泛酸 | 10mg |
| 钙 | 1g | 烟酸 | 20 | 磷 | 1g |
| 铁 | 18mg | 维生素 $B_6$ | 2.0 | 碘 | 150mg |
| 维生素 D | 400IU | 叶酸 | 0.4 | 镁 | 400mg |
| 维生素 E | 30IU | 维生素 $B_{12}$ | 6.0 | 锌 | 15mg |

3. 日本

1991 年 7 月 1 日，日本公布了食品添加剂使用标示法《食品添加剂标签法》。厚生省环境健康署长发布第 42 号通告，对营养强化剂规定了允许使用的名称和限制用量等，共包括 29 种维生素强化剂、24 种矿物质强化剂和 21 种氨基酸强化剂，不区分天然或人工合成品。

### （二）我国对食品营养强化剂的法规管理

我国对使用食品营养强化剂方面的管理法规包括《中华人民共和国食品安全法》（确定营养强化剂含义）、GB 2760—2014《食品安全国家标准　食品添加剂使用标准》与 GB 14880—2012《食品安全国家标准　食品营养强化剂使用标准》（规范使用范围与限量要求），以及卫生部颁布的涉及经营、使用监督管理等方面的《食品营养强化剂卫生管理办法》。

## 三、剂量限定依据

### （一）生产与应用

为明确营养强化剂的概念，利于加强对营养强化剂生产、使用企业的监督管理，中华人民共和国卫生部颁布了 GB 14880—2012《食品安全国家标准　食品营养强化剂使用标准》。其中不仅确定了各类营养强化剂物种的使用范围和限量，而且在使用和生产管理方面做了补充说明。

（1）使用食品营养强化剂必须符合 GB 14880—2012《食品安全国家标准　食品营养强化剂使用标准》中规定的品种、范围和使用量。

（2）生产列入 GB 14880—2012《食品安全国家标准　食品营养强化剂使用标准》并且有国家、行业质量标准的品种，必须取得由国务院主管部门会同卫生部审查颁发定点生产许可证或由省、直辖市、自治区主管部门会同同级卫生部门审查，颁发生产许可证（或临时生产许可证），方可生产。

（3）凡列入 GB 14880—2012《食品安全国家标准　食品营养强化剂使用标准》中的品种，

在国家未颁布质量标准前，可制定地方或企业质量标准。生产有地方或企业质量标准的食品营养强化剂，厂家必须提出申请，经该省、直辖市、自治区行政主管部门会同同级卫生行政部门审查颁发的生产许可证或临时生产许可证，未经批准的单位，不得生产食品营养强化剂。

（4）生产强化食品，必须经省、自治区、直辖市食品卫生监督检验机构批准，才能销售。并在该类食品标签上标注强化剂的名称和含量，在保存期内不得低于标志含量（强化剂标志应明确与内容物含量相差不得超过 ±10%）。

（5）食品原成分中含有某种物质，其含量达到营养强化剂最低标准 1/2 者，不得进行强化。使用已强化的食品原料制作食品时，其最终产品的强化剂含量必须符合 GB 14880—2012《食品安全国家标准　食品营养强化剂使用标准》规定。

（6）生产或使用未列入 GB 14880—2012《食品安全国家标准　食品营养强化剂使用标准》中的品种或需要扩大使用范围和增加使用量以及生产复合食品营养强化剂时，可经省、自治区、直辖市食品卫生监督部门初审，送卫生部食品卫生监督检验所，组织专家审议通过后，报卫生部批准。

（7）凡生产经营强化食品者，必须采用定型包装并在包装上按 GB 7718—2011《食品安全国家标准　预包装食品标签通则》及 GB 13432—2013《食品安全国家标准　预包装特殊膳食用食品标签》的规定标明。

（8）进口未列入 GB 14880—2012《食品安全国家标准　食品营养强化剂使用标准》中名单的品种时，进口单位必须将有关资料（包括申请报告、产品品名、纯度、理化性质、质量标准、检验方法、生产工艺、使用范围、使用量、卫生评价及国外卫生当局允许使用的证明），送卫生部食品卫生监督检验所，组织专家审议通过后，报卫生部批准。进口食品中的营养强化剂必须符合我国规定的使用卫生标准。不符合标准的，需报卫生部批准后方可进口。

### （二）使用剂量

1. 用量确定原则

（1）以确保人体正常营养需要为目标　我国营养强化剂的使用量是严格按照法定标准（GB 2760—2014 和 GB 14880—2012）执行的，规定中考虑了每天可能摄入该食品的量，原则上控制其中所含营养素达到参考摄入量（DRIs）的 1/3 ~ 1/2。

（2）以增进健康、维持最佳健康状态为目标　近年来的大量科学研究证实，当某些营养素的摄入量达到一定水平（可能适当超过日参考摄入量 DRIs）时，可减少某些慢性病的发生率。因此，若以维持最佳健康状态为目标，则需要适当提高这些营养素的强化水平，否则就达不到真正的增进健康、预防慢性病的目的。

（3）营养素强化水平的上限参考　从安全性角度考虑，有必要规定营养素强化的上限。国际上已经提出应按照直线的安全性评估来说明营养素的安全性，建立以下两个指标：

①非可见副作用摄入量（NOAEL）为安全限量指标。

②最低可见副作用摄入量（LOAEL）为危险限量指标。

1997 年，美国安全营养理事会（CRN）根据当时累积的临床实验研究资料提出了部分营养素安全性控制标准（表 10 - 8）。每天摄入的各种食品中特定营养素总摄入量不应超出上述安全性标准。

表 10 - 8 CRN 提出的部分营养素安全性控制标准

| 营养素 | 非可见副作用摄入量 | 最低可见副作用摄入量 | 备注 |
|---|---|---|---|
| 维生素 A | 10000 IU/d （相当于 3000μg 视黄醇） | 21600 IU/d | |
| β - 胡萝卜素 | 25mg/d | 未定 | 实际无毒 |
| 维生素 D | 20μg/d | 50μg/d | |
| 维生素 E | 1200 IU/d 800mg α - 生育酚 | 未定 | |
| 维生素 K | 30mg/d | 未定 | |
| 维生素 C | >1000mg/d | 未定 | ≥2000mg/d 时可有个别暂时性肠胃炎或渗透性腹泻 |
| 维生素 $B_1$ | 50mg/d | 未定 | 每天摄入数百毫克，未见不良反应报道 |
| 维生素 $B_2$ | 200mg/d | 未定 | |
| 烟酸 | 500mg/d | 1000mg/d | ≥1000mg/d 可引起肝中毒和严重胃肠道反应 |
| 维生素 $B_6$ | 200mg/d | 500mg/d | 500mg/d 时可增加神经中毒的可能性，2.0～6.0g/d 时可产生感觉神经病变 |
| 叶酸 | 1000μg/d | 未定 | |
| 维生素 $B_{12}$ | 3000μg/d | 未定 | |
| 生物素 | 2500μg/d | 未定 | |
| 泛酸 | 1g/d | 未定 | 成人连续摄入 10g/d 数星期未见毒副反应 |
| 钙 | 1500mg/d | >2500mg/d | |
| 磷 | 1500mg/d | >2500mg/d | |
| 镁 | 700mg/d | 未定 | 过高摄入有导致腹泻报道 |
| 铜 | 9mg/d | 未定 | |
| 铬（三价） | 1000μg/d | 未定 | 1000mg/d 可减少成年人 II 型糖尿病发病率 |
| 碘 | 1000μg/d | 未定 | |
| 铁 | 65mg/d | 100mg/d | 3 岁以下儿童大量摄入可发生致命性中毒 |
| 锰 | 10mg/d | 未定 | |
| 钼 | 350μg/d | 未定 | 长期摄入 10～15mg/d 可致血清中尿酸浓度反常升高 |
| 硒 | 200μg/d | 910μg/d | |
| 锌 | 30mg/d | 60mg/d | 60～64mg/d 时可降低血清高密度脂蛋白胆固醇浓度 |

2. 强化量的计算

营养素强化量的计算一般可采用两种方法。

①营养质量指数法：营养质量指数（INQ）法是利用食品中各种营养素的营养质量来计算。INQ 指食品中某种营养素占推荐摄入量的百分数与该种食品中热能占推荐摄入量的百分数之比，理想的食品中各种营养素的 INQ 值都应该等于 1。

②直接计算法：该法直接对比待强化食品中营养素含量与参考摄入量，补足缺乏量。但需同时考虑该食品摄入量、特定营养素在食品加工过程中的保存百分率及其在人体内的生物利用率。

应该明确，食品中添加营养强化剂，并不是越多越好，应遵循一定的标准和原则。大多数的营养强化剂是天然的营养成分，添加量过大会提高使用成本，而部分营养强化剂过量摄入，会使机体产生不良影响和副作用，严重的甚至危害身体健康。要综合吸收率、添加成本和食用效果等多方面的因素考虑，才能真正达到强化营养的目的。

# 四、 强化效果的影响

营养强化剂被摄入体内后，并非能被全部吸收，自身形式与环境条件对吸收效果影响较大。因此在制定 DRIs 和选择强化剂时，需要进行综合考虑和分析。例如，牛肝中叶酸在人体中仅能够吸收 10%，而摄入强化剂形式的叶酸，则吸收率可倍增。对于维生素而言，需要考虑其稳定性和饮食习惯或条件的影响。例如，酒精易破坏 B 族维生素和维生素 A；尼古丁会破坏维生素 A、维生素 C 等营养素；咖啡因会破坏维生素 PP 和 B 族维生素等。以下以矿物质强化剂的应用为例，讨论影响其生物利用率的几方面因素。

1. 植酸的影响

植酸在谷物、坚果和豆类种子中含量较高，占总磷 50% ~ 80%。在食品中该化合物与矿物质结合紧密，降低了生物利用率。例如，谷类含植酸较多，植酸可与钙结合成不溶性的植酸钙，影响钙的吸收。

一些学者提出可在植物性食品中同时添加植酸酶的方法来增加矿物质的生物利用率。在细菌、霉菌、植物和动物中均含有植酸酶，可催化植酸盐水解，产生肌醇磷酸盐、肌醇和无机磷等物质，它最引人注目的特性在于能够在食品消化过程中保持活性。在面包焙烤过程中，酵母产生的植酸酶可降解面粉内的植酸，从而提高其中矿物质营养素的生物利用率。

2. 抗坏血酸的辅助作用

在植物组织中，抗坏血酸是一种重要的抗氧化剂，可抵抗光合作用和需氧代谢过程造成的氧化性损害。在强化食品中，抗坏血酸可保护维生素 E 的活性。同时，它可维持铁呈亚铁形式，并易于同铁形成易透析的复合物，提高铁的生物利用率。

3. 酚类化合物

在植物中发现带有一个以上羟基的芳香环化合物超过 5000 种。例如，木质素作为一种复杂的芳香族聚合物，对于维持植物的管状结构必不可少，并可抵抗有害物侵袭；花青素是最重要的一类植物色素；黄酮、黄酮醇和肉桂酸等可吸收紫外线，保护植物免受伤害。

酚类化合物对铁的生物利用率具潜在抑制作用。但是，由于它们具有极其重要的植物生理学功能，不太可能通过植物育种和基因工程技术降低其天然含量，此时相关食品的矿物质强化是一种合理的解决方法。

4. 磷酸盐

磷酸盐影响矿物质的生物利用率。除磷酸钠、磷酸钾外，磷酸钙、镁、铁、锌盐在中性pH 下均不溶解，在低 pH 下可溶解。

在膳食中增加原磷酸盐浓度将降低人体对铁的吸收率，对钙、锌利用率则基本无影响。多聚磷酸盐较之原磷酸盐对矿物质利用率影响更大。六偏磷酸盐可减少钙、铁、锌吸收率，三聚磷酸盐降低铁的吸收率。这些磷酸盐之所以影响矿物质利用，可部分解释为它们影响食品矿物质在胃肠液内的溶解度。大量研究发现，磷酸盐对钙溶解度的影响是个例外，不能作为预测钙生物利用率的指标。

5. 膳食纤维

膳食纤维会干扰铁、锌、钙、铜和镁等矿物质的吸收，降低其生物利用率，这在设计复合强化食品或营养强化补剂时应予考虑。

半纤维素和纤维素也影响锌、钙、镁等矿物质的吸收。实际上，膳食纤维对矿物质吸收的影响是很复杂的，至少涉及四个方面的影响：pH、膳食纤维类型、纤维强化剂颗粒大小以及是否经过热处理。一般来讲，pH 升高，矿物质结合量增加。有研究报道，纤维尺寸减小 50%，铁结合程度增加约 8%。

膳食纤维现在被视为谷物中影响铁吸收的主要抑制因子。这些物质除形成不溶或难溶复合物外，还诱发一些不利于铁吸收的生理状态，例如，通过吸水膨胀作用增加肠道分泌液体积。

6. 强化剂水溶性的影响

过去认为，一种矿物质强化剂若不溶于水，例如磷酸盐，其生物利用率一般比较差。但近年来研究证实，包括磷酸钙、磷酸铁盐在内的不溶性强化剂的生物利用率可能等于甚至大于某些可溶性强化剂。此外为提高铁的吸收率，常用可溶性铁强化剂，但可溶性铁化合物会和食品中某些物质结合，导致食品颜色发生改变，并且还易导致异味产生。为此，常需加入一种螯合剂，它与铁之间的结合能减少铁和食物的化学作用，提高强化效果。

# 第四节　常用营养强化剂

## 一、　营养强化剂的分类

营养学研究证实，维持人体正常机能、生长发育和体力、脑力劳动，共需要摄取食物中六大类营养素，即碳水化合物、蛋白质、脂肪、维生素、矿物质和水。近年来，有学者主张将膳食纤维列作第七种营养素。这种传统营养素分类方法成为营养强化剂分类的基础。早期的分类中将在食品中最易缺乏、实际需要强化的营养素主要有氨基酸及含氮化合物、维生素和矿物质，在《食品添加剂手册》中一般也相应地将营养强化剂分成这三大类。其后，随着有机酸等功能性脂类研究的发展，我国规定允许使用的食品营养强化剂包括氨基酸类、维生素类、矿物类及多不饱和脂肪酸类四类。

1. 氨基酸及含氮化合物

氨基酸及含氮化合物的缺乏主要与生活水平、不同来源蛋白质质量和饮食习惯等因素密切相关。在很长一段时间内，蛋白质摄入量不足一直是严重的社会性营养问题，以至于蛋白质不足在一定程度上成为"营养不良"的代名词。

基于蛋白质是一种极度重要的营养素，即使在日本、美国等发达国家的饮食中蛋白质含量充足，但也开发出各种新型补充蛋白质营养素的强化剂，作为实现社会营养目标的战略性储备。

在中国等一些不发达国家和地区，生活水平提高后，又发现不同地区的蛋白质资源质量可能存在很大缺陷。评价方法是对蛋白质中必需氨基酸含量及其各种必需氨基酸之间的配比接近构成人体蛋白质的程度进行比较。不同来源蛋白质的缺陷不同，即所缺乏的必需氨基酸种类和程度不同，因此，有针对性地对不同食品强化不同的必需氨基酸，将提高蛋白质的生物利用效率、提高食品的营养质量或者优化食品的营养功能。必需氨基酸强化剂成为该类中最重要的品种。

2. 维生素类

维生素是一大类人体必需的微量有机营养素，其特点为：

（1）不能在体内合成或合成数量较少，必须经常性地由食物提供。

（2）这些化合物或其前身都天然存在于食物中，但没有一种食物含有全部各种维生素类物质。

（3）这些化合物不直接提供能量，也不构成机体成分，但又必需一定数量以维持正常生理功能。

因此，长期摄入单调的食物，必将造成某种或某些维生素的缺乏，导致组织中特定维生素储备数量下降，造成生理功能异常，出现各种临床症状。所以，强化维生素可通过摄入较少种类和数量的食物就获得必需的维生素，以维持正常生理功能。

人体维生素的不足或缺乏分为原发性和继发性两种，前者是膳食中含量不足，后者主要由于维生素的吸收和贮留发生某种障碍或者体内对该类物质的消耗增加而导致不足。对食品进行维生素强化对这两种情形均有效果。

食品营养强化剂涉及的维生素物种包括维生素 A、维生素 $D_2$、维生素 $D_3$、DL - 维生素 E、维生素 K、抗坏血酸、盐酸硫胺素、核黄素、生物素、L - 肉碱、酒石酸氢胆碱、氰钴胺素、叶酸、肌醇、烟酸、烟酰胺和盐酸吡哆醇。

3. 矿物质

矿物质常被称作无机盐或灰分，矿物质类营养强化剂是指含有有益于人体营养的元素的物质的统称。人体不能合成矿物质，必须全部从膳食中摄取，因此，长期食用单调食物容易出现矿物质缺乏症状。此外，以不同形式存在的矿物质对人体吸收、利用率的影响很大，不同生长时期对各种矿物质的营养需求差异也较大，因此，完全有必要通过对食品强化矿物质以维持人体的正常生理功能。

食品营养强化剂涉及的矿物质物种包括钙元素盐（活性钙、生物碳酸钙、碳酸钙、乙酸钙、L - 天门冬氨酸钙、柠檬酸钙、柠檬酸苹果酸钙、葡萄糖酸钙、乳酸钙、甘氨酸钙、磷酸氢钙、L - 苏糖酸钙）；铜元素盐（葡萄糖酸铜、硫酸铜）；铁元素盐（柠檬酸铁铵、柠檬酸铁、富马酸亚铁、葡萄糖酸亚铁、乳酸亚铁、焦磷酸铁、琥珀酸亚铁、硫酸亚铁、氯化高铁血红素、电解铁、铁卟啉、还原铁）；镁元素盐（氯化镁、葡萄糖酸镁、硫酸镁）；锰元素盐（氯化锰、葡萄糖酸锰、硫酸锰）；碘元素盐（碘酸钾、碘化钾、海藻碘）；硒元素盐（硒蛋白、硒化卡拉胶、高硒酵母、亚硒酸钠）；锌元素盐（乙酸锌、氯化锌、柠檬酸锌、葡萄糖酸锌、甘氨酸锌、乳酸锌、氧化锌、硫酸锌）等。

4. 多不饱和脂肪酸

通常将具有两个或两个以上双键的脂肪酸称为高度不饱和脂肪酸或多不饱和脂肪酸（PU-FA）。PUFA 主要包括 $n-3$、$n-6$ 和 $n-9$ 系列脂肪酸，但有重要生物学意义的是 $n-3$ 和 $n-6$ PUFA。亚油酸（LA）和 $\alpha-$亚麻酸（$\alpha-LNA$）分别是 $n-6$ 和 $n-3$ 系列脂肪酸的前体，在体内经过一系列的碳链延长和脱饱和作用衍化生成其他的 PUFA。$n-3$ 多不饱和脂肪酸也可叫做 $\omega-3$ 多不饱和脂肪酸（$\omega-3$ PUFA）。

近年来，长链不饱和脂肪酸（LCP）对促进早产儿视网膜、神经系统发育方面的作用日益受到人们关注，早产儿体内缺乏 LCP 必须及时予以补充。国外已有有关早产儿应用强化 LCP 配方乳的临床研究的报道，而国内有关报道较少。

根据国际卫生组织 WHO 对各国孕产妇母乳的调查，每 100mL 母乳中 DHA 的含量，美国大约 15mg，南非 10mg，而日本则为 22mg，因此日本儿童的智商普遍高于欧美儿童。由于饮食习惯和科普的落后，我国产妇乳汁中的 DHA 含量平均仅为 12mg，所以我国孕产妇及婴幼儿更缺乏 DHA，更应补充 DHA，而且是多多益善。随着对 PUFA 营养功能的逐步认识，PUFA 强化产品的研究与开发也正越来越受到人们的重视，运用现代的技术手段调控 EPA、DHA 以及食物中 $\alpha-$亚麻酸的含量，开发 PUFA 强化产品正变得越来越重要。膳食中不饱和脂肪酸不足时，易造成血中低密度脂蛋白和低密度胆固醇增加，产生动脉粥样硬化，诱发心脑血管病；$\omega-3$ 不饱和脂肪酸是大脑和脑神经的重要营养成分，摄入不足将影响记忆力和思维力，对婴幼儿将影响智力发育，对老年人将产生老年痴呆症。

多不饱和脂肪酸含量是评价食用油营养水平的重要依据。豆油、玉米油、葵花籽油中，$\omega-6$ 系列不饱和脂肪酸较高，而亚麻油、苏紫油中 $\omega-3$ 不饱和脂肪酸含量较高。由于不饱和脂肪酸极易氧化，食用它们时应适量增加维生素 E 的摄入量。一般 $\omega-6:\omega-3$ 应在 $4\sim10:1$，摄入量为摄入脂肪总量的 50% ~60%。

## 二、 典型物种

### （一） 氨基酸类

1. 赖氨酸（Lysine）

赖氨酸为人体 8 种必需氨基酸之一，体内不能合成，又是植物性蛋白中含量最低的"第一限制氨基酸"，故在谷类食品中按食品营养强化剂使用标准规定添加可成倍提高蛋白质效价。常用的赖氨酸强化剂有以下几种：

（1）L-盐酸赖氨酸（L-lysine monohydrochioride） 别名 L-赖氨酸-盐酸盐、2,6-二氨基己酸，分子式 $C_6H_{14}N_2O_2 \cdot HCl$，相对分子质量 182.65。结构式见图 10-3。

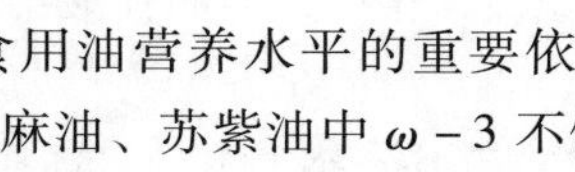

$$H_2N(CH_2)_4 \overset{H}{\underset{NH_2}{\rule{0pt}{1em}}} COOH \cdot HCl$$

图 10-3 L-盐酸赖氨酸

①理化性质：L-盐酸赖氨酸为白色结晶粉，几乎无臭；易溶于水（40g/mL，75℃），不

溶于乙醇和乙醚等有机溶剂；水溶液呈中性至微酸性；一般情况下稳定，260℃时熔化并分解；本品吸湿性强，高湿下易结块，并稍着色；相对湿度在60%以下稳定，60%以上可生成二水合物；加温不可超过180℃，否则将损失15%；在酸性条件下稳定，碱性条件或直接与还原糖共存时加热则分解。1g L－赖氨酸相当于 L－赖氨酸盐酸盐 1.25g。

②毒理学参数：大鼠经口 $LD_{50}$ 10.75g/kg 体重；GRAS（FDA，1985）。

③应用与限量：根据 GB 14880—2012《食品安全国家标准　食品营养强化剂使用标准》规定：L－盐酸赖氨酸作为营养强化剂可用于加工面包、饼干、面条的面粉，使用限量为 1～2g/kg。

（2）L－赖氨酸－L－天冬氨酸盐（L－lysyl－L－aspartate）　分子式 $C_{10}H_{21}N_3O_6$，相对分子质量 279.30。结构式见图 10－4。

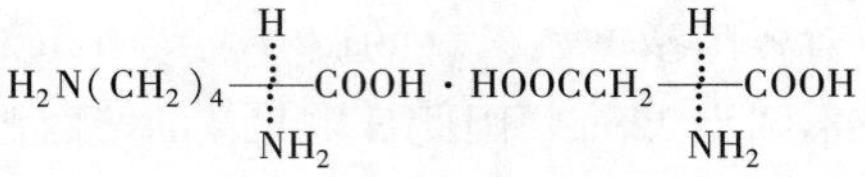

$$H_2N(CH_2)_4\!\!-\!\!\overset{\overset{\displaystyle H}{|}}{\underset{\underset{\displaystyle NH_2}{|}}{\phantom{C}}}\!\!-\!\!COOH \cdot HOOCCH_2\!\!-\!\!\overset{\overset{\displaystyle H}{|}}{\underset{\underset{\displaystyle NH_2}{|}}{\phantom{C}}}\!\!-\!\!COOH$$

图 10－4　L－赖氨酸－L－天冬氨酸盐

①理化性质：L－赖氨酸－L－天冬氨酸盐为白色粉末，无臭或微臭，有异味；易溶于水，不溶于乙醇、乙醚；本品 1.910g 的生理功能相当于 1g L－赖氨酸。

②应用与限量：可参照 L－盐酸赖氨酸。

2. 牛磺酸（Taurine）

牛磺酸为人体条件性必需氨基酸，其作用是与胆汁酸结合形成牛磺胆酸，牛磺胆酸对于消化道中脂类的吸收是必需的。

牛磺酸又称牛胆碱、牛胆素，2－氨基乙磺酸，$\alpha$－氨基乙磺酸；分子式 $C_2H_7NO_2S$，相对分子质量 125.14。结构式见图 10－5。

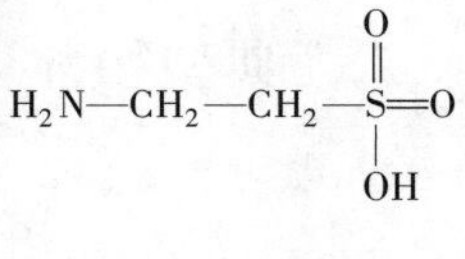

$$H_2N\!\!-\!\!CH_2\!\!-\!\!CH_2\!\!-\!\!\overset{\overset{\displaystyle O}{\|}}{\underset{\underset{\displaystyle OH}{|}}{S}}\!\!-\!\!O$$

图 10－5　牛磺酸

（1）理化性质　无臭、味微酸的白色结晶或结晶性粉末。溶于水，极微溶于 95% 乙醇，不溶于水乙醇，在稀溶液中呈中性，对热稳定，约300℃时分解。

（2）毒理学参数　无任何毒性作用。

（3）应用与限量　根据 GB 14880—2012《食品安全国家标准　食品营养强化剂使用标准》规定：牛磺酸作为营养强化剂可用于乳制品、婴幼儿食品及谷类制品、豆乳粉、豆粉及果冻、儿童配方粉中，其使用限量为 0.3～0.5g/kg；用于饮液、乳饮料及配制酒则为 0.1～0.5g/kg；用于果汁（果味）型饮料为 0.4～0.6g/kg。

（二）维生素类

1. 维生素 A（Vitamin A）

维生素 A 又称视黄醇 Retinol，结构式见图 10－6。

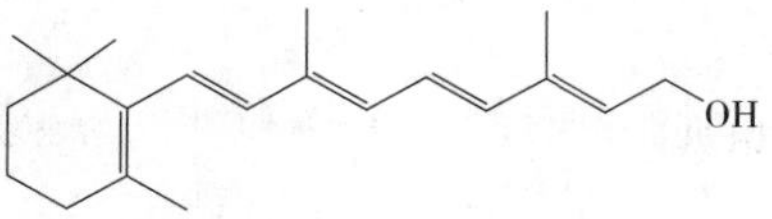

图 10 −6 维生素 A

维生素 A 为不饱和一元多烯醇，常用的有粉末和油剂两种，分述如下。

（1）维生素 A 粉末

①理化性质：维生素 A 粉末为浅黄至浅红棕色粉，其含量越高，色越浓，几乎无臭；易溶于油脂和有机溶剂，不溶于水但可于水中乳化；本品为被膜剂（明胶）包覆，故性能稳定。

本品对人体有促进生长、维持上皮细胞的完整和健全作用，也是构成视觉细胞内视紫红质的主要成分。缺乏时，可致生长发育受阻、生殖功能衰退和夜盲症。

②毒理学参数：GRAS（FDA，1985）。

③应用与限量：根据 GB 14880—2012《食品安全国家标准 食品营养强化剂使用标准》规定：维生素 A 粉末可用于芝麻油、色拉油、人造奶油中，使用限量为 $1000 \sim 8000\mu g/kg$；婴幼儿食品、乳制品则为 $3000 \sim 9000\mu g/kg$；而在乳与乳饮料中则为 $600 \sim 1000\mu g/kg$。

（2）维生素 A 油（Vitamin A Oil）

①主要成分：维生素 A 油为水产动物的肝脏、幽门所得的脂肪油或其浓缩物；或维生素 A 脂肪酸酯或在这些成分中加有食用植物油。

②理化性质：维生素 A 油为橙黄色液体，冷冻可固化，有异臭；混溶于氯仿、乙醚和脂肪，不溶于水和甘油；本品较粉末的稳定性好，但在耐光、耐氧性上较差，碱性条件下稳定，而酸性条件中不稳定；易被脂肪氧化酶分解。

③毒理学参数：GRAS（FDA，1985）。

④应用与限量：同维生素 A 粉末。

2. 维生素 E（Vitamin E）

维生素 E 包括 8 种生育酚和生育三烯醇。$dl - \alpha -$ 维生素 E 的分子式 $C_{29}H_{50}O_2$，相对分子质量 429.00。结构式见图 10 − 7。

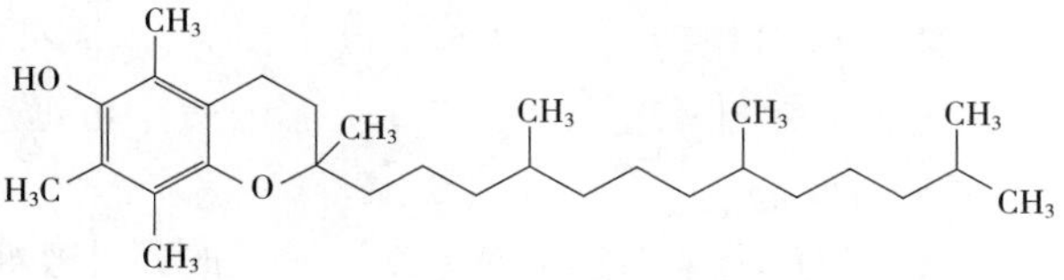

图 10 −7 维生素 E

（1）理化性质 维生素 E 为浅黄色黏性油，溶于酒精和脂肪溶剂，不溶于水。它们对酸、热稳定，而暴露于氧、紫外线、碱、铵盐和铅盐下即遭破坏。它们因具有吸收氧的能力使其具有重要的抗氧化特性。

（2）应用与限量 根据 GB 14880—2012《食品安全国家标准 食品营养强化剂使用标准》规定：维生素 E 作为营养强化剂可用于芝麻油、人造奶油、色拉油、乳制品，其限量为 100 ~

180mg/kg；用于婴幼儿食品为 40 ~ 70mg/kg；乳饮料为 10 ~ 20mg/kg。

3. 维生素 D（Vitamin D）

维生素 D 为类固醇衍生物，常用的有维生素 $D_2$ 和维生素 $D_3$。维生素 $D_2$（Vitamin $D_2$）又称麦角钙化甾醇、钙化醇、骨化醇，分子式 $C_{28}H_{44}O$，相对分子质量 396.66。结构式见图10 - 8。

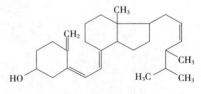

图 10 - 8　维生素 $D_2$

（1）理化性质　维生素 D 为白色柱状结晶，无臭；溶于油脂、乙醇、氯仿、乙醚，不溶于水；熔点为 115 ~ 118℃，比吸光度（$E$）445 ~ 485；本品耐热性好，溶于植物油中稳定性强，但存在无机盐时可加速分解，并易受空气和光照的影响。

本品与体内钙磷代谢有关，缺乏时，易引起儿童佝偻病和成人的软骨症。

（2）毒理学参数　小鼠经口 $LD_{50}$ 1mg/kg×20d 体重；GRAS（FDA，1985）。

（3）应用与限量　根据 GB 14880—2012《食品安全国家标准　食品营养强化剂使用标准》规定：维生素 D 可用于乳及乳饮料，使用限量为 10 ~ 40μg/kg；人造奶油为 125 ~ 156μg/kg；乳制品为 63 ~ 125μg/kg；婴幼儿食品为 50 ~ 100μg/kg。

4. 维生素 $B_1$（Vitamin $B_1$）

维生素 $B_1$ 又称盐酸硫胺素（Propyldisulfide），分子式 $C_{12}H_{17}ClN_4OS \cdot HCl$，相对分子质量 337.27。结构式见图 10 - 9。

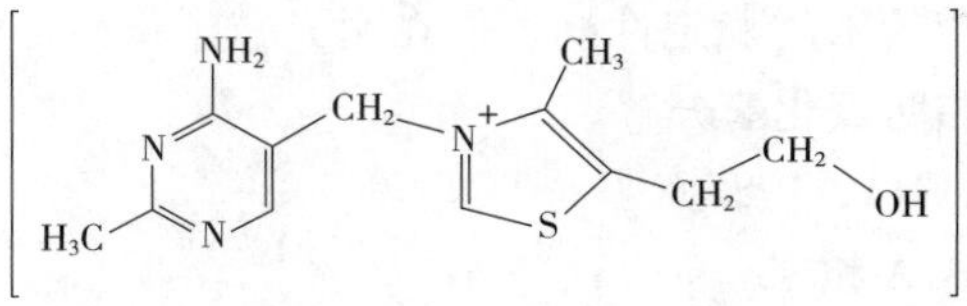

图 10 - 9　盐酸硫胺素

（1）理化性质　维生素 $B_1$ 为无色至黄白色细小晶体，纯品无臭，一般商品有米糠样臭味和苦味；极易溶于水（1:1），溶于乙醇、甘油、丙二醇，不溶于乙醚和苯；10% 水溶液 pH 为 3.13，水溶液于 pH 2 ~ 4 时加热亦较稳定，pH 5.5 以上时常温亦不稳定；本品对热稳定（170℃），熔点248℃（部分分解）；干燥空气中稳定，一般空气中可迅速吸收水 4% 并因吸湿而缓慢分解着色，遇紫外线则分解。

本品在体内参与酶反应，与糖、蛋白质的代谢有关。缺乏时，可致糖代谢紊乱，并影响氨基酸、脂肪酸的合成，造成脚气病，为维生素 $B_1$ 缺乏症，并非脚癣。

（2）毒理学参数　小鼠经口 $LD_{50}$ 7700 ~ 15000mg/kg 体重。

（3）应用与限量　根据 GB 14880—2012《食品安全国家标准　食品营养强化剂使用标准》规定：维生素 $B_1$ 可用于谷类及其制品，使用限量为 3 ~ 5mg/kg；饮液、乳饮料为 1 ~ 2mg/kg；婴幼儿食品为 4 ~ 8mg/kg；配制酒为 1 ~ 2mg/kg。

5. 维生素 $B_2$（Vitamin $B_2$）

维生素 $B_2$ 又称核黄素（Riboflavin），分子式 $C_{17}H_{20}N_4O_6$，相对分子质量 376.37。结构式见

图 10 - 10。

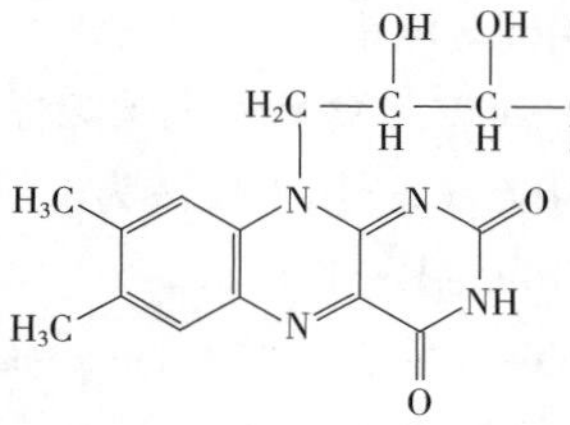

图 10 - 10 维生素 B₂

（1）理化性质 维生素 B₂ 为橙黄色结晶性粉末，微臭略苦；极易溶于稀碱液，在乙醇中溶解度比在水中差，不溶于乙醚和氯仿；熔化温度 280℃（分解）；比旋光度 $[\alpha]_D^{20}$ 为 -115°~ -140°；饱和溶液呈中性，为有荧光的淡黄绿色；干品不受光影响，但液体在光线下可致变质；对酸性稳定，碱性条件下迅速分解；对氧化剂稳定，但对还原剂则失去黄色和荧光；人体缺乏本品可致口角炎和舌炎。

（2）毒理学参数 ADI 值 0~0.5mg/g（FAO/WHO，1984）；小鼠给予需要量的 1000 倍，未发现异常。

（3）应用与限量 根据 GB 14880—2012《食品安全国家标准 食品营养强化剂使用标准》规定：维生素 B₂ 可用于谷类及其制品，使用限量为 3~5mg/kg；饮液及乳饮料，用量为 1~2mg/kg；如为固体饮料，则按稀释倍数增加使用量，用量为 10~17mg/kg；用于婴幼儿食品，用量为 4~8mg/kg。

6. 维生素 C（Vitamin C）

维生素 C 又称 L - 抗坏血酸、抗坏血酸（L - ascorbic acid），分子式 $C_6H_8O_6$，相对分子质量 176.13。结构式见图 10 - 11。

（1）理化性质 维生素 C 为白色至浅黄色晶体或结晶性粉末，无臭、有酸味；溶于水（1g/5mL）、乙醇（1g/30mL），不溶于氯仿、乙醚和苯；熔点 190℃；5% 水溶液 pH 为 2.2~2.5；干燥空气中或 pH 3.4~4.5 时稳定，受光照可变褐，遇铜、铁等离子可加速氧化；本品还原性强，也可作抗氧化剂。本品有防治坏血病的生理功能，在体内可参与红细胞氧化还原过程和胆固醇代谢。

图 10 - 11 维生素 C

（2）毒理学参数 ADI 值 0~15mg/kg（FAO/WHO，1984）。

（3）应用与限量 根据 GB 14880—2012《食品安全国家标准 食品营养强化剂使用标准》规定：维生素 C 作为强化剂使用，用于果泥使用限量为 50~100mg/kg；饮液及乳饮料为 120~240mg/kg；婴幼儿食品为 300~500mg/kg；水果罐头为 200~600mg/kg；夹心硬糖为 2~6g/kg。

7. 维生素 B₆（Vitamin B₆）

维生素 B₆ 又称盐酸吡哆醇（Pyridoxine Hydrochloride），分子式 $C_8H_{11}O_3N \cdot HCl$，相对分子质量 205.64。结构式见图 10 - 12。

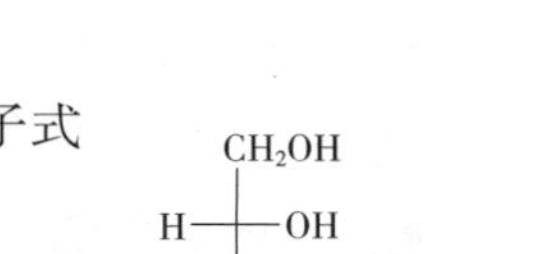

（1）理化性质 维生素 B₆ 为无色或白色结晶，或白色结晶性粉末，无臭，在空气中稳定，耐热性较好，但在阳光下缓慢分解。

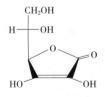

图 10 - 12 维生素 B₆

熔点约 206℃ （有分解）。溶于水 （1g/5mL）、乙醇 （1g/10mL），不溶于乙醚和氯仿，其溶液对石蕊呈酸性，pH 约为 3。

（2）毒理学参数　大鼠经口 $LD_{50}$ 4g/kg 体重。

（3）应用与限量　根据 GB 14880—2012《食品安全国家标准　食品营养强化剂使用标准》规定，可用于婴幼儿食品，用量为 3~4mg/kg；用于饮液为 1~2mg/kg。

8. L - 肉碱 - L - 酒石酸 （L - Carnitine - L - Tartrate）

L - 肉碱 - L - 酒石酸又称维生素 BT - L - 酒石酸 （Levo - Carnitine - Levo - Tartrate），分子式 $C_{18}H_{36}N_2O_{12}$，相对分子质量 472.49。结构式见图 10 - 13。

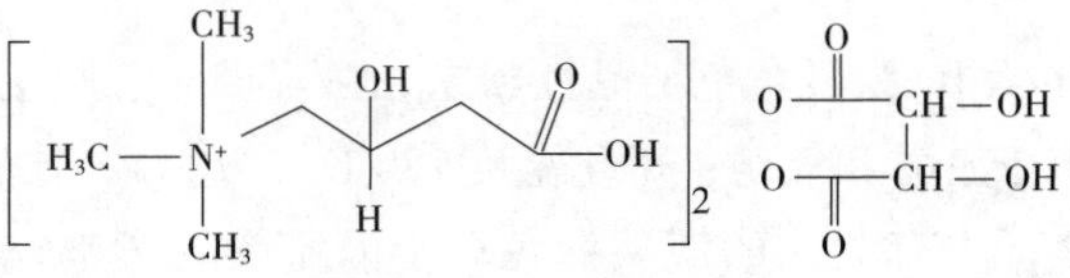

图 10 - 13　L - 肉碱 - L - 酒石酸

（1）理化性质　L - 肉碱 - L - 酒石酸为白色结晶性粉末，易溶于水 （50g/100mL），熔点 169~175℃，比旋光度 $[\alpha]_D^{20}$ 为 $-11° \pm 1.0°$ （10% 水溶液）。

（2）毒理学参数　大鼠、小鼠经口 $LD_{50}$ 大于 10g/kg 体重。

（3）应用与限量　根据 GB 14880—2012《食品安全国家标准　食品营养强化剂使用标准》规定：L - 肉碱 - L - 酒石酸用于咀嚼片、饮液、胶囊，使用限量为 200~600mg/片、支、粒；用于乳粉为 300~400mg/kg；用于果汁（味）型饮料、乳饮料为 400~3000mg/kg （均以肉碱计）。

### （三）矿物质类

1. 铁元素 （Iron）

铁是人体内重要的微量元素，也是比较容易缺乏的无机元素之一。成人体内约含铁量为 1~5g，其中 2/3 以上存在于血红蛋白中，另外的 3% 铁存在于肌红蛋白、细胞色素酶、过氧化氢酶和氧化物酶中，其余的储备于肝、脾、骨髓中。

体内缺铁时可产生缺铁性贫血或营养不良性贫血，在发展中国家缺铁性贫血的发生率较高，尤其是妇女和儿童，可以达到 50% 以上，因此铁的强化是重要的一项内容。铁的吸收与铁的存在形式有关，食物中的铁主要分为血红素铁和非血红素铁两类，其中血红素铁的吸收率最高，一般在 20%~30%，而无机铁的吸收率低，且易引发不适症。基于成本的考虑，新型铁强化剂——低聚糖 - 铁络合物的开发成为营养强化剂研究的一个热点。由于无机铁的成本低、添加简便，目前仍是铁强化的主要成分，故多以亚铁盐作为营养强化剂，如硫酸亚铁、葡萄糖酸亚铁。

（1）硫酸亚铁 （Ferrous Sulfate）

硫酸亚铁又称铁矾、绿矾，分子式 $FeSO_4 \cdot 7H_2O$，相对分子质量 278.03。

①理化性质：硫酸亚铁为蓝绿色单斜晶系晶体或颗粒，无臭，味咸涩；易溶于水 （1g/1.5mL，25℃），不溶于乙醇；干燥空气中可风化，潮湿空气中会氧化成棕黄色碱式硫酸铁；10% 水溶液 pH 为 3.7；加热至 20~73℃ 可失去 3 个分子结晶水，至 80~123℃ 失去 6 个分子水，至 156℃ 以上可变成碱式硫酸铁。

②毒理学参数：大鼠经口 $LD_{50}$ 279～558mg/kg（以 Fe 计）。

③应用与限量：根据 GB 14880—2012《食品安全国家标准　食品营养强化剂使用标准》规定：硫酸亚铁用于谷类及其制品，使用限量为 120～240mg/kg；用于饮料为 50～100mg/kg；用于乳制品、婴幼儿食品为 300～500mg/kg；用于食盐、夹心糖为 300～6000mg/kg；用于高铁谷类及其制品（每日限食 50g）为 860～960mg/kg。

（2）葡萄糖酸亚铁（Ferrous Gluconate）

分子式 $C_{12}H_{22}O_{14}Fe \cdot 2H_2O$，相对分子质量 482.18（二水合物）。

结构式

$[CH_2OH(CHOH)_4COO^-]_2Fe^{2+} \cdot 2H_2O$。

①理化性质：葡萄糖酸亚铁为浅黄灰色或微带灰绿的黄色粉末或颗粒，稍有类似焦糖的气味。易溶于水（10g/100mL，温水）；不溶于乙醇；水溶液呈酸性，加葡萄糖可使其溶液稳定。

②毒理学参数：ADI 不作规定；大鼠经口 $LD_{50}$ >3.7g/kg；GRAS（FDA §182.5308）。

③应用与限量：根据 GB 14880—2012《食品安全国家标准　食品营养强化剂使用标准》规定：葡萄糖酸亚铁用于谷类及其制品，使用限量为 200～400mg/kg；用于饮料为 80～160mg/kg；用于乳制品、婴幼儿食品为 480～800mg/kg；用于食盐、夹心糖为 4800～6000mg/kg，用于高铁谷类及其制品（每日限食 50g）为 1400～1600mg/kg。

2. 钙元素（Calcium）

钙是人体内七大元素之一。一般人体内钙的总含量为 700～1400g，它是骨骼、牙齿的主要成分。人体内 99.7% 的钙以骨盐的形式存在于骨髓和牙齿中。另外，它既是维持组织细胞渗透压和保持体内酸碱平衡的无机盐之一，又以一定比例与钾、钠、镁共同维持神经、肌肉兴奋性和细胞膜的正常通透性。但钙也是人体内较易缺乏的无机元素之一。用于营养强化剂的物种包括葡萄糖酸钙、乳酸钙等钙盐。

（1）葡萄糖酸钙（Calcium Gluconate）

葡萄糖酸钙分子式 $C_{12}H_{22}O_{14}Ca$，相对分子质量 430.38。结构式 $[CH_2OH(CHOH)_4COO^-]_2Ca^{2+}$。

①理化性质：葡萄糖酸钙为白色结晶颗粒或粉末，无臭无味；溶于水（3g/100mL，20℃），不溶于乙醇及其他有机溶剂；水溶液 pH 6～7；熔点 201℃（分解）；本品在空气中稳定，理论钙含量为 9.31%。

②毒理学参数：ADI 不作限制性规定（FAO/WHO，1985 年）。

③应用与限量：根据 GB 14880—2012《食品安全国家标准　食品营养强化剂使用标准》规定，用于谷类及其制品，使用限量为 18～36g/kg；饮液及乳饮料，用量为 4.5～9.0g/kg。另外，在油炸食品、糕点等的谷麦粉中添加本品，可螯合金属离子，延缓油脂氧化及防止制品变色。

（2）乳酸钙（Calcium Lacatate）

分子式 $C_6H_{10}CaO_6 \cdot 5H_2O$，相对分子质量 308.30。结构式见图 10-14。

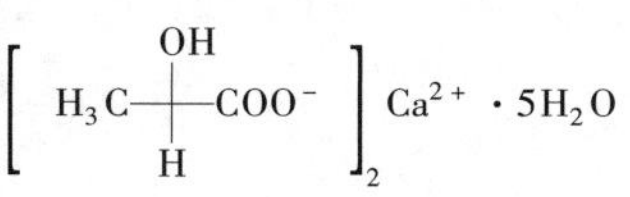

$$\left[ \begin{array}{c} OH \\ | \\ H_3C—C—COO^- \\ | \\ H \end{array} \right]_2 Ca^{2+} \cdot 5H_2O$$

图 10-14　乳酸钙

①理化性质：乳酸钙为白色至乳白色结晶粉或颗粒，几乎无臭；溶于水，易溶于热水，不

溶于乙醇；水溶液的 pH 为 6.0 ~ 7.0；于 120℃时可变为无水物。本品略有风化性，但吸收率较高。五水合物的理论含钙量为 13.0%。

②毒理学参数：ADI 不作限制性规定（FAO/WHO，1985 年）。

③应用与限量：根据 GB 14880—2012《食品安全国家标准 食品营养强化剂使用标准》规定：乳酸钙用于谷类及其制品，使用限量为 12 ~ 24g/kg；用于婴幼儿食品为 23 ~ 46g/kg；用于软饮料为 1.2 ~ 10g/kg。

### 3. 锌元素（Zinc）

锌是人体内必需的微量元素之一，一般人体内含锌 2 ~ 3g。人体肌肉中的锌约占含锌总量的 60%，骨骼中约为含锌总量的 30%，其他分布在各软组织（如眼球色素层、精子、前列腺、表皮、肾、肝和血液）中。

锌的生理功能为参与人体的代谢，如体内的糖代谢、蛋白质代谢、维生素 A 及视色素代谢等。目前已知人体内含锌的酶有 70 余种，锌还与肾上腺、甲状腺、甲状旁腺分泌有关。

锌也是人体内极易缺乏的无机元素之一。人体缺锌后，儿童可致发育缓慢、生长停滞和性机能不全；成人可致性功能减退、智力减退、皮肤免疫机能不全、肾功能不全及贫血等。常作为营养强化用的锌剂，有硫酸锌和葡萄糖酸锌。

#### （1）硫酸锌（Zinc Sulfate）

硫酸锌分子式 $ZnSO_4 \cdot 7H_2O$，相对分子质量 287.54。

①理化性质：硫酸锌为无色棱状或细小针状结晶或结晶粉末，无臭、味涩；溶于水（1g/0.6mL）和甘油（1g/2.5mL），而不溶于乙醇；水溶液呈酸性，5% 水溶液 pH 为 4.4 ~ 6.0；本品于室温干燥空气中可粉化；迅速加热可在 50℃熔化，100℃时失去 6 分子结晶水，200℃时成无水盐，500℃时可分解成氧化锌；相对密度 1.9661。

②毒理学参数：GRAS（FDA，1985 年）。

③应用与限量：根据 GB 14880—2012《食品安全国家标准 食品营养强化剂使用标准》规定：硫酸锌作为锌元素强化剂可用于乳制品，使用限量为 130 ~ 250mg/kg；用于婴幼儿食品为 113 ~ 318mg/kg；用于谷类及其制品为 80 ~ 160mg/kg；用于食盐强化为 500mg/kg；用于饮液及乳饮料为 22.5 ~ 44mg/kg。

#### （2）葡萄糖酸锌（Zinc Gluconate）

葡萄糖酸锌分子式 $C_{12}H_{22}O_{14}Zn$，相对分子质量 455.68。

①理化性质：葡萄糖酸锌为白色或近白色粗粉或结晶粉，无臭无味；易溶于水，极难溶于乙醇；本品于体内吸收率高，对胃肠无刺激。

②毒理学参数：GRAS（FDA，1985 年）。

③应用与限量：根据 GB 14880—2012《食品安全国家标准 食品营养强化剂使用标准》规定：葡萄糖酸锌可用于调制乳，使用限量为 5mg/kg ~ 10mg/kg；用于婴幼儿食品为 195 ~ 545mg/kg；用于谷类及其制品，用量 160 ~ 320mg/kg；用于食盐加锌为 800 ~ 1000mg/kg；用于饮液及乳饮料为 40 ~ 80mg/kg。

### 4. 碘元素（Iodine）

碘是人体内必需的微量元素之一，其生理功能主要为参与构成甲状腺素。一般成人体内含碘 20 ~ 50mg，其中 20% 存在于甲状腺中。缺碘时可致地方性甲状腺肿，常用的碘元素强化剂有碘化钾和碘酸钾。

（1）碘化钾（Potassium Iodide）

碘化钾分子式 KI，相对分子质量 166.00。

①理化性质：碘化钾为透明无色六面体等轴晶体或不透明的白色粗粉，味苦咸；易溶于水（1g/0.7mL，25℃）、甘油（1g/2mL），溶于乙醇（1g/22mL）；5% 水溶液 pH 为 6～10；相对密度为 3.13；熔点 681℃，沸点 1330℃；干燥空气中稳定，潮湿空气中有吸湿性；遇光及空气时，析出游离碘而呈黄色，酸性水溶液中更易变黄。

②毒理学参数：GRAS（FDA，1985 年）。

③应用与限量：根据 GB 14880—2012《食品安全国家标准 食品营养强化剂使用标准》规定：碘化钾可用于食盐，使用限量为 30～70mg/kg；用于婴幼儿食品为 0.3～0.6mg/kg。本品用于防治缺碘性甲状腺肿。主要在缺碘地区用于强化食用盐。碘化钾中碘含量为 76.4%。

（2）碘酸钾（Potassium Lodate）

碘酸钾分子式 $KIO_3$，相对分子质量 214.00。

①理化性质：碘酸钾为白色晶体或结晶粉末，相对密度 3.93（32℃）。熔点 560℃（部分分解）。溶于水，不溶于乙醇。

②毒理学参数：小鼠经口 $LD_{50}$ 531mg/kg 体重；小鼠腹腔注射 136mg/kg 体重。

③应用与限量：根据 GB 14880—2012《食品安全国家标准 食品营养强化剂使用标准》规定：碘酸钾可用于食盐加碘，使用限量为 34～100mg/kg；用于婴幼儿食品为 0.4～0.7mg/kg；用于固体饮料为 0.2～0.6mg/kg。

### （四）不饱和脂肪酸

不饱和脂肪酸是构成体内脂肪的一种脂肪酸，为人体必需的脂肪酸。不饱和脂肪酸根据双键个数的不同，分为单不饱和脂肪酸和多不饱和脂肪酸两种。食物脂肪中，单不饱和脂肪酸有油酸，多不饱和脂肪酸有亚油酸、亚麻酸、花生四烯酸等。人体不能合成亚油酸和亚麻酸，必须从膳食中补充。

1. $\gamma$ – 亚麻酸（$\gamma$ – Linolenic Acid）

$\gamma$ – 亚麻酸又称顺式 – 6，9，12 – 十八碳三烯酸，化学式 $C_{18}H_{30}O_2$，相对分子质量 278.438。结构式见图 10 – 15。

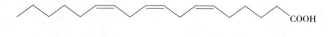

图 10 – 15 $\gamma$ – 亚麻酸

（1）性状 $\gamma$ – 亚麻酸为黄色油状液体。

（2）毒理学参数 小鼠、大鼠经口 $LD_{50}$ 均大于 12.0g/kg 体重。

（3）应用与限量 根据 GB 14880—2012《食品安全国家标准 食品营养强化剂使用标准》补充规定：$\gamma$ – 亚麻酸可用于调制乳粉、植物油和饮料类，使用量占 20～50g/kg。

2. 花生四烯酸（Arachidonic Acid，ARA）

花生四烯酸又称 5，8，11，14 – 二十碳四烯酸，化学式 $C_{20}H_{32}O_2$，相对分子质量 304.46。结构式见图 10 – 16。

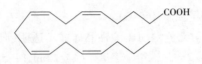

图 10 – 16　花生四烯酸

（1）理化性质　花生四烯酸为淡黄色液体，溶于乙醇、丙酮、苯等有机溶剂，是人体的一种必需脂肪酸，广泛分布于动物的中性脂肪中。花生四烯酸在大脑和神经组织中含量丰富，对大脑功能和视网膜起着重要作用。

（2）应用与限量　根据 GB 14880—2012《食品安全国家标准　食品营养强化剂使用标准》补充规定：花生四烯酸用于调制乳粉（仅限儿童用乳粉），≤1%（占总脂肪酸的百分比）。

## 思考题

1. 什么是食品营养强化剂？
2. 食品营养强化剂的作用有哪些？
3. 常用的维生素类强化剂有哪些？各自有何作用？
4. 常用的氨基酸类强化剂有哪些？各自有何作用？
5. 常用的矿物质类强化剂有哪些？各自有何作用？
6. 不饱和脂肪酸强化的目的和意义是什么？
7. 何谓食品强化剂的编号？如何编制？
8. 简述 RDAs 与 RNIs 的定义和区别。
9. 影响食品强化剂生物利用率的因素有哪些？
10. 有某企业计划生产营养强化剂，简述申报的程序。

第十一章

# 酶制剂

CHAPTER

*11*

## 内容提要

　　本章主要介绍有关酶制剂及其应用方面的基本知识；了解食品加工中主要使用的酶制剂种类以及功能和目的；掌握酶制剂使用的基本要求；了解典型酶制剂的使用条件和要求。

## 教学目标

　　了解食品加工中主要使用的酶制剂种类以及功能、学习和掌握酶制剂的基本使用要求与操作要点。

## 名词及概念

　　酶、酶制剂及种类、酶活力。

# 第一节　概述

## 一、酶制剂特点

### 1. 定义

　　酶是一类具有专一性生物催化能力的蛋白质，也可以说是一种生物催化剂。一切生物的全部新陈代谢都是在各种酶的作用下进行的。酶不改变反应的平衡，它只是通过降低活化能加快化学反应的速度。

酶制剂是由动物或植物的可食或非可食部分直接提取，或由传统或通过基因修饰的微生物（包括但不限于细菌、放线菌、真菌菌种）发酵、提取制得，用于食品加工，具有特殊催化功能的生物制品。

酶制剂具有酶的优良性能且使用方便，比单纯的酶更容易获得和用于实际生产中，如酶制剂在食品加工中回收副产品，制造新的食品，提高提取的速度和产量，改进风味和食品质量等方面的应用。按生物化学的标准来衡量，食品加工中所用的酶制剂是一种粗制品，大多数酶制剂含有一种主要酶和几种其他的酶。如木瓜蛋白酶制剂，除含有木瓜蛋白酶外，还有木瓜凝乳蛋白酶、溶菌酶及纤维素酶等。

2. 特点

食品酶制剂的主要作用就是催化食品加工过程中的各种化学反应。但酶作为催化剂与一般化学类型的催化剂相比，有以下三个突出的特点：

①条件温和：酶的催化反应一般都在温和的 pH、温度条件下进行，不需要高温、高压、强酸、强碱、高速搅拌等剧烈条件，对生产容器和设备材料的要求也比较低。

②反应专一：酶的催化作用具有高度的专一性和选择性。一种酶只能作用于一种反应物，或一类化合物，或一定的化学键，或一种异构体，催化一定的化学反应并生成一定的产物，所以其反应选择性好，副产物少，便于产物提纯和工艺简化。

③高效性能：酶的催化效率高，一般而言，酶促反应速度比一般的化学催化剂的催化反应高出 $10^7 \sim 10^{13}$ 倍。例如：过氧化氢酶和无机铁离子都催化过氧化氢的分解反应。1 mol 过氧化氢酶 1min 可催化 $5 \times 10^6$ mol $H_2O_2$ 分解。而 1 mol 化学催化剂 $Fe^{2+}$，只能催化 $6 \times 10^{-4}$ mol $H_2O_2$ 分解。二者相比，过氧化氢酶的催化效率大约是 $Fe^{2+}$ 的 $10^{10}$ 倍。此外，1g $\alpha$-淀粉酶结晶品可在 65℃、15min 内，使 2t 淀粉转化成糊精。

## 二、 酶制剂类别

由于酶的来源广泛，各种酶制剂的性质和用途也极不相同。对酶及相应酶制剂的类别划分，基本按照其来源和催化反应两大特征进行归类。

1. 根据来源分类

①动物组织：如来自牛胃中的凝乳酶和胃蛋白酶。

②植物原料：如从木瓜中分离出的木瓜蛋白酶；从菠萝果中分离出的菠萝蛋白酶。

③微生物材料：通过一些菌株或微生物的代谢产物分离制备的细菌蛋白酶、溶菌酶、果胶酶等制品。

2. 按催化反应类型分类

（1）氧化还原酶（Oxidoreductases）  主要作用是催化氧化或还原反应，如葡萄糖氧化酶对葡萄糖的催化。催化反应模式分为

①氧化反应：$AH_2 + B \longrightarrow A + BH_2$ 脱氢酶 （Dehydrogenase）

②还原反应：$AH_2 + B \longrightarrow A + BH_2$ 氧化酶（Oxidase）

（2）转移酶（Transferases）　主要作用是催化基团转移反应。反应模式：

$$A\text{—}R + B \longrightarrow A + B\text{—}R$$

（3）水解酶（Hydrolases）　主要作用是催化水解反应，如淀粉酶对淀粉的液化与水解；蛋白酶对蛋白质的降解等催化反应。反应模式：

$$A\text{—}B + H_2O \longrightarrow AOH + BH$$

（4）裂解酶（Lyases）　主要作用是催化底物分子的裂解反应或使分子中移去一个原子或基团，形成双键或新物质的反应。反应模式：

$$A\text{—}B \longrightarrow A + B$$

（5）异构酶（Isomerases）　主要作用是催化各种同分异构体之间的相互转化。反应模式：

$$F \longrightarrow \Phi$$

（6）合成酶（Synthetase）　主要作用是催化合成反应，加快形成新物质。反应模式：

$$A + B \longrightarrow A\text{—}B$$

## 三、　酶制剂在食品工业中的应用

在食品工业中利用酶制剂加工原料和生产食品的历史悠久。在现代工业化生产中，酶制剂的应用更加日益广泛，其经济效益也十分显著。其优势如下。

1. 改进食品加工方法

例如，甜酱和酱油以往一直沿用曲霉酿造法，如今酶法制甜酱和酱油可以大大缩短发酵时间，简化工艺。过去用化学方法生产葡萄糖，如今也采用了酶法生产技术，这不仅提高了葡萄糖的产率，而且极大地降低了能量消耗和原料损失。

2. 创立食品加工的新技术

例如，固定化酶技术以及应用这种技术可连续生产果葡糖浆、低乳糖甜味牛乳、L - 氨基酸等产品。

3. 改善食品加工条件

酶法加工的生产条件相对比较温和，这样有利于保留产品的风味和营养价值，在果蔬加工方面尤其突出。

4. 提高食品的质量

许多酶制剂可作为食品原料的品质改良剂，直接在食品中添加使用。如利用某些酶的特殊分解作用，可消除有些原料中自身所带的异味或弥补传统加工产品的缺欠，使最终产品质量得到提高和改善。

5. 酶法有助于降低食品加工成本

许多酶的使用不仅避免了高温能耗问题，而且由于副产物减少使得生产工艺和操作条件得到简化和改善，从能源、原料以及设备等方面降低了成本和投入。

各种酶制剂在食品加工中的应用见表 11 - 1。

表 11 –1                   酶制剂在食品加工中的应用

| 名称 | 主要作用 | 用量 |
|---|---|---|
| **焙烤食品** | | |
| 淀粉酶 | 促进发酵，使面包扩大体积 | 0.002% ~ 0.006% |
| 蛋白酶 | 饼干中面筋的改性，降低面团的打粉时间 | 不超过面粉量的 0.25% |
| 戊聚糖酶 | 保证面团的搓揉和面包质量 | |
| **淀粉液化** | | |
| 淀粉酶 | 降低麦芽糖 | 0.05% ~ 0.1% 干物质计 |
| 淀粉葡糖苷酶 | 生产葡萄糖 | 0.06% ~ 0.13% 干物质计 |
| 葡萄糖转化为果糖 | 果葡糖浆生产 | 0.015% ~ 0.03% 干物质计 |
| 葡萄糖异构酶（固定化） | 果葡糖浆生产 | 0.16% |
| **（啤酒）酿造** | | |
| 淀粉酶 | 降低醪液黏度 | 0.025% |
| 糖化酶 | 发酵液中的淀粉糖化 | 0.003% |
| 丹宁酶 | 消除多酚类物质 | 0.03% |
| 葡聚糖酶 | 帮助过滤或澄清；提供发酵中的补充糖 | 约 0.1%（以干物质计） |
| 纤维素酶 | 水解细胞壁物质以助滤 | 约 0.1%（以干物质计） |
| 蛋白酶 | 提供酵母生产氮源 | 约 0.3%（以干物质计） |
| 双乙酰还原酶 | 除去啤酒中双乙酰 | |
| **葡萄酒** | | |
| 果胶酶 | 净化、缩短过滤时间和提高效率 | 0.01% ~ 0.02% |
| 花青素酶 | 脱色 | 0.1% ~ 0.3% |
| 葡萄糖淀粉酶 | 清除混浊，改善过滤 | 0.02g/L |
| 葡萄糖氧化酶 | 除氧 | 10 ~ 70Gou*/L |
| **咖啡** | | |
| 纤维素酶 | 干燥时裂解纤维素 | 20 ~ 50mg/kg |
| 果胶酶 | 除去发酵时表面角质层 | |
| **茶叶** | | |
| 纤维素酶 | 发酵时裂解纤维素 | 与葡萄糖氧化酶合用，20 ~ 90Gou*/L |
| **软饮料** | | |
| 过氧化氢酶 | 稳定柑橘萜烯类物质 | 11 ~ 20mg/kg |
| 葡萄糖氧化酶 | 稳定柑橘萜烯类物质 | |
| **可可** | | |
| 果胶酶 | 可可豆发酵时渣的水解 | |

续表

| 名称 | 主要作用 | 用量 |
|---|---|---|
| **牛乳** | | |
| 过氧化氢酶 | 除去 $H_2O_2$ | 0.01% ~ 0.15% |
| $\beta$-半乳糖苷酶 | 预防颗粒结构；冷冻时稳定蛋白质；提高炼乳稳定性 | 约1%（以干物质计） |
| **干酪** | | |
| 蛋白酶 | 干酪素的凝结 | 0.0005% ~ 0.002% |
| 脂肪酶 | 增香 | 0.003% ~ 0.03% |
| **果汁** | | |
| 淀粉酶 | 消除淀粉，保证外观和萃取 | 0.01% ~ 0.02% |
| 纤维素酶 | 保证萃取 | 20 ~ 200Gou*/L |
| 果胶酶 | 保证萃取，有助于净化 | |
| 葡萄糖氧化酶 | 除氧 | |
| 柚苷酶 | 柑橘汁的脱苦 | |
| **蔬菜** | | |
| 淀粉酶 | 制备果泥和软化 | 0.02% ~ 0.03% |
| 果胶酶 | 水解物的制备 | |
| **肉和鱼** | | |
| 蛋白酶 | 肉的嫩化、鱼肉水解物的生产、增浓鱼汤 | 视酶的种类而定，为蛋白质量的 0.2% ~ 2% |
| **蛋与蛋制品** | | |
| 脂肪酶 | 从组织中除去油脂 | 150 ~ 225Gou*/L（蛋白） |
| 葡萄糖氧化酶 | 除去干蛋白中的葡萄糖 | 300 ~ 370Gou*/L（全蛋） |
| **植物油萃取** | | |
| 果胶酶 | 保证乳化和发泡性，保证干燥性，降解果胶物质以释放油脂 | 0.5% ~ 3%（以干物质计） |
| 纤维素酶 | 水解细胞壁物质 | 0.5% ~ 2%（以干物质计） |
| **油脂水解** | | |
| 脂肪酶 | 制备游离脂肪酸 | 约2%（以干物质计） |
| 酯化：酯酶 | 从有机酸或萜类酯化以增香 | 约2%（以干物质计） |
| 酯交换：酯酶 | 从低价值的原料中制造三酰甘油酯 | 1% ~ 5% |

注：* Gou – 葡萄糖氧化酶单位。

## 第二节　酶活力及影响因素

### 一、　酶活力

1. 酶活力（Enzyme Activity）

酶活力又称酶活性，是指酶催化一定化学反应的能力，是研究酶的特性、生产和应用酶制剂时必不可少的一项指标。酶活力的大小，可以用酶在一定条件下，催化某一化学反应速度，即单位时间内底物的减少量或产物的增加量来表示。催化反应速度越快，酶的活力越高。

2. 酶活力单位（Active Unit）

酶活力单位是用来表示酶活力大小的单位，通常用酶量来表示。1961 年，国际生物化学联合会酶学委员会曾提出：1 个酶活力单位是指在特定条件（25℃，其他为最适条件）下，在 1min 内能转化 1mmol 底物的酶量，或是转化底物中 1mmol 的有关基团的酶量。

酶活力国际单位是在特定条件下，1min 内转化 1mmol 底物或底物中 1mmol 有关基团所需的酶量，称为一个国际单位（IU，又称 U）。

1972 年国际生物化学联合会酶学委员会又推出一个新的酶活力单位，即 Kat，1Kat 定义为：在最适条件下，1s 能使 1mol 底物转化的酶量。Kat 和 U 的换算关系：$1 \text{ Kat} = 6 \times 10^7 \text{U}$。

酶的比活力（Specific Activity）是指每毫克质量的蛋白质中所含的某种酶的催化活力，是用来度量酶纯度的指标。

3. 酶活力的测定方法

酶活力单位的表示往往依赖于对其活力的测定方法。由于酶或酶制剂的活力测定方法是根据具体酶产品或实际使用的特定条件而有所不同。一般酶活力的测定方法有终止反应法、动力学测定法、紫外可见分光光度法、荧光分光光度法、酶偶联法以及电化学法。

### 二、　影响酶活力的因素

酶活力对酶制剂的使用效果至关重要。对酶活力的影响不仅源于酶制剂自身因素，因选择使用和操作条件不同而造成对酶活性的影响差距更突出。一般影响酶制剂活性的因素和使用条件主要包括以下几方面。

1. 催化温度（$T$）

在一定范围内（$0 \sim 40℃$），酶促反应速率（$v$）随温度升高而加快。但由于酶具有蛋白质特性，当温度升高到一定范围后，酶可发生变性而降低催化活性。因此高温下会使酶活力下降或丧失（除液化淀粉酶使用温度在 100℃ 例外）。酶促反应速度达到最大时的温度称为酶制剂的最适温度。温度对酶促反应速率的影响最为突出，最适温度范围通常较窄，如图 11 – 1（1）所示。

2. 酸碱度

酶同蛋白质一样受溶液酸碱度的影响而改变其活性。酶促反应速率（$v$）达最大时的溶液

pH，称为酶的最适 pH。高于或低于最适 pH，酶活力都下降，甚至变性失活。酸度对酶促反应速率的影响同样比较突出，超过最适酸度范围通常下降加快，如图 11 - 1（2）所示。

3. 催化时间（$\tau$）

一般酶促反应较化学催化所需要的时间相对长些，具体也因不同酶制剂与反应体系而异。为保证得到催化效果，应了解具体酶及催化反应的要求。催化时间对酶活力及酶促反应速率的影响相对较小，一般达到适宜的时间后基本不再发生显著变化，如图 11 - 1（3）所示。

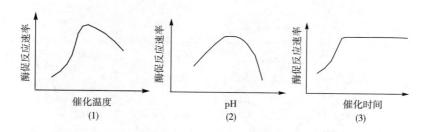

图 11 - 1　催化温度、酸碱度、催化时间对酶促反应速率的影响

4. 底物浓度

底物浓度对反应速度有一定的影响。在底物浓度很低时，反应速度随着底物浓度的增加而增加，两者成正比关系。随着底物浓度的继续升高，反应速度的增加趋势渐缓，再加大底物浓度，反应速度不再增加，逐渐趋于恒定。当底物浓度过高时，会降低底物与酶接触几率，反而会使反应速度降低。

5. 酶浓度

由于酶的催化效率较高，在保证酶活力及剂量前提下，其浓度变化对催化影响并不突出。一般在最适宜的温度、酸度和底物浓度时，低浓度范围内与酶促反应速度成正比。过量添加不仅造成浪费，而且影响后处理。

6. 反应介质

酶的活性和选择性在水相和非水介质中表现出很大的差别。许多酶制剂受一些有机溶剂的影响而降低或失去活性。因此，对有些在有机溶液中的反应，需要饱和一定量的水分以适当保持酶的催化活性。

7. 激活剂与抑制剂的存在

有些能使酶活力升高或激活的物质存在时，有助于提高催化效果。激活剂类物质大多为金属离子，如 $Ca^{2+}$、$Mg^{2+}$、$K^+$、$Mn^{2+}$ 等。有些物质的存在却能降低酶活力，如强酸、强碱、重金属等。因此在使用酶制剂时，需要考虑可能存在的伴随物及对反应的影响，通过因势利导和辅助措施来达到使用目的和效果。

8. 其他酶或微生物的干扰

由于酶促反应一般在非高温条件下进行，伴随酶及微生物均可能造成相互影响。为保证酶催化反应的专一性，在使用过程中必须克服其他酶或微生物的干扰或污染。因此，在酶制剂添加前需要进行必要的灭酶和灭菌处理。

在食品工业中常用的一些生物酶，其来源与催化特点可参考表 11 - 2。

表 11－2　　　　　　　　　　　食品加工用酶的主要性质

| 种类与编号 | 来源 | 最适 pH | 最适温度/℃ | 催化特点 |
|---|---|---|---|---|
| α－淀粉酶 | 谷类 | 5～6 | 50 | Ca²⁺ 能激活，受氧化剂抑制 |
| 3.2.1.1 | 胰脏 | 6.0～7.0 | 40～50 | |
| | 黑曲霉 | 5 | 55 | Ca²⁺ 能提高热稳定性 |
| | 米曲霉 | 4.8～5.8 | 45～55 | |
| | 枯草杆菌 | 5～7 | 60～70 | Ca²⁺ 能提高活力 |
| | 大麦芽 | 4～5.8 | 50～65 | |
| β－淀粉酶 | 谷类 | 5.5 | 55 | 还原剂能提高活性 |
| 3.2.1.2 | 大麦芽 | 5～5.5 | 40～55 | |
| | 大豆 | 4～7 | 55 | |
| | 细菌性 | 5～7 | 60 | 耐酸 |
| 葡萄糖淀粉酶 | 泡盛曲霉 | 4～5 | 60 | |
| 3.2.1.3 | 黑曲霉 | 4～5 | 55～65 | |
| | 米曲霉 | 4～5 | 55～60 | Ca²⁺ 能激活 |
| | 根霉 | 4～5 | 55 | |
| | 枯草杆菌 | 6～7 | 70～80 | Ca²⁺ 激活、螯合剂 |
| | 地衣芽孢杆菌 | 7～8 | 90～95 | 抑制 |
| 支链淀粉酶 | 杆菌 | 4.5 | 60 | |
| 3.2.1.41 | 产气克氏杆菌 | 5 | 50 | |
| 葡萄糖异构酶 | *Ati. missourieisis* | 7.5 | 60 | 均为固定化酶形式，镁、钴 |
| 5.3.1.5 | 凝结芽孢杆菌 | 8 | 60 | 可活化 |
| | 链球菌 | 8 | 63 | |
| | 白链球菌 | 6～7 | 60～75 | |
| 菊糖酶 | 曲霉 | 4.5 | 60 | |
| | 假丝酵母 | 5 | 40 | |
| 蔗糖酶 | 假丝酵母 | 4.5 | 50 | |
| 3.2.1.26 | 酵母属 | 4.5 | 55 | |
| 花青素酶 | 黑曲霉 | 3～9 | 50 | |
| 纤维二糖酶 | 黑曲霉 | 5 | 60 | |
| 3.2.1.21 | | | | |
| 葡聚糖酶 | 青霉 | 5 | 55 | 产生异麦芽糖和异麦芽三糖 |
| 3.2.1.11 | | | | |
| 双乙酰还原酶 | 产气杆菌 | 6～8 | 30 | 乙醇可抑制 |
| α－葡萄糖苷酶 | 黑曲霉 | 4.5 | 65 | |
| 3.2.1.22 | 酵母 | 5 | 50 | |

续表

| 种类与编号 | 来源 | 最适 pH | 最适温度/℃ | 催化特点 |
|---|---|---|---|---|
| β-葡萄糖苷酶<br>3.2.1.23 | 黑曲霉 | 4.5 | 55 | |
| | 米曲霉 | 4.5 | 55 | |
| | 细菌 | 7.3 | 60 | |
| | 酵母 | 6.5 | 40 | |
| β-葡聚糖酶<br>3.2.1.6 | 黑曲霉 | 5 | 60 | |
| | 枯草杆菌 | 7 | 50~60 | |
| | *P. emersonii* | 4 | 70 | |
| β-糖苷酶<br>3.2.1.21 | 黑曲霉 | 5 | 60 | |
| | 米曲霉 | 5 | 65 | |
| | 细菌 | 7 | 70 | |
| | 耐热梭菌 | 9 | 60 | |
| | 酵母 | 7 | 45 | |
| | 甜杏仁 | 7 | 50 | |
| | 木霉 | 5 | 65 | |
| 纤维素酶<br>3.2.1.4 | 黑曲霉 | 5 | 45 | |
| | 担子菌类 | 4 | 50 | |
| | 菌丝青霉 | 5 | 65 | |
| | 根霉 | 4 | 45 | |
| | 木霉 | 5 | 55 | |
| 半纤维素酶<br>3.2.1.78 | 曲霉 | 3~6 | 70 | 混合酶 |
| 胰凝乳蛋白酶<br>3.4.21.1 | 胰腺 | 8~9 | 35 | |
| 胰蛋白酶 | 胰腺 | 8~9 | 45 | |
| 枯草杆菌蛋白酶<br>3.4.21.14 | 淀粉液化杆菌 | 9~11 | 60~70 | 均可受有机磷化物抑制 |
| | 地衣芽孢杆菌 | 9~11 | 60~70 | |
| | 枯草杆菌 | 9~10 | 55 | |
| | 米曲霉 | 8~10 | 60~70 | |
| 木瓜蛋白酶<br>3.4.22.2 | 木瓜 | 5~7 | 65 | 受氧化剂抑制，还原性物质激活 |
| 无花果蛋白酶<br>3.4.22.3 | 无花果 | 5~7 | 65 | |
| 菠萝蛋白酶<br>3.4.22.4 | 菠萝 | 5~8 | 55 | |

续表

| 种类与编号 | 来源 | 最适 pH | 最适温度/℃ | 催化特点 |
|---|---|---|---|---|
| 胃蛋白酶<br>3.4.23.1 | 猪胃 | 1.8 ~2 | 40 ~60 | 受脂肪醇类抑制 |
| 凝乳酶<br>3.4.23.4 | 牛的皱胃 | 4.8 ~6 | 30 ~40 | |
| 过氧化物酶<br>1.11.1.6 | 黑曲霉 | 5 ~8 | 35 | 低酸稳定 |
| | 牛肝 | 7 | 45 | 碱性抑制 |
| 葡萄糖氧化酶<br>1.1.3.4 | 黑曲霉 | 4.5 | 50 | |
| | 曲霉属 | 2.5 ~8 | 45 ~70 | |
| | 点青霉 | 3 ~7 | 50 | |

# 第三节　酶制剂原料及产品要求

　　生产食品用酶制剂的原料基本来源于动物、植物以及微生物。动物一般选择其内脏等体内组织，如取自小牛第四胃的皱胃酶，经由猪或牛胰腺提取的胰蛋白酶等；植物则利用其种子或果实等材料进行分离提取而得，如无花果蛋白酶、菠萝蛋白酶等；微生物的来源主要是利用不同菌株及在其生长和繁殖过程中的代谢产物。由于动、植物原料受宏观物种资源及成本所限，使得在酶制剂的生产和利用方面有所趋缓，而随着发酵工业的发展，酶制剂的主要来源已逐渐为微生物所取代。因此本章仅以微生物原料为例介绍。

## 一、酶制剂原料

　　1. 微生物提取酶的优势

　　利用微生物提取酶具有以下特点。

　　①微生物种类繁多，酶种丰富，已经确认存在于动、植物体内的一切酶类，几乎也都存在于微生物体内；

　　②微生物繁殖迅速，几天内即可收获，产量丰富；

　　③用深层发酵或采用连续培养技术可以进行大规模生产，并可精确控制 pH、盐浓度、营养基、维生素、通气量以及培养时间等因素，使酶的产量与质量得到稳定控制；

　　④培养基简单，价格便宜，酶制剂成本低廉；

　　⑤应用近代微生物生化和遗传学的新成就，如突变菌株的选育、诱导物的利用等手段，均可大幅度提高酶制剂的产量。

　　2. 常用的产酶菌

　　①大肠杆菌：主要用于生产谷氨酸脱羧酶、天冬氨酸酶、$\beta$ - 半乳糖苷酶等，在基因工程中担当重要角色的限制性内切酶，也多由大肠杆菌获得。

　　②枯草杆菌：主要用于生产 $\alpha$ - 淀粉酶、糖化酶、$\beta$ - 葡萄糖氧化酶、碱性磷酸酶等。

　　③啤酒酵母：主要用于生产转化酶、丙酮酸脱羧酶、乙醇脱氢酶等。

④曲霉（黑曲霉和黄曲霉）：主要用于生产糖化酶、蛋白酶、淀粉酶、果胶酶、葡萄糖氧化酶、脂肪酶等。此外还有青霉主要产葡萄糖氧化酶，木霉主要产纤维素酶，根霉主要产淀粉蛋白酶、纤维素酶等。

## 二、　酶制剂成品

1. 酶制剂要求

酶制剂是一种复合产品，含一种或多种成分以及稀释剂、稳定剂和其他物质。不同来源的酶制剂，其组成可以选用原材料的整细胞、部分细胞或细胞提取液。制剂形式为固体、半固体或液体，颜色从无色至褐色。一般来说，对酶制剂的贮存要求，宜根据具体酶的性质而定。由于酶的稳定性相对较差，易受各种因素的影响而失去活力。要使酶长期贮存而不失去活力的基本要求是干燥和低温。酶制剂水分越高，越易失去活力，一般粉状酶制剂易于贮存和运输。热和日光照射都极易使酶失去活力，因此酶制剂应密闭贮存于低温避光处。酶的底物和某些物质具有保护酶的作用，如淀粉对淀粉酶有保护作用，所以往往将淀粉酶吸附在淀粉上来贮存。有时也可加入对淀粉酶有保护作用的碳酸钠。此外，还应注意贮存容器的材料，因为有些金属离子也能引起酶失去活力。

2. 毒性与安全

来自动植物、微生物的酶制剂一般不存在毒性问题，特别是许多传统用于食品工业（如酒、酱油的生产制造）的生物酶种，如来自酵母、乳杆菌、乳酸链球菌、黑曲霉、米曲霉等属，以及非致病性菌株（如大肠杆菌、枯草杆菌），一般也认为是安全的。为保证安全，FAO/WHO 在制订每种酶制剂的 ADI 值同时，也规定该酶制剂的来源，如只有米曲霉、黑曲霉、根霉、枯草杆菌和地衣芽孢杆菌等可作为食品加工用酶制剂的原料基础。

3. 质量指标

食品工业使用的酶制剂首先必须符合食品卫生要求，再根据生产的原料、工艺过程的各种参数，包括温度、pH、底物浓度及所要得到的产品选择相宜的酶制剂。对各种酶制剂产品其自身性质和使用特点的了解非常重要。在选用酶制剂之前应查阅和掌握相关的技术信息。不仅需要通过产品的说明了解其活力特点，而且还应该借助相关的技术手册与使用标准，了解其对不同生产来源的酶制剂与相应催化特性、可能的干扰因素以及相适宜条件的要求。部分食品工业用酶制剂的主要性质和特点见表 11 - 2。

从表 11 - 2 中可以看出，在食品用酶制剂中占多数的是水解酶类，主要是碳水化合物酶，其次是蛋白酶和脂酶。涉及氧化还原反应的酶以及异构酶制品，相对较少。在最适宜的使用条件中，对体系酸碱度和温度的控制是最重要的两个因素。此外，一般的酶催化反应体系是含水量超过 50% 的水相介质。更稀的溶液有时会使反应缓慢或成本增加。

4. 固化酶技术的应用与发展

在食品加工中所使用的酶制剂，基本为亲水性的，而且只能使用一次，反应结束后不易与产物分离。自 20 世纪 60 年代以来，随着酶制剂技术的发展，逐渐发展了固定化酶、含固定化酶的休止细胞和固定化增殖细胞，这些统称为固定化生物催化剂。所谓固定化，就是把水溶性的酶或含酶的细胞，用物理的、化学的方法加以处理，使之变成不溶于水的酶制剂产品。这种固定化技术的优点是：酶制剂与产物的分离很方便，有利于精制和纯化，可有效地提高产品质量。

　　固定化酶制剂具有一定的机械强度，可以置于专门的反应器里进行不间断地催化生产，如此运行更加便于连续化和自动化的操作和控制。传统酶制剂一般使用一次就丢弃，而经固定化后的酶制剂可以反复多次使用，使用寿命长达数月，甚至1年以上，使原料成本和生产成本降低而实现节约增效。固定化酶制剂的使用稳定性可用半衰期表示，即酶促反应产物生成量降低到起始时的一半所需的时间。

# 第四节　常用酶制剂

## 一、淀粉酶

　　淀粉酶是水解淀粉、糖原和它们的降解中间产物的酶类，广泛存在于动植物组织和微生物中，是工业酶制剂中具有广泛用途的酶制剂之一。各种淀粉酶水解淀粉的方式不同，有的只水解 $\alpha-1,4$ 糖苷键；有的还可水解 $\alpha-1,6$ 糖苷键；有的从分子内部水解糖苷键；有的只从淀粉（或葡聚糖）分子非还原性末端水解糖苷键；有的酶还具有葡萄糖苷转移作用。按酶的水解方式，与工业上应用有关的淀粉酶可分为 $\alpha-$ 淀粉酶、葡萄糖淀粉酶、普鲁兰酶、$\beta-$ 淀粉酶以及环糊精葡萄糖基转移酶等（图 11 -2）。

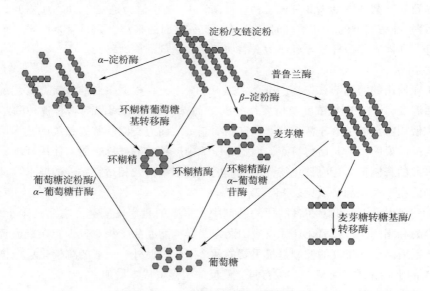

图 11 -2　不同淀粉酶的水解方式

1. $\alpha-$ 淀粉酶

　　$\alpha-$ 淀粉酶（$\alpha-$ Amylase）又称 $\alpha-1,4-D-$ 葡聚糖 $-4-$ 葡聚糖水解酶、液化淀粉酶、退浆淀粉酶、糊精化淀粉酶等。另外，目前常见的 $\alpha-$ 淀粉酶分为耐高温 $\alpha-$ 淀粉酶、中温 $\alpha-$ 淀粉酶及真菌淀粉酶。

　　（1）作用方式　$\alpha-$ 淀粉酶以随机的方式作用于淀粉中的 $\alpha-1,4$ 糖苷键，产生糊精、低聚糖和单糖等长短不一的水解产物。当底物不同时，水解结果也不相同。例如，底物为直链淀粉时，最终产物是葡萄糖和麦芽糖。底物为支链淀粉时，最终产物除葡萄糖和麦芽糖外，还有一系列极限糊精，含有该酶无法作用的 $\alpha-1,6$ 糖苷键的异麦芽糖。

（2）性状 浅棕色无定形粉末，或为浅棕黄色至深棕色液体，也可分散于食用级稀释剂中，可包含稳定剂和防腐剂。溶于水，几乎不溶于乙醇、氯仿和乙醚。可使多聚糖中的 $1,4-\alpha-$ 配糖键水解而成为糊精、低聚糖和单糖。$\alpha-$ 淀粉酶的相对分子质量 50000 左右。每个分子中含有一个 $Ca^{2+}$。最适 pH 4.5~7.0，最适温度 50℃，耐热者可耐 85~94℃。$Ca^{2+}$ 对酶有激活作用，对氧化剂有抑制作用。为便于保藏，常加入适量碳酸钙之类的拮抗剂。

（3）制法 可由以下微生物受控发酵后从培养基中分离而得。

①巨大芽孢杆菌（Bacillus megaterium de Bary）；

②米曲霉变种（Aspergiillus oryzar var.）；

③嗜热脂肪芽孢杆菌（Bacillus stearothermophilus）；

④枯草芽孢杆菌（Bacillus subtilis）。

（4）毒理学参数 由巨大芽孢杆菌、嗜热脂肪芽孢杆菌和枯草芽孢杆菌制成者，ADI 不作特殊规定，由米曲霉制得者 ADI 为允许使用。

（5）应用 主要用于水解淀粉制造饴糖、葡萄糖和糖浆等，以及生产糊精、啤酒、黄酒、酒精、酱油、醋、果汁和味精等。

2. 葡萄糖淀粉酶

葡萄糖淀粉酶（Glucoamylase）又称 1,4-葡聚糖葡萄糖水解酶、糖化淀粉酶、淀粉葡萄糖苷酶、葡萄糖淀粉酶和糖化型淀粉酶。

（1）作用方式 葡萄糖淀粉酶是一种外切酶，作用于淀粉或糖原时，从糖链的非还原端开始，以葡萄糖为单位，逐一切断 $\alpha-1,4$ 糖苷键，并使葡萄糖的 $C_1$ 发生构型转换，从 $\alpha$ 型转变成 $\beta$ 型。葡萄糖淀粉酶的特异性较低，除了能作用于 $\alpha-1,4$ 糖苷键外，它还能作用于 $\alpha-1,3$ 糖苷键和 $\alpha-1,6$ 糖苷键，但对 $\alpha-1,4$ 糖苷键的作用比对其他两键的作用要强。虽然葡萄糖淀粉酶能作用于 $\alpha-1,6$ 糖苷键，但却必须要与 $\alpha-$ 淀粉酶共同作用，才能把支链淀粉彻底水解。

（2）性状 糖化酶的特征因菌种而异，大部分制品为液体。由黑曲霉而得的液体制品呈黑褐色，含有若干蛋白酶、淀粉酶或纤维素酶，在室温下最少可稳定 4 个月，最适 pH 4.0~4.5，最适温度为 60℃。由根霉而得的液体制品需要冷藏，粉末制品在室温下可稳定 1 年，最适 pH 4.5~5.0，最适温度为 55℃。糖化酶用于淀粉时，能从淀粉分子的非还原性末端逐一地将葡萄糖分子切下，并将葡萄糖分子的构型由 $\alpha-$ 型转变为 $\beta-$ 型。它既可分解 $\alpha-1,4$ 糖苷键，也可分解 $\alpha-1,6$ 糖苷键。

因此，糖化酶用于直链淀粉和支链淀粉时，能将它们全部分解为葡萄糖。糖化酶既可催化淀粉和低聚糖水解，也可加速逆反应，即葡萄糖分子的缩合作用。逆反应的产物主要是麦芽糖和异麦芽糖。

（3）制法 生产酶制剂的菌种有黑曲霉（Aspergillus niger）、根霉（Rhizopus）、红曲霉（Monaseus）、拟内孢霉（Endomycopsis）等。用黑曲霉制造时用深层培养，培养时间需要 4~7d，然后分离菌丝进行精制。以根霉培养液作为酶使用时，则进行表面培养。

（4）毒理学参数 ADI 不需要特殊规定。

（5）应用　由双酶法制造葡萄糖与味精，还可用于酒精和酒类生产。

3. $\beta$-淀粉酶

$\beta$-淀粉酶（$\beta$-amylase）又称糖化淀粉酶或$\beta$-1，4-葡聚糖麦芽糖水解酶。

（1）作用方式　$\beta$-淀粉酶作用于淀粉时，是从糖链的非还原端开始，以一个个麦芽糖为单位，切断$\alpha$-1，4糖苷键，并且使麦芽糖$C_1$的构型从$\alpha$型转化为$\beta$型，也即得到的是$\beta$-麦芽糖。但是，有别于其他糖化酶的是，$\beta$-淀粉酶不能绕过$\alpha$-1，6糖苷键继续作用，所以，当它作用于支链淀粉时，一般约有50%能转化为$\beta$-麦芽糖，而其余部分则是$\beta$-极限糊精。

（2）性状　$\beta$-淀粉酶广泛存在于谷物（麦芽、小麦、裸麦）、山芋和大豆等植物及各种微生物中。$\beta$-淀粉酶的最适pH 5.0~6.0，在pH 5~8稳定，最适反应温度50~60℃；细菌$\beta$-淀粉酶的最适pH 6~7，最适反应温度约为50℃。$\beta$-淀粉酶的活性中心都含有巯基（—SH），重金属、巯基试剂能使之失活，半胱氨酸可使之复活。相对分子质量略高于$\alpha$-淀粉酶。

（3）制法　生产$\beta$-淀粉酶的微生物有芽孢杆菌、假单胞杆菌和放线菌的某些种。但由于$\beta$-淀粉酶的最适pH较高（pH 7.0左右），热稳定性差，工业上仍使用来自植物的淀粉酶。

（4）毒理学参数　ADI值无限制性规定。

（5）应用　主要用于啤酒酿造、饴糖（麦芽糖浆）制造。

4. 普鲁兰酶

普鲁兰酶（Pullulanase）又称支链淀粉酶、聚麦芽三糖酶、茁霉多糖酶、R-酶、普鲁兰6-葡聚糖水解酶等。它的主要作用酶是$\alpha$-糊精-6-葡聚糖水解酶，次要作用酶包括$\alpha$-淀粉酶、细菌性丝胶蛋白酶、细菌性天冬氨酸蛋白酶。

（1）作用方式　直链脱支酶，不仅能水解支链结构中的$\alpha$-1，6糖苷键，而且能水解直链结构中的$\alpha$-1，6糖苷键，因此它能水解含$\alpha$-1，6糖苷键的葡萄糖聚合物。

（2）性状　相对分子质量在51000~156000。棕黄色细粉或近白色液体。溶于水，几乎不溶于乙醇、氯仿和乙醚。可水解出芽短梗孢糖中的1，6-$\alpha$-葡糖苷键，而$\alpha$-淀粉酶和$\beta$-淀粉酶则能使糊精中的支链淀粉和糖原水解成麦芽三糖和麦芽糖，最适pH 5.5~6，最适反应温度50℃。

（3）制法　可用酵母、蚕豆、马铃薯等制取，也可由产气克雷伯氏菌（*Klebsiella aerogenes*）和嗜酸普鲁兰芽孢杆菌（*Bacillus acidopullulyticus*）在受控发酵条件下制成。

（4）应用　糖、蜂蜜、谷物、淀粉和饮料加工中除杂水解等用途。

## 二、糖酶

1. 纤维素酶（Cellulase）

纤维素酶系一般包括三种水解酶，即$\beta$-1，4-内切葡聚糖酶（Cx）、$\beta$-1，4-外切葡聚糖酶（C1）、$\beta$-葡萄糖苷酶（$\beta$G）。$\beta$-1，4-内切葡聚糖酶主要作用于无定形纤维素，水解产生纤维糊精、纤维寡糖；C1主要作用于结晶纤维素，产生纤维二糖；$\beta$G作用于纤维二糖，最终使之分解为葡萄糖。纤维素就是在这三种酶的共同作用下被水解的。

（1）作用方式　主要作用纤维素多糖中$\beta$-1，4葡聚糖水解为$\beta$-糊精。

（2）性状　灰白色无定型粉末或液体。作用的最适pH 4.5~5.5。对热较稳定，即使在100℃下保持10min仍可保持原活性的20%。一般最适作用温度为50~60℃。溶于水，几乎不溶于乙醇、氯仿和乙醚。天然品存在于许多霉菌、细菌等中，在银鱼、蜗牛、白蚁等中也有发现。

（3）制法 一般用黑曲霉（*Aspergillus niger*）或李氏木霉（*Trichoderma reesei*；*T. longibra-chiatum*）进行培养，然后将发酵液用盐析法使之沉淀并精制而成。由此所制得的商品中除纤维素酶外，尚含有半纤维素酶、果胶酶、蛋白酶、脂肪酶、木聚糖酶、纤维二糖酶和淀粉葡萄糖苷酶。

（4）毒理学参数 由黑曲霉及李氏木霉提取者及由青霉（*Penicillium funicolosum*）制得者，ADI 值均未作规定。

（5）应用 主要用于谷类、豆类等植物性食品的软化、脱皮或降低咖啡抽提物的黏度；酿造原料的预处理；脱脂大豆粉和分离大豆蛋白制造中的抽提；淀粉、琼脂和海藻类食品的制造；消除果汁、葡萄酒、啤酒等中由纤维素类所引起的混浊；绿茶、红茶等的速溶化等。

2. 果胶酶（Pectinase）

商品果胶酶主要含三种酶：果胶甲酯酶（Pectinpectylhydrolase，EC 3.1.1.11）、聚半乳糖醛酸酶（Polygalacturonase；EC 3.2.1.15）及果胶裂解酶（Pectinlyase；EC 4.2.2.10）。

（1）作用方式 果胶甲酯酶主要作用为催化甲酯果胶以脱去甲酯基，产生聚半乳糖醛酸苷键和甲醇。聚半乳糖醛酸酶是使果胶中以 $\alpha-1,4-$ 键结合的半乳糖醛基水解成为还原糖。果胶裂解酶可使果胶断裂而得寡糖。

（2）性状 一般为灰白色粉末，或棕黄色液体。作用温度 40～50℃，最适 pH 3.5～4.0。铁、铜、锌离子有明显抑制作用。溶于水。天然品在植物（如柑橘类、苹果、番茄等）和微生物中广泛存在。

（3）制法 一般用霉菌，如镰刀霉菌属（*Fusarium*）、宇佐美曲霉（*Asp. usamii*）或黑曲霉（*Asp. niger*），在含有豆粕、苹果渣、蔗糖等的固体培养基中培养，然后用水抽提，用有机溶剂使之沉淀，再分离、干燥、粉碎而成。作为商品，可加入硅藻土、葡萄糖等填充料以进行稀释并抗结，也可加入稳定剂和防腐剂。

（4）毒理学参数 ADI 值不作限制性规定。

（5）应用 主要用于果汁澄清、提高果汁过滤速度、提高果汁得率、降低果汁黏度、防止果泥和浓缩果汁的凝胶化、加强葡萄汁的颜色以及果蔬下脚料的综合利用等方面。参考用量 200mg/kg。如葡萄汁用 0.2% 果胶酶在 40～42℃下静置 3h，即可完全澄清。葡萄汁用 0.05% 果胶酶在 30～35℃下处理，可提高得率 15%，提高过滤速度 1 倍。

3. 溶菌酶（Lysozyme）

又称胞壁质酶（Muramidase）或 N-乙酰胞壁质聚糖水解酶（N-acetyl muramide glycano-hydrlase），是一种能水解致病菌中黏多糖的碱性酶。主要通过破坏细胞壁中 N-乙酰胞壁酸和 N-乙酰氨基葡糖之间的 $\beta-1,4$ 糖苷键，使细胞壁不溶性黏多糖分解成可溶性糖肽，导致细胞壁破裂，内容物逸出而使细菌溶解。溶菌酶还可与带负电荷的病毒蛋白直接结合，与 DNA、RNA、脱辅基蛋白形成复盐，使病毒失活。因此，该酶具有抗菌、消炎、抗病毒等作用。

（1）作用方式 溶解细菌的细胞膜，使细胞膜的糖蛋白类多糖发生加水分解作用。

（2）性状 白色粉状结晶，无臭，微甜。含有 129 个氨基酸的多肽，相对分子质量约 14000，等电点 10.7。溶于食盐水，遇丙酮、乙醇产生沉淀。在酸性溶液中较稳定。加热至 55℃活性不受影响。水溶液在 62.5℃下维持 30min 则完全失活；在 15% 乙醇液中，在 62.5℃下可维持 30min 而不失活；在 20.5% 的乙醇液中，在 62.5℃下维持 20min 不失活。天然品存在于鸡蛋蛋白中。

（3）制法　可由鸡蛋蛋白中提取。将卵白液调节 pH，用离子交换树脂吸附后抽提而得。一般商品再经盐酸化处理，以供食品使用。

（4）毒理学参数　大鼠经口 $LD_{50}$ 20g/kg 体重。

（5）应用　加入溶菌酶可使牛乳更适合于婴儿食用。此外，对牛乳兼有杀菌和增强双歧杆菌生长能力的作用。在 1t 牛乳中加入 0.05 ~ 0.1mg 溶菌酶，37℃ 保温 3h，可使牛乳中的双歧杆菌含量与人乳几乎无区别，从而保证婴儿肠内双歧杆菌的良好繁殖。用于鱼子酱等，有防腐作用。在半硬干酪中加入 0.001%，可防止香味物质丁酸的损失并阻止延时产气。

4. 葡聚糖酶（Dextranase，$\beta$ – Glucanase）

（1）作用方式　使 $\beta$ – D – 葡聚糖中的 1，3 – $\beta$ – 糖苷键和 1，4 – $\beta$ – 糖苷键水解为寡糖和葡萄糖。

（2）性状　可使高分子的黏性葡聚糖分解成低黏度的异麦芽糖和异麦芽三糖。作用的适宜 pH：由细菌产生者为 6.0 ~ 6.5；由霉菌生产者为 4.0 ~ 4.5。一般在 pH 6 ~ 9 时稳定，如在 pH 8.0 及 35℃ 下保持 3h，活性基本不变，至 45℃ 时约降低活性 20%，50℃ 时降低 70%。当水溶液中有钙离子存在时极为稳定，且耐热性亦有所增加，甘油有助于防止活性下降，且以含 40% ~ 60% 时最有效。表面活性剂可使活性下降。

商品为灰白色无定型粉末或液体，可加有载体和稀释剂。溶于水，基本不溶于乙醇、氯仿和乙醚。

（3）制法　可由青霉、曲霉、轮霉、黑曲霉、双歧乳杆菌等制得。如由青霉菌（*Penicillium funicolosum*）制造时，先用明串珠菌（*Leuconostoc mesenteroides*）在含有蔗糖的培养基上培养以产生葡聚糖，再用此葡聚糖培养青霉菌（*P. funicolosum*），培养基的 pH 5.5 ~ 7.0，在 30℃ 下培养 4 ~ 5d，滤出菌体，使溶于 pH 5.3 的醋酸缓冲液中而成。

（4）毒理学参数　ADI 值 0 ~ 0.5mg/kg（由木霉制得）；0 ~ 1mg/kg（由黑曲霉制得）。

（5）应用　主要用于制糖工业中降低由变质甘蔗导致葡聚糖含量提高的甘蔗汁的黏度，以提高蔗汁的加热速度、缩短澄清和结晶时间。用量为每升蔗汁加入 30IU 葡聚糖酶，在 40℃ 下保持 20min，可使 68% 的葡聚糖分解。

# 三、　蛋白酶

蛋白酶是水解肽键的一类酶。蛋白质在蛋白酶作用下依次被水解成际、胨、多肽、二肽，最后成为蛋白质的组成单位——氨基酸，有些蛋白酶还可水解多肽及氨基酸的酯键或酰胺键。具体水解过程如下：

$$蛋白质 \rightarrow 际 \rightarrow 胨 \rightarrow 多肽 \rightarrow 二肽 \rightarrow \alpha – 氨基酸$$

在有机溶剂中，有些蛋白酶具有合成肽类和转移肽类的作用。蛋白酶按其作用方式可分为内肽酶和外肽酶两大类：内肽酶可从蛋白质或多肽的内部切开肽键生成相对分子质量较小的胨和多肽，是真正的蛋白酶；而外肽酶则只能从蛋白质或多肽分子的氨基或羧基末端水解肽键而游离出氨基酸，前者称氨肽酶，后者称羧肽酶。由于蛋白酶的专一性非常复杂，很难根据它们的专一性进行分类，实际上常按酶的来源分类。微生物蛋白酶则常根据其作用最适 pH 分类而分为碱性蛋白酶、中性蛋白酶、酸性蛋白酶等。但这样笼统的分类不能反映出蛋白酶的特征与本质，因而学术上蛋白酶的分类都采用国际生化学联合会命名委员会的建议，根据活性中心来分类。根据酶对专一性抑制剂的反应而将蛋白酶分为 4 类。

1. 丝氨酸蛋白酶

活性中心在丝氨酸，可被有机磷二异丙基磷酰氟抑制而不可逆地失活，这类酶全是内肽酶，最适反应 pH 8 ~ 10。属此类的酶包括胰蛋白酶、糜蛋白酶、弹性蛋白酶、枯草杆菌（地衣芽孢杆菌）碱性蛋白酶等。

2. 巯基蛋白酶

活性中心含巯基（—SH），可为还原剂如半胱氨酸等所活化，巯基易同金属离子结合而引起酶不同程度的失活，巯基也易受到氧化剂、烷化剂的作用而失活。酶的最适 pH 在中性附近。植物蛋白酶如木瓜、无花果、菠萝、剑麻蛋白酶；微生物中的酵母、链球菌、梭状芽孢杆菌、金黄色葡萄球菌中性蛋白酶都属此类。

3. 金属蛋白酶

金属蛋白酶以其活性中心含 $Ca^{2+}$、$Zn^{2+}$ 等金属离子而得名。活性中心的金属离子可用金属螯合剂乙二胺四乙酸或邻菲洛啉来引起酶的可逆性失活，向失活的酶重新加入有效金属离子，酶活性仍得以恢复。通常氰化物、汞、铅、铜等重金属对酶有抑制作用。属于这类的蛋白酶有微生物中性蛋白酶、胰羧肽酶 A、某些氨肽酶等。

4. 羧基蛋白酶

许多最适 pH 2 ~ 4 的酸性蛋白酶属此类。其活性中心含天冬氨酸等酸性氨基酸残基。活性中心的氨基酸可受到重氮试剂二重氮 – DL – 乙酸正亮氨酸甲酯、对溴苯甲基溴的化学修饰而发生不可逆失活。胃蛋白酶以及黑曲霉、青霉、根霉的酸性蛋白酶皆属此类。

蛋白酶是食品工业中最重要的一类酶，广泛用于干酪生产、肉类嫩化、植物蛋白质改性等。

（1）菠萝蛋白酶（Bromelein）

①作用方式：主要作用原理是使多肽类水解为低相对分子质量的肽类，并有水解酰胺基键和酯类的作用。

②性状：白色至浅棕黄色无定形粉末。溶于水，水溶液无色至淡黄色，有时有乳白光，不溶于乙醇、氯仿和乙醚。属糖蛋白。相对分子质量约33000，等电点的 pH 9.35，最适 pH 6 ~ 8，最适温度55℃。

③制法：由菠萝果实及茎（主要利用其外皮）经压榨提取、盐析（或丙酮、乙醇沉淀）再分离、干燥而得。

④毒理学参数：ADI 不作限制性规定。

⑤应用：主要用于啤酒抗寒（水解啤酒中的蛋白质，避免冷藏后引起的混浊）；肉类软化（水解肌肉蛋白和胶原蛋白，使肉类嫩化）；谷类预煮准备；水解蛋白质的生产中，以及面包、家禽、葡萄酒等中。

（2）胃蛋白酶（Pepsin）

①作用方式：主要作用是使多肽类水解为低分子的肽类。

②性状：白色至淡棕黄色水溶性粉末，无臭，或为琥珀色糊状，或为澄清的琥珀色至棕色液体。在酸性介质中有极高的活性，即使在 pH 1 时仍有活性，最适 pH 1.8，酶溶液在 pH 5.0 ~ 5.5 时最稳定。pH 2 时可发生自己消化。由猪胃所得的胃蛋白酶，其相对分子质量约33000，是由 321 个氨基酸组成的一条多肽链。

③制法：由猪胃的腺体层（黏膜）或禽鸟类嗉囊用稀盐酸提取而得。

④毒理学参数：ADI 不作限制性规定。

⑤应用：主要用于鱼粉制造和其他蛋白质（如大豆蛋白）的水解，干酪制造中的凝乳作用（与凝乳酶合用），也可用于防止啤酒的冷冻混浊。

（3）微生物蛋白酶（Protease）

①作用方式：使蛋白质水解为低分子蛋白胨、际、多肽及氨基酸。

②性状：近乎白色至浅棕黄色无定型粉末或液体。溶于水，水溶液一般呈淡黄色。几乎不溶于乙醇、氯仿和乙醚。天然品存在于动物、植物及微生物等中，工业品以霉菌产生者为主。由米曲霉制得者在 pH 6.0 时的最适温度为 45 ~ 50℃。由黑曲霉和蜡状芽孢杆菌制得者又称酸性蛋白酶，最适 pH 2.5，最适温度 45℃。浓度为 $2 \times 10^{-3}$ mol/L 的铜离子或锰离子有强烈激活作用，银离子和汞离子有抑制作用。

③制法：由黑曲霉变种、米曲霉变种或弗雷德氏链霉菌在受控条件下于液体或固体培养基中培养繁殖后，用硫酸铵进行盐析，用乙醇或丙酮使之沉淀后精制而得。

④应用：黑曲霉主要用于水解蛋白的生产，如浓缩鱼蛋白、氨基酸调味料之类。米曲霉主要用于啤酒的抗寒（水解啤酒中蛋白质，避免冷藏后发生混浊）、焙烤制品（缩短面团搅拌时间；水解面筋以增加面团柔软性；防止苏打饼干片状面团进入烤炉时的卷曲；改进面包风味）、肉类软化（水解肌肉蛋白和胶原蛋白，使肉类嫩化）等。酸性蛋白酶主要用于凝乳，以制造干酪。最高用量为 500mg/kg。

（4）凝乳酶（Rennin）

①作用方式：主要作用酶为蛋白酶，可使多肽类水解，尤其是胃蛋白酶难以水解者。

②性状：澄清的琥珀至暗棕色液体，或白色至浅棕黄色粉末，略有咸味和吸湿性。一种含硫的特殊蛋白酶。相对分子质量 36000 ~ 310000，等电点 pH 4.5，干燥物活性稳定，但水溶液不稳定。水溶液的 pH 约为 5.8。对牛乳的最适凝固 pH 5.8。最适温度 37 ~ 43℃，在 15℃ 以下、55℃ 以上时呈非活性。商品凝乳酶 1g 加入 10L 牛乳中，在 35℃ 下可在 40min 内凝固。可溶于水，水溶液一般呈浅棕黄至深棕色。几乎不溶于乙醇、氯仿和乙醚。

③制法：以牛、羊胃（皱胃）的水抽提液制取。一般经水洗、干燥、切片后，在 4% 硼酸水溶液中于 30℃ 下浸渍 5d 抽提而得，或用食盐浸出后获得。

④毒理学参数：由牛胃及栗疫菌和毛霉制得者，不作特殊规定。

⑤应用：广泛应用于干酪制造，也用于酶凝干酪素及凝乳布丁的制造。用量视生产需要而定。粉状体一般用量为 0.002% ~ 0.004%，先溶于 20g/L 食盐液中使用。

# 四、 其他酶制剂

1. 葡萄糖氧化酶（Glucose Oxidase）

①作用方式：使 D - 葡萄糖氧化为葡萄糖内酯。

②性状：近乎白色至浅棕黄色粉末，或黄色至棕色液体。溶于水，水溶液一般呈淡黄色。几乎不溶于乙醇、氯仿和乙醚。由黑曲霉制得者，相对分子质量约 192000；由青霉菌制得者为 138000 ~ 154000。适宜 pH 4.5 ~ 7.5。最适温度 30 ~ 60℃。

③制法：美国用黑曲霉变种，日本多用青霉菌，苏联则用青霉菌。也可用金黄色青霉菌、点青霉在受控条件下进行深层发酵，用乙醇、丙酮使之沉淀，经高岭土或氢氧化铝吸附后再用硫酸铵盐析、精制而得。

④毒理学参数：得自黑曲霉者，ADI 值不作特殊规定。

⑤应用：主要用于从鸡蛋液中除去葡萄糖，以防蛋白成品在贮藏期间的变色、变质。最高用量500mg/kg。柑橘类饮料及啤酒等的脱氧，以防色泽增深、降低风味和金属溶出，最高用量为10mg/kg。用于全脂奶粉、谷物、可可、咖啡、虾类、肉等食品，可防止由葡萄糖引起的褐变。

2. 葡萄糖异构酶（Glucose Isomerase，又称木糖异构酶）

①作用方式：使 D－葡萄糖转化为 D－果糖，使木糖转化为木酮糖。

②性状：近乎白色至浅棕黄色或棕色或粉红色的无定形粉末、颗粒或液体。可溶于水（颗粒者不溶于水），不溶于乙醇、氯仿和乙醚。最适 pH6～8，锰和钾有提高耐热作用。最适温度40～65℃。

③制法：由凝结芽孢杆菌（*Bacillus coagulans*）、橄榄色链霉菌（*Streptomyces olivaceus*）、密苏里放线菌（*Actinoplanes missouriensis*）、橄榄色素链霉菌（*Streptomyces olivochromogenes*）、紫黑链霉菌（*Szreptomyces violaceoniger*）、锈棕色链霉菌（*Streptomyces rubiginosus*）、黑曲菌（*Aspergillus niger*）的变种中的任何一种在受控条件下发酵培养，因属胞内酶，故菌体须经高渗自溶（25℃，30h），再经丙酮分离等精制、干燥而成。

④毒理学参数：FAO/WHO1994 规定，由凝结芽孢杆菌制得者未作规定；由紫黑链霉菌制得者 ADI 也不作特殊规定。

⑤应用：主要用于高果糖浆和其他果糖淀粉糖浆的制造。

3. 谷氨酰胺转氨酶（Glutamine Transglutaminase，又称转谷氨酰胺酶）

①作用方式：催化蛋白质中谷氨酰胺残基的 $\gamma$－酰胺基和赖氨酸的 $\varepsilon$ 氨基之间进行酰胺基转移反应，形成 $\varepsilon$－（$\gamma$－谷酰胺）－赖氨酸的异性肽键，将蛋白质进行分子间的共价交联聚合。

②性状：白色至淡黄色至深褐色粉末或颗粒，或为澄清的淡黄至深褐色液体。溶于水，不溶于乙醇，有吸湿性。来源于茂原链轮丝菌（*Streptomyces mobaraense*）、轮枝链霉菌（*Streptomyces verticillus*）的谷氨酰胺转氨酶，酶的最适 pH 6～7，最适温度50℃。

③制法：由放线菌如茂原链轮丝菌（*Streptomyces mobaraense*）、轮枝链霉菌（*Streptomyces verticillus*）、肉桂链轮丝菌、灰肉链轮丝菌等发酵生产提取。

④毒理学参数：ADI 值不作特殊规定（FAO/WHO，2001）。

⑤应用：该酶用于蛋白质改性，可开发新的蛋白制品。

### 🔍 思考题

1. 食品工业酶制剂的来源和特点是什么？
2. 食品酶制剂应用领域有哪些？试举出在这些领域的突出例子？
3. $\alpha$－淀粉酶、糖化酶、$\beta$－淀粉酶在性能上有何异同？
4. 试比较纤维素酶与糖化酶的差异。
5. 蛋白酶如何分类？试举出常见蛋白酶的具体应用领域。
6. 试举出过氧化物酶与葡萄糖氧化酶协同使用在食品工业的哪些方面。
7. 影响酶活力的主要因素有哪些？
8. 试举出目前应用在功能性食品开发领域的各种酶制剂。

第十二章

CHAPTER

# 食品工业用加工助剂

12

## 内容提要

　　本章主要介绍食品工业用加工助剂的主要功能和物种分类，不同类别加工助剂的质量要求以及典型物种特性、适用范围与使用方法。

## 教学目标

　　学习掌握加工助剂在食品工业中的技术目的及使用要求。

## 名词及概念

　　加工助剂及加工助剂类别，助滤剂、润滑剂、脱模剂与防黏剂。

## 第一节　加工助剂概述

　　广义讲，对食品加工具有辅助作用的物质均应属于加工助剂，而实际上仅将单纯有助于加工、对最后加工成品无技术作用的物质称为加工助剂，如助滤、澄清、脱模及消泡、催化剂等物质。我国的分类系统除消泡剂与酶制剂（已属食品添加剂类别之列）外，将此类物种统归为一种特殊的食品添加剂——食品工业用加工助剂。

## 一、　功能与特点

1. 定义

食品工业用加工助剂是指有助于食品加工能顺利进行的各种物质，与食品本身无关，如助滤、澄清、吸附、润滑、脱模、脱色、脱皮、提取溶剂、发酵用营养物质等。

2. 特点

①食品加工助剂属于一类特殊的食品添加剂，是使食品加工能顺利进行的各种辅助物质，与食品本身无关。

②食品加工助剂在最终产品中没有任何技术功能和作用，故制成最后成品之前应全部除去或仅有残留（应符合在食品中规定的残留量）。

③食品加工助剂一般都要在食品加工过程中被除去，故其使用量不需严格控制，也不需要在产品成分表中列出。

④食品加工助剂在食品工业中应用时，其质量要求为食品级规格，如美国食品化学法典（FCC）等的规格。

3. 功能

食品加工中使用的各种助剂不作为添加剂加入和使用，对加工成品也无直接影响和作用。加工助剂的特殊作用和功能在于辅助加工和利于生产。食品工业用加工助剂类产品分别具备多种食品加工辅助功能，如：助滤、澄清、絮凝、吸附、润滑、脱模、脱色、脱皮、溶解、萃取、消毒和发酵中的营养调节等作用。

## 二、　食品工业用加工助剂的分类

根据我国 GB2760—2014《食品添加剂使用标准》，目前批准使用的食品加工助剂有 169种。按其功能和用途分类，包括：助滤剂、萃取溶剂、稀释剂、润滑剂、制酶菌株、催化剂、脱模剂、澄清剂、絮凝剂、吸附剂、干燥剂、消毒剂、填充气体等。

1. 助滤剂（Filter Aids）

（1）特性　助滤剂是一种多孔的刚性物质，不易被过滤过程压缩，从而增加过滤速度。形成滤饼时有 80% ~ 90% 的孔隙率，各颗粒有许多毛细孔相通，因此，可以快速过滤且能捕捉到 1mm 以下的超微小颗粒。助滤剂的使用方式有两种：一是和待滤食品溶液混合后，按照正常方法过滤即可；二是通过在滤布上预涂一层助滤剂。食品级助滤剂化学稳定性极好且不存在潜在污染物，其重金属离子的含量一般在 0.005%，因此，符合食品添加剂的安全需求。

常用的食品助滤剂包括硅藻土、珍珠岩、纤维素粉、膨润土、凹凸棒石黏土等。

（2）功能　过滤是食品工业中常用的物理处理方法，用以除去液体中的不溶性物质。由于液体中的固体物质经常是一些粒子微细和容易堵塞滤布孔眼的物质，如单独进行过滤，常会出现过滤困难、滤液不清、不能形成滤渣层等问题。助滤剂的使用能够显著改善这种状况，使得过滤速度加快，滤液清亮，滤渣紧密和能够从滤布上脱落。

过滤生产时添加助滤剂的作用在于：通过助滤剂形成的滤饼，能够有效地捕捉和拦截滤液中的杂质，从而提高滤液的澄清度，提高过滤质量；避免滤液中的杂质堵塞滤布及滤饼的过滤通道，使通道持续保持畅通，从而达到提高滤速、延长过滤周期的目的；使滤饼变得蓬松，从而提高滤饼的吹干率，提高收率。

2. 润滑剂（Lubricants）

（1）特性　食品级润滑剂与普通润滑剂相比最大的区别在于其组分，包括基础油和添加剂都是无毒无害的。食品级润滑油的另一个特点是，其配方专门针对食品机械的工作环境（高温/低温、高湿等）设计，具有良好的抗氧化、耐高低温和抗乳化性能，使用寿命长，能减少设备的磨损、延长其寿命并降低维护频率和费用。食品级润滑剂按照食品卫生要求可区分为"偶尔与食品接触的润滑剂（USDA H－1级）"与"不和食品接触的润滑剂（USDA H－2级）"两大类。食品级润滑剂主要强调的性质是无毒（当然不是绝对的，它的某些被限制成分含量只要符合相关标准的规定条件即被认定为可以使用），因此，在生产加工润滑剂的过程中，润滑剂在满足设备润滑要求的同时，也符合公认的食品级卫生要求的规定即可。

（2）功能　食品安全已经成为食品行业的头等大事，1995年可口可乐公司在比利时发生的润滑油泄漏导致的安全危机，为此，20世纪80年代初有人提出"食品级润滑油"的概念。所谓食品级润滑剂是按照用途来划分，符合食品卫生要求，可以应用于食品行业加工机械润滑、冷却和密封机械的磨擦部分的物质。食品级润滑剂主要适用于粮油加工、水果蔬菜加工、乳制品加工、面包切制机等食品工业的加工设备（链条、零件）的润滑和防锈功能。

食品级润滑剂由基础油和稠化添加剂（复合铝、钙等稠化剂等）调制而成。食品工业中实用的基础油，根据来源有矿物性润滑剂（如机械油）、植物性润滑剂（如蓖麻油）和动物性润滑剂（如牛脂）。此外，还有合成润滑剂，如合成烃、硅油、脂肪酸酰胺等。

3. 脱模剂与防黏剂（Release Agents and Anti－stick Agents）

（1）特性　理想的脱模剂具备以下特性：使用方便；有良好的润滑性；容易脱模；高温稳定；低挥发性；化学不活泼性；浓度低；可分散于水中。在实用中，硅酮类乳化剂是较好的脱模剂。一般用水稀释至0.5%～2.0%，用于涂抹。

常用的脱模剂和防黏剂有硅油、矿物油（白油）、油酸、甘油、葡萄糖液等。

（2）功能　脱模是使各种材质的容器中的食品能顺利取出。脱模剂又称脱模润滑剂，是一种用在两个彼此易于黏着的物体表面的一个界面涂层，它可使物体表面易于脱离、光滑、洁净。食品工业中为防止食品与模具黏着而使食品容易脱离需要使用脱模剂和防黏剂，例如制作通心面、饼干、面包、点心、蛋糕等烘烤食品及糖果等食品。食品包装用的防黏纸是经过防黏剂处理的包装材料；在食品工业的糖果、饼干传送带上涂上一层薄薄的防黏剂后，可改善帆布的防黏性能，从而改善了食品的外观，提高原料的利用率。

4. 澄清剂与絮凝剂（Clarificants and Flocculating Agents）

（1）特性　澄清剂主要通过吸附澄清的原理工作，即在悬浮液中加入无机电解质澄清剂，通过电性中和作用来解除微粒的布朗运动，使微粒能够靠近、接触进而聚集在一起形成絮团；或者通过高分子絮凝剂的絮凝作用，使体系中粒度较大的颗粒及具有斯托克沉淀趋势的悬浮颗粒絮凝沉淀，而保留绝大多数有效的高分子物质（如多糖等），并利用高分子天然亲水胶体对疏水胶体的保护作用，提高制剂的稳定性及澄清度。

澄清剂的种类很多，其中有机物质包括明胶、鱼胶、单宁、纤维素等；矿物质有高岭土、膨润土、皂土、活性炭、硅藻土等。另外，还有某些合成树脂，如聚酰胺、聚乙烯吡咯烷酮（PVP）、聚乙烯聚吡咯烷酮（PVPP），多糖类，如琼脂、阿拉伯树胶、硅胶、脱乙酰甲壳素等都可用作澄清剂。

（2）功能　澄清剂的作用是澄清与去除饮料等液体食品中引起混浊及颜色和风味改变的

物质。许多液体食品在长期贮存后易发生混浊沉淀，并可发生氧化变质，而被误认为是产品变质的表现，因此，需要加入澄清剂，以除去一部分或大部分上述易形成沉淀成分，使液体食品获得好的风味及保持长期的稳定性。混浊形成的原因有很多，主要是与带负电荷的果胶、纤维素、鞣质和多聚戊糖等物质有关。当蛋白质与果胶物质、多酚类物质长时间共存时，就会产生混浊的胶体，乃至发生沉淀。

5. 脱皮剂（Peeling Agents）

（1）特性 由于果蔬皮大多数不宜食用或影响感官、影响加工等，需要脱皮。采用化学试剂处理是最为常用的果蔬脱皮方法。果蔬外皮成分一般有纤维素、木质素、果胶、单宁、碳水化合物、蛋白质、水分等，其中起固定作用的主要是果胶类物质。要将果蔬脱皮，则需选择能使果胶类成分分解的化学物质，常用的是氢氧化钠（俗称烧碱）。但若单用烧碱，存在用量大、腐蚀性强、费用高、不易控制、去皮效果欠佳等缺点；另外，由于单一的碱性，即只具有极性成分，而无非极性成分，一些外皮里的非极性成分妨碍了烧碱的脱皮效果，所以脱皮速度稍慢。因此，要提高脱皮效果还需配有脱皮助剂。

（2）功能 烧碱的功能是使果蔬外皮起固定作用的果胶类成分分解，从而使果蔬脱皮。脱皮助剂是具有一定表面活性的化学试剂，与烧碱配合使用，能增强碱液的浸润、渗透力，溶除果蔬表皮蜡质，使碱液能迅速穿过表皮进入中胶层溶解果胶质，促进皮、肉快速分离，同时，降低烧碱用量，缩短脱皮时间，使作用条件温和，保护果蔬肉体不易被烧伤等。

常用的脱皮剂组分包括：氢氧化钠、盐酸、磷酸三钠、月桂酸、脂肪酸等。

6. 脱色剂（Decoloring Agents）

（1）特性 脱色是油脂、果汁、糖品加工的重要工序之一，脱色效果的好坏，直接影响到产品质量和成本消耗，脱色分为吸附脱色和化学反应脱色。在食品工业中通常采用吸附脱色，通过脱色剂选择吸附食品中对食品品质不利的色素成分如叶绿素、微量皂苷等。

（2）功能 根据物理化学表面科学的相关理论，吸附过程是一个自发降低表面能的过程。吸附会使脱色剂表面的不饱和力场趋于平衡，表面自由能下降。结果脱色剂表面吸附的色素分子浓度大大高于食品溶液主体的浓度，达到脱色的目的。吸附可分为物理吸附和化学吸附，前者靠的是分子间的范德华力，速度快，无选择性，可形成单分子层或多分子吸附层，如活性炭吸附；后者的作用力是剩余价键力，速度较慢，且需活化能，有选择性，只能形成单分子吸附层，如交换树脂吸附。无论怎样，吸附是一种表面现象，它取决于溶质与吸附剂之间特殊的亲和力。

常用的吸附脱色剂有活性白土和活性炭。

7. 溶剂和萃取溶剂（Solvents and Extraction Solvents）

（1）特性 食品工业所用的溶剂一般是指具有能对水不能溶解的食品原材料起溶解作用的非水溶剂。它能为食品溶液的提取分离提供条件。

（2）功能 在食品工业中，非水溶剂常常用于各种非水溶性物质的萃取，如油脂、香辛料；也常用于非水溶性物的稀释，如香精、色素、维生素、虫胶等。对于某些难溶性食品组分的萃取，常加入第三种物质，使之在溶剂中形成可溶性分子间的络合物、缔合物或复盐等，以增加萃取组分在溶剂中的溶解度，这第三种物质称为助溶剂，助溶剂多为低分子化合物。值得注意的是，助溶剂不是表面活性剂，因而与增溶剂相区别。

食品加工中单纯用于稀释的溶剂有：丙酮、丙二醇、乙醇、丙三醇等。而用于脂溶性物萃取的溶剂为二氯甲烷、乙醚、己烷、甲苯等。

8. 消毒剂和抑菌剂（Disinfectors and Micro – organism Control Agents）

（1）特性　消毒剂和抑菌剂是指对食品加工设备、工具、容器、管道、附属设施以及环境进行灭菌消毒所用的化学药剂。一般消毒剂具有很强的氧化能力，能杀灭病原微生物。

（2）功能　消毒剂和抑菌剂具有杀菌防腐功能，但不属防腐剂的使用范畴，只被归入食品加工助剂。然而，却是食品加工过程非常重要的加工助剂。对食品加工过程的工具设备和周围环境进行消毒，不但可避免或减少食品加工过程中微生物感染的机会，同时能为食品防腐剂充分发挥作用提供良好的环境条件。

常用的消毒剂和抑菌剂有：漂白粉、过氧化氢、过氧乙酸、酒精、高锰酸钾、新洁尔灭等。

# 三、 我国食品工业用加工助剂

在 GB2760—2014《食品安全国家标准　食品添加剂使用标准》中推荐我国食品工业使用的加工助剂可分为三类：可在各类食品加工过程中使用，残留量不需限定的加工助剂（表 12 – 1）、需要规定功能和使用范围的加工助剂（表 12 – 2）和食品加工中允许使用的酶（表 12 – 3），共169 种。

表 12 – 1 所示为可在各类食品加工过程中使用，残留量不需限定的加工助剂名单（不含酶制剂）。

表 12 – 1　　　残留量不需限定的加工助剂推荐名单 （不含酶制剂）

| 序号 | 助剂中文名称 | 助剂英文名称 |
| --- | --- | --- |
| 1 | 氨水（包括液氨） | Ammonia |
| 2 | 甘油（又称丙三醇） | Glycerine（glycerol） |
| 3 | 丙酮 | Acetone |
| 4 | 丙烷 | Propane |
| 5 | 单，双甘油脂肪酸酯 | Mono – and Diglycerides of Fatty Acids |
| 6 | 氮气 | Nitrogen |
| 7 | 二氧化硅 | Silicon Dioxide |
| 8 | 二氧化碳 | Carbon Dioxide |
| 9 | 硅藻土 | Diatomaceous Earth |
| 10 | 过氧化氢 | Hydrogen Peroxide |
| 11 | 活性炭 | Activated Carbon |
| 12 | 磷脂 | Phospholipid |
| 13 | 硫酸钙 | Calcium Sulfate |
| 14 | 硫酸镁 | Magnesium Sulfate |
| 15 | 硫酸钠 | Sodium Sulfate |
| 16 | 氯化铵 | Ammonium Chloride |
| 17 | 氯化钙 | Calcium Chloride |

续表

| 序号 | 助剂中文名称 | 助剂英文名称 |
|---|---|---|
| 18 | 氯化钾 | Potassium Chloride |
| 19 | 柠檬酸 | Citric Acid |
| 20 | 氢气 | Hydrogen |
| 21 | 氢氧化钙 | Calcium Hydroxide |
| 22 | 氢氧化钾 | Potassium Hydroxide |
| 23 | 氢氧化钠 | Sodium Hydroxide |
| 24 | 乳酸 | Lactic Acid |
| 25 | 硅酸镁 | Magnesium Silicate |
| 26 | 碳酸钙（包括轻质和重质碳酸钙） | Calcium Carbonate（light，heavy） |
| 27 | 碳酸钾 | Potassium Carbonate |
| 28 | 碳酸镁（包括轻质和重质碳酸镁） | Magnesium Carbonate（light，heavy） |
| 29 | 碳酸钠 | Sodium Carbonate |
| 30 | 碳酸氢钾 | Potassium Hydrogen Carbonate |
| 31 | 碳酸氢钠 | Sodium Hydrogen Carbonate |
| 32 | 纤维素 | Cellulose |
| 33 | 盐酸 | Hydrochloric Acid |
| 34 | 氧化钙 | Calcium Oxide |
| 35 | 氧化镁（包括重质和轻质） | Magnesium Oxide（heavy，light） |
| 36 | 乙醇 | Ethanol |
| 37 | 冰乙酸（又称冰醋酸） | Acetic Acid |
| 38 | 植物活性炭 | Vegetable Carbon（activated） |

表 12 - 2　　　　需要规定功能和使用范围的加工助剂名单（不含酶制剂）

| 序号 | 助剂中文名称 | 助剂英文名称 | 功能 |
|---|---|---|---|
| 1 | 1，2 - 二氯乙烷 | 1，2 - dichloroethane | 提取溶剂 |
| 2 | 1 - 丁醇 | 1 - butanol | 萃取溶剂 |
| 3 | 6 号轻汽油（又称植物油抽提溶剂） | solvent No. 6 | 浸油溶剂、提取溶剂 |
| 4 | D - 甘露糖醇 | D - mannitol | 防黏剂 |
| 5 | DL - 苹果酸钠 | DL - disodium malate | 发酵用营养物质 |
| 6 | L - 苹果酸 | L - malic acid | 发酵用营养物质 |
| 7 | $\beta$ - 环状糊精 | $\beta$ - cyclodextrin | 胆固醇提取剂 |
| 8 | 阿拉伯胶 | Arabic gum | 澄清剂 |
| 9 | 凹凸棒黏土 | Attapulgite clay | 脱色剂 |

续表

| 序号 | 助剂中文名称 | 助剂英文名称 | 功能 |
|---|---|---|---|
| 10 | 丙二醇 | 1，2–Propanediol | 冷却剂、提取溶剂 |
| 11 | 巴西棕榈蜡 | Carnauba Wax | 脱模剂 |
| 12 | 白油（液体石蜡） | Whitemineral Oil | 消泡剂、脱模剂、被膜剂 |
| 13 | 不溶性聚乙烯聚吡咯烷酮 | Insoluble Olyvinylpolypyrrolidone（PVPP） | 吸附剂 |
| 14 | 丁烷 | Butane | 提取溶剂 |
| 15 | 蜂蜡 | Bees Wax | 脱模剂 |
| 16 | 高岭土 | Kaolin | 澄清剂、助滤剂 |
| 17 | 高碳醇脂肪酸酯复合物 | Higher Alcohol Fatty Acid Ester Complex | 消泡剂 |
| 18 | 固化单宁 | Immobilized Tannin | 澄清剂 |
| 19 | 硅胶 | Silica Gel | 澄清剂 |
| 20 | 滑石粉 | Talc | 脱模剂、防黏剂 |
| 21 | 活性白土 | Activated Clay | 澄清剂、食用油脱色剂、吸附剂 |
| 22 | 甲醇钠 | Sodium Methylate | 油脂酯交换催化剂 |
| 23 | 酒石酸氢钾 | Potassium Bitartarate | 结晶剂 |
| 24 | 聚苯乙烯 | Polytyrene | 助滤剂 |
| 25 | 聚丙烯酰胺 | Polyacrylamide | 絮凝剂、助滤剂 |
| 26 | 聚二甲基硅氧烷及其乳液 | Polydimethyl Siloxane | 消泡剂、脱模剂 |
| 27 | 聚甘油脂肪酸酯 | Polyglycerol Esters of Fatty Acid | 消泡剂 |
| 28 | 聚氧丙烯甘油醚 | Polyoxypropylene Glycerol Ether（GP） | 消泡剂 |
| 29 | 聚氧丙烯氧化乙烯甘油醚 | Polyoxypropylene Oxyethylene Glycolether（GPE） | 消泡剂 |
| 30 | 聚氧乙烯（20）山梨醇酐单月桂酸酯（又称吐温20），聚氧乙烯（20）山梨醇酐单棕榈酸酯（又称吐温40），聚氧乙烯（20）山梨醇酐单硬脂酸酯（又称吐温60），聚氧乙烯（20）山梨醇酐单油酸酯（又称吐温80） | Polyoxyethylene（20）Sorbita Nmonolaurate，Polyoxyethylene（20），Sorbitanmonopalmitate，Polyoxyethylene（20）Sorbitanmonostearate，Polyoxyethylene（20）Sorbitan Monooleat | 分散剂、提取溶剂、消泡剂 |
| 31 | 聚氧乙烯聚氧丙烯胺醚 | Polyoxyethylene Polyoxypropylene Amine Ether（BAPE） | 消泡剂 |

续表

| 序号 | 助剂中文名称 | 助剂英文名称 | 功能 |
|---|---|---|---|
| 32 | 聚氧乙烯聚氧丙烯季戊四醇醚 | Polyoxyethylene Polyoxypropylene Pentaerythritol Ether（PPE） | 消泡剂 |
| 33 | 卡拉胶 | Carrageenan | 澄清剂 |
| 34 | 抗坏血酸 | Ascorbateacid | 防褐变 |
| 35 | 抗坏血酸钠 | Sodium Ascorbate | 防褐变 |
| 36 | 矿物油 | Mineral Oil | 消泡剂、脱模剂、防黏剂、润滑剂 |
| 37 | 离子交换树脂 | Ion Exchange Resins | 脱色剂、吸附剂 |
| 38 | 磷酸 | Phosphoric Acid | 澄清剂、精炼脱胶、发酵用营养物质 |
| 39 | 磷酸二氢铵 | Ammouium Dihydrogen Phosphate | 发酵用营养物质 |
| 40 | 磷酸氢二铵 | Ammouium Hydrogen Phosphate | 发酵用营养物质 |
| 41 | 磷酸铵 | Ammouium Phosphate | 发酵用营养物质 |
| 42 | 磷酸二氢钾 | Potassium Phosphate，Monobasic | 发酵用营养物质 |
| 43 | 磷酸二氢钠 | Sodium Dihydrogen Phosphate | 发酵用营养物质 |
| 44 | 磷酸三钙 | Tricalcium Orthophos – Phate（calciumphos – phate） | 分散剂 |
| 45 | 磷酸氢二钠 | Disodiumhydrogenphosphate | 絮凝剂、发酵用营养物质 |
| 46 | 磷酸三钠 | Trisodium Phosphate | 絮凝剂、发酵用营养物质 |
| 47 | 硫磺 | Sulfur | 澄清剂 |
| 48 | 硫酸 | Sulfuric Acid | 絮凝剂、发酵用营养物质 |
| 49 | 硫酸铵 | Ammonium Sulfate | 发酵用营养物质 |
| 50 | 硫酸铜 | Copper Sulphate | 澄清剂、螯合剂、发酵用营养物质 |
| 51 | 硫酸锌 | Zinc Sulphate | 螯合剂、絮凝剂、发酵用营养物质 |
| 52 | 硫酸亚铁 | Ferrous Sulfate | 絮凝剂 |
| 53 | 氯化镁 | Magnesium Chloride | 发酵用营养物质 |
| 54 | 明胶 | Gelatin | 澄清剂 |
| 55 | 镍 | Nickel | 催化剂 |
| 56 | 膨润土 | Bentonite | 吸附剂、助滤剂、澄清剂、脱色剂 |
| 57 | 石蜡 | Paraffin | 脱模剂 |
| 58 | 石油醚 | Petroleum Ether | 提取溶剂 |
| 59 | 食用单宁 | Edible Tannin | 助滤剂、澄清剂、脱色剂 |
| 60 | 松香甘油酯 | Glycero Lester of Rosin | 脱毛剂 |
| 61 | 脱乙酰甲壳素 | Deacetylated Chitin（chitosan） | 澄清剂 |
| 62 | B 族维生素 | Vitamin B Family | 发酵用营养物质 |
| 63 | 五碳双缩醛（又称戊二醛） | Glutaraldehyde | 交联剂 |
| 64 | 辛，癸酸甘油酯 | Octyl and Decyl Glycerate | 防黏剂 |
| 65 | 辛烯基琥珀酸淀粉钠 | Starch Sodium Octenyl Succinate | 防黏剂 |
| 66 | 氧化亚氮 | Nitrous Oxide | 推进剂、起泡剂 |
| 67 | 异丙醇 | Isopropyl Alcohol | 提取溶剂 |
| 68 | 乙二胺四乙酸二钠 | Disodium EDTA | 吸附剂、螯合剂 |

续表

| 序号 | 助剂中文名称 | 助剂英文名称 | 功能 |
|---|---|---|---|
| 69 | 乙醚 | Ether | 提取溶剂 |
| 70 | 乙酸钠（又称醋酸钠） | Sodium Acetate | 螯合剂 |
| 71 | 乙酸乙酯 | Ethyl Actetate | 提取溶剂 |
| 72 | 月桂酸 | Lauric Acid | 脱皮剂 |
| 73 | 蔗糖聚丙烯醚 | Sucrose Polyoxypropylene Ester | 消泡剂 |
| 74 | 蔗糖脂肪酸酯 | Sucrose Esters of Fatty Acid | 消泡剂 |
| 75 | 珍珠岩 | Pearl Rock | 助滤剂 |
| 76 | 正己烷 | N – Hexane | 提取溶剂 |
| 77 | 植物活性炭（稻壳活性炭） | Vegetable Activated Carbon (Rice husk activated carbon) | 助滤剂 |

表 12 – 3　　　　　　　　　　食品加工中允许使用的酶

| 序号 | 酶 | 来源[1] | 供体[2] |
|---|---|---|---|
| 1 | α – 半乳糖苷酶<br>（α – galactosidase） | 黑曲霉<br>（Aspergillus niger） | |
| 2 | α – 淀粉酶<br>（α – amylase） | 地衣芽孢杆菌<br>（Bacillus licheni formis）<br><br>地衣芽孢杆菌<br>（Bacillus licheni formis）<br><br>地衣芽孢杆菌<br>（Bacillus licheniformis）<br><br>黑曲霉（Aspergillus niger）<br><br>解淀粉芽孢杆菌<br>（Bacillus amyloliquefaciens）<br><br>枯草芽孢杆菌（Bacillus subtilis）<br><br>枯草芽孢杆菌<br>（Bacillus subtilis）<br><br>米根霉（Rhizopus oryzae）<br><br>米曲霉（Aspergillus oryzae）<br><br>嗜热脂解地芽孢杆菌［Geobacillus stearothermophilus（原名为嗜热脂解芽孢杆菌 Bacillusstearother – mophilus）］<br><br>猪或牛的胰腺<br>（Hogorbovine pancreas） | 地衣芽孢杆菌<br>（Bacillus licheni formis）<br><br>嗜热脂解地芽孢杆菌［Geobacillus stearothermophilus（原名为嗜热脂解芽孢杆菌 Bacillus stearother – mophilus）］<br><br><br>嗜热脂解地芽孢杆菌［Geobacillus stearothermophilus（原名嗜热脂解芽孢杆菌 Bacillus stearothermophilus）］ |

续表

| 序号 | 酶 | 来源[1] | 供体[2] |
|---|---|---|---|
| 3 | α-乙酰乳酸脱羧酶<br>（α-acetolactatedecar-boxylase） | 枯草芽孢杆菌<br>（Bacillus subtilis） | 短小芽孢杆菌（Bacillus brevis） |
| 4 | β-淀粉酶<br>（β-amylase） | 大麦、山芋、大豆、小麦和麦芽<br>（Barley, Taro, Soya, Wheat and Malted barley）<br>枯草芽孢杆菌<br>（Bacillus subtilis） | |
| 5 | β-葡聚糖酶<br>（β-glucanase） | 地衣芽孢杆菌<br>（Bacillus licheniformis）<br>孤独腐质霉<br>（Humicola insolens）<br>哈次木霉<br>（Trichoderma harzianum）<br>黑曲霉[3]<br>（Aspergillus niger）<br>枯草芽孢杆菌<br>（Bacillus subtilis）<br>李氏木霉<br>（Trichoderma reesei）<br>解淀粉芽孢杆菌<br>（Bacillus amyloliquefaciens）<br>Disporotrichum dimorphosporum<br>埃默森篮状菌<br>（Talaromyc esemersonii）<br>绿色木霉<br>（Trichoderma viride） | 解淀粉芽孢杆菌<br>（Bacillus amyloliquefaciens） |
| 6 | 阿拉伯呋喃糖苷酶<br>（Arabino-furanosidease） | 黑曲霉<br>（Aspergillus niger） | |
| 7 | 氨基肽酶<br>（Aminopeptidase） | 米曲霉<br>（Aspergillus oryzae） | |
| 8 | 半纤维素酶<br>（Hemicellulase） | 黑曲霉<br>（Aspergillus niger） | |
| 9 | 菠萝蛋白酶<br>（Bromelain） | 菠萝<br>（Ananas spp.） | |

续表

| 序号 | 酶 | 来源[1] | 供体[2] |
|---|---|---|---|
| 10 | 蛋白酶（包括乳凝块酶）［Protease（includingmilkclottingenzymes）］ | 寄生内座壳（栗疫菌）［Cryphonectria parasitica（Endothia parasitica）］<br>地衣芽孢杆菌（Bacilluslicheniformis）<br>黑曲霉（Aspergillus niger）<br>黑曲霉（Aspergillus niger）<br>解淀粉芽孢杆菌（Bacillus amyloliquefaciens）<br>解淀粉芽孢杆菌（Bacillus amyloliquefaciens）<br>枯草芽孢杆菌（Bacillus subtilis）<br>寄生内座壳（栗疫菌）［Cryphonectria parasitica（Endothia parasitica）］<br>米黑根毛霉（Rhizomucor miehei）<br>米曲霉（Aspergillus oryzae）<br>乳克鲁维酵母（Kluyveromyces lactis）<br>微小毛霉（Mucor pusillus）<br>蜂蜜曲霉（Aspergillus melleus）<br>嗜热脂解地芽孢杆菌［Geobacillus stearothermophilus（原名为嗜热脂解芽孢杆菌 Bacillusstearothermophilus）］ | 寄生内座壳（栗疫菌）［Cryphonectria parasitica（Endothia parasitica）］<br><br>黑曲霉（Aspergillus niger）<br><br>解淀粉芽孢杆菌（Bacillus amyloliquefaciens）<br><br>小牛胃（Calf stomach） |
| 11 | 单宁酶（Tannase） | 米曲霉（Aspergillus oryzae） | |
| 12 | 多聚半乳糖醛酸酶（Polygalacturonase） | 黑曲霉[3]（Aspergillus niger）<br>米根霉（Rhizopus oryzae） | |
| 13 | 甘油磷脂胆固醇酰基转移酶［GlycerophospholipidCholesterol Acyltransferase（GCAT）］ | 地衣芽孢杆菌（Bacillus licheniformis） | 杀鲑气单胞菌杀鲑亚种（Aeromonas salmonicida subsp. Salmonicida） |

续表

| 序号 | 酶 | 来源[1] | 供体[2] |
|---|---|---|---|
| 14 | 谷氨酰胺酶<br>（Glutaminase） | 解淀粉芽孢杆菌<br>（*Bacillus amyloliquefaciens*） | |
| 15 | 谷氨酰胺转氨酶<br>（Glutamine Transaminase） | 茂原链轮丝菌［（又称茂源链霉菌）*Streptomyces mobaraensis*］ | |
| 16 | 果胶裂解酶<br>（Pectinlyase） | 黑曲霉（*Aspergillus niger*）<br>黑曲霉（*Aspergillus niger*） | 黑曲霉（*Aspergillus niger*） |
| 17 | 果胶酶<br>（Pectinase） | 黑曲霉（*Aspergillus niger*）<br>米根霉（*Rhizopus oryzae*） | |
| 18 | 果胶酯酶（果胶甲基酯酶）［Pectinesterase（Pectin methylesterase）］ | 黑曲霉（*Aspergillus niger*）<br>黑曲霉（*Aspergillus niger*）<br>米曲霉（*Aspergillus oryzae*） | 黑曲霉（*Aspergillus niger*）<br>针尾曲霉（*Aspergillus aculeatus*） |
| 19 | 过氧化氢酶<br>（Catalase） | 黑曲霉（*Aspergillus niger*）<br>牛、猪或马的肝脏<br>（Bovine, pig or horse liver）<br>溶壁微球菌<br>（*Micrococcus lysodeicticus*） | |
| 20 | 核酸酶（Nuclease） | 橘青霉（*Penicillium citrinum*） | |
| 21 | 环糊精葡萄糖苷转移酶（Cyclomaltodextin glucanotransferase） | 地衣芽孢杆菌<br>（*Bacillus licheniformis*） | 高温厌氧杆菌<br>（*Thermoanaerobacter* sp.） |
| 22 | 己糖氧化酶<br>（Hexoseoxidase） | （多形）汉逊酵母<br>（*Hansenulapolymorpha*） | 皱波角叉菜<br>（*Chondrus crispus*） |
| 23 | 菊糖酶（Inulinase） | 黑曲霉（*Aspergillus niger*） | |
| 24 | 磷脂酶（Phospholipase） | 胰腺（Pancreas） | |
| 25 | 磷脂酶 A2<br>（Phospholipase A2） | 猪胰腺组织（*Porcinepancreas*）<br>黑曲霉（*Aspergillus niger*） | 猪胰腺组织（Porcine pancreas） |
| 26 | 磷脂酶 C<br>（Phospholipase C） | 巴斯德毕赤酵母<br>（*Pichia pastoris*） | 从土壤中分离的编码磷脂酶 C 基因的微生物 |
| 27 | 麦芽碳水化合物水解酶（α-，β-麦芽碳水化合物水解酶）［Maltcarbohydrases（α-，β-amylase）］ | 麦芽和大麦<br>（Malted barley and Barley） | |
| 28 | 麦芽糖淀粉酶<br>（Maltogenic amylase） | 枯草芽孢杆菌<br>（*Bacillus subtilis*） | 嗜热脂解芽孢杆菌<br>（*Bacillusstearo - thermophilus*） |

续表

| 序号 | 酶 | 来源[1] | 供体[2] |
|---|---|---|---|
| 29 | 木瓜蛋白酶（Papain） | 木瓜（Carica pa pa ya） | |
| 30 | 木聚糖酶<br>（Xylanase） | Fusarium venenatum | 棉状嗜热丝孢菌<br>（Thermomyces lanuginosus） |
| | | 巴斯德毕赤酵母（Pichi apastoris） | |
| | | 孤独腐质霉（Humicola insolens） | |
| | | 黑曲霉（Aspergillus niger） | |
| | | 黑曲霉（Aspergillus niger） | 黑曲霉（Aspergillus niger） |
| | | 李氏木霉（Trichoderma reesei） | |
| | | 绿色木霉（Trichoderma viride） | |
| | | 枯草芽孢杆菌（Bacillus subtilis） | 枯草芽孢杆菌（Bacillus subtilis） |
| | | 米曲霉（Aspergillus oryzae） | 棉状嗜热丝孢菌<br>（Thermomyces lanuginosus） |
| | | 米曲霉（Aspergillus oryzae） | 黑曲霉[3]（Aspergillus niger） |
| 31 | 凝乳酶 A<br>（Chymosin A） | 大肠杆菌 K－12<br>（Eschorichia Coli K－12） | 小牛前凝乳酶 A 基因<br>（Calfprochymosin A gene） |
| 32 | 凝乳酶 B<br>（Chymosin B） | 黑曲霉泡盛变种<br>（Aspergillus niger var. awamori） | 小牛前凝乳酶 B 基因<br>（Calf prochymosin B gene） |
| | | 乳克鲁维酵母<br>（Kluyveromyces lactis） | 小牛前凝乳酶 B 基因<br>（Calf prochymosin B gene） |
| 33 | 凝乳酶或粗制凝乳酶<br>（Chymosin or Rennet） | 小牛、山羊或羔羊的皱胃<br>（Calf, kid, or lamb abomasum） | |
| 34 | 葡糖淀粉酶（淀粉葡糖苷酶）<br>[Glucoamylase（amylo-glucosidase）] | 戴尔根霉（Rhizopus delemar） | |
| | | 黑曲霉（Aspergillus niger） | |
| | | 黑曲霉（Aspergillus niger） | 黑曲霉（Aspergillus niger） |
| | | 黑曲霉（Aspergillus niger） | 埃默森篮状菌<br>（Talaromyces emersonii） |
| | | 米根霉（Rhizopus oryzae） | |
| | | 米曲霉（Aspergillus oryzae） | |
| | | 雪白根霉（Rhizopus niveus） | |
| 35 | 葡糖氧化酶<br>（Glucoseoxidase） | 黑曲霉<br>（Aspergillus niger） | |
| | | 米曲霉<br>（Aspergillus oryzae） | 黑曲霉<br>（Aspergillus niger） |

续表

| 序号 | 酶 | 来源[1] | 供体[2] |
|---|---|---|---|
| 36 | 葡糖异构酶（木糖异构酶）<br>［Glucoseisomerase（xyloseisomerase）］ | 橄榄产色链霉菌<br>（*Streptomyces olivochromogenes*）<br><br>橄榄色链霉菌<br>（*Streptomyces olivaceus*）<br><br>密苏里游动放线菌<br>（*Actinoplanes missouriensis*）<br><br>凝结芽孢杆菌<br>（*Bacillus coagulans*）<br><br>锈棕色链霉菌<br>（*Streptomyces rubiginosus*）<br><br>紫黑吸水链霉菌<br>（*Streptomyces violaceoniger*）<br><br>鼠灰链霉菌<br>（*Streptomyces murinus*） | |
| 37 | 普鲁兰酶<br>（Pullulanase） | 产气克雷伯氏菌<br>（*Klebsiella aerogenes*）<br><br>枯草芽孢杆菌（*Bacillus subtilis*）<br><br>枯草芽孢杆菌<br>（*Bacillus subtilis*）<br><br>嗜酸普鲁兰芽孢杆菌<br>（*Bacillus acidopullulyticus*）<br><br>枯草芽孢杆菌（*Bacillus subtilis*）<br><br>地衣芽孢杆菌<br>（*Bacillus licheniformis*）<br><br>长野解普鲁兰杆菌<br>（*Pullulanibacillus naganoensis*） | 嗜酸普鲁兰芽孢杆菌<br>（*Bacillus acidopullulyticus*）<br><br><br>（*Bacillus deramificans*）<br><br>（*Bacillus deramificans*） |
| 38 | 漆酶（Laccase） | 米曲霉<br>（*Aspergillus oryzae*） | 嗜热毁丝霉<br>（*Myceliophthora thermophila*） |
| 39 | 溶血磷脂酶（磷脂酶 B）<br>［Lysophospholipase（lecithinaseB）］ | 黑曲霉<br>（*Aspergillus niger*）<br><br>黑曲霉<br>（*Aspergillus niger*） | 黑曲霉<br>（*Aspergillus niger*） |

续表

| 序号 | 酶 | 来源[1] | 供体[2] |
|---|---|---|---|
| 40 | 乳糖酶（β－半乳糖苷酶）［Lactase（β－galactosidase）］ | 脆壁克鲁维酵母（*Kluyveromycesfragilis*）<br><br>黑曲霉（*Aspergillus niger*）<br><br>米曲霉（*Aspergillus oryzae*）<br><br>乳克鲁维酵母（*Kluyveromyces lactis*）<br><br>乳克鲁维酵母（*Kluyveromyces lactis*）<br><br>巴斯德毕赤酵母（*Pichia pastoris*） | <br><br><br><br><br><br><br><br><br><br>乳克鲁维酵母（*Kluyveromyces lactis*）<br><br>米曲霉（*Aspergillus oryzae*） |
| 41 | 天门冬酰胺酶（Asparaginase） | 黑曲霉（*Aspergillus niger*）<br><br>米曲霉（*Aspergillus oryzae*） | 黑曲霉（*Aspergillus niger*）<br><br>米曲霉（*Aspergillus oryzae*） |
| 42 | 脱氨酶（Deaminase） | 蜂蜜曲霉（*Aspergillus melleus*） | |
| 43 | 胃蛋白酶（Pepsin） | 猪、小牛、小羊、禽类的胃组织（Hog, calf, goat（kid）orpoultrystomach） | |
| 44 | 无花果蛋白酶（Ficin） | 无花果（*Ficus* spp.） | |
| 45 | 纤维二糖酶（Cellobiase） | 黑曲霉（*Aspergillus niger*） | |
| 46 | 纤维素酶（Cellulase） | 黑曲霉（*Aspergillus niger*）<br>李氏木霉（*Trichoderma reesei*）<br>绿色木霉（*Trichoderma viride*） | |
| 47 | 右旋糖酐酶（Dextranase） | 无定毛壳菌［（*Chaetomium erraticum*）（又称细丽毛壳 *Chaetomium gracile*）］ | |
| 48 | 胰蛋白酶（Typsin） | 猪或牛的胰腺（Porcineor bovine pancreas） | |

续表

| 序号 | 酶 | 来源[1] | 供体[2] |
|------|-----|---------|---------|
| 49 | 胰凝乳蛋白酶（糜蛋白酶）（Chymotrypsin） | 猪或牛的胰腺（Porcineor bovine pancreas） | |
| 50 | 脂肪酶（Lipase） | 黑曲霉（*Aspergillus niger*） | |
| | | 黑曲霉（*Aspergillus niger*） | 南极假丝酵母（*Candida antarctica*） |
| | | 米根霉（*Rhizopus oryzae*） | |
| | | 米黑根毛霉（*Rhizomucor miehei*） | |
| | | 米曲霉（*Aspergillus oryzae*） | |
| | | 米曲霉（*Aspergillus oryzae*） | 尖孢镰刀菌（*Fusarium oxysporum*） |
| | | 米曲霉（*Aspergillus oryzae*） | 棉状嗜热丝孢菌（*Thermomyces lanugi – nosus*） |
| | | 小牛或小羊的唾液腺或前胃组织（Salivary glands or forestomach of calf，kid，or lamb） | |
| | | 雪白根霉（*Rhizopus niveus*） | |
| | | 羊咽喉（Goat gullets） | |
| | | 猪或牛的胰腺（Hog or bovine pan – creas） | |
| | | 米曲霉（*Aspergillus oryzae*） | 米黑根霉（*Rhizomucor miehei*） |
| | | 柱晶假丝酵母（*Candida cylindracea*） | |
| 51 | 酯酶（Esterase） | 黑曲霉（*Aspergillus niger*） | |
| | | 李氏木霉（*Trichoderma reesei*） | |
| | | 米黑根毛霉（*Rhizomucor miehei*） | |
| 52 | 植酸酶（Phytase） | 黑曲霉（*Aspergillus niger*） | |
| 53 | 转化酶（蔗糖酶）[Invertase（saccharase）] | 酿酒酵母（*Saccharomyces cerevisiae*） | |
| 54 | 转葡糖苷酶（Transglucosidase） | 黑曲霉（*Aspergillus niger*） | |

注：①指用于提取酶制剂的动物、植物或微生物。

②指为酶制剂的生物技术来源提供基因片段的动物、植物或微生物。

# 第二节 常用的食品加工助剂

## 一、 助滤剂

1. 硅藻土（Diatomaceous Earth）

（1）组成 以前世界上使用的助滤剂中，硅藻土助滤剂占75%。硅藻土是天然形成的矿物质，它主要是由古代的硅藻及其他单细胞微小生物的遗骸的沉积物的硅质部分组成，经过加工成为产品。主要成分为 $SiO_2 \cdot nH_2O$，颜色呈白色、灰白、黄色、灰色等。它的内部有很多孔隙，质轻而软，硬度1~1.5，密度1.9~2.3g/cm³，干燥后密度0.4~0.7g/cm³，孔隙度可达90%左右，易研成粉末。

（2）性状 硅藻土具有很强的吸附能力，有良好的过滤性和化学稳定性。硅藻土内部有很多微孔，显微镜可见。原土的孔体积为0.4~0.9mL/g，精制品的孔体积为1.0~1.4mL/g，比表面积达20~70m²/g。因此，它有良好的吸附性能，特别是善于吸附截留溶液中的悬浮微粒。将溶液加硅藻土过滤能得到清亮的滤液。

普通的硅藻土助滤剂是将硅藻土矿经过选矿后，磨碎和干燥（通常两次），经过预分选和旋流分离器分离，得到微细的粉状产品，硅藻土的精制品还要经过焙烧或加助熔剂焙烧处理。

（3）应用与限量 硅藻土作为助滤剂在食品工业中有着广泛的应用。调味品：味精、酱油、醋；饮料类：啤酒、白酒、黄酒、果酒、葡萄酒、各种饮料；食品用油类：菜油、豆油、花生油、茶籽油、麻油、棕油、米糠油、生猪肉油；制糖业类：果葡萄浆、高果糖浆、葡萄糖浆、甘蔗糖、甜菜糖、甜葡糖、蜂蜜；其他类：酶制剂、植物油、海藻胶、乳制品、柠檬酸、明胶、骨胶等过滤用的各种原料，硅藻土在国外的糖厂用得相当普遍，特别是糖浆等高黏度物料的过滤。将它加入糖液中，或使过滤机在过滤糖液前先通过硅藻土与水的混合物，在滤布上形成硅藻土的"预涂层"，再过滤糖液，将溶液中的悬浮物阻留在硅藻土层之上。这些糖液的过滤如果不加硅藻土，常难以在过滤机中形成滤泥层。

硅藻土的用量视生产需要而定，食品中的残留量应≤0.5%，按 FAO/WHO（1977年）规定，ADI 值暂缓决定。

2. 珍珠岩（Perlite）

（1）组成 珍珠岩是一种由惰性非晶玻璃体粒子组成的白色固体粉末，其主要成分为钾、钠和铝硅酸盐，无任何异味，本身不含有机物。生产过程中，珍珠岩经过高温处理，达到灭菌和消除有机物的效果，因此，珍珠岩助滤剂在无机酸和有机酸中的溶解度极低，化学稳定性强，不会影响被过滤液体的色、香、味。其使用方法和硅藻土完全相同。珍珠岩颗粒是非常不规则的曲卷片状，形成滤饼时有80%~90%的孔隙率，各颗粒有许多毛细孔相通，因此可以快速过滤，而且能捕捉0.1μm大小的粒子。

（2）性状 珍珠岩助滤剂与硅藻土相比其使用上有以下特点：能吸附滤液（如酒类、高营养饮料类）中的部分高分子蛋白质，更有利于提高滤液的非生物稳定性；可提高过滤速度以及过滤总量；节约20%使用量。

（3）使用 珍珠岩助滤剂已被国家规定为食品加工剂，在国内外被广泛采用。食品加工过程中珍珠岩助滤剂添加量因处理对象不同而异，啤酒麦芽汁用量为 0.5～1.0kg/1000L；啤酒用量为 0.5～1.0kg/1000L；经预处理的新葡萄酒用量为 0.5～2.0kg/1000L；经预处理的压榨葡萄汁用量为 1.5～2.5kg/1000L；未经预处理的新葡萄酒用量为 2～4kg/1000L。

## 二、 润滑剂与脱模剂

1. 白油（White Oil）

（1）组成 白油即液体石蜡（Liquid Paraffin），是经过特殊的深度精制后的矿物油，由饱和烷烃组成，碳数在 16～24，通式为 $C_nH_{2n+2}$。食品级白油，是以矿物油为基础油，经深度化学精制、食用酒精抽提等工艺处理后得到。基本组成为饱和烃结构，芳香烃、含氮、氧、硫等物质近似于零。由于这种超级的精制深度，在实际制造工艺中，难以对重质馏分实施，所以白油的相对分子质量通常都在 250～450。

（2）性状 白油为半透明油状液体，无毒，无臭，无味。具有良好的氧化稳定性、化学稳定性、光稳定性。

（3）应用与限量 适用于润滑食品加工厂的各类紧固件、轴承、法兰、管件、插栓等部件，能有效防止机械磨损。白油用于食品上光（如面包、巧克力）、焙烤食品的防粘与脱模、发酵过程中消泡、果蔬和鸡蛋保鲜和抑菌等功能。此外，还用作制备脱水水果与蔬菜的脱模剂，以及糖果制造时的抛光剂和脱模剂。按照我国 GB 2760—2014《食品安全国家标准 食品添加剂使用标准》规定：白油适用于面包脱模、味精发酵消泡，用量按正常需要而定；淀粉软糖、鸡蛋保鲜，最大使用量为 5.0g/kg。在日本，白油作为脱模剂只允许使用于面包生产中，在面包里的残留量规定在 0.1% 以下，用法是将白油涂于焙烤面包的模具上，不允许在面包上喷雾抛光。

按 FAO/WHO（1977）规定，对白油的 ADI 不做特殊规定。

2. 石蜡（Paraffin）

（1）组成 石蜡是石油炼制过程中的主要产品之一，主要由正构烷烃 $C_nH_{2n+2}$ 组成。常温下为无色或淡黄色固体，碳原子数一般为 16～32，相对分子质量为 300～540，馏分范围为 350～500℃，密度通常为 0.1880～0.1915kg/L。

（2）性状 食品用的石蜡又分为食品级石蜡和食品包装石蜡。食品级石蜡适用于食品口香糖、泡泡糖、脱模、压片、打光等直接接触食品的用蜡。食品包装石蜡适用于与食品接触的容器、包装材料的浸渍用蜡，在食品包装行业中，用一些涂复或浸渍石蜡的纸制品和用石蜡作为黏合剂层选膜或箔片来包装食品；石蜡制品也可以直接涂在干酪或水果上，将石蜡溶于汽油中，对水果进行喷雾涂复，以防止干酪或水果干缩，减少其香味物质的损耗，也可以防止细菌的侵蚀。

（3）应用与限量 GB 2760—2014《食品安全国家标准 食品添加剂使用标准》规定：只有食品级石蜡才能作为食品添加剂在规定的使用范围内限量使用。食品包装石蜡的纯度、安全性不高。它分解出的低分子化合物会对人的呼吸道、肠胃系统造成影响，造成人体肠胃功能紊乱，引起腹泻。人过多服用石蜡会降低免疫功能，有些物质在人体内长期积蓄，还会引发人体细胞变异疾病，严重危害健康。

3. 凡士林（Vaseline）

（1）组成 凡士林又称矿脂，其主要成分是液体石蜡和固体石蜡烃类混合物（高级烷烃和烯烃）。由高黏度石油润滑油馏分，经脱蜡所得的蜡膏掺和润滑油基础油，再经精制而得到的食品级凡士林。按其精制程度分为白凡士林与黄凡士林。

（2）性状　主要用作消泡剂、润滑剂、脱模剂和保护涂层。凡士林与硼酸混合后对鸡蛋进行涂抹可使鸡蛋保鲜 70～90d。食品级凡士林可与聚二甲基硅氧烷和滑石粉配制成消泡乳液，用于糖厂生产中泥汁过滤、清汁箱和混合汁箱以及酒精车间料液输送等环节消泡。制糖机械的一些滚动轴承需用白凡士林润滑。

（3）应用与限量　凡士林在一定温度和压力环境下，100h 即可能产生细菌，同时有酸化趋势；200h 开始变酸，不仅影响口感且腐蚀设备。

## 三、 澄清剂与脱色剂

1. 膨润土或皂土（Bentonite）

（1）组成　膨润土是澄清剂的典型材料，皂土是葡萄酒行业惯用的商业名称，它是天然膨润土精制而成的无机矿物凝胶。膨润土是以蒙脱石为主要矿物成分的黏土矿，其蒙脱石含量为 40%～90%，还含有少量高岭石、水铝英石、绿泥石、蛋白石、云母等矿物质。膨润土是一种复杂的水合硅酸铝，含有可以交换的阳离子，通常是钠离子。膨润土由不溶性带负电荷的硅酸盐小片组成，当以水悬浮体的形式存在时具有很大的比表面积，可达 $750m^2/g$。它选择性地优先吸附蛋白质，这种吸附作用是蛋白质的正电荷与硅酸盐负电荷之间的吸引引起的。同时，被吸附蛋白质覆盖的膨润土颗粒又可吸附一些酚和单宁，当然也不排除它们和蛋白质一起被膨润土颗粒吸附。

（2）性状　膨润土因其具有多方面的特性功能被用作澄清和稳定果汁果酒的首选澄清剂。膨润土在葡萄酒酿造中的主要作用是澄清、稳定酒体，防止葡萄酒内蛋白质引起的浑浊、沉淀；显著提高葡萄酒对蛋白质、铁、铜的稳定性，有效提高抗葡萄酒"铁破败病""铜破败病"的能力；提高出酒率，并部分改善酒的口感、减少农药残留。膨润土用在果汁的澄清处理中，既可以吸附单宁等多酚类物质，又可以吸附蛋白质等大分子胶体粒子，还可与金属离子络合，从而消除引起果汁非生物混浊的多种因素。

大鼠对膨润土的最大耐受量为 8g/kg，相当于人用量的 2666 倍，毒性很小。膨润土对神经、呼吸及心血管系统没有影响。

（3）应用与限量　经提纯或改性后的膨润土还可广泛用于油脂和调味品（酱油、陈醋、味精）等的脱色澄清处理。膨润土在使用前，必须在 5～7 倍水中充分浸泡膨胀至少 4～6h，只有这样，膨润土才能充分发挥作用。

2. 明胶（Gelatine）

（1）组成　明胶是动物胶原蛋白经部分水解衍生的相对分子质量 10000～70000 的水溶性蛋白质（非均匀的多肽混合物）。食用明胶为白色或淡黄色透明至半透明带有光泽的脆性薄片、颗粒或粉末，无臭、无味，不溶于冷水、乙醚、乙醇、氯仿，可溶于热水、甘油、乙酸、水杨酸、苯二甲酸、尿素、硫脲等溶液。相对密度 1.3～1.4，能缓慢吸收 5～10 倍的冷水膨胀软化，当吸收 2 倍以上水时加热至 40℃便熔化形成溶胶，冷却后形成柔软而有弹性的凝胶。

（2）性状　明胶来源于富含蛋白质的动物骨、皮的胶原，明胶溶液的凝胶化温度与其浓度、共存盐的种类、溶液的 pH 有关，明胶的凝胶柔软、口感好、富有弹性。明胶水溶液具有黏性，黏度大小与温度、pH 和施加搅拌有关。明胶在冷水中具有溶胀性，能吸收 5～10 倍的水分，遇冷凝成胶冻。明胶还具有起泡和稳泡作用，在凝固温度附近起泡能力最强。明胶还是一种优良的保护性胶体，可作为疏水性胶体的稳定剂和乳化剂。

（3）应用与限量　在糖果制造中作为冻结剂用于生产明胶冻糖；作为搅打剂在果汁软糖、牛轧糖、太妃软糖、充气糖果中作为稳定剂，能控制糖晶体大小，并防止糖浆中油水相分离；作为乳化剂、黏合剂用于糖果生产，可减少脆性，有利于成型，便于切割，从而防止各类形式糖果的破碎，提高成品率和持水性。在糕点生产中，用作各种糖衣的黏结剂。在乳制品中用作酸奶的稳定剂，防止乳清渗出和分离。明胶还广泛用于肉制品、餐用胶冻、含明胶点心、糕点等。

食用明胶为蛋白质，本身无毒性，因此 ADI 值不作限制性规定。

3. 单宁（Tannine）

（1）组成　单宁又称单宁酸、鞣质，是一类相对分子质量大的复杂多元酚类化合物，分子中含有大量酚羟基。单宁不是单一化合物，化学成分比较复杂，大致可分为两种，一种是缩合单宁，是黄烷醇衍生物，分子中黄烷醇的第 2 位通过 C—C 键与儿茶酚或苯三酚结合；一种是可水解的单宁，分子中具有酯键，是葡萄糖的没食子酸酯，另一种是常用的单宁。常用单宁包括单宁 B 和单宁 R。不同来源的单宁虽结构不同，但具有一些共同的性质：都是黄色或棕黄色无定形松散粉末，在空气中颜色逐渐变深，有强吸湿性；不溶于乙醚、苯、氯仿，易溶于水、乙醇、丙酮，水溶液有涩味。

（2）性状　单宁与蛋白质生成不溶于水的沉淀，在氧化酶的作用下，发生氧化聚合而生成黑褐色物质。单宁的酚羟基通过氢键与蛋白质的酰胺基连接后，能使明胶单宁形成复合物而聚集沉淀，同时捕集和清除其他悬浮固体，所以明胶与单宁常结合使用，称为明胶－单宁法。没有单宁，只加明胶是不可能澄清的。

（3）应用与限量　采用固定化技术将单宁结合在水不溶性载体上得到固化单宁，它是一种特效的澄清剂，在食品加工、果蔬加工贮藏、医药和水处理等方面有广泛的应用。固化单宁作为澄清剂的作用机理在于与液体食品中易产生浑浊的高分子蛋白质反应，形成大分子沉淀物而除去，特别适合于生产白瓶啤酒、小麦啤酒等高档啤酒，其添加方法是：单宁 B 在麦汁煮沸终了前 15～30min 添加，使用前用温水配制成 5%～10% 的溶液，与卡拉胶混合使用，可加速蛋白凝固成大颗粒；单宁 R 在过滤时添加。白瓶啤酒生产中通过糖化系统添加单宁 B 加强蛋白凝固，后期添加卡拉胶促进已凝固蛋白聚合成大颗粒，保证发酵顺利进行；过滤阶段单用单宁 R 作用于高分子蛋白，加强敏感性蛋白的去除。

固化单宁是我国允许使用的食品加工助剂。FAO/WHO 暂定单宁的 AID 值 0.6mg/kg。

4. 活性炭（Activated Carbon）

（1）组成　活性炭主要由少量的氢、氧、氮、硫等与碳原子化合而成的络合物。通常由能炭化和活化的有机质原料包括木屑、泥炭、褐煤、木炭纤维残渣、兽骨、果壳、石油焦炭等，在活化气体如水蒸气、二氧化碳中加或不加无机盐后在高温下被炭化或活化。也可用化学活性剂如磷酸或氯化锌在高温下炭化后，再水洗以除去化学活性剂制得。

（2）性状　活性炭为黑色多孔性无味物质，粒形呈圆柱形、粗颗粒或细粉末粒子，颗粒直径一般为 1～6mm，长度为直径的 0.7～4 倍，或具有 6～120 目粒度的不规则颗粒。无臭、无味，不溶于水或有机溶剂。对有机高分子等表面活性物质有很强的吸附力，其吸附作用的最适宜 pH 4.0～4.8，最佳温度为 60～70℃。

（3）应用与限量　由于活性炭对有机高分子物质有很强的吸附力，故对液相中色素、臭气物质等有很高的吸附能力，为常用的一种加工助剂。在食品生产中常用作脱色剂、脱臭剂、除味剂和净化剂。广泛用于蔗糖、葡萄糖、饴糖、油脂、果汁和葡萄酒等饮料的脱色净化，及胶体物质的去除和水质处理等。

FAO/WHO 对活性炭的 ADI 值不作限制性规定；FDA 规定的参考用量如下：葡萄酒 0.9%，雪梨酒 0.25%，葡萄汁 0.4%。我国 GB 2760—2014 规定活性炭用作助滤剂可根据生产需要适量使用。

# 四、 溶剂

1. 丙酮 （Acetone）

（1）组成　丙酮分子式为 $C_3H_6O$，相对分子质量 58.08。由丙醇、丁醇混合发酵法制得，经分离精制而得。

（2）性状　丙酮为无色透明挥发性液体，有特殊香味。可与水、乙醇、乙醚、氯仿和大多数油脂混溶。沸点 56.3℃，熔点 -94.6℃，相对密度 1.356。

（3）应用与限量　作为抽提溶剂，主要用于香辛料及可可豆等。在日本限用于浸出古柯豆的成分以制造古柯类饮料，并规定凡用含有丙酮原料生产的食品，在最终食品完成之前必须全部除去。用于软饮料最大使用量为 5mg/kg，冷饮为 5mg/kg，糖果为 8mg/kg，焙烤食品为 5mg/kg，布丁为 5mg/kg。

丙酮的大鼠经口 $LD_{50}$ 为 9.75g/kg 体重；对人的急性致死剂量为 50mL/人。

2. 丙二醇 （Propylene Glycol）

（1）组成　分子式 $C_3H_8O_2$，相对分子质量 76.10。由 1，2 - 环氧丙烷经水合制得。

（2）性状　为无色透明、无臭的黏稠液体，有极微量的辛辣味。沸点 188.2℃，闪点 104℃，相对密度 1.038。具有可燃性。能与水、醇及多数有机溶剂任意混合。有吸湿性，对光、热稳定。

（3）应用与限量　对难溶于水的防腐剂、色素等食品添加剂可用少量丙二醇充分溶解后再添加到食品中，有利于提高有效成分的分散性和添加效果。在食用香精的稀释和调配过程中，除使用乙醇作溶剂外，还可与丙二醇结合使用也会得到满意的结果。

大鼠经口 $LD_{50}$ 21.0 ~ 33.5mg/kg 体重，ADI 值 0 ~ 125mg/kg。

🔍 思考题

1. 什么是食品加工助剂？它与传统的食品添加剂有什么区别？
2. 我国推荐使用的食品加工助剂有哪些？它们可分为哪几类？
3. 活性炭与离子交换树脂的脱色机理有何不同？试列举其应用实例。

第十三章

# 食品添加剂实验

## 第一节　功效测试

本节主要涉及对具体食品添加剂物种的特性以及添加使用功效进行的实验测试。其中包括：防腐剂的抑菌能力和效果、抗氧化剂的抗氧化活力、乳化剂的混相乳化效果、果胶酶对果汁的澄清效果、食品用香精的调配及香型评价。通过实验，学习和体会对食品添加剂不同物种的特性以及产生的添加功效。

### 实验一　防腐剂抑菌能力的测定——抑菌圈测量法

#### 一、　实验要求

对抗菌防腐剂的抑菌能力作定性或半定量分析。

#### 二、　主要材料和设备

1. 药品材料

（1）基础培养基（细菌采用牛肉膏琼脂培养基，霉菌及酵母采用完全培养基）。

（2）微生物菌种。

（3）带盖平底培养皿。

2. 实验设备

（1）电烘箱。

（2）灭菌锅。

（3）恒温培养箱。

#### 三、　方法步骤

（1）将滤纸裁成直径6mm的圆纸片，干热160℃灭菌2h，冷却备用。

（2）将待测防腐剂配成一定浓度的溶液，将灭菌滤纸片放入该浓度防腐剂溶液浸渍，以无菌水作空白样品。然后捞起，干燥备用。

（3）将经选择好菌液浓度的各种试验菌菌液0.1mL加入已倒好培养基的平底培养皿中，涂布均匀。

（4）将制备好的带防腐剂的滤纸片放在含菌培养基的培养皿表面中央，并用无菌水浸渍过的滤纸做对照实验，每菌三组培养皿。

（5）将培养皿放入恒温培养箱培养，细菌在36℃下恒温培养48h，酵母及霉菌在25℃下恒温培养5d，然后，量取抑菌圈直径，取三组平均值。

### 四、 结果分析

（1）根据实验测定结果，比较防腐剂样品与空白对照样品抑菌圈尺寸的差别。

（2）判断所检测的防腐剂的抑菌效力的大小。

### 五、 分析讨论

（1）影响抑菌圈尺寸大小的实验因素。

（2）通过抑菌圈测试实验试解释防腐剂与杀菌剂的差别。

## 实验二　防腐剂的抑菌效率——微生物总数测定法

### 一、 实验要求

对抗菌防腐剂抑菌的效率作定量分析。

### 二、 主要材料和设备

1. 药品材料

（1）基础培养基（细菌采用牛肉膏琼脂培养基，霉菌及酵母采用完全培养基）；（2）微生物菌种；（3）无菌水；（4）滤纸。

2. 仪器设备

（1）带盖平底培养皿；（2）恒温培养箱；（3）菌落计数器。

### 三、 方法步骤

（1）取一定体积的稀释菌液与合适的固体培养基在其凝固前均匀混合，或以菌液涂布于已凝固的平板培养基上。

（2）吸取一定量的一定浓度的防腐剂溶液加入含菌培养基的培养皿中，涂布均匀，并用无菌水做对照实验，每种菌每种防腐剂浓度做一组三个重复样品实验。

（3）将培养皿放入恒温培养箱培养，细菌在36℃下恒温培养48h，酵母及霉菌在25℃下恒温培养5d。

（4）从培养箱取出，直接观察或在菌落计数器上计算微生物生长的菌落个数。一般在直径9cm的培养皿平板内，以出现30～300个菌落为宜。

### 四、 结果分析

由平板上出现的菌落数乘上菌液的稀释倍数，即可算出样品原菌液的含菌数，或换算成单位重量菌液中所含的总菌数 $N$（个/g）。以无菌水的结果 $N_0$（个/g）为对照，比较其效果，则可求出防腐剂的抑菌率 $\eta$（%）：

$$\eta（\%）=（N_0-N）/N_0$$

### 五、 分析讨论

（1）实验中的菌液的稀释倍数与菌落总数的关系。

（2）分析培养温度对最终菌落总数测定的影响。

## 实验三　活性氧方法 （AOM） 测试 TBHQ 对油脂的抗氧化效果

### 一、　实验要求

（1）了解 AOM 测试过程；

（2）对添加不同剂量 TBHQ 的植物油与动物脂肪进行氧化处理，测定不同氧化时间 （h） 后油脂中的过氧化值含量 （mmol/kg）；

（3）根据实验结果，制作氧化过程曲线图，并讨论 TBHQ 对油脂的抗氧化效果。

### 二、　主要材料和设备

1. 药品材料

选择植物油和动物脂肪各 2 ~ 3 种；

2. 仪器设备

（1）控制加热器与鼓风吹气装置；

（2）过氧化值滴定仪。

### 三、　试验内容

（1）将油脂样品处理成为液体，均匀取样后，分组添加不同剂量的 TBHQ；

（2）将所有添加油脂及空白加热至 98℃后，进行鼓热风处理；

（3）测定不同氧化时间 （h） 后油脂中的过氧化值含量 （mmol/kg） 及植物油脂达到 70mmol/kg 和动物脂肪达到 20mmol/kg 时所经过的时间 （h）。完成测试数据记录。

### 四、　数据处理

（1）根据测试数据，做不同种类油脂、添加不同剂量 TBHQ 的样品，氧化时间与过氧化值对应数据表；

（2）绘制相应变化曲线。

### 五、　分析讨论

（1）比较添加不同剂量 TBHQ 对油脂的抗氧化效果；

（2）比较同样剂量 TBHQ 对不同油脂的抗氧化效果；

（3）查阅文献比较试验中的抗化氧效果与其他抗氧化剂的效果分析。

## 实验四　乳化剂特性测试

### 一、　实验要求

利用乳化剂对油水两相进行乳化混合，制备均相乳化液体。并通过乳化实验验证表面活性剂乳化特性。

### 二、　主要材料和设备

1. 药品材料

（1）乳化材料　豆油、蒸馏水

（2）乳化剂 （可依实验条件选择其他物种）　司盘 60、分子蒸馏单甘酯、蔗糖酯 S 系列（S 170、S 570、S 1170、S 1070）、

蔗糖酯、葡糖酯 6、大豆磷脂 （soybean lecithin）

2. 主要仪器

混合机、101 – 3 恒温烘箱、250mL 带磨口塞量筒。

### 三、 方法步骤

以豆油:蒸馏水（质量）= 1:9 的比例中加入 1% 的乳化剂，放入混合机内混合 2min。将形成的乳化液 100mL 倒入量筒中，加塞后放入 70℃ 恒温箱中静置 3、7、15d，分别测定乳化液上层所占比例。测试数据填入实验测试记录表中（表 13 – 1）。

表 13 – 1 乳化剂特性测试实验记录

| 编号 | 乳化剂名称 | 上层比例/%（3d） | 上层比例/%（7d） | 上层比例/%（15d） |
|---|---|---|---|---|
|  |  |  |  |  |
|  |  |  |  |  |
|  |  |  |  |  |

### 四、 结果分析

根据实验测试记录结果，比较乳化剂效果的差别。

### 五、 分析讨论

（1）乳化剂的分子结构对油水乳化效果的影响；

（2）实验中都有哪些条件或因素影响乳化体系的稳定性。

## 实验五　食品用香精的调配

### 一、 实验要求

（1）掌握香精的评价方法。

（2）掌握液体香精的调配过程。

### 二、 实验原理

香精是含有多种香料的用于产品加香的混合物，按其用途不同，一般可分为食品香精和日用香精两大类。每一种成功的香精配方，按照各种香料在香精中的不同作用，通常由主香剂、协调剂、变调剂和定香剂这四类香料组成。

### 三、 主要材料和设备

1. 药品材料

（1）醛类　乙醛、辛醛、壬醛、香兰素、甜橙醛。

（2）酮类　2 – 十三酮、呋喃酮。

（3）酸类　乙酸、丁酸、辛酸。

（4）酯类　乙酸乙酯、乙酸丁酯、乙酸异戊酯、乙酸香叶酯、丁酸乙酯、丁酸异戊酯、辛酸乙酯、乳酸乙酯。

（5）含硫含氮类　2 – 甲基 – 3 – 巯基呋喃、5 – 甲基糠硫醇、己酸烯丙酯、二糠基二硫醚、噻唑醇、2，3，5 – 三甲基吡嗪。

（6）精油类　丁香花蕾油、除萜甜橙油、桂皮油。

（7）其他类　乙基麦芽酚。

2. 仪器设备

电子天平（精度 ±0.01g），样品瓶（30mL）、评香纸。

## 四、 方法步骤

1. 配方

（1）水溶性香蕉香精 如表 13-2 所示。

表 13-2　　　　　　　　　　　　　　水溶性香蕉香精配方

| 组分 | 用量/g | 组分 | 用量/g |
|---|---|---|---|
| 乙酸异戊酯 | 1.00 | 10% 丁酸异戊酯 | 1.00 |
| 1% 异戊醇 | 0.50~2.50 | 10% 乙酸丁酯 | 0.05~0.15 |
| 10% 丁酸乙酯 | 0.50~0.15 | 10% 乙酸乙酯 | 0.10~0.30 |
| 10% 丁香花蕾油 | 0.05~0.20 | 10% 香兰素 | 0.10~0.50 |
| 去离子水 | 3.00~4.00 | 95% 乙醇 | 至 10.00 |

（2）水溶性甜橙香精 如表 13-3 所示。

表 13-3　　　　　　　　　　　　　　水溶性甜橙香精配方

| 组分 | 用量/g | 组分 | 用量/g |
|---|---|---|---|
| 除萜甜橙油 | 2.00~3.00 | 1% 甜橙醛 | 0.02~0.15 |
| 1% 辛醛 | 0.20~1.00 | 1% 壬醛 | 0.40~1.00 |
| 0.4% 乙醛 | 0.10~0.40 | 10% 乙酸乙酯 | 0.10~0.20 |
| 去离子水 | 2.00~3.00 | 95% 乙醇 | 至 10.00 |

（3）水溶性肉味香精 如表 13-4 所示。

表 13-4　　　　　　　　　　　　　　水溶性肉味香精配方

| 组分 | 用量/g | 组分 | 用量/g |
|---|---|---|---|
| 1% 乙酸 | 0.10 | 1% 丁酸 | 0.10 |
| 1% 辛酸 | 0.70 | 1% 己酸烯丙酯 | 0.25 |
| 1% 2-甲基-3-巯基呋喃 | 0.62 | 1% 2，3，5-三甲基吡嗪 | 0.10 |
| 1% 呋喃酮 | 0.12 | 1% 辛酸乙酯 | 0.11 |
| 1% 乳酸乙酯 | 0.06 | 1% 5-甲基糠硫醇 | 0.13 |
| 1% 2-十三酮 | 0.21 | 1% 桂皮油 | 0.11 |
| 1% 5-羟乙基-4-甲基噻唑 | 1.20 | 1% 二糠基二硫醚 | 0.11 |
| 1% 乙基麦芽酚 | 0.38 | 丙二醇 | 5.00 |

2. 调配

调配香精时，把所选用的香料根据其用量依次加入容器中充分混合，混合均匀后，对所调配的香精的香气进行品评，通过香味辨别决定哪些部分的强度要减弱，哪些部分的强度需要增强，从而达到优化配方的目的，使香精的品质得以改进和完善。香精的香气应前后香气尽量稳定，但也不能过于平淡，并且要防止不适或不协调的香味的出现。

3. 评价

（1）香气评价 用评香条蘸取调配好的香精，浸润 1 ~ 2cm，用嗅觉进行评香，评价香精挥发过程中的头香、体香、尾香，以全面评定香精香气质量。香气评定结果可用分数表示（满分 40 分）或选用纯正（39.1 ~ 40.0 分）、较纯正（36.0 ~ 39.0 分）、可以（32.0 ~ 35.9 分）、尚可（28.0 ~ 31.9 分）、及格（24.0 ~ 27.9 分）和不及格（24.0 分以下）表示。

（2）香味评价

① 甜味香精的香味评价：将香精以 0.1% 量加入糖水（由蔗糖 8 ~ 12g，柠檬酸 0.10 ~ 0.16g，加蒸馏水至 100mL 配成），进行品味。

② 咸味香精的香味评价：将香精 0.2g 加入盐水溶液（由 0.5g 食盐，加入 100mL 开水中冷却），进行品味。

## 五、 注意事项

（1）配制香精样品时，须小心滴加各种组分，并准确记录所加各种香料的质量。

（2）调配好的肉味香精经过评香以后，交给实验教师保存，留作下次实验使用。

## 六、 分析讨论

（1）在用闻香纸嗅辨时，香精样品的香气特征为什么会发生变化？

（2）描述配方中各组分的香气特征。

（3）指出以上配方中的主香剂是什么？

# 实验六　苹果汁的澄清实验

## 一、 实验要求

比较不同澄清方法的澄清效果。

## 二、 实验原理

果汁中的亲水胶体主要由胶态颗粒组成，含有果胶质、蛋白质。电荷中和，脱水和加热，都会引起胶粒的聚集沉淀。加入果胶酶能水解果汁中的果胶质，使果汁中其他胶体失去果胶的保护作用而共同沉淀，达到澄清的目的。

## 三、 主要材料和设备

1. 药品材料

果胶酶、明胶、10g/L 碘液。

2. 实验设备

多功能食品加工机、紫外光栅分光光度计、天平、量筒。

## 四、 方法步骤

1. 苹果汁的制备

挑选无腐烂、无虫害、无机械损伤的苹果 0.5kg，用水冲洗去除果皮表面的泥沙，去皮，用多功能食品加工机将果肉榨取出汁，汁液中加入0.1g山梨酸钾作防腐之用。

2. 果汁澄清处理

量取10mL浑浊汁于量筒中，加入2mL 1%明胶溶液，充分搅拌均匀；另取一份10mL浑浊汁作对照，静置10min，观察果汁的外观，感官描述沉淀生成情况和果汁浑浊程度。

量取10mL浑浊汁于量筒中，加入0.3g果胶酶，充分搅拌均匀，静置10min，观察果汁变化。

3. 果汁澄清程度的评价

①醇实验：取上清液3mL，加入95%乙醇5mL，混合，静置10min，观察有无絮状物或沉淀形成。

②碘实验：取上清液3mL，加入10g/L碘液1mL，观察颜色变化，是否有蓝色出现。

## 五、 结果分析

将对照和加入澄清剂、酶处理后苹果汁的现象填入实验测试记录表13-5中。

表13-5 苹果汁澄清实验测试记录

| | 明胶 | 果胶酶 | 对照 |
|---|---|---|---|
| 醇处理 | | | |
| 碘处理 | | | |

## 六、 分析讨论

（1）影响果胶酶活力的实验因素有哪些？

（2）醇实验测试的成分？

（3）碘实验测试的成分？

# 第二节　加工应用

本节主要涉及对具体食品添加剂物种的实验室制备及其应用添加的实验。包括食品用色素的制备、护色剂对果蔬切片的护色作用、乳化剂对色拉酱的稳定效果、菊糖的制备、牛肉香精的完整调配制作以及谷氨酰胺转氨酶在肉肠制品中的应用。

## 实验七　亚硫酸盐对马铃薯切片的护色作用

### 一、 实验要求

（1）通过观察马铃薯切片的褐变了解护色的意义；

（2）试验利用亚硫酸盐溶液对马铃薯切片的护色作用与效果。

### 二、 主要材料和设备

1. 药品材料

（1）适量新鲜马铃薯（或红薯、山药）；

（2）食品添加剂　亚硫酸氢钠、柠檬酸、柠檬酸钠。

2. 实验设备

（1）热风烘干箱；

（2）酸度计；

（3）切片机（或普通菜刀）；

（4）实验室用不锈钢罐、不锈钢托盘。

### 三、 方法步骤

（1）称取一定量的亚硫酸氢钠，加水配制三份漂白液：

①护色液 1g/L 亚硫酸氢钠溶液；

②护色液 1g/L 亚硫酸氢钠溶液，其中含柠檬酸 5g/L（以适量柠檬酸钠调节 pH 4～5）；

③同样体积蒸馏水（空白试验）。

（2）选择若干块新鲜、完整、无虫蛀伤痕的马铃薯，经清洗无泥。

（3）削皮后切成 3～5mm 厚的薯片，分成三等份分别放入以上三种护色溶液中，浸泡 2h 后，用蒸馏水冲洗沥干。

（4）将以上经过不同处理的马铃薯片，分别装入三个不锈钢托盘中，放入烘干箱。

（5）控制烘干箱 85～90℃，打开吹风，烘干 1h 后取出。

（6）比较褐变与护色效果。

（7）根据国家标准方法检测残留二氧化硫是否超标（二氧化硫残留量不得超过 0.4g/kg）。

### 四、 数据处理

（1）重复一定次数试验，试估算单位体积护色液可处理多少 kg 马铃薯。

（2）计算单位体积护色液中含多少亚硫酸氢钠、柠檬酸、柠檬酸钠。

（3）查询各种食品添加剂的市场价格。

（4）试计算每千克护色的马铃薯干片与无护色的马铃薯片价格。

### 五、 分析讨论

（1）薯片褐变对感官质量的影响；

（2）比较不同漂白剂溶液和介质对薯片褐变的抑制作用和效果；

（3）讨论经过护色处理对薯片的价格及综合效果的影响。

## 实验八 食品水溶性色素的提取

### 一、 实验要求

利用其易溶于水和在酸性条件下稳定的特性，采用酸性水溶液作为提取剂提取色素，并依据大孔吸附树脂对色素的吸附特性进行精制，从而制备出较高色价的食用天然色素。要求理解水溶性色素提取及精制工艺的原理和操作方法。

### 二、 主要材料和设备

1. 药品材料

新鲜的紫甘蓝（或紫甘薯、红心萝卜、草莓、黑米等）、柠檬酸、磷酸氢二钠、大孔吸附树脂 AB－8、乙醇、氢氧化钠。

2. 实验设备

恒温水浴、温度计、布氏漏斗、循环水泵、小型离子交换柱、pH 计、电子天平、分光光度计、电热干燥箱、真空旋转蒸发仪。

### 三、 方法步骤

#### 1. 工艺流程

食品水溶性色素提取的工艺流程见图 13 – 1。

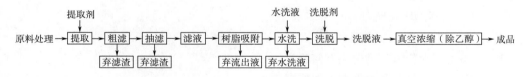

图 13 – 1　食品水溶性色素提取的工艺流程

#### 2. 提取剂、洗脱剂和缓冲液的配制

（1）提取剂　0.5% 的柠檬酸水溶液，300mL。

（2）水洗液　0.1% 柠檬酸水溶液，150mL。

（3）洗脱剂　60% 的乙醇水溶液，100mL。

（4）pH 3.0 柠檬酸 – 磷酸氢二钠缓冲液，250mL。

#### 3. 操作要点

（1）原料处理　称取 100g 新鲜的紫甘蓝叶片，清洗干净，切成 3 ~ 5mm 的细丝，置 500mL 容器中。

（2）提取　加入 300mL 提取剂，于 50℃ 恒温水浴保温提取 1h，间歇式搅拌。

（3）过滤　用纱布或滤布粗过滤，弃去滤渣。滤液用布氏漏斗抽滤，弃去滤渣。记录提取液体积 $V_1$（mL）。

（4）树脂吸附　将预处理好的大孔吸附树脂湿法装柱，柱床体积约 50mL，整个实验过程保持液面高出树脂面。用蒸馏水或去离子水洗至无乙醇。

将色素提取液上柱吸附，吸附流速为每小时 2 ~ 4 倍柱床体积（BV/h），观察流出液颜色，至流出液吸光度值达到上柱液的 10% 时停止吸附，弃去流出液。

（5）水洗　用 0.1% 柠檬酸水溶液 150mL 洗去未被吸附的杂质，流速为 3BV/h，弃去水洗液。

（6）洗脱　用洗脱剂解析吸附色素，流速为 1BV/h，待红色流出时开始收集，至颜色很淡时停止收集。

（7）真空浓缩　在 40℃、真空度 0.085 ~ 0.1MPa 条件下真空浓缩，回收乙醇，得到精制色素液，记录体积 $V_2$。

#### 4. 提取和精制效果评价

（1）色价的测定　1% 的色素在 pH 3.0 柠檬酸 – 磷酸氢二钠缓冲液中，用 1cm 比色皿测得在其最大吸收波长处的光密度值。

（2）提取液色素的得率　每 100g 原料经一次提取得到的色素量（以色价计）。取 1mL 提取液，用缓冲液定容至 25mL，在 $\lambda = 530nm$，测定光密度值 $A$，计算色素的得率。

$$色素的得率 = V_1 \times A \times 1/4 \tag{13 – 1}$$

（3）精制色素的得率：取 0.1mL 精制色素，用缓冲液定容至 25mL，在 $\lambda = 530nm$，测定光密度值 $A$，计算色素的得率。

$$精制色素的得率 = V_2 \times A \times 2.5 \qquad\qquad (13-2)$$

（4）精制后色价提高的倍数：精制后色价提高的倍数 = 精制后样品的色价/提取液的色价（以干物质计）

5. 树脂的回收与处理

用 2mol/L 的 NaOH 处理 2h，用蒸馏水洗至中性。

## 四、分析讨论

（1）提取温度对提取率的影响有何趋势？

（2）为什么在提取剂和水洗剂中加柠檬酸？

（3）测定花色苷的色价时，为什么要用 pH 3.0 的柠檬酸 – 磷酸氢二钠缓冲液？

# 实验九　食品油溶性色素的提取

## 一、实验要求

以富含油溶性色素的植物为原料，利用其易溶于有机溶剂的特性，采用乙酸乙酯作为提取剂提取色素。要求理解油溶性色素提取的原理和操作方法。

## 二、主要材料和设备

1. 药品材料

红色干辣椒、乙酸乙酯、丙酮。

2. 实验设备

微型植物试样粉碎机、旋转蒸发器、真空干燥箱、水循环式多用真空泵、天平、分光光度计、恒温水浴锅。

## 三、方法步骤

1. 工艺流程

食品油溶性色素提取的工艺流程见图 13 – 2。

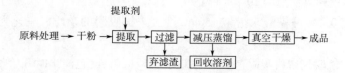

图 13 – 2　食品油溶性色素提取的工艺流程

2. 操作要点

（1）干红辣椒去籽、去梗，用自来水冲洗 2 ~ 3 次，晾干，放入 60℃ 鼓风干燥箱干燥 3h，粉碎过 10 ~ 20 目筛，备用。

（2）称取 2g 红辣椒粉于 500mL 圆底烧瓶中，加入 40mL 溶剂乙酸乙酯，安装好回流装置，在 80℃ 恒温水浴中，提取色素 1.5h。

（3）用抽滤装置过滤，60℃、真空度 0.085 ~ 0.1MPa 条件下浓缩回收溶剂，60℃、真空度 0.085 ~ 0.1MPa 条件下真空干燥到恒重，得到辣椒红色素产品。

3. 样品评价

（1）辣椒红色素色价测定　准确称取样品，精确至 0.002g，用丙酮溶解，定容到 100mL，再稀释一定倍数后，用分光光度计在 460nm 处测其 A 值：

$$E（色价，1\%，1cm，460nm）= A \times f/m \qquad\qquad (13-3)$$

式中   $E$——被测试样 1%，1cm 比色皿，在最大吸收峰 460nm 处的吸光度；

      $A$——实测试样的吸光度；

      $m$——样品质量，g；

      $f$——稀释倍数。

（2）色素相对量   辣椒色素质量（$m$）与色价（$E$）的乘积，用来表示色素的提出效果：

$$色素相对量 = m \times E \qquad\qquad (13-4)$$

（3）辣椒红色素产率 =（辣椒红色素的质量/辣椒粉末的质量）× 100%     (13-5)

## 四、 分析讨论

（1）除乙酸乙酯外，辣椒红色素还可以用哪些溶剂提取？

（2）用此方法提取的辣椒红色素粗品中可能含有哪些杂质？

（3）如果要除去色素中包含的辣味成分，可以采取什么方法？

（4）工业化生产采取什么流程和设备？

# 实验十 色拉酱的制作

## 一、 实验要求

色拉酱是以精炼植物油、食醋、鸡蛋黄为基本成分，经过适当添加少量黄原胶及调味料制成的产品。其中蛋黄作为乳化剂，起到均匀、稳定的作用。本实验目的是通过色拉酱的制作了解乳化的原理和过程。

## 二、 主要材料和设备

### 1. 药品材料

蛋黄（直接从鸡蛋中分离）、色拉油、食用白醋、淀粉糖浆、柠檬酸、芥末粉、黄原胶、微晶纤维素、奶油香精。

### 2. 实验设备

混料罐、加热锅、打蛋机、胶体磨、温度计、天平。

## 三、 方法步骤

### 1. 工艺流程

色拉酱制作的工艺流程见图 13-3。

蛋黄、色拉油、食用白醋、黄原胶等原料→ 混合 → 搅拌 → 加热 → 乳化 → 冷却 → 成品封装 。

图 13-3 色拉酱制作的工艺流程

### 2. 配料

蛋黄 150g，色拉油 700g，食用白醋（醋酸 0.5%）150mL，淀粉糖浆 180g、食盐 10g、柠檬酸 2g、芥末粉 5g、黄原胶 3g、微晶纤维素 1.5g、奶油香精 0.5mL、水 300mL。

### 3. 操作要点

①色拉油与蛋黄混合打成匀浆，加热至 60℃，在此温度下保持 3min，以杀灭沙门菌，冷却至室温待用；

②与其余配料进行混合；

③使用胶体磨将混合料浆均质成膏状物。

## 四、 分析讨论

（1）乳化剂及使用效果对产品的质量有何影响？

（2）在工业生产中，乳化处理应选用什么设备？

（3）是否可用其他乳化剂代替？

# 实验十一　功能性甜味剂——菊粉的制备

## 一、 实验要求

通过实验室条件，以菊芋为原料经过对样品切片的分离、提取及浓缩处理，最终制备功能性甜味剂，也是制备果糖的原料。本实验目的是通过实验教学，学习和掌握菊粉的制备方法与工艺流程。

## 二、 主要材料和设备

1. 药品材料

菊芋（俗称洋姜）或牛蒡或菊苣，水，活性炭、硅藻土。

2. 实验设备

恒温水浴、烧杯、旋转蒸发仪、喷雾干燥塔、布氏漏斗、抽滤瓶、菜刀、砧板。

## 三、 方法步骤

1. 工艺流程

菊粉制备的工艺流程见图 13 - 4。

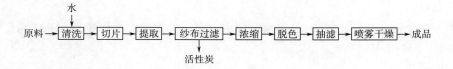

图 13 - 4　菊粉制备的工艺流程

2. 操作要点

（1）清洗　用自来水清洗原料菊芋（或牛蒡、菊苣）表面的泥沙。

（2）切片　将清洗干净的原料切成 3cm 左右厚的薄片。

（3）取一定量的原料按 10∶1 的比例加入自来水，加热至 80℃提取 40min，然后用纱布过滤，取滤液真空浓缩。

（4）真空浓缩　将滤液放入蒸馏烧瓶中，运用旋转蒸发仪在 50℃条件下进行浓缩，浓缩至固形物含量 25% 左右。

（5）脱色　按物料体积量的 1% 加入活性炭，搅拌状态下于 80℃维持 30min。

（6）抽滤　先将硅藻土溶液加入漏斗，使硅藻土在滤纸上预先形成一层滤饼，然后加入需过滤的液体抽滤。

（7）喷雾干燥　进风温度 180℃，出风温度 80℃喷雾干燥脱色后的液体，即得白色的菊粉粉末。

## 四、分析讨论

（1）提取样品过程是否处理得颗粒越细提取率越高？

（2）菊粉完全水解后的产物？

（3）提高干燥温度是否能加快干燥速度？

# 实验十二 热反应牛肉香精的制备

## 一、实验要求

（1）了解热反应尤其是美拉德（Maillard）反应的基本原理。

（2）通过实验掌握利用热反应制备肉味香精的基本工艺。

## 二、实验原理

### 1. 热反应的基本原理

热反应是目前制备肉味香精的主要方法之一。在热反应中，食品原料中各种成分可能发生的对香味产生贡献的反应有 Maillard 反应、Strecker 降解、热降解反应、水解反应等，这些反应不仅产生香气，形成香味，而且可引起味道变化。Maillard 反应包括以下系列化学反应（图 13 – 5）。

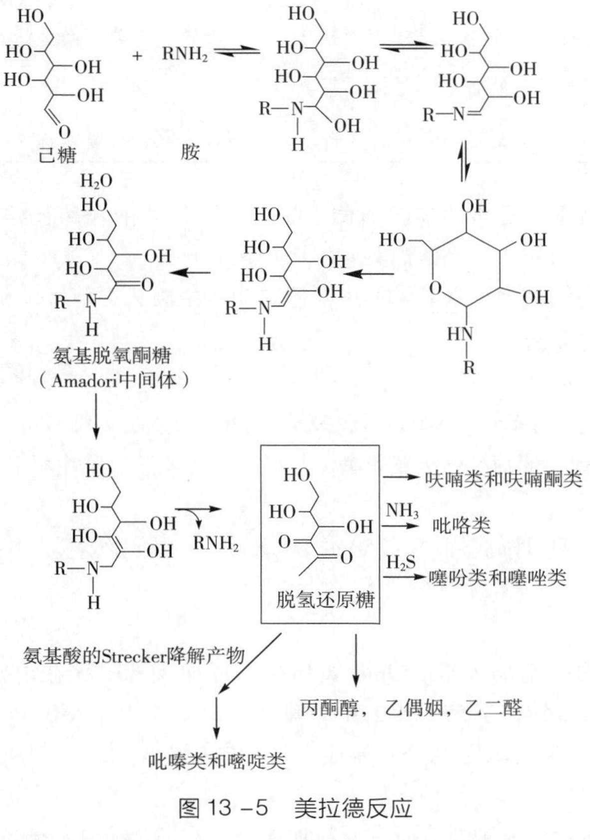

图 13 – 5 美拉德反应

在这些化学反应中，一种或多种氨基酸（或肽和蛋白质）通过多种途径与还原糖反应，产生许多香气挥发物、非酶褐变产物（类黑精）和一些抗氧化物。氨基酸与各类羰基化合物之间的热反应是构成各种热加工食品香味的主要来源。

**2. 热反应的主要原料**

①氨基酸类原料：鲜肉酶解物、骨素酶解物、HVP、酵母浸膏和各种氨基酸。半胱氨酸是热反应香精最好的单体氨基酸。蛋氨酸也是重要的含硫氨基酸，如果用量不当容易恶化风味。

②糖类：葡萄糖、木糖和核糖，以葡萄糖和木糖最为常用。使用葡萄糖时热反应的温度比使用木糖要低一些。

③脂肪：加热各种肉的脂肪可以产生各种肉的特征肉香味，对热反应香精特征肉香有重要贡献。由于热反应时处于密闭状态，脂肪的氧化降解不易发生。因此，反应前的脂肪适度氧化降解非常重要。

④辛香料：辛香料是构成菜肴特征风味和区域饮食风味的关键原料，不同的风味需要使用不同的辛香料（表13-6）。

表13-6 适用于各类菜肴的辛香料

| 肉类 | 辛香料 |
| --- | --- |
| 牛 肉 | 洋葱、胡椒、姜、多香果、丁香、肉豆蔻、大蒜、肉桂、小豆蔻、咖喱、芫荽 |
| 猪 肉 | 胡椒、香芹、肉桂、洋葱、多香果、丁香、百里香、紫苏叶、肉豆蔻 |
| 羊 肉 | 胡椒、丁香、多香果、月桂、紫苏叶、姜、肉桂、芫荽、肉豆蔻 |
| 鸡 肉 | 芥末、紫苏叶、麝香草、月桂、葱、胡椒 |
| 鱼 肉 | 胡椒、芫荽、肉豆蔻、香芹、多香果、月桂、洋葱、姜、大蒜、咖喱、紫苏叶 |

⑤其他原料：硫胺素是重要的肉味前体。味精、肌苷酸钠和鸟苷酸钠（I+G）主要是增加热反应香精的风味。加入0.1%山梨酸钾用于防腐。

本实验将以牛肉酶解物为氨基酸类的主要原料制备牛肉味香精。

### 三、 主要材料和设备

**1. 药品材料**

鲜瘦牛肉、复合蛋白酶（Protamex）、复合风味蛋白酶（Flavourzyme）、水解植物蛋白（HVP）液、牛油、木糖、葡萄糖、半胱氨酸、甘氨酸、丙氨酸、维生素 $B_1$、谷氨酸钠、辛香料。

**2. 实验设备**

搅拌器、电热套、四口圆底烧瓶（250mL）、天平、一次性纸杯、评香纸。

### 四、 方法步骤

**1. 酶解**

将50g鲜瘦牛肉的肉糜加入至250mL烧杯中，再加入60g水在电炉上加热至80℃保温15min后，冷却至50℃；转移至55℃水浴中，开动电动搅拌，加入0.3g复合蛋白酶处理0.5h后，加入0.6g复合风味蛋白酶处理2h，制成1:1牛肉酶解物。

**2. 热反应**

①按照表13-7所示配方配料，所有原料加入至装有搅拌棒和回流冷凝管的四口瓶中；

②控制温度在100℃，加热搅拌1.5h；

③水浸降温至室温；

④对热反应产物进行品评分析；

⑤用给定的头香剂对热反应产物加香，并进行评价。记录加香前后产物的香气特征以及评价员对热反应产物进行评价后的得分。

表 13 −7　　　　　　　　　　　　牛肉热反应香精配方

| 原料 | 用量/g | 原料 | 用量/g | 原料 | 用量/g |
|---|---|---|---|---|---|
| 1:1 牛肉酶解物 | 100 | 半胱氨酸 | 1.8 | 谷氨酸钠 | 0.43 |
| HVP 液 | 19.0 | 甘氨酸 | 0.15 | 牛油 | 1.6 |
| 葡萄糖 | 1.6 | 维生素 B$_1$ | 0.3 | 辛香料 | 12.5 |
| 木糖 | 0.4 | 丙氨酸 | 0.43 | | |

### 五、 注意事项

（1）在使用酶制剂时不要长时间接触酶，否则可能刺激皮肤、眼睛和黏膜组织。特别是有过敏史的人。

（2）酶制剂易于失活，取完后应尽快放入冰箱冷藏。

（3）反应中应严格控制温度，不可过高。

### 六、 分析讨论

（1）热反应过程中的主要反应有哪些？

（2）Maillard 反应的基本原理是什么？

（3）热反应中各原料的基本作用？

注：热反应产物的评价方法。

取 0.2g 试样和标准样品置于各自小烧杯中，分别加入盐水溶液（0.5g 食盐，加入 100mL 开水中，冷却），制成 0.2% 香精盐水溶液，搅拌均匀即为试液；小口品尝试液，辨其香味特征、强度、口感有无差异、每次品尝前均应漱口。样品评价记分方式：很不喜欢（−3 分），不喜欢（−2 分），不太喜欢（−1 分），一般喜欢（0 分），稍喜欢（1 分），喜欢（2 分），很喜欢（3 分）。

## 实验十三　谷氨酰胺转氨酶在肉肠制品中的应用

### 一、 实验要求

了解和学习一种利用生物酶催化蛋白形成良好凝胶，在肉类重组、再利用及制备香气物质和为加工食品增香的方法。

### 二、 实验原理

肉制品中蛋白质是重要的组成成分之一，同时是发挥功能作用及提供营养素的关键物质，更是发挥凝胶作用的基础物质。肉制品加工是以畜、禽肉为主要原料，经过选修、切块或绞肉、添加辅料后腌制（搅拌、斩拌或者滚揉）、再进行灌装成型、蒸煮熟化或食用前熟化而制得的产品。

谷氨酰胺转氨酶是一种转移酶，能够催化蛋白质分子中的酰基转移反应。其作用机理是催化酰基受体和肽链中谷氨酰胺残基的 $\gamma$ −羧酰胺基（酰基供体）之间进行酰基的转移反应。在实际反应中酰基受体有 3 种：伯胺基是一种常见的酰基受体；赖氨酸残基的 $\varepsilon$ −氨基在多肽链中也可以发挥氨基受体的功能；水是生产食品中不可缺少的原料，而且能充当酰基受体的功能，该反应可以改变蛋白质的结构，进而改变蛋白质的等电点和溶解度，同时产生谷氨酸，增强食品的风味。

另外，肉制品作为一种深加工产品，其口感、口味和外观品质均要满足消费者及标准的要求。在整个加工过程中原料肉和水及添加的食盐、大豆分离蛋白、磷酸盐、卡拉胶及淀粉等物质在腌制过程中及热加工过程中会发生各种复杂的变化，肉中的蛋白及添加的蛋白之间在谷氨酰胺转氨酶的催化作用下，蛋白质分子之间形成共价交联，改变了空间立体结构，从而改变了各种功能特性。

肉制品加工过程中蛋白质与脂肪之间作用的好，肥肉的利用率高，乳化性好，产品不出油，能降低成本。蛋白质与水作用充分，产品的保水性好，产品的出品率高。植物源蛋白、酪蛋白等与肌肉蛋白在酶的催化下蛋白质分子之间形成了一定的共价交联，使得蛋白质之间更加容易黏合，形成一定的空间结构，把肉制品加工过程中添加的水分牢牢的锁在空间结构中，能够实现保油和保水之间的平衡，将水分及油脂固定在其凝胶网络中，使肉制品能有较好的保水、保油效果，不仅可以提高其口感及双蛋白的营养性，而且可以降低生产成本。

### 三、 主要材料和设备

1. 药品材料

精瘦肉、肥膘、淀粉、酪蛋白、味精、食盐、香精等食品添加剂：

市售谷氨酰胺转氨酶（TG，泰兴市一鸣生物制品有限公司）

2. 实验设备

质构仪、斩拌机、绞肉机、组织捣碎机、打卡机、灌肠机、夹层锅。

### 四、 工艺流程

肉肠的制作工艺流程见图 13 – 6。

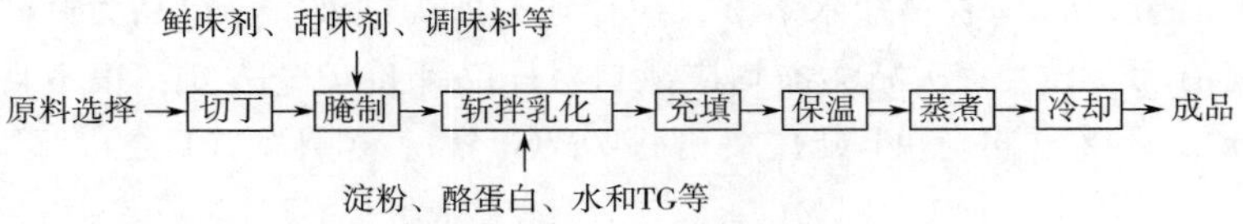

图 13 – 6　肉肠的制作工艺流程

### 五、 方法步骤

（1）原料选择　猪肉应以新鲜肉为佳，也可选择冷冻肉，肥瘦比为 1:4。

（2）腌制　时间一般要求 6h，温度应控制在 0 ~ 4℃。

（3）TG 的加入方法　为了使 TG 尽可能保持在其活力较佳的 pH 范围内，可以用 0.1% 的 $NaHCO_3$ 溶液来溶解之后加入。

（4）斩拌乳化　是乳化型香肠生产的主要工序之一，其赋予制品特有的质构和口感，在乳化过程中形成功能性蛋白质复合物，以富有弹性和黏结性为好。

（5）充填及灌制　把搅拌好的肉馅迅速转入灌肠机中，在真空条件下灌肠，然后针刺排气，每节长 12 ~ 15cm，并且松紧适中。

（6）保温　TG 在 5 ~ 55℃ 条件下活力较强；且在该温度条件下，随着温度的升高，其催化反应的活力越强，反应速度越快，在 50℃ 下保温 1h 基本可达到其催化效果。

（7）加热　将肠于 70～80℃下蒸煮，煮至肠内部温度为 75℃为止，此时酶将失去活性。

（8）冷却、包装　肠蒸煮后用冷水迅速冷却，然后采用真空包装。

（9）品质分析　采用质构仪分析肠的弹性，确定添加 TG 的最佳比例。

### 六、 分析讨论

（1）谷氨酰胺转氨酶在肉制品加工中的主要作用；

（2）肉制品制作过程中在蒸煮前的保温处理的目的；

肉肠的基本配方（%）：

猪肉 100（肥瘦比 1∶4）、玉米淀粉 12、复合磷酸盐 0.4、食盐 5、香辛料 1、味素 0.3、水 18。

## 实验十四　马铃薯淀粉的制备分离

### 一、 实验原理

淀粉是食品中应用最多的增稠剂之一。由于植物体中的淀粉常伴有蛋白质、纤维素等物质，这是制备淀粉必须分离的组分。实验选择马铃薯样品，通过适当方法进行提取和分离，最终得到比较纯净的原淀粉。

### 二、 主要材料和设备

1. 材料

马铃薯。

2. 实验设备

粉碎机、离心机、抽滤、真空干燥箱。

### 三、 方法步骤

1. 工艺流程

称取一定量马铃薯，并按图 13 - 7 进行操作。

图 13 - 7　马铃薯淀粉制备工艺流程

2. 操作要点

（1）将洗净的马铃薯去皮，切成 5～10mm 的片状。浸泡在 1g/mL 的亚硫酸氢钠溶液中 20min 护色，防止褐变。

（2）将切片在粉碎机中打碎后，按薯水比为 1∶3 加水。用纱布过滤，去除纤维杂质。

（3）在离心机中离心 10min（3000r/min），反复两次，倒掉上层液体。85℃风干粉碎，即得到成品。

3. 称量淀粉成品，计算产率。

### 四、 分析讨论

（1）如何使用护色剂，以得到更好的护色效果？

（2）怎样消除残留的亚硫酸盐？

（3）怎样避免淀粉在干燥时形成的结板和硬块？

## 第三节　残量检测

本章主要涉及对具体食品添加剂、营养强化剂制品的含量以及在添加食品中的含量与残留的检验分析。包括：营养强化剂强化铁与牛磺酸的含量分析、脂溶性抗氧化剂、发色剂的残留检测、聚果糖的成分定量分析等。

### 实验十五　婴幼儿乳粉中牛磺酸的测定

#### 一、 实验原理与要求

（1）样品用偏磷酸溶液溶解，经超声波振荡提取、离心、微孔滤膜过滤后，通过钠离子色谱柱分离，再与邻苯二甲醛（OPA）衍生反应，由荧光检测器检测定量。本方法采用 GB 5413.13—2010《食品安全国家标准　婴幼儿食品和乳品中维生素 $B_6$ 的测定》方法，适用于婴幼儿配方食品和乳粉中牛磺酸的测定。

（2）掌握高效液相色谱法测定的基本原理和仪器操作。

（3）同一样品的两次测定值之差不得超过两次测定平均值的5%。

#### 二、 主要材料与设备

1. 药品材料

（1）强化婴儿奶粉；

（2）牛磺酸标准品、偏磷酸、柠檬酸三钠、苯酚、硝酸、硼酸、氢氧化钾、邻苯二甲醛、甲醇、2－巯基乙醇。

2. 实验设备

（1）0.3、0.45μm 的微孔滤膜；

（2）钠离子氨基酸分离专用柱、氨基酸柱后反应器、荧光检测器、溶剂泵、积分仪、超声波振荡器。

#### 三、 方法步骤

（1）配制牛磺酸标准溶液　精确称取牛磺酸标准品 0.100g，用水定容至 100mL，再吸 1.0mL 此溶液至 100mL，定容后经 0.3mm 微孔滤膜过滤，浓度为 10mm/mL。

（2）流动相　称取柠檬酸三钠 19.6g 溶于 950mL 水中，加入苯酚 1mL，用 6mol/L 的硝酸调 pH 至 3.10~3.25，经 0.45mm 微孔滤膜过滤。

（3）柱后荧光衍生反应试剂　称取邻苯二甲醛（OPA）0.60g，用 10mL 甲醇溶解后，加入 2－巯基乙醇 0.5mL 和 Brij－35 0.35g，再加入 0.5mol/L 的硼酸钾溶液至 1000mL，经 0.4mm 微孔滤膜过滤。

（4）样品的测定　称样（牛磺酸含量不少于 5mg），用 60mL 偏磷酸溶液溶解，移入 100mL 容量瓶中，超声振荡 10~15min，冷至室温后，定容。取样液离心 5000r/min、20min，吸上清液 10mL，经 0.3mm 微孔膜过滤，接取中间滤液约 1mL 作进样用。

（5）色谱条件　流动相流速 0.3mL/min，柱温 55℃，荧光检测器激发波长 338nm，发射波长 425nm，灵敏度 0.01 AUFS。

### 四、 数据处理

$$样品中牛磺酸含量（mg/100g） = \frac{c \times 100 \times 100}{m \times 100} \qquad (13-6)$$

式中　$c$——仪器测进样液的浓度，$\mu g/mL$；

　　　　$m$——样品的质量，g。

### 五、 分析讨论

（1）比较不同的牛磺酸测定方法，指出各方法的优缺点。

（2）查阅强化食品质量标准，检测所测定结果是否符合标准要求。

## 实验十六　油脂中没食子酸丙酯（PG）的测定法

### 一、 实验原理与要求

（1）试样经石油醚溶解，用乙酸铵水溶液提取后，没食子酸丙酯（PG）与亚铁酒石酸盐起颜色反应，在波长 540nm 处测定吸光度，与标准比较定量。

（2）本方法参考 GB 5009.32—2016《食品安全国家标准　食品中 9 种抗氧化剂的测定》内容，适用于油脂中 PG 的测定，本方法的定量限为 25mg/kg。测试样品可选择市售非快餐类油炸食品。

### 二、 主要材料与设备

1. 药品材料

（1）石油醚（沸程 30~60℃）；

（2）乙酸铵溶液（100g/L 及 16.7g/L）；

（3）显色剂　称取 0.100g 硫酸亚铁（$FeSO_4 \cdot 7H_2O$）和 0.500g 酒石酸钾钠，加水溶解，稀释至 100mL，临用前配制；

（4）PG 标准溶液　准确称取 0.0100g PG 溶于水中，移入 200mL 容量瓶中，并用水稀释至刻度。此溶液每毫升含 50.0mg PG。

2. 实验设备

（1）分析天平　感量为 0.01g 和 0.1mg；

（2）分光光度计。

### 三、 方法步骤

（1）称取 10.00g 试样，用 100mL 石油醚溶解后，移入 250mL 分液漏斗中，加 20mL 乙酸铵溶液（16.7g/L），振摇 2min，静置分层，将水层放入 125mL 分液漏斗中（如乳化，连同乳化层一起放下），石油醚层再用 20mL 乙酸铵溶液（16.7g/L）重复提取两次，合并水层。石油醚层用水振摇洗涤两次，每次 15mL，水洗涤并入同一 125mL 分液漏斗中，振摇静置。将水层通过干燥滤纸滤入 100mL 容量瓶中，用少量水洗涤滤纸，加水至刻度，摇匀。将此溶液用滤纸过滤，弃去初滤液的 20mL。收集滤液供比色测定用。同时做空白试验。

（2）移取 20.0mL 上述处理后的试样提取液于 25mL 具塞比色管中，加入 1mL 显色剂，加 4mL 水，摇匀。另吸取 0，1.0，2.0，4.0，6.0，8.0，10.0mL PG 标准溶液（相当于 0，50，100，200，300，400，500$\mu g$ PG），分别置于 25mL 带塞比色管中，加入 2.5mL 乙酸铵溶液（100g/L），加入水至约 23mL，加入 1mL 显色剂，再准确加水定容至 25mL，摇匀。用 1cm 比色杯，以零管调节零点，在波长 540nm 处测定吸光度。

## 四、 数据处理

（1）以标准溶液吸光度与对应的 PG 量绘制标准曲线；

（2）根据样液吸光度在曲线上查出对应的 PG 量值；

（3）通过以下公式计算样品中的没食子酸丙酯（PG）含量：

$$PG（mg/kg）= \frac{c}{m \times (V_1/V_0)}$$

式中　$c$——样液吸光度在标准曲线上对应的 PG 量值，μg；

　　　$m$——试样质量，g；

　　　$V_1$——测定用样液体积，mL；

　　　$V_0$——提取后样液总体积，mL。

## 五、 分析讨论

（1）比较不同的油炸食品的分析数据。

（2）查阅 GB 2760—2014《食品安全国家标准　食品添加剂使用标准》，检测所测定结果是否符合使用限量要求。

# 实验十七　高效液相色谱法测定低聚果糖总含量

## 一、 实验原理

由于进入色谱柱的各组分在流动相和固定相之间溶解、吸附、渗透或离子交换等作用的不同，随流动相在色谱柱两相之间进行反复多次的分配，由于各组分在色谱柱中的移动速度不同，经过一定长度的色谱柱后，各个组分被分离并按顺序流出色谱柱，通过信号检测器显示出各组分的信号谱峰数值，以保留时间定性，以峰值定量。

## 二、 主要材料和设备

1. 药品材料

（1）二次蒸馏水或超纯水（过 0.45mm 水系微孔滤膜）。

（2）乙腈色谱纯。

（3）混合标样标准溶液　葡萄糖、果糖、蔗糖、蔗果三糖、蔗果四糖、蔗果五糖、蔗果六糖的标准品，分别用超纯水配成 40mg/mL 的水溶液。

2. 实验设备

（1）高效液相色谱仪（配有示差折光检测器和柱恒温系统）。

（2）流动相真空抽滤脱气装置及微孔膜（0.2m、0.45m）。

（3）色谱柱：氨基柱。

（4）分析天平（感量 0.0001g）。

（5）微量进样器（10L）。

## 三、 方法步骤

1. 样品溶液的制备

称取适量糖浆或糖粉样品，用超纯水定容至 100mL 摇匀后，用 0.45m 膜过滤，收集滤液，作为待测试样溶液。

2. 测定

（1）流动相为乙腈:水 = 75:25。在测定的前一天安上色谱柱，柱温为室温，接通示差折光检测器电源，预热稳定，以 0.1mL/min 的流速通入流动相平衡过夜。正式进样分析前，若使用示差折光检测器，将所用流动相以 0.1mL/min 的流速输入参比池 20min 以上，再恢复正常流路使流动相经过样品池，调节流速至 1.0mL/min，走基线，待基线走稳后即可进样，进样量为 5～10m。

（2）将混合标准溶液在 0.4～40mg/mL 范围内配制 6 个不同浓度的标准液系列，分别进样后，以标样浓度对峰面积作标准曲线。线性相关系数应为 0.9990 以上，否则需调整浓度范围。

（3）将混合标样标准溶液和制备好的试样分别进样。根据标样的保留时间定性样品中各种糖组分的色谱峰，根据样品的峰面积，以外标法计算各种糖组分的百分含量。

### 四、 结果的计算

（1）求出样品中各组分含量（％）　样品中各组分（葡萄糖、果糖、蔗糖、蔗果三糖、蔗果四糖、蔗果五糖、蔗果六糖等）占干物质的量,％ 。

（2）计算样品中低聚果糖的含量（％）。

## 实验十八　肉制品中亚硝酸盐残留量的测定

### 一、 实验要求

（1）通过分光光度法了解亚硝酸盐的测定方法；

（2）通过镉柱（或其他还原剂）转化硝酸盐，了解亚硝酸盐测定内容。

### 二、 主要材料和设备

1. 药品材料

（1）选购数份肉制品商品；

（2）亚硝酸钠（分析纯）。

2. 实验设备

（1）分光光度计；

（2）还原镉柱（教学实验可省略）；

（3）酸度计；

（4）绞肉机。

### 三、 方法步骤

（1）定量称取肉制品后，进行绞碎处理；通过去离子水提取样品，得到定量滤液。

（2）通过镉柱还原使其中硝酸盐转化成亚硝酸盐形式（教学实验可省略此步骤，但应了解其目的与意义）。

（3）配置亚硝酸钠标准溶液。

（4）光度比色测定。

### 四、 数据处理

（1）依系列标准溶液的浓度及其相应吸光度测定值绘制工作曲线；

（2）根据样液吸光度通过曲线找出相应浓度；

（3）计算样品中亚硝酸钠含量；

（4）查阅国家标准 GB 2760—2014 中的相关内容。

### 五、 分析讨论

（1）镉柱还原的意义；

（2）试比较添加不同剂量的亚硝酸盐样品的外观效果；

（3）根据测试结果与国标比较，判断样品中亚硝酸盐是否超标。

# 实验十九　分光光度法测定铁强化酱油中铁的含量

## 一、　实验原理与要求

（1）在酸性（pH < 0.5）条件下，五元螯合乙二胺四乙酸铁钠（NaFeEDTA）中的铁完全解离生成游离的 $Fe^{3+}$，与显色剂硫氰酸铵发生反应生成红色络合物，在 $\lambda = 480nm$ 处有最大吸收，这是目前检测铁强化酱油中 NaFeEDTA 含量的快速方法。

（2）绘制标准曲线，要求 $r^2 \geqslant 0.99$。

（3）测定市售铁强化酱油样品，要求误差 ≤5%。

## 二、　主要材料和设备

1. 药品材料

（1）铁强化酱油（市售）；

（2）NaFeEDTA 标准品、硫氰酸铵、丙酮、盐酸、过硫酸铵、甲醇均为分析纯。

2. 实验设备

紫外可见分光光度计。

## 三、　方法步骤

（1）NaFeEDTA 标准溶液的配制　称取 NaFeEDTA 标准品 200mg（0.0001），置于 100mL 棕色容量瓶中，加水溶解并定容至刻度，摇匀，制成浓度为 2000μg/mL 的 NaFeEDTA 标准溶液。

（2）显色剂的配制　称取硫氰酸铵 150g，置于 500mL 棕色容量瓶中，加水 250mL 溶解，加丙酮 75mL，加水稀释至刻度，摇匀，避光保存。

（3）标准曲线的绘制　吸取 NaFeEDTA 标准溶液 0.0，0.2，0.4，0.6，0.8，1.0mL 分别置于 10mL 容量瓶中，用蒸馏水定容，摇匀。吸取稀释后的不同浓度标准品溶液 1.00mL 分别置于 10mL 比色管中，加显色剂 1.00mL，加 6mol/L 盐酸 1.00mL，用丙酮溶液稀释至刻度，充分振荡，在 $A = 480nm$ 处测定吸光度 $A_i$，空白试剂为参比，绘制标准曲线。

（4）铁强化酱油样品的测定　取铁强化酱油样品 0.60mL 于 10mL 容量瓶中，加 75% 甲醇溶液定容，醇沉 30min 后，过滤。取滤液 1.00mL 置于 10mL 容量瓶中，加稀盐酸 1.00mL，过硫酸铵 0.20mL，显色剂 1.00mL，用丙酮溶液定容，摇匀，测定吸光度 $A_{样}$。

## 四、　数据处理

（1）根据铁盐标准溶液的浓度梯度 $c_i$，测定吸光度 $A_i$，以 $c_i \sim A_i$ 绘制标准曲线，以 $r^2$ 判定标准曲线。

（2）测定样品的 $A_{样}$，带入回归方程，求出 $c_{样}$，再计算铁强化酱油中铁的含量。

## 五、　分析讨论

（1）明确实验中各试剂的用途及其用量对测定结果的影响。

（2）实验中是如何将待测样品中含有的亚铁离子转化为正铁离子的？

（3）请设计实验，测定样品中非 NaFeEDTA 的铁的含量。

## 附录 1　食品添加剂名单

（以 GB 2760—2014、GB 14880—2012、GB 29938—2013、GB 29987—2014 为准）

## 附录 2　食品分类系统

## 附录 3　可在各类食品中按生产需要适量使用的添加剂

## 附录 4　按生产需要适量使用的添加剂所例外的食品类

## 附录 5　食品添加剂生产监督管理规定

（自 2010 年 6 月 1 日起施行）

## 附录 6　缩略语

# 参考文献

**文献来源**

1. 孙平. 食品添加剂. 北京：中国轻工业出版社, 2009.

2. 王竹天. 食品安全国家标准食品添加剂使用标准实施指南. 北京：中国标准出版社, 2015.

3. 孙平等. 新编食品添加剂应用手册. 北京：化学工业出版社, 2017.

4. 孙平等. 食品添加剂应用手册. 北京：化学工业出版社, 2011.

5. 孙平. 食品添加剂使用手册. 北京：化学工业出版社, 2004.

6. GB 2760—2014. 食品安全国家标准　食品添加剂使用标准. 北京：中国标准出版社, 2014.

7. GB 14880—2012. 食品安全国家标准　食品营养强化剂使用标准. 北京：中国标准出版社, 2012.

8. 中国食品添加剂生产应用工业协会. 食品添加剂手册（第三版）. 北京：中国轻工业出版社, 2012.

9. 凌关庭等. 食品添加剂手册（第三版）. 北京：化学工业出版社, 2003.

10. 国际食品法典委员会（CAC）. 食品添加剂通用法典标准（2014修订版）.

11. A L Branen. Food Additives Ⅱ. New York：Marcel Dekker Inc. 2002.

12. 天津轻工业学院食品工业教学研究室. 食品添加剂（修订版）. 北京：中国轻工业出版社, 1996.

13. GB 29924—2013. 食品安全国家标准　食品添加剂标识通则. 北京：中国标准出版社, 2013.

14. GB 29938—2013. 食品安全国家标准　食品用香料通则. 北京：中国标准出版社, 2013.

15. GB 30616—2014. 食品安全国家标准　食品用香精. 北京：中国标准出版社, 2014.

16. GB 29987—2014. 食品安全国家标准　食品添加剂 胶基及其配料. 北京：中国标准出版社, 2014.

17. GB 26687—2011. 食品安全国家标准　复配食品添加剂通则. 北京：中国标准出版社, 2011.

18. GB 15193.1—2014. 食品安全国家标准　食品安全性毒理学评价程序. 北京：中国标准出版社, 2014.

19. GB 15193.2—2014. 食品安全国家标准　食品毒理学实验室操作规范. 北京：中国标准出版社, 2014.

20. GB 15193.3—2014. 食品安全国家标准　急性经口毒性试验. 北京：中国标准出版

社,2014.

21. GB 15193.4—2014.食品安全国家标准　细菌回复突变试验.北京:中国标准出版社,2014.

22. GB 15193.5—2014.食品安全国家标准　哺乳动物红细胞微核试验.北京:中国标准出版社,2014.

23. GB 15193.6—2014.食品安全国家标准　哺乳动物骨髓细胞染色体畸变试验.北京:中国标准出版社,2014.

24. GB 15193.8—2014.食品安全国家标准　小鼠精原细胞或精母细胞染色体畸变试验.北京:中国标准出版社,2014.

25. GB 15193.9—2014.食品安全国家标准　啮齿类动物显性致死试验.北京:中国标准出版社,2014.

26. GB 15193.10—2014.食品安全国家标准　体外哺乳类细胞 DNA 损伤修复(非程序性 DNA 合成)试验.北京:中国标准出版社,2014.

27. GB 15193.11—2015.食品安全国家标准　果蝇伴性隐性致死试验.北京:中国标准出版社,2015.

28. GB 15193.12—2014.食品安全国家标准　体外哺乳类细胞 HGPRT 基因突变试验.北京:中国标准出版社,2014.

29. GB 15193.13—2015.食品安全国家标准　90 天经口毒性试验.北京:中国标准出版社,2015.

30. GB 15193.22—2014.食品安全国家标准　28 天经口毒性试验.北京:中国标准出版社,2015.

31. GB 15193.14—2015.食品安全国家标准　致畸试验.北京:中国标准出版社,2015.

32. GB 15193.15—2015.食品安全国家标准　生殖毒性试验.北京:中国标准出版社,2015.

33. GB 15193.16—2014.食品安全国家标准　毒物动力学试验.北京:中国标准出版社,2014.

34. GB 15193.17—2015.食品安全国家标准　慢性毒性和致癌合并试验.北京:中国标准出版社,2015.

35. GB 15193.18—2015.食品安全国家标准　健康指导值.北京:中国标准出版社,2015.

36. GB 15193.19—2015.食品安全国家标准　致突变物、致畸物和致癌物的处理方法.北京:中国标准出版社,2015.

37. GB 15193.20—2014.食品安全国家标准　体外哺乳类细胞 TK 基因突变试验.北京:中国标准出版社,2014.

38. GB 15193.21—2014.食品安全国家标准　受试物试验前处理方法.北京:中国标准出版社,2014.

39. 中国食品添加剂,双月,中国食品添加剂生产应用工业协会

40. 食品科学,月刊,北京食品研究所

41. 淀粉与淀粉糖,季刊,中国淀粉工业协会

**相关网址**

1. https://www.who.int/zh[世界卫生组织(中文网)]

2. http://www.codexalimentarius.net[法典委员会(CAC)]

3. http://ec.europa.eu[欧盟委员会(英文网)]

4. http://www.fda.gov(美国食品药品监督管理局)

5. http://www.usda.gov(美国农业部)

6. http://www.nhc.gov.cn(中华人民共和国国家卫生健康委员会)

7. http://www.samr.cfda.gov.cn(国家食品药品监督管理总局)

8. http://www.samr.gov.cn(国家市场监督管理总局)

9. http://www.cfaa.cn(中国食品添加剂和配料协会)

10. http://ep.espacenet.com[欧洲专利局(英文网)]

11. http://www.sipo.gov.cn(国家知识产权局)

12. http://down.foodmate.net(食品伙伴网)